文化地理学译丛

大地与生命

〔美〕卡尔·奥特温·索尔 著
梅小侃 余燕明 译

Carl Ortwin Sauer

Land and Life

(本书根据加利福尼亚大学出版社 1963 年版本译出)

卡尔·奥特温·索尔像

K. J. Pelzer 摄影，1935 年 9 月

“移动应该是缓慢的，越慢越好，而且应该常常被悠闲的停歇打断，以便坐在有利位置和停在有疑问的地方。”

——卡尔·奥特温·索尔

中文版序言：索尔的《大地与生命》

唐晓峰

卡尔·奥特温·索尔（Carl Ortwin Sauer，1889-1975，旧译苏尔），20 世纪美国以至西方最著名的地理学家之一。1889 年 12 月 24 日出生于美国密苏里州沃伦顿的一个教师家庭，为德国后裔。索尔小时曾被送到德国学习 3 年。后回到美国。1908 年在家乡沃伦顿的中央卫斯理安学院获学士学位。在研究生阶段，他先后就读于西北大学与芝加哥大学。1915 年，在芝加哥大学获地理学博士学位。毕业后，索尔先在麻省师范学校任职，但很快转至密歇根大学地质地理系，1922 年升为教授。1923 年，他被加州大学伯克利分校聘为地理学教授，同年任地理系主任，自本年至 1954 年，索尔任系主任长达 31 年。1940 年他当选美国地理学家协会（AAG）主席，1955 年，又任该学会荣誉主席。作为教师，索尔培养了大批优秀学生，包括 37 名博士，在美国地理学界产生很大影响，被称为"伯克利学派"。索尔于 1957 年退休，退休后研读不止，直至 1975 年 7 月 18 日，怀未竟之志离世。

索尔的学术特色，主要是从历史的、生态学的角度研究文化景观的形成与演变，这在 20 世纪前期的美国，是具有首创意义的地理研究，所以很快产生广泛影响。索尔 1940 年当选美国地理学家协会主席，便是这一影响力的反映。索尔的学术道路，是他在思想理论与研究实践上的个人选择，在美国现代地理学已经相当成熟的环境中，仍然开创出一个新的、具有生命力的学术方向。这给了索尔在学术史上不可动摇的地位。

《大地与生命》是索尔的学生约翰·莱利（John Leighly）在索尔退休6年之后编辑出版的一部文集。收录19篇论文，代表索尔的主要研究领域、理论特色、学术风格。莱利是索尔最早的学生之一，原在密西根大学，后跟随老师一起来到伯克利继续学习，对老师的治学有近切的了解。这部文集已经成为索尔之学（Sauerian tradition）的经典著作。

本书分为五个部分，前三个部分，是索尔的地区实证性研究，第四部分是对远古宏观问题的思考与推断，第五部分是他的理论文章。地理学家所做的实证研究，一般都在本土，是关于自己的地区或自己国家的地理问题。索尔也是同样，他的研究实践，主要在北美地区。

地理学研究的是人地关系，但每一个学者选择的具体内容则不同，索尔选择的是北美早期的开发问题，即北美早期开发者与土地环境的关系，当然这些开发者主要是欧洲移民。相对于旧大陆，美洲的自然环境较少人为改变，或者说，因为人口稀少，很多地方还保留单纯的自然面貌，当时的地理学家认为美洲是现代自然地理学的“实验室”。索尔的研究，关注早期拓荒者在荒原上怎样一步步开创出农业文化景观。他对于欧洲移民的“拓荒”考察十分细致，例如原木小屋、磨坊、小路等。他最感兴趣的是对于一个较小区域进行近距离研究，在这样的区域研究中，事物都是具体的，人可以是活生生的，而不是概念，不是表格中的数字。索尔不断从人类学汲取方法，使这一类研究日益成熟。

《上伊利诺伊河谷的拓荒者生活条件》是索尔刚刚读完博士学位的第二年发表的，是在密歇根大学期间所作，作为本书的开篇，有着特别的意义，它代表了索尔自己选择的学术方向的重要起点。其后的文章都是转到伯克利之后的作品，伯克利时期是索尔的学术高峰期。《历史地理学与西部边疆》一文，标题中出现了“历史地理学”，这体现了索尔的一个重要学术特色，即重视历史时期的地理问题，后来，索尔在当选 AAG 主席时所做的主旨演讲就是专门谈历史地理学的问题。

第三部分“人类对有机世界的利用”，充分体现了索尔研究的生态学特色，索尔曾有意向植物学家、古生物学家请教，具有对多种植物的深入的观察力。他认为，在土地与生活的关系中，动植物是很重要的链接环节，动植物生命复杂网络插在人类和地球的无机组成部分之间。《美洲农业起源》讨论的是一个大问题，索尔花了很大的工夫，此文获得了很高的评价，因为农业起源问题具有更广泛的历史意义。1952 年，索尔在纪念地理学家鲍曼（Isaiah Bowman）的学术报告中，再次以《农业的起源与传布》（Agricultural Origins and Dispersal）为题，进一步讨论这个问题。

本书第四部分是一组考察更早时代全球范围的人类踪迹与文化的文章，写作时间相对较晚。“深思熟虑的人文地理学者非常关注远古时代和原始族群，这既不是偶然的也不是逃避现实之举。”（《美洲早期人类的地理概述》）这些文章代表了索尔的思考，包括对人类早期环境选择的推断，提出了一些值得注意的问题，例如，美洲人类的来源，中石器时代在人类文明史中的意义，前农业时代（新石器时代）的定居问题，是否存在文化阶段的普遍性演进模式，以及海滨地带在人类早期文明史中的积极意义（这是中国文明史叙事中被忽略的），等等。

索尔重视田野考察，他的实证研究大多都有田野考察的基础，这是他曾经就读的芝加哥大学地理系十分注重的事情。不过，索尔的田野考察是另一种田野工作。他不是去进行验证性的观察，而是要有所发现。（普雷斯顿·詹姆斯）地理学家在田野中可以看到更多的现象，提出更多的问题。索尔注意到田野中存在的自然景观与文化景观这两个类型，两个德文单词 Naturlandschaft 与 Kulturlandschaft 被引用到索尔的文章中。自然景观与文化景观这两个概念以及二者之间的关系，后来几乎发展成为索尔学术的轴心问题。索尔强调，地理学以景观中自然元素和文化元素相结合的现实为基础。

第五部分是索尔的理论文章。索尔很看重实证研究，曾抱怨人们只是热读他的理论文章而忽视他的实证研究。虽然索尔的理论与实践是统一的，但索尔的理论贡献的确更受人们重视，这是必然的，因为理论具有更广泛的交流效力。本书收录了四篇理论文章，其中最重要的，人们讨论最多的是《景观形态学》《历史地理学导言》这两篇。

《景观形态学》发表于 1925 年，内容是基于 1923 索尔担任伯克利大学地理系主任时的一次演说，演说对象不仅是地理系的，也有大学其他科系的同事。这应是美国地理学发展史中最早深入讨论文化地理学理论的文章，对美国地理学的发展产生很大影响。在此文中，索尔旗帜鲜明地提出了文化景观研究的学术范式，并以文化景观研究为中心，表述了对地理学的整体看法。索尔的这一理论基于他个人的实践，而其一旦发表，又成为推动文化地理研究发展的动力。正因为此，人们公认索尔为美国文化地理学的奠基者。

索尔认为，科学研究都是从现象开始，确定现象的范围与性质是第一步认识，而地理学的现象就是景观。景观的概念强调了从视觉角度展开的研究程序，从具象（形象）而不是抽象起始，这很有地理学的特色。景观是地理发展的成果，而其他方面，如由地理优势带来的经济发展、军事胜利、政治稳定等都不是地理学本身的成果，地理发展获得的乃是景观。而人类是造成景观的最后一种力量。

景观是一个具有关联性的结构系统，“景观按定义，必然具有一个以可识别的构造、范围以及与其他景观的属种关系为基础的身份，其构造、范围和属种关系构成一个全面的系统。”“景观”（landscape）这个术语被用来表示地理的一类单元概念，以表达事实之间独有的地理关联，它可与“地区”（area）和“区域”（region）并列为地理学的基本概念。在索尔看来，“文化景观的研究迄今在很大程度上还是未开垦的处女地。”景观的概念不是索尔的发明，但他在地理学研究中大力提倡这一概念，并进行了系统性的实践与理论阐述，从而产生极大影响，景观终成为地理学中一个有着持久生命力的基础学术概念，一直保持活力，并被不断丰富、发展。

索尔提出著名的“文化景观形态学的图解表述”，他的说明是“文化景观是由一个文化群组从自然景观中塑造出来的。

文化是施动者，自然地域是媒介，文化景观是结果。”施动力是文化，而不是自然环境，这就解除了环境决定论及其变种的影响。在索尔这里，“地理学的任务被构想为：建立一个包含景观现象学的批判性系统，目的是全方位、全色彩地把握多样的地球场景。”地球的场景包含自然景观与文化景观两个类别，但二者不是割裂的，而是有机地结合于地表，因此具有生态特征，这样，生物生态学转变为文化生态学（或称人类生态学，英文作 Human Ecology）。1922 年哈伦·巴罗斯（Harlan Barrows）已然提倡人类生态学，此时索尔把它发扬光大。

在人与大地环境的关系这个地理学的基本问题上，一般的表达是“人地关系”，英文作 man and land relation，但索尔在思想上将 man 替换为 culture，这一替换学术意义重大。Man 在英文中是一个单数抽象概念，而 culture 则有具体的多样性，很自然会用作复数 cultures，于是不同文化与大地环境的不同关系被表达出来。这样，人地关系的问题变得复杂起来，因为文化不同，呈现出来的人地关系结果（即景观）也不同，于是文化的能动作用被揭示出来。人不再是被动的一方。在索尔的这一思路中，原来的森普尔（E. Semple）的环境“影响”说被淡化，反之，文化影响说开始抬头。因为这一思想，索尔被认为是美国批判“环境决定论”的代表人物。

景观是具体的，具有多种形态的，研究景观可以避免那种只是关注抽象概念的研究方式。那么如何从具体甚至琐碎的现象开始而进入科学性的学术研究？索尔强调，科学性在于研究的方法，而不仅仅是研究的结论。他认为，在社会科学领域里，运用形态学方法对现象不断地进行综合，取得最大成功的学科就是人类学。“这门科学值得大声宣扬研究者的光荣业绩，他们有耐心、有技能，通过对各种形态——从人群的服装、居所和工具等具体材料，到他们的语言和习俗——做出分类，以现象学方式处理社会制度的研究，从而一步步辨识出各种文化的复杂结构。”（《景观形态学》）20 世纪 20 年代，伯克利大学的人类学相当不错，索尔与著名人类学教授克鲁伯（Alfred Kroeber）和路威（Robert Lowie）等都保持着很密切的学术关系，主动借鉴人类学的方法。索尔相信，形态是一种“朴素”的证据系统，形态学方法没有先入之见，“只预设最低限度的假说”，因而是客观的，不受价值观左右的。（《景观形态学》）

研究文化景观问题，索尔的主旨是，不只要研究景观的最后结局，还要考察其演进的过程，而且要尽可能从原来的自然景观面貌开始，这实际上是溯源到了文化景观生成历史的起点，具有历史研究的属性，这样的地理学当然也是历史地理学。这是索尔的另一个最大的学术特色。

1940 年，在新奥尔良举行的 AAG 年会上，索尔当选为该会新任主席。在致辞时，他以《历史地理学导言》为题，呼吁地理学家们关注地理问题的历史过程。他批评了当时在美国很有影响的哈特向（R. Hartshorne）学派的将时间与空间截然分开的理论，指出缺乏对历史过程的兴趣是以往美国地理学传统的缺陷，强调人文地理学应是一门研究动态问题的科学，要研究起源和过程，研究某一种生活方式是怎样在特定的区域位置上发生、发展并向其他地方传播的。

值得注意的是，索尔所要研究的发展变化，不是一份表面的、简单的时间表，而是一个内在的过程，一个有机的、前后一体的生长史。美国另一位著名历史地理学家梅尼（D. W. Meinig）曾评论说，索尔研究的景观变化不是不同时间点之间的差异，而是贯穿时间的过程。用英文表达：不是 change between the times，而是 changing through the time。这其实就是发生学的方法。时间点之间的差异只能显示一个间跃的历史，而过程则意味着一个连续性更强、更紧密的历史。

美国的历史特点，没有长期复杂的政治上的分分合合，政治疆域变化简单，而不同文化的移民在各地的开发则是吸引人的一段历史，所以美国的历史地理议题与旧大陆不同。这是索尔的历史地理研究的背景特色。索尔在研究中感到很难把文化与历史分开，所以他的历史地理学可以称为文化–历史地理学，索尔在论述中从文化研究的角度论证历史性研究的必要性，有极强的说服力。

在美国地理学界，历史地理研究在森普尔、巴罗斯时候就已经成为专门的题目，但评论者认为，索尔的研究与他们的“环境影响”原则方向相反。索尔引导的历史地理研究，例如对于殖民史地的研究，得出了另一种原则：“相同的地域自然条件对于那些对环境持不同态度、抱不同利用目的和具有不同技术水平的人们来说，会产生完全不同的意义。”（詹姆斯）在评论界，在推动历史地理学发展的这件事情上，有人把索尔比为英国的达比（C. Darby），称他们为大西洋两边各自的大师，当然，二人的研究路数很不一样，但这恰好从不同角度丰富了历史地理学的内涵。在美国地理学家协会成立 50 年纪念活动中，曾请一流学者分科讨论地理学的问题，并集结出版。

历史地理学排在第三章，撰写者乃是索尔的学生克拉克（A. Clark），那时，克拉克已经成为美国著名的历史地理学家，我国侯仁之先生对他曾有介绍。

历史地理这个题目，在索尔心中一直在酝酿，且范围越来越大。在他的遗稿中，有一份写作提纲，题目是“二百周年时的衰退”（Recessional at the Bicentennial），是一部美国历史地理通论性的提纲，包含三部分，1776 年之前，1776—1876 年，1876—1976 年。从题目与一些注记看，这将是一部批判性的回顾美国耗费自然资源的历史地理著作，可惜这项计划没有完成，是一项未竟之业。

1951 年，索尔 62 岁，在与学生交流时，总结了自己的学术兴趣：人类历史中大地的历史、人类作为能动者如何改变大地面貌、大地上文化的发展以及新文化的形成。这是索尔的主题特色，是索尔的主观意识，也是基本出发点。但后来的评论者出于不同的角度，又有不同的强调。总之，文化的、生态的、历史的、景观的，这几个关键词结成索尔学术的基本框架，呈现学派特色。

“一战”之后，美国地理学进入转型期，“地理问题的焦点逐步转向社会科学，离开了单纯的地球科学。”（詹姆斯）索尔是这个转型期的重要推进人物之一。研究美国地理学发展史的学者指出，70 年代的某些学术思想，在二三十年代就出现了。这表明二三十年代是一个思想活跃的时期。在索尔早期研究中，有关文化景观、环境变化的问题的确是 70 年代逐渐热门的领域。

20 世纪 50 年代，人在环境变化中的能动角色在西方意识形态中日益受到重视，这涉及西方思想史上一个根本性的问题。索尔由于长期研究人类活动对景观的改变，成为这一思想潮流中的备受瞩目的人物。1955 年 6 月 16—22 日在新泽西州普林斯顿举行的学术论坛，主题是“人类在改变大地面貌中的角色”（Man's Role in Changing the Face of the Earth）。大会邀请索尔出任大会联合主席［另外三位主席是：托马斯（William Thomas）、芒福德（Lewis Mumford）和贝茨（Marston Bates）］。这样的组织形式已经显示了会议的不比寻常。与会议名称相同的文集在第二年出版，影响巨大。

由于 20 世纪 80/90 年代在人文社会研究中出现的“文化转向”（cultural turn），关于文化景观的研究获得新的生命力。“伯克利学派”尽管受到“新文化地理学”的挑战，被批评的要点是对文化的理解过于固化，但其在基础性研究中的价值是不可否定的，文化-历史地理学研究中的基本方法（如追踪景观演变的过程）也是不应放弃的。

在 20 世纪 30 年代，索尔的名声已经为一些中国地理学家知晓，但由于国内社会形势的特点，地理学界对文化生态一类的研究还不够重视，在借鉴美国地理学的时候，偏于对戴维斯、哈特向等人的介绍。自 80 年代以后，国内的人文地理学研究全面复兴，与国际地理学的发展迅速对接，于是索尔开始被中国地理学家熟悉，知名度迅速提升，特别是在国内文化地理学者、历史地理学者中，名气颇高，获得了与其在西方相应的地位。

迄今国内关于索尔的介绍、评价、研究的文章多基于间接材料，现在《大地与生命》由梅小侃、余燕明完成翻译，即将出版。这份系统的索尔学术的一手材料，对于我们了解索尔的学术，认识那一段地理学发展的特点，对于汲取有益的经验，无疑是大有裨益的。

附：1962年及以后索尔发表的主要论文目录（本书所附论文截止在1962年）

1962. "Erhard Rostlund," *Geographical Review*, Vol. 52, pp. 133–35.
"Fire and Early Man," *Paideuma*, Vol. 7, pp. 399–407.
"Homestead and Community on the Middle Border," *Landscape*, Vol. 12, No. 1, pp. 3–7. (Somewhat abridged; for full text see "1963.")
"Seashore—Primitive Home of Man?," *Proceedings of the American Philosophical Society*, Vol. 106, pp. 41–47.
"Terra firma: Orbis novus," in *Hermann von Wissmann-Festschrift* (Tübingen: Geographisches Institut der Universität), pp. 258–70.

1963. "Homestead and Community on the Middle Border," in Howard W. Ottoson, ed., *Land Use Policy in the United States* (Lincoln: University of Nebraska Press), pp. 65–85.
John Leighly, ed., *Land and Life: A Selection from the Writings of Carl Ortwin Sauer* (Berkeley and Los Angeles: University of California Press). Paperback edition, 1967.
"Status and Change in the Rural Midwest—A Retrospect," *Mitteilungen der Oesterreichischen Geographischen Gesellschaft*, Vol. 105, pp. 357–65.

1964. "Concerning Primeval Habitat and Habit," in *Festschrift für Ad. E. Jensen* (München: Klaus Renner Verlag), pp. 513–24.

1965. "Cultural Factors in Plant Domestication in the New World," *Euphytica*, Vol. 14, pp. 301–06.

1966. *The Early Spanish Main* (Berkeley and Los Angeles: University of California Press).
"On the Background of Geography in the United States," in *Heidelberger Geographische Arbeiten*, Heft 15 (Festgabe für Gottfried Pfeifer), pp. 59–71.

1968. "David I. Blumenstock, 1913–1963," *Yearbook of the Association of Pacific Coast Geographers*, Vol. 30 (also in hard cover as Arnold Court, ed., *Eclectic Climatology* [Corvallis, Oregon: Oregon State University Press], pp. 9–11).
"Human Ecology and Population," in Paul Deprez, ed., *Population and Economics*, Proceedings of Section V (Historical Demography) of the Fourth Congress of the International Economic History Association (Winnipeg: University of Manitoba Press), pp. 207–14.
Northern Mists (Berkeley and Los Angeles: University of California Press). Paperback reprint, Berkeley: Turtle Island Foundation, 1973.

1970. "On the Quality of Geography," *California Geographer*, Vol. 10, pp. 5–10.
"Plants, Animals and Man," in R. E. Buchanan, Emrys Jones, and Desmond McCourt, eds., *Man and His Habitat* (London: Routledge and Kegan Paul), pp. 34–61.

1971. "The Formative Years of Ratzel in the United States," *Annals*, Association of American Geographers, Vol. 61, pp. 245–54.
Sixteenth Century North America: The Land and the People as Seen by the Europeans (Berkeley and Los Angeles: University of California Press).

（2022年5月18日于五道口嘉园）

目　　录

导言……………………………………………………………… 1
第一部分　中部边疆 …………………………………………… 11
1. 上伊利诺伊河谷的拓荒者生活条件（1916）……… 13
2. 肯塔基的荒野地区（1927）…………………………… 29
3. 中部边疆的宅地和社区（1962）……………………… 42
第二部分　西南部和墨西哥 …………………………………… 57
4. 历史地理学与西部边疆（1930）……………………… 59
5. 通往西波拉之路（1932）……………………………… 69
6. 墨西哥的个性（1941）…………………………………… 142
第三部分　人类对有机世界的利用……………………………… 161
7. 美洲农业起源：对自然与文化的思考（1936）… 163
8. 经济史上对动植物破坏的主题（1938）…………… 193
9. 人类对植物的早期关系（1947）…………………… 206
10. 热带美洲生态中的人类（1958）…………………… 241
第四部分　人类时代更久远的延伸……………………………… 257
11. 美洲早期人类的地理概述（1944）………………… 259
12. 最后一次冰川消融期的环境和文化（1948）…… 326
13. 冰河时代的结束及其证人（1957）………………… 359
14. 火与早期人类（1961）………………………………… 382
15. 海滨——人的原始家园？（1962）………………… 397

第五部分　理论探讨…………………………………………… 415
16. 景观形态学（1925） ………………………………… 417
17. 历史地理学导言（1941） …………………………… 467
18. 社会科学的习俗（1952） …………………………… 505
19. 地理学者的教育（1956） …………………………… 518
卡尔·奥特温·索尔的已出版作品，1915—1962 ……… 540
索引………………………………………………………………… 547
译后小记…………………………………………………………… 575

导　言 1

地理学作为美国各大学的一门教学科目已经有不少年头了，但不论是它的课程表还是它的学术代表人物所进行的调研内容都还没有形成标准化。这种情况虽然在某些方面不利，但在其他方面又是幸运的。地理学教授有自由去探索一个极为广阔的领域，在其中任何一部分他都可能发现等待耕耘的肥沃土壤。博学的地理学家所享有的自由，其后果之一是任何一个人的工作都是特别的独家贡献，常常与同行们的工作只有轻微的重合。而且，在没有公认学术活动模式的情况下，地理学从业者中智识素质的差异比在那些较为标准化的学业领域里更加突出。如果说这里的心智平平者比其他领域中的这类人更加步履蹒跚，那么一流心智也比其他领域的佼佼者拥有更长更高的飞行空间。

本书收集了一流心智的某些成果。在一个定义模糊、非专门化的学术领域里，卡尔·奥特温·索尔（Carl Ortwin Sauer）在他所选择的工作环境中自由而富有想象力地工作，这使得对他著作感兴趣的读者群远远大于学术机构将他置于其间的小组。所有在任何程度上分享索尔对地球上人类生命特质之关注的人，都会在他的作品中得到启迪和激励。我说“人类生命”，但假如没有支撑它的动植物生命复杂网络插在它和地球的无机组成部分之间，人类生命就不可能存在。因此，索尔也必须关注地球上的非人类生命。于是有了这本选集的总书名，这两个并列的押头韵单词“大地”（land）和“生命”（life），索尔在不炫耀、不自觉的情况下在自己的作品中使用了不止一次。

2 对本书的很多读者来说，卡尔·索尔是不需要介绍的，但是其他人也许需要一点传记事实。他于 1889 年 12 月 24 日出生在密苏里州的沃伦顿，父亲是中央卫斯理安学院的教师，这所学院是沃伦顿的德国卫理公会教派学院，如今已不存在。索尔小时候，他父母送他到德国去上学，学校在黑林山东边山脚下符腾堡州西部的城镇卡尔夫，在这里他受到比美国中西部他的多数同龄人更好的教育。从这里获取的优势使他在不到十九岁时得到中央卫斯理安学院的文科学士学位，不到二十六岁时成为芝加哥大学地理学的哲学博士。学术生涯的下一步也同样加速：从 1915 年到 1922 年的七年间，他在密歇根大学从讲师升到教授；1923 年，他来到加利福尼亚大学伯克利分校担任地理学教授，这个职位他一直做到 1957 年退休。这一期间的大部分时间里，他是伯克利地理学系的系主任。在来到加州不久后，他就开始了对墨西哥的学术勘察，并随着时间的推移把他的调研范围延伸到美国南边更远的美洲土地上。

当索尔读研究生时，芝加哥大学提供了美国唯一重要的地理学研究生教程。这是一个很好的教程，由罗林·D. 索尔兹伯里（Rollin D. Salisbury）指导；索尔像受教于索尔兹伯里的其他学生一样，非常怀念这位导师。索尔兹伯里是地质学家和地貌学家，但是到索尔入学时，芝加哥大学的地理学教程已经成形，包括在经济和人文地理学方面的内容，这成为其他及较晚设立的美国地理学系的模式。在后来的年代里，美国很多地理学术院系几乎或完全放弃了对自然地球的兴趣。索尔的大部分学术工作是在人文地理方面，但他从来没有允许他自己或他学生的双脚脱离与脚下地球表面的接触。他在芝加哥接受的教育远远不只包括地理课程；在他的作品中有不少观念是从他注册的地理学系外面所汲取的，其中最经常重复出现的来自植物生态学，那是他在亨利·钱德勒·考尔斯（Henry Chandler Cowles）指导下学习的。举例来说，本书第三部分收集的文章重构了过去人类对植被的关系，其基础便在于植物生态学的解
释。而且，索尔在对人类族群和文化的讨论中大量利用生态学 3
类比。在索尔的学生时代，人文地理学在美国占支配地位的主题是关于地球的自然属性施加在人类身上的“影响”，包括人类文化。“影响”学说最博学而雄辩的解说者埃伦·丘吉尔·森普尔（Ellen Churchill Semple）在芝加哥任教。索尔上她的课，之后直到她去世都和她保持着温暖的私人友谊。但是，尽管环境决定论在索尔的早期作品中留有一些痕迹，这个理论并没有主导这些作品。

机械的决定论学说，不论是环境决定论还是其他，吸引的主要是这样一些人——他们把人类看作由远距离和非人格的力量所移动的物体，而这种远距离和非人格性质在某种程度上是得到决定论学说倡导者共鸣的。索尔不能从这样高高在上的距离看待他的同类。当他书写地球上的人时，他以同情心看待他

们，这里说的是最真实的词源学意义上的“同情心”。[①] 在他的博士论文前言中，关于家乡密苏里的欧扎克高地，他写道：“走进这份报告的场景中的人，大家都是家乡人。”这些人是“家乡人”，因为这是他出生和长大的地方。但是在后来的岁月里，当他需要描写他作为外地人首次接触的人群时，他同样将他们看作“家乡人”，以同情心参与他们的日常活动，无论这些活动多么卑微。在收入本书第二部分的《通往西波拉之路》一文中，死去四百年的大人物，或许特别是那个不诚实的弗赖·马科斯（Fray Marcos）和不走运的黑人埃斯特万（Negro Esteban）[②]，被索尔热情呈现，他们可不仅仅是难辨的西班牙文手稿上的一些名字。索尔最近二十年的大部分著述致力于重构“人类时代更久远的延伸”中的生活，这提供了本书第四部分的文章，其中他的首要目标是在自己的想象中再现原始家庭的日常活动，这种同住的家庭是生态系统及人类更宽广的社会结构中的基本单位。索尔唤起操劳母亲的形象，她为子女提供所需之物，并把她的母爱延伸到其他动物幼崽，从而为植物栽种和动物驯化打下基础。除了普罗米修斯的礼物——火（这在第四部分的一篇文章中也有所关注），那些在人类史
4 前的远古黎明时期获取的技术对索尔来说始终是人类最伟大的文化成就。索尔对那些在生活中与无机自然界密切接触、那些与动植物共生的纯朴人群的欣赏，比任何其他特点更使他关于

---

① sympathy 一词中的 sym 意为共同、一起、一致，path 意为感觉。——译者注

② 索尔在《通往西波拉之路》中称他为“黑人斯蒂芬”。——译者注

地球上人类的著述与众不同。这来自他与这种人群的结合，在密苏里、在肯塔基，特别是在墨西哥偏远地带（他在1920年代和1930年代曾在那里度过不少时间）。的确，他笔下的更新世（Pleistocene）人类是根据他在拉丁美洲所看到的卑微族群的较简单文化状况推断出来的。

与索尔以同情心参与纯朴人群日常事务紧密相连的是他强烈的伦理偏好。有一次，一位经济学家同事和他谈话时，用这样一句话支持自己在意见冲突中的立场，想以此解决争议："我是个经济学家。"索尔同样胸有成竹地回答："我们是道德家。"索尔最频繁地宣称的伦理道德是对人类地球遗产的责任问题，这个遗产在技术影响下已经遭受了如此骇人的损耗，正如他在本书第五部分最后一篇文章《地理学者的教育》倒数第二段中所表达的那样。地球的慷慨和美丽被人不负责任地破坏，他对此现象的憎恶导致他进入下列主要的公共服务：在密歇根州的那些年里，他在"密歇根土地经济调查"的建立上起到主导作用；在1930年代，他积极参与初创的美国土壤保护局的工作。1955年，在新泽西州普林斯顿召开了一个关于"人在改变地球面貌中的作用"的国际研讨会，索尔对研讨会的组织工作负有重要责任，并且在会上发表了他在此主题上最成熟的论述。他对这次研讨会的主要贡献最近已在其他地方重新出版，[①] 因此本书没有收录。

---

① "The Agency of Man on the Earth"，收录于 Philip L. Wagner and Marvin W. Mikesell, edits., Readings in Cultural Geography (Chicago, 1962), pp. 539-557；重印自 William L. Thomas, Jr., edit., Man's Role in Changing the Face of the Earth (Chicago, 1956), pp. 49-69。

事实上，凡是阅读过索尔很多论文的人都会发现，他一向关注人在改变地球面貌中的作用，这种改变可能是有意的，也可能是无意的，改变的方向由人的直接需求所决定。这些改变在人迁移到新的居住地时最为显而易见。在索尔的作品中，“拓荒者”（pioneer）、“边疆”（frontier）属于重复出现最频繁的词语。他文章中的人群通常都在迁移，或者正在新环境中扎根。他们焚烧野草和树木，在新近清除的林地上种植，翻开大草原的草皮，寻找最好的地方建造房屋，并尽量调整当地资源以适应他们所继承的或新发现的需求。索尔早年撰写美国中西部的移民定居地区时，例如在本书第一部分的前两篇文章中，他对定居地建立的条件和他做田野观察时看到的状况给予同样密切的关注。文化景观的塑造是一个累积的过程，每一阶段制约着下一阶段，因此第一阶段是最关键的。本书第二部分包含了有关北美前西班牙领土的文章，索尔在这类文章中主要涉及的是西班牙人从他们最初的立足之地向北探测和勘察。他笔下的原始人尝试性地迁移到新地区，试吃新食物，试行新的养育自己的方式，并随着冰盖的退却而紧跟植物和动物迁移。索尔从一开始就保持着边疆的意识：在写第一部分所收录的《中部边疆的宅地和社区》时，他回忆起童年时期看到那些“移居者”坐着马车穿过密苏里州向西行驶，以及从他祖父母时代留下来的家庭传统，那时候中西部本身还是边疆。

索尔是个博闻强记的读者，他自己的作品总是反映出其来源远远超越当前美国学术地理学观念的智识影响。在他的博士论文前言中，作为他希望在论文中赶超的例子，他征引了法国的区域地理学专著，这些专著他在后来的纲领性作品中仍然加以称赞。有两位作者的观点在索尔的工作中得到最长时间的认可，他们是弗里德里希·拉采尔（Friedrich Ratzel）和爱德华·哈恩（Eduard Hahn）。拉采尔的思想在索尔的作品中重现，前者的著作特别包括《人类地理学》（*Anthropogeographie*）第二卷（不是由埃伦·森普尔所解释——或者说错误解释——的版本）。这部第二卷有个副标题“人类的地理分布”（Die geographische Verbreitung des Menschen），其中“分布”（Verbreitung）一词不仅含有静态的“分布”（distribution）之意，还包括动态的内涵，即从最初的定居点出发的“散布”（spreading），就像在除人类以外的其他有机体中观察到的那样。哈恩把索尔的注意力引导到隐含在植物栽种和动物驯化中 6
的共生现象。来自学术世界的这些影响与索尔个人经验和观察所激发的兴趣密切连接在一起。

索尔大量的作品系列可以按时间顺序来排列，表现了在一个广泛但又是可识别的领域内，作者的兴趣随着岁月给他不断观察及思考的时间和机会而连贯性地展开。他从一个调查对象转移到另一个，其方向和进度都出于他自己的选择，而不是囿于划分学科的人为边界。不过，他偶尔也会承认这些边界，并且在边界内从自己的名义位置向同行发出劝诫。四篇这样的劝诫文字组成了本书第五部分。其中第一篇是《景观形态学》，之所以收入这篇是因为它对美国学术地理学的巨大影响。它是索尔为地理学在总体学术领域中界定一个坚实地位的尝试。很多其他人也曾参与对这样一种地位的寻求，但他们很少具备像索尔带给这门学科的那么多学问。这篇文章，以及索尔从1920年代中期所写有关方法论的其他文章，有一个有益的效果：它们给20世纪初以来主宰美国地理学的环境决定论学说以致命的打击。不幸的是，这篇文章的实际作用是促进了随后二十年间对小地区的详细描述大量涌现，这类描述不论在学术上还是实际上都没有什么价值。早在《景观形态学》的回响在各地理学系沉寂之前很久，索尔就已经突破了自己一度用设立狭窄限度来给地理学下定义的短暂倾向。本书第五部分包含他对美国地理学家协会的两次正式演讲——《历史地理学导言》和《地理学者的教育》，在这两次演讲中，他明确否定了自己在《景观形态学》中提出的大部分学说，并向他的同行们宣扬自由自在、内容广泛的调查原则和目的，就像他自己所追求的那样。在面向更广大听众的《社会科学的习俗》发言中，他猛烈抨击比环境决定论更近期的机械论异端，即通过组织和计算的机械程序去研究人类及其行为。这种对人道学术的背离在他看来，正像他多年前推翻的环境决定论一样令人厌恶。

像索尔这样的性情，不可避免地会发现20世纪美国文化
7 中有很多不合意的东西，那是它的喧嚣、匆忙和拥挤。他一贯避免那些需要立即而短暂料理的事情，但努力抢救我们濒危的现世遗产除外。在对远古时代和遥远地域的探索中，他发现了如何逃避我们文化中咄咄逼人的丑陋之处，这些恶习学术社团也未能幸免。这样的离群索居在美国知识界历史上并不陌生，只要想想亨利·梭罗（Henry Thoreau）和约翰·缪尔（John Muir）的例子就行了。同样存在于这个美国传统中的是，其传承人从隐居之地给有耳聆听的人们带回智慧和警戒的话语。试图用几句话来概括一位勤学好问又涉猎甚广的智者多年活动的

果实是一件冒险的事情；但是，假如我们不揣冒昧，把卡尔·索尔所学所教的东西做个浓缩的话，大约可以这样表达：确实存在人道地使用地球这么一回事；与我们当今的技术相比，较简单的文化对人类赖以生存的大地基础的破坏性较小；在地球上人类过去的经验中，现代技术的所有者可以找到通往大地产能与生命需求之间一种平衡的指南，这种平衡给我们带来永久生存的一点希望。

本选集绝非从索尔全部作品中选出的论文。他现在依然笔耕不辍，很可能还有未出版或未写出的文章，一旦发表便值得在像现在这样的选集中占有一席之地。然而，本书所呈现的论文和摘录反映了索尔在将近五十年里关注的广阔范围。我们这类书籍的选材取决于是否有可用的中等篇幅的文章，或者是更长作品中经得起裁剪的选段。本书中最不具代表性的是第二部分，作为那部分基础的工作在索尔的学术活动中比其他部分占据了更长的田野时间、产出了更多的论文页数。他关于墨西哥及毗连的美国领土的大部分著作都太长且不易分割，因而无法收入本书。读者如果要了解索尔除《通往西波拉之路》以外的其他墨西哥旅程，就必须阅读那些更长的作品，其清单包含在本书正文后面的书目中。

我对这些所选文章最初发表的版本尽量少做变动，仅限于
一些标点符号和个别明显错误的更正。索尔作品中的参考文献 8
标注一般比较简略，我将它们补充完整并使其风格统一。在《历史地理学导言》一文中，我提供了引文出处，因为那些文献对演讲的现场听众来说不会陌生，但并非本书的所有读者都熟悉它们。我感谢伊利诺伊大学厄巴纳分校的埃莉诺·布卢姆

（Eleanor Blum）小姐，她帮助我厘清了《上伊利诺伊河谷的拓荒者生活条件》原文中不完备引述的含义模糊的地形学文献，这些文献是我在伯克利无法得到的。

非常感谢下列机构慷慨允许我们重新出版其拥有版权的作品：

美国地理学会：《墨西哥的个性》《人类对植物的早期关系》《美洲早期人类的地理概述》和《冰河时代的结束及其证人》，这些最初都发表于《地理评论》（*Geographical Review*）。

明尼苏达大学：《科会科学的习俗》，原文发表在《世纪中叶的社会科学：致敬盖伊·斯坦顿·福特论文集》（*The Social Sciences at Mid-century: Essays in Honor of Guy Stanton Ford*），由明尼阿波利斯明尼苏达大学出版社为该校研究生院社会科学研究中心出版，版权所有：1952 年明尼苏达大学。

约翰·莱利（John Leighly）

加利福尼亚州伯克利

1963 年 1 月

第一部分

中部边疆

1. 上伊利诺伊河谷的拓荒者生活条件* 11

大草原的问题

新来的移民发现自己身处一个与他老家很不相同的区域。尽管那些为移民编写的指南书中有许许多多的忠告，他依然是一块陌生土地上的陌生人。来自林木茂盛、山丘起伏的新英格兰地区的定居者所面临的大问题之一就是，伊利诺伊州大部分都被一马平川、几乎没有一棵树的大草原覆盖着。

伊利诺伊州的大草原基本上是未受侵蚀、由堆积物覆盖的高地，而有林木的土地主要是一些狭窄的条形，在多条河流的河谷边缘。在移民定居时期，树林和草原分布如下：[①]（1）南部伊利诺伊主要是林地，在河流之间的陆地上有小片互不相连的草原。（2）从罗克岛到皮奥里亚再到尚佩恩画一条线，这条线的南面和西面多为林地和草原的混合地带；离密西西比河谷越远，草原相对林地的比例越大。（3）这条线的北面和东

---

* Conditions of Pioneer Life in the Upper Illinois Valley, Geography of the Upper Illinois Valley and History of Development. Illinois State Geological Survey, Bulletin 27, 1916, pp. 153-163.

① "Map of Illinois Showing Its Prairies, Woods, Swamps and Bluffs," 载于 Frederick Gerhard, Illinois as It Is (Chicago and Philadelphia, 1857)。重印为 Figure 35, p. 69, of Harlan H. Barrows, Geography of the Middle Illinois Valley, Illinois State Geological Survey, Bulletin 15, 1910。

面主要是大草原。伊利诺伊中东部和北部与它的西部和南部比起来，其表面覆盖的冰碛岩席比较“年轻”，因此这个州的东北地区没有被大小河流割裂得那么厉害，也没有那么多木材。沿着伊利诺伊河谷的林木带将这个区域一分为二，东边的部分被称为“大草原地区”（the Grand Prairie）。（4）这个州的最东北部未受冰川作用影响，是个多林木的地区。

12 上伊利诺伊河谷的几个郡县属于上述第三个组别，在那里伊利诺伊河的多个河谷和支流形成了最大的木材产地。这个区域的拓荒者当时可以在三种地方选择他们的宅地（homesteads）① ——木材林地，或者是树林边缘，或者远在外层开阔的大草原上。早年间，人们在林地或林地边缘取得宅地，避免走向草原，很多人认为大草原定将永远是荒地。在 1821 年，有人被派去勘察上伊利诺伊河谷，以便选择一个拓殖地点，他报告说这一带没有适合这个用途的地方。② 甚至到了 1834 年，一位旅行者还描写了这些平原的荒凉凄惨。③ 对大草原的反感态度中，有些是基于迷信并且很快就被破除了，其他一些则是由于实际存在的不利条件。下面列举一些对草原的负面看法：（1）早期的迷信说法之一认为，大草原就是荒漠，无法支持除本土草类之外的任何植被。缺乏木材被看作土地贫瘠的证据。詹姆斯·门罗（James Monroe）写给托马斯·杰斐逊

① 国家授予个人定居并进行开垦的土地。——译者注

② Elmer Baldwin, History of La Salle County, Illinois (Chicago, 1877), pp. 76-78.

③ C. F. Hoffman, A Winter in the Far West, Vol. 1 (London, 1835), pp. 239-240.

(Thomas Jefferson) 的一封信里表达了这个想法:“这片土地的很大一部分都贫乏得可怜,特别是,靠近密歇根湖和伊利的地带以及密西西比河和伊利诺伊河流域由广袤平原构成,这些平原从外表看,多年来连一棵小树都没有,以后也不会有。因此,其所在的地区或许永远不会吸引到足够数量的居民,来使它们获得成为邦联成员的资格。”① 这个观念很快就被推翻了,因为定居者逐渐熟悉了当地的黑色沃土和生长在上面的茂盛草场。(2) 另一个偏见就没有这么容易反驳了,它把草原的冬季气候形容为过于严酷、不适合人类居住。关于西部寒冬的神奇故事多年来在整个区域流传。查尔斯·芬诺·霍夫曼(Charles Fenno Hoffman) 的《远西的冬天》(*A Winter in the Far West*) 描绘了冬季气候的一幅悲苦画面,特别强调从落基山脉吹来的刺骨寒风所产生的巨大效果:“狂风怒号;方圆许多英里内,几乎没有一棵小树。”“普遍印象是,只有那些林木带才会有人去住。大草原夏日的火情和冬日的肆虐寒风使它似乎比沙漠好不了多少,因而在好几年时间里,格兰迪县境内没有一间小屋建造在离木材林 100 码之外的地方。”② 关于大 13
草原的严冬造成无树木生长的观念持续流行了一段时间。(3) 草原上的高草在干燥时节很容易起火,火灾的危险对最早一批草原定居者来说是很大的。草原大火一旦发生,便迅速蔓延到几乎是一坦平洋的几英里以外,比人骑马的速度要快。曾有无

① S. M. Hamilton, edit., The Writings of James Monroe, Vol. 1 (New York, 1898), p. 117.

② O. L. Baskin & Co., publ., History of Grundy County, Illinois (Chicago, 1882), p. 148.

数这种火灾实例，房屋、庄稼毁坏殆尽。（4）草原地下的草根纠缠在一起，形成一个坚韧厚重的草皮层，拓荒人发现用自己家中软弱的农具和几头耕畜很难对付。不久就有更重型的犁具制造出来了，几年后又发明了带有特殊形状犁板的犁具，专门用来翻开这种草皮。与此同时，农夫的牲畜也增加了，不再受困于缺少耕畜的烦恼。（5）草原上看起来缺水的状况使定居者望而却步。只有过了一段时间之后他们才发现，几乎在任何地方打下浅浅的井就能取水了。（6）在远离河谷林地的区域，缺乏木材成为定居草原不可克服的障碍。建造房屋和围栏、充当燃料、制作工具，什么都绝对离不开木材。（7）如果交通工具只有马车或骑马，在辽阔的大草原上定居就是无法实现的。把自己的农产品拖拽到市场上，再运回农场不生产的生活必需品，高昂的成本将早年的拓荒者限制在可以采用某种水路运输的地段。

由于以上这些或其他原因，当年人们在大草原安家落户是很困难的。另一方面，在林木带建立宅地的条件相当优越。溪流旁边有可耕种的土地，草原边缘也不错，因为那里的草皮不像远离林地的草原深处那样坚实难耕。山边有泉水流淌，水质很好。拓荒人一般都在依山傍水的地方盖起小屋和粮仓。河谷的坡地也保护着房屋不受草原大火和冬季寒风侵袭。最重要的是，这里盛产木材，而且多数情况下有水路相通。

因此，拓荒人被环境条件限制在林木覆盖的地区中。第一批房屋建造在最好的木材林里面或是周边。[①] 甚至在今天，一

① Elmer Baldwin，前引书，p. 87。

些首批定居者的后代还在谈论“树林里的老宅地”，这些宅地多半已经被放弃了，取而代之的是草原上的现代化新家。几处大面积的林地河谷促成了拉萨尔县的早期移民聚落，而缺少这样的河谷妨碍了人们在格兰迪县定居。在拉萨尔县，第一批拓 14
荒人落户在伊利诺伊河、大弗米利恩河和福克斯河的河谷地带。19 世纪 30 年代初，有十几个家庭沿着内特尔和奥塞布尔溪流的林地居住下来，形成了格兰迪县的聚落核心。在帕特南县，移民“向整个地区每一个方向散布开来，像洪水一样，以至于几乎每一丛树林中都很快看到一位居住者。”① 在比罗县，最早的移居是沿着比罗溪的林地进行的。② 比罗县的北部和西部、拉萨尔县的南部和西北部、格兰迪县的北部都是开阔的大草原，这些地区直到多年以后才开始有人定居。而在这个区域的其余部分，移民人口从林地向邻近草原的延伸则轻易地、自然而然地发生了。

宅地的改善

拓荒人在一切活动中都必须使自己适应这个新环境。从美国东部带来的制度和方法要加以修正，以满足变化后的生存条件之需要。

确立一个“权利主张”，起初所需要的只是定居者耕种并

① Samuel Augustus Mitchell, Illinois in 1837 (Philadelphia, 1937), p. 100.

② H. F. Kett & Co., publ., The Voters and Tax-payers of Bureau County, Illinois (Chicago, 1877), p. 87.

收获一茬庄稼，收获多少并没有规定。“在草原上常常能看到一个四边的栅栏，土地圈起来翻耕过，种上了小麦。”[1]对土地的权利由实际占有来保障。住在这个区域里的大多数人都是宅地自耕农，他们在必要时会联合起来，以保护自己的权益不受土地投机商侵犯。在一块土地被出售时，如果占有它的定居者没有提交优先购买权请求书，他的邻居就看到用最低价格竞买这块土地的好机会。要是有投机商企图通过提高竞价来争取这块土地，那么他会受到定居者群体的粗暴对待。根据拓荒人的原始法则，每一位定居者都对他安家落户的土地享有权利，任何想来干涉的人很可能会遭到暴力制裁。[2]

定居者对土地的第一项改善是给他自己和他的物品提供遮风避雨的地方。有邻居们的热心帮助，他在几天之内就能盖起一座原木小屋。“任何一个男人携家带口前往任何一处边疆聚落，借住在别人家甚至露营在外面，请求周围人们帮助，那么从头到尾只需三天，他就会拥有一座舒适的小屋，并且得到一个定居者的身份。”[3]建造房屋给方圆数英里的邻居们带来欢喜的节日，使他们从单调沉闷的边疆生活中暂时解脱。多数情况下，建造房屋的材料是从宅地上取得的。粗糙砍伐的原木用来做墙，仔细剖开的木板铺成地板（如果这家想要这种奢侈品的话）。削尖的木针代替钉子，房子拐角处的木头刻出榫头彼此连接，墙上的裂缝用黏土糊上。烟囱一般也是用木头做的，

---

[1] Elmer Baldwin，前引书，p. 131。

[2] 同上。

[3] Samuel Augustus Mitchell，前引书，p. 68。

里外两面抹上一种沙子和黏土合成的灰浆。家具和器皿都是自己做的。床架通常靠着屋里的角落建造，是最简单的结构。[①]

对早期的定居者来说，翻耕草皮是长期而艰巨的任务。草皮又硬又重，犁具却既软且笨，何况牲畜一般也是状态不佳。最早的做法是套上六到十对共轭牛拉犁，开出一条两三英尺宽的犁沟。[②]犁具带有沉重的横杠，框入一个轮轴，由橡木做的笨重轮子支撑着。幸亏这种不实用的设备很快就被轻便、精心打磨的剪切犁取代了，它能像刀子一样割开厚重的草皮。[③]改进的犁具一次翻开一道 18 到 24 英寸宽的草皮，只需要三对共轭牛，并且大大节省了时间。[④]

在头一茬庄稼种出来之前，大草原上的野草给牲畜提供了食物。这些野草帮助许多农人度过艰难时日，那时候农人需要耕地、种庄稼，却没有什么东西来喂养他的耕畜。野草能晒成很好的干草，尤其是长在低洼地方的野草。[⑤]成片的草地常常被保留着作为牧场，但是多数在几年后就不复存在了，因为它 16
们不太适应放牧的用途。

最初种植的庄稼几乎无一例外都是玉米。第一年的产出被称为“草皮玉米”，收成在普通庄稼的一半左右。[⑥]种植方法出

---

① Elmer Baldwin，前引书，p. 134，作者生动地描述了这种小屋的建造。

② 同上，p. 136。

③ Daniel S. Curtiss, Western Portraiture and Emigrants' Guide (New York, 1852), p. 291.

④ Samuel Augustus Mitchell，前引书，p. 14，引用 Lewis C. Beck, A Gazetteer of the States of Illinois and Missouri (Albany, 1823)。

⑤ Elmer Baldwin，前引书，p. 171。

⑥ Samuel Augustus Mitchell，前引书，p. 14，引用 Lewis C. Beck，前引书。

自当年的紧急需要，很多时候只是用斧头在翻开的草皮上砍些口子，把做种子的玉米撒进去。[1]头一茬庄稼收割后就可以耙地了，土地为下一茬庄稼平整得相当不错。随后种植的常常是一些小谷物，例如小麦或大麦，不过也有不少田地很多年还是专门种玉米。总体而言，务农方式是粗放、低效率的。由于土地几乎是要多少有多少，每个人都能种出足够的粮食养活自己和家人，那么精耕细作也就没有必要了。譬如冬小麦就种在前一个夏天生长的玉米茎秆之间。据说当年的庄稼平均产量最多不过相当于现在的一半。

农业机械在1850年之前开始普遍使用。播种机和收割机是首批引进的，很快得到普遍使用。到1850年，割草机和脱粒机已经被证明很成功。[2]与东部各州相比，这个地区农业机械的普及要快得多，因为在大量宅地等待人们进入的情况下，很难找到足够的劳动力；而且，几乎是一马平川的大草原地面使得机械耕耘特别容易，也有利可图。

由于仍然留有大面积的草地，失火的危险还是相当大的。“从第一场霜降直到来年春天，定居者们睡觉都睁着一只眼，除非大雪覆盖地面。”[3]在大部分土地成为耕地之前，定居者们习惯于在农场院落周围犁出一圈空地，这样虽然保护不了庄稼，起码可以保护农场的房屋不被大火烧毁。

获取一块宅地并加以改善的成本并不算高。在许多情况

---

① Elmer Baldwin，前引书，p. 137。

② Daniel S. Curtiss，前引书。

③ Elmer Baldwin，前引书，p. 145。

下，唯一需要花费的现金就是向土地部门缴纳每英亩 1.25 美元的费用。翻耕草皮的成本估计在每英亩 2 美元左右。修建围栏的花销比土地的初始费用还要高。房屋和户外附属建筑物花不了多少钱，只要有方便就手的木材便可以了。据当代作者估计，用 1000 美金或不到 1000 美金，能够买下并改善一块四分之一平方英里（160 英亩）的宅地。[①]对于财产有限、不怕吃苦又能耐心劳作的人来说，这种机会的确是无与伦比的。[②] 17

拓荒人的食物

有好几年，定居者基本上只能享用他自己农场的产品，因为市场遥不可及，还因为他没有办法处理自己的剩余产品。他的食物相当简单，但是很充足。玉米面、碎玉米碴、土豆和猪肉构成他的食谱，后来加上了小麦面粉。这个区域所建立的第一种工业就是谷物磨坊。第一家磨坊是 1830 年在代顿建立的，一段时间内离它最近的竞争者在皮奥里亚。[③]很快在印第安溪上建起了第二座磨坊，然后有一家很大的谷物和面粉磨坊于 1841 年在伊利诺伊河边的马赛建成。这些磨坊为上伊利诺伊中部和福克斯河下游的乡村服务。19 世纪 30 年代初，比罗县的谷物是要运出去加工的。这个区域的东部于 1837 年在长纳

---

① Samuel Augustus Mitchell，前引书，pp. 14，69。

② 佚名，The Progress of the Northwest，The Merchants' Magazine and Commercial Review，Vol. 3，1840，pp. 22-40。特别参看第 35 页。

③ H. F. Kett & Co.，publ.，Past and Present of La Salle County，Illinois（Chicago，1887），p. 182.

霍建成一座磨坊。然而在许多地方没有磨坊，定居者（或者更多情况下是他的妻子）用手工磨面，一般是把玉米倒在臼中捣碎。恶劣的天气和糟糕的道路迫使不少家庭一周又一周就靠这种饭食过日子。

有的年份收成不好，就得向这个区域供应粮食。运输既困难又麻烦，这时候很多家庭濒临饥荒边缘。有些情况下食物要从数百英里之外的地方运过来。有报道说，曾经有两个人长途跋涉 200 英里到中部伊利诺伊购买玉米，在那里磨成面，运回上伊利诺伊的定居点。还有一次，一艘平底货船沿伊利诺伊河顺流而下，到桑加蒙河的定居点去为渥太华附近的定居者采购谷物。

机构和社交生活

18 与南方来的定居者不同，这个地区的北方拓荒人来自一个人口密集的区域，那里的农场不大，很多人居住在村里或镇上。因此，他们早就发展起来一些社会机构，其形式比他们来自南方的邻居们更加先进。他们将教堂、政府和学校从新英格兰地区移植到草原上的新家园。一些移民聚落带来了自己的牧师，几乎毫无例外都是属于公理会的；大多数聚落刚一盖好自己的住所就立刻建起一栋做礼拜的房屋。学校也受到高度重视。1828 年，在渥太华组织起一所私人的“精选”学校，几年后在它的原木会议厅旁边又盖起一所原木的学校校舍，两所学校同样招收了热忱接受教育的学生。渥太华的第一所法院和监狱是 1830 年建造的，那时离此前的第一次选举有三年了。

伊利诺伊州这一部分的城镇政府也是北方式的机构，原封不动整体搬过来的。

拓荒时期为人们提供的社交机会很少。定居者人数不多、居住分散，道路常常无法通行，何况改善宅地的任务需要无休止、全身心地投入才行。这样的日子对妇女来说格外艰难，因为她们有很多家务活要干，几乎完全被困在家中无法脱身。边疆生活的孤独和乏味使不少定居者精神崩溃，或者严重妨碍了他们的工作能力。研究拓荒时代的历史学家埃尔默·鲍德温（Elmer Baldwin）指出，思乡是一种真正的疾病，有时候会是致命的疾病。“很多人只有身体、而不是心灵”住在了他们选择定居的地方。[①]一个人的心还留在他东部的老家，而他的头脑不情愿地转向新环境中的种种问题，在这种情况下可能出现些许进步。人们当然会热切地抓住能打破孤立的一切机会。他们兴高采烈地庆祝各种节日，那种热情在我们今天看来似乎奇怪、粗俗。给新来的人盖房子、选举、政治宣传、剥玉米聚会，特别是露营布道会——这些都是拓荒人的娱乐。他们心心念念盼望这些简单的快乐活动，从中汲取养分以供事后回想和谈论。

新闻很少，传播得也很慢。人们认真阅读那些零散的报纸，想知道外面的世界上发生了什么事情。第一份本地报纸是1837 年在亨内平创办的。两年后，在珀鲁发行了一份周报。1840 年，《渥太华自由贸易者报》（*Ottawa Free Trader*）问世

---

① Thomas Ford, A History of Illinois, from its Commencement as a State in 1818 to 1847 (Chicago and New York, 1854), p. 230.

了。格兰迪县直到 1852 年才开始有了一份报纸，此时在上伊利诺伊河谷地带的报纸已经有六七种之多了。由于通讯手段不便而缓慢，以及由此导致的消息缺乏，这些早期报纸大量充斥
19 着诗歌、散文和短篇小说。报上有当地发生的少数事件，再加上编辑能够找到的大城市剪报来补充篇幅。早期地方报纸特别登载着圣路易斯各种日报上的消息，这些日报是船运过来的。在 19 世纪 40 年代，欧洲新闻一般都是五个星期之前的，大西洋沿岸的消息也要两个星期到达当地。例如，哈里森（Harrison）总统 1841 年去世的消息在他死后 12 天作为一个传闻被报道，又过了一个星期才终于得到证实。在报刊上，像在当年所有的其他社会机构中一样，处处可以看到拓荒者是多么与世隔绝，这正是边疆生活最突出的特点。

健康状况

大草原上的各州现在显然是有益健康的地方，当年却有着非常不健康的名声。这种早期看法一部分是迷信，是基于对大草原普遍的不信任。然而拓荒年代的疾病流行比今天要严重得多，这的确是一个不争的事实。一个原因可以说是早期定居者中很少有医生，因而缺乏医疗服务。另外，大多数定居者不懂卫生、忽视住所的排水和清洁。草原几乎完全是平面的，很难或不可能自然排水，所以农场里堆积起来的垃圾往往会污染定居者饮用的水源和呼吸的空气。气候条件也是新的，对定居者来说十分陌生，需要一定的时间才能调整适应。最后，草原本身与现在相比，当年可能在很大程度上也孕育着疾病的种子：

上面有很多死水潭，土壤里的存水大都不好排放。在这种情况下，疟疾、伤寒以及类似的热病就流行不止了。

“发烧和打摆子”是定居者的灾难，人们普遍认为这是因为翻开了草皮、放出了里面的“有毒瘴气”，特别是在夏末和秋天。冷感冒和热病使拉萨尔附近的北安普敦拓殖点解体了。1838 年的夏季出现了特别多的病患，河流旁边的小镇几乎所有的人都病了，有很多人死去。在拉萨尔，那年秋天据说多出了 300 座还没沾过雨点的新坟墓。当年春季发洪水、八月份奇热，人们说这些因素促使河水倒流、疾病蔓延。[①]当农夫们学 20
会了盖房子要远离沼泽、选能够自然排水的高地，他们的健康状况便有了很大的改进。[②]随着生土变成耕地、表层实施排水、农场得到优质饮水供给，寒热病慢慢消失了，大草原的恶劣名声也逐渐被人遗忘了。

交通运输

在最初的年月里，定居者既没有时间也没有急迫的需要去建造交通运输线。直到他改善了自己的宅地、从中赢得生存之道，这才能够关注交流手段的问题。在他的农场还没有生产出剩余物资的情况下，拓荒者对交换产品的市场不太需要。那时候是自产自用的时代，从食物到衣服都是这样。当时只有为数

---

① Elmer Baldwin，前引书，p. 159；O. L. Baskin & Co.，publ.，前引书，p. 151。

② Samuel Augustus Mitchell，前引书，p. 69。

不多的简陋商店，出售工具、烟草、药品和其他满足人们简单需求的东西。在这一时期中，唯一的公路便是自然形成的通道——大小河流和一望无际的大草原，这些在当时也可以说是足够了。

伊利诺伊河是伊利诺伊州这一部分的第一条大通道，最初的定居者就是经这条通道来到此地的。1825 年，一个姓沃克（Walker）的人乘一艘平底货船沿伊利诺伊河溯流而上，一直航行到渥太华；其后十年间伊利诺伊河都是这一区域与外部世界连接的主要通道。河流上游在大约 1860 年之前具有商业上的一些重要性，不过在 1848 年以后就主要是充当伊利诺伊-密歇根运河的支流了。最早的河上交通是由独木舟、平底货船、驳船和筏子来完成的。这些船通常是家庭手工制作，只用来把农产品运到下游去，在偶然情况下才会有那么一两只船装载着南方的食品饮料，被拖拽着逆流前往北方。其实早在 1820 年以前，内陆河流上就有了适应交通运输需要的蒸汽机船，但是第一艘蒸汽机船直到 1831 年才深入到上伊利诺伊河谷地区。其后好几年时间，只是偶然才有很少的船只冒险航行到皮奥里亚以北。[①]渥太华绝对是航行的源头，但是除了在发洪水的时候，船只都过不去尤蒂卡高地的急流。甚至尤蒂卡也不是一个理想的航运起点，因为弗米利恩的多条河流进入尤蒂卡下面的伊利诺伊河，在那里造成了一些沙洲。因此，大多数蒸汽机船
21 都停泊在珀鲁，于是珀鲁成为上伊利诺伊河谷最大的河边重

① Henry Allen Ford, The History of Putnam and Marshall Counties (Lacon, Ill., 1860), p. 96.

镇。在珀鲁的所在地，水流冲刷着河谷北边高高台地的根基。这个地方提供了很好的停靠点，并且能保护船舶不受洪水袭击。这个地区的另一个河边重镇是迪皮尤。伊利诺伊河对这一区域的居民来说，从来都不像它对河谷中部和下部的居民那么重要，无论是当时的报纸还是地方历史记录都很少提到蒸汽机船或河流航运。沙洲和急流使得占这个区域三分之二的东部地区无法享受河流交通运输的好处。1848 年，伊利诺伊-密歇根运河开通，把这一区域的贸易向东转移，在此之后很大部分的航运就是通过运河，将货物从南方和西方直接运到纽约了。

大草原上的货车小道是人们经常使用的运输通路。最早的痕迹是草皮上一两英尺宽的印第安小路。[①]几条早期的道路起初是邮路。1828 年，从皮奥里亚到加利纳铺设了凯洛格小道，沿着这条小道建起了比罗县最早的移民聚落，即塞纳克瓦恩、博伊兹格罗夫，以及比罗溪旁边的聚落。[②] 1832 年，从南伊利诺伊州到芝加哥建立了一条邮路，途经迪凯特、渥太华和福克斯河。几年后，这些定居者们开始把他们的剩余产品拖拽到芝加哥，到 30 年代中期已经有几条路被满载的贸易货车压得破烂不堪了。正是在这个时候，由于人们把大批牲畜赶向市场，回来时又带来盐和其他物品，一条途径格兰迪县南部的布卢明顿到芝加哥的道路开始形成了。[③]与此同时，另一条从渥太华到乔利埃特和芝加哥的道路也建成了。这样的道路一旦固定下

---

① O. L. Baskin & Co. , publ. , 前引书, p. 152。

② H. F. Kett & Co. , publ. , The Voters and Tax-payers of Bureau County, Illinois (Chicago, 1877), p. 87.

③ O. L. Baskin & Co. , publ. , 前引书, p. 155。

来，必须小心地沿着它前行，因为在那毫无特色可言的大草原上很容易迷路，至少是很容易偏离开直接的道路。①雨后和春天融雪时节，这些道路有时候几个星期都不可通行。这个地区没有什么桥梁，过河就是从水浅处涉过。泛滥时的小河切断了
22 整个定居地与外界的联系，甚至令人丧失生命。有记录表明，在大弗米利恩河上建桥之前，曾有 25 人因涨水时试图涉水过河被淹死了。②然而，这些小路和路上吱嘎作响的运载工具尽管简陋，却给大草原上的定居者提供了与外界交流的手段，给拉萨尔县和格兰迪县东部的拓荒者带来一个向东部市场出售产品的窗口。

---

① Elmer Baldwin，前引书，pp. 140-141。作者写到误导旅人的海市蜃楼、在冬季大草原丧生的拓荒者，以及草原行者的其他历险事件。

② 同上。

2. 肯塔基的荒野地区[*] 23

“荒野”这个名称涉及品质判断吗?

据说，向西部移民的南方人对没有树木的土地抱有强烈偏见，他们避免在此定居，因而一般来说把这种地方留给那些稍后从北方来的定居者去占据了。①的确，大草原各州的首批移民都是沿着树木繁茂的河谷地区安家落户，但他们不去草原深处是因为，在草原上生活比在林地生活遇到的困难会严重得多了。关于这个题目，佩尼罗亚尔区域的定居点给我们带来关键性的启示。

佩尼罗亚尔区域是横跨阿巴拉契亚山脉移民所面对的第一个重要的草地主体。南部海岸也包括数量不少但无足轻重的小块无树之地，它们对定居者来说不会构成什么困难。当拓荒者首次遭遇佩尼罗亚尔的草地平原，他们立即称之为“荒野”(barrens)。这个称呼还部分给与密苏里州的草原地区，因为没过多久肯塔基人就成了密苏里州的先驱定居者了。在伊利诺

---

* The Barrens of Kentucky, *Geography of the Pennyroyal* (Kentucky Geological Survey, Ser. 6, Vol. 25), 1927, pp. 123-130. 第三段开头几句话摘自第 131 至 133 页。

① Carl Ortwin Sauer, Geography of the Upper Illinois Valley and History of Development (Illinois State Geology Survey, Bulletin 27), 1916, pp. 153-156, 本书中第 11—14 页【原书页码】。

伊州，这个名字也在一定程度上流行。但是，在密苏里州和伊利诺伊州，“荒野”很快就被当地的法语词“大草原”（prairie）取而代之了。当拓荒者在肯塔基定居时，美国人还不知道“大草原”这个词。那么，“荒野”这个名称是不是像我们通常所想的那样，意味着对佩尼罗亚尔草地的负面判断呢？

[这个地区的移民历史给上述问题一个确凿无误的否定回
24 答。在1790年到1820年之间，有超过十万定居者进入佩尼罗亚尔区域，他们在1820年已经占了肯塔基总人口的26%。佩尼罗亚尔的草地并没有阻止移民的到来，也没有证据显示应用在草地上的“荒野”这个名称含有任何憎恶之情。]而且，下面的引述表明，人们使用这个词是因为这里没有他们习惯看到的森林覆盖，而不是因为他们认为这种草地荒芜贫瘠、无生产能力。在我们的英语词汇中，的确没有一个词来描述草地，除了例如“荒野”“草场”（meadows）“林中空地”（glades）等一些特别的种类。虽然这三个词很适当地描述了非常不同的场地状况，它们在肯塔基却似乎是多多少少地被互换交替使用的，其中“荒野”这个词逐渐变得最为盛行。因此，“荒野”这个名称应该被看作语言困窘的结果，而不是对草地荒芜贫瘠的判断。

约翰·菲尔森（John Filson）1784年的著名地图中，① 在

① 附于 John Filson, The Discovery, Settlement and Present State of Kentucke (Wilmington, 1784)。影印在 Willard Rouse Jillson, Filson's Kentucke (Filson Club Publication No. 35), 1930。

格林河与索尔特河之间的地带上面写着："这是一片被称为格林河平原的广袤大地，不产木材，水也很少；大部分土地肥 25
沃，覆盖着优质的草和草本植物。"这段话写出了大草原草类生长茂盛、土壤肥沃、地表水缺乏，表明对这一地区的正确而远非不利的判断。在同年印制的报告中，菲尔森用了"格林河荒野"这个名称，显然他并不认为这个名称与他的地图有矛盾。

吉尔伯特·伊姆利（Gilbert Imlay）是当年的边区移民土地专员。作为一位熟悉当地情况、合格的土地评判者，他在大约 1792 年所写的报告中记录了以下的重要观察结果：（1）俄亥俄河以南的伊丽莎白敦地区"是面积相当大的良好土地"；（2）"但是继续向南行走几里格①，你就来到广阔的平原，这些平原向西南方向延伸 150 英里，只是在遇到山地时才停止向前扩展。"这个奇特的地形描述可能指的是肯塔基州西部田纳西河的"终结"（汇入俄亥俄河）。（3）至于土地的质量，他的判断比较混乱，而且就地形而言有些自相矛盾。在一段叙述中他肯定这些平原地区的土地"被认为比荒野之地好不了多少"，但在同一段里又补充说，"然而比弗吉尼亚低地、南北卡罗来纳和佐治亚的大部分土壤品质更高级"。他指出，这个地区有大量榛树、葡萄和其他果树，并特别提到"众所周知，榛树在贫瘠的土壤上是长不好的"。他接着又肯定，格林河与坎伯兰河之间的土地——这实际上是前面（2）中所述平原的一部分——总的来说是富饶的。他对这个地区似乎掌握着第一

---

① 一里格约等于 3 英里或 4.8 公里。——译者注

手资料，而他的一般性评价是认为这个地区相当不错。①

伊莱休·巴克（Elihu Barker）大约在1792年绘制的地图重印于伊姆利的《地形描述》（*Topographical Description*），这份地图显示了：（1）在大巴伦河和小巴伦河之间的“巴伦”（Barrens，意即“荒野”）地区；（2）克里滕登县和利文斯顿县的“荒野及裸露之地”；（3）克拉布奥查德以南的“林中空地”地区；以及（4）珀拉斯凯县南部长满野草的高地——“非常好的土地”。

美国第一位地理学编纂者杰迪代亚·莫尔斯（Jedidiah Morse）在1797年的《美国地名词典》（*American Gazetteer*）中做了这样的论述：“在格林河口与索尔特河之间将近200英里的距离，俄亥俄河岸边的土地总的来说是丰茂肥沃的；但是离开河畔，你就到了平原地区，人们认为它并不比荒地好到哪儿去。……索尔特河支流罗灵河的西北面是一片约40平方英里的土地，大体上是荒野，其间点缀着一块块和一条条的好地，这对于养牛是很有利的条件，因为邻近的荒野（这个称呼并不合适）长满了草，给牲畜提供了良好的牧场。”②显然，这位编纂家没有抓住荒野和平原的一致性，从而陷入相当混乱的想法之中。

1817年，有人这样描述拉塞尔维尔南边一块15英里宽、

---

① Gilbert Imlay, A Topographical Description of the Western Territory of North America, ed. 3 (London, 1797), pp. 35-37.

② Jedidiah Morse, The American Gazetteer (Boston, 1797), arts. “Green” [River], “Kentucky”. 请注意，伊姆利的语句重新出现在这部《美国地名词典》中。

90英里长的草地：“大草原……丰饶，水源充足，……足够养育大量人口”。①蒂莫西·弗林特（Timothy Flint）在1832年写道：“在索尔特河的罗灵河支流与格林河之间是一片非常广阔的大地，被称为‘荒野’。那里的土壤虽然不属于一流品质，但一般而言是好的。在格林河与坎伯兰河之间，还有更大的一片‘荒野’。”②

将草地称为“草场”似乎主要是山边地区的习惯，它可 26
能指的是比较湿润的地表，“草场”这个名称也隐含此意。然而这一点我们不能确定，因为真正的湿地是“低洼树林”（flatwoods）——现在如此，当年移民时期恐怕也没有什么不同。韦恩县在1780年之后不久迎来了第一批定居者，地点在“王子草场”的石灰岩山麓地带，当地的小河至今仍被称为“梅多溪”（Meadow Creek，意即“草场溪”）。③“林中空地”这个名称也是某种程度上在山边地区使用的，它指的是部分被森林包围的草地，在石灰岩高原东端的平坦地面。这个名称也许能解释我们今天所说的“雪松林中空地”（cedar glades）。在肯塔基州和密苏里州，“林中空地”一词现在用来描述土壤薄薄的山坡，上面覆盖着雪松和很少量的草。很明显，这种地貌在很多情况下，位于原本没有森林或几乎没有森林覆盖的石

---

① Samuel R. Brown, The Western Gazetteer or Emigrant's Directory (Auburn, N. Y., 1817), pp. 105-106.

② Timothy Flint, The History and Geography of the Mississippi Valley, ed. 2 (Cincinnati, 1832), p. 347.

③ Arthur McQuiston Miller, Recent Cave Explorations in Kentucky for Animal and Human Remains (Kentucky Geological Survey, Ser. 6, Vol. 10, pp. 107-112), 1923. 提及的内容见第109—110页。

灰岩小圆丘和小水湾坡地上（这些地方的原本状况我们是根据当地传统及森林生长的证据而得知的）。它们是更大范围内野草生长的林中空地的一部分，这些长草的林中空地大部分都被人开垦耕种了。不过这种土地的边缘地带在一段时间之后被雪松占据了，雪松是在弃耕地上生长势头最旺的树木；同时出现的还有檫树和柿子树，它们和雪松一起成为森林的先驱者。于是，这些长草的林中空地变成了“雪松林中空地”。用来描
27 述草地的“glade”一词的正常用法在肯塔基州已经完全消失了，尽管这种用法在一个世纪前曾经存在过。

原始植被的特性

佩尼罗亚尔区域的平坦部分原本是大草原，主要是须芒草。草地“点缀着小片的树丛，或者被树丛切断”。[①]“大地被草覆盖，像大草原一样，间或有几棵树。”[②]伊姆利总是喜欢混淆我们对当地景色的认知，他补充道：“很少的树丛和东一处西一处的矮小树林，是无边无际的视野中唯一的障碍物。观察野鹿跳过大地上覆盖的散乱灌木丛，是多么令人赏心悦目啊。”[③]根据口头描述，在平坦的高地上一丛丛高大的树木并不罕见，但占据的面积都不大。河谷里生长着树木，其中大部分地方森林十分繁密。

---

① Samuel R. Brown，前引书，pp. 105-106，83-84。

② Timothy Flint，前引书。

③ Gilbert Imlay，前引书。

荒野地区的起源

当地的草地那时候被一个长得最茂盛的森林地区包围着。在很少的几个地方，有着比在俄亥俄河谷下游所见到的更为多样化的硬木森林。路易斯维尔、辛辛那提、埃文斯维尔和纳什维尔在早年间都是著名的木材市场，至今仍然把优质原木从周边地区吸引过来。孟菲斯现在是世界上最好的原生硬木市场。密西西比河低地、西部煤盆地的小山、圆丘区域和山脉，当时都覆盖着壮观的巨树，它们完全把荒野地区包围了。

佩尼罗亚尔区域的河谷曾有茂密的森林。约翰·詹姆斯·奥杜邦（John James Audubon）在佩尼罗亚尔沿着格林河，发现了多处巨大的鸽子栖息地，这表明有大片森林存在。①坎伯兰河和一些较小河流汇入大河之处过去也被密集的原始林覆盖。这一区域的森林分布中没有任何因素显示，佩尼罗亚尔高地的森林缺失可以用气候或者森林迁移的历史来解释。的确，东部的林木，例如山毛榉，现在可以在佩尼罗亚尔西部边界之外看到，而南部的林木，例如柏树和锐叶木兰，也已经向北蔓延到这个区域外面了。佩尼罗亚尔的高地并非两个或两个以上尚未相遇的森林带之间的居中地区，因此我们不能将它视为一块古已有之的草地，而必须这样理解它：这一地区的土壤条件不适于树木生长，或者这一地区的树木被清除了，因而块状或

---

① John James Audubon, The Birds of America, Vol. 5 (New York and Philadelphia, 1842), pp. 28-29.

条状的树丛是已经消失的森林的遗留物，而不是一座从外面入侵的森林的前哨站。

草地与洞穴石灰岩之间的部分相关性可能意味着土壤性质与植被之间的因果联系。很早以前戴维·戴尔·欧文（David Dale Owen）就表述过这个看法，他说："总之很可能的是，土壤中有一种促使荒野草类葱郁生长的奇怪倾向，于是野草占据
28 了土壤，驱逐了所有的林木；这些野草被描述为已经长到了五六英尺之高。"①不过他说的这个只可作为草地状况的部分解释而已。格林斯堡地区的较平坦部分下层是韦弗利石灰岩，这部分地面似乎与我们的上述地区相似，也曾被野草覆盖，而割裂开的洞穴石灰岩部分一般来说则是被树木覆盖的。这里的相关性似乎完全在于地形：洞穴石灰岩上面没有森林生长是由于其表面平坦。

有一个流行的一致说法是把荒野状况归因于大火。起初是印第安人，后来是白人在当地放火烧荒，为的是改良牧场，也有时是为了驱赶野兽。大火背向山坡燃烧，在平坦地表很容易蔓延，但通常不会下降到陡峭的河谷里，除非被特别合适的大风驱赶。平坦地面上可能有成熟的森林，林中很少有矮树丛，这样它们就被经常重复的燃烧逐渐清除了大部分树木。欧文报告了70多年前，即1854至1855年间当地居民的看法如下：

---

① David Dale Owen, Report of the Geological Survey of Kentucky Made during the Years 1854 and 1855, Vol. 1 (Frankfort, 1856), p. 84.

> 肯塔基这个地区的老居民都宣称，当他们初到此地定居时，目力所及大部分是开阔的大草原地带，几乎找不到足以做围栏的木料。而现在有了中等大小的树木组成的森林，完全遮挡住了视线。
>
> 他们一般都把这种变化归因于野火。以前在干旱季节，野火会横扫整个地区，而现在呢，大部分情况下都能避免起火，万一偶然着起火来也能扑灭。看来没有什么树木能在这种烧焦一切的大火中幸存下来，只是除了那种树皮很厚的黑皮橡树，它们抵御着野火的破坏力，零零散散地孤独屹立，成为自己坚强本性和草原大火严酷影响的纪念碑。①

多年后的 1892 年，肯塔基本地人纳撒尼尔·索思盖特·谢勒（Nathaniel Southgate Shaler）做了以下陈述：

> 印第安人把这一区域当作狩猎场，而路易斯维尔与田纳西州界线之间的地区（从那里沿肯塔基南部边界，向西延伸到坎伯兰河）主要是处于大草原的状况。除了在小河附近和在这个所谓“荒野地区”的边缘，其他地方的森林都被大火留下了伤痕。没有幼树成长起来取代那些残存的厚皮老树，后者由于树
> 皮很硬而得以抵御火焰。当这些老树死去时，没有小 29
> 树来接替它们的位置，因此大草原逐渐延伸到原本由

① 同上，pp. 83-84。

> 森林所占据的整个地区。印第安人被赶走之后，这个地区又过了差不多50年才在总体上住满了定居者，这50年间树林在很大程度上重新占有了开放的土地。草地上经常性的大火已经不再发生，树种从东一处、西一处的树丛中散布出去，使这些树丛成为快速延展之植被的中心。已故的安德伍德（Underwood）参议员①是个卓有见地的观察者，他在本世纪初年就见证了这片土地，他认为这个地区没有树木的特点完全是土著人在开阔地带焚烧野草的习惯造成的。②

我们在这里或许看到了一个事实的大规模例证，这就是：甚至一个原始人也有能力在他手中最有力的工具——火——的帮助下，深切修改自身所处的环境。大火曾在长时间内肆虐于此地，这一点已得到充分证明。印第安人有放火烧荒的习惯，这也是没有什么争议的事情。但是我们不知道森林的初始状况是什么样子。它很可能是开放的、成熟的森林，树下面有长势不错的草和草本植物。这个地区在移民时期基本上没有被印第安部落占据，但似乎在更早期曾经是大量人口的家园，他们很

① 来自肯塔基州的参议员约瑟夫·罗杰斯·安德伍德是在1803年（即本段引文中的“本世纪初年”）他12岁时从弗吉尼亚州移居此地的；现在人们所说的安德伍德参议员多指他的孙子、20世纪的参议员奥斯卡·怀尔德·安德伍德。——译者注

② Nathaniel Southgate Shaler, The Origin and Nature of Soils（U. S. Geological Survey, 12th Annual Report, Part 1, pp. 213-345）, 1892, pp. 324-325. 亦见 John Hussey, Report on the Botany of Barren and Edmonson Counties（Geological Survey of Kentucky, 1884, Part B, pp. 34-58）, p. 35。

可能在那里住了很长时间。沿着河谷边缘有非常多的土著人口
居住的标记。埋葬地、小土丘、碎石堆屡见不鲜，石头工具和
武器散落在地里和路旁，每次大雨过后就能发现一些，还有悬
岩遮蔽处下面的食物垃圾；存留在这个地区的废墟和瓦砾数量
之大，表明这是一个不同寻常的重要考古遗址。一个或许有重
要意义的现象是，密苏里州欧扎克斯湖地区有相似记录显示当
地有古老并且重要的土著人口，而这个地区也呈现出相同的高
处平原上森林遭到清除的特点，尽管那里的地质构造与佩尼罗
亚尔区域有很大区别。①可能我们在这两个地区看到的都是一
种草地上的原始文化景观，原因在于土著人在当地长期居住，
以及与复杂多样的地形相比，平坦高地上的植被改变要容易得
多。内陆温和气候的北部边缘地带是不是一种重要的早期河川 30
文化的遗址，而这个荒野地区像密西西比河和密苏里河流域的
大土堆一样，是它的见证呢？虽然非专业的收集活动破坏了越
来越多的印第安古迹，但大概仍然有可能通过实地考察来确
定，这个地区在何等程度上曾经包含一个早于肖尼人（Shaw-
nees）家园的土著文化——肖尼人是最后的印第安居民，估计
是在 18 世纪初期迁离此地的。

森林的重新引进

19 世纪 20 年代之后的所有报告在提到荒野地区时，都把

---

① Carl O. Sauer, The Geography of the Ozark Highland of Missouri (Geogr. Society of Chicago, Bull. 7), 1920, pp. 53-55.

它当作一个过去的或正在过去的状况。因此毕晓普·达文波特（Bishop Davenport）在1830年左右谈到："从那时以来，一个美丽的大草原……现在覆盖着各种各样的小树，然而这些树木不会妨碍草类生长。"[①] 1833年，有报告说："这里的小山是彼此独立的圆丘，上面长着橡树、栗子树和榆树。……虽然不少树木看样子长不了多大，但是土壤一点也不贫瘠荒凉。"坎伯兰河谷附近的土地"已经在几年之内从一个广阔而无间断的大草原改造为经济实用、有价值的木材森林"。[②] 1853年，据称格林河上游盆地仍然"树木不多，夏天被野草覆盖，野草生长在零星分散、长不太大的橡树之间"。[③]戴维·戴尔·欧文在1855年写道："自从人们在这个地区定居下来，这里的野草几乎灭绝了，因而给了树木扎根并茁壮成长的机会。"[④]约翰·缪尔（John Muir）在1867年步行穿过格林河和坎伯兰河流域的中部，他报告了黑橡树的情况："很多黑橡树都有60或70英尺高，据说它们自从40年前草原不再被大火破坏，就开始生长了。"[⑤]约翰·赫西（John Hussey）在1875年仍然在评论巴伦县森林植被的贫乏，而这种状况今天几乎不会有人注意

---

① Bishop Davenport, A New Gazetteer, or Geographical Dictionary, of North America and the West Indies (Baltimore, 1833), p. 130.

② William Darby and Theodore Dwight, Jr., A New Gazetteer of the United States of America (Hartford, 1833), art. "Kentucky".

③ Richard Swainson Fisher, A New and Complete Statistical Gazetteer of the United States of America (New York, 1853), p. 344.

④ David Dale Owen，前引书。

⑤ John Muir, A Thousand-mile Walk to the Gulf (Boston and New York, 1916), p. 6.

到了。[①]

这些各种各样的报告显示出以下事件之间的关联：通过定 31
居压制了大火，放牧使草皮变坏、耕作破坏了草地，森林从河谷两旁和高地的萌生林向外扩张，以及更多的林木品种逐渐迁移。如今，没有开垦耕种的土地都被树木覆盖了。平原上的小圆丘、湿地的低洼树林、疲软的牧场、弃耕的田地，这些都成了当前的森林所在地。过去一个世纪中森林的迅速入侵说明：过去对它的抑制因素并非气候或土壤。看来这是人类第二次从根本上改变了这个地区的植被构成。佩尼罗亚尔区域可以成为一个做细致生态研究的场地，以确定其森林演替是否已经再次达到了与周边有森林的地区相等的阶段，这个研究肯定会有成果。当地小斜坡上红雪松的盛行，似乎意味着“森林入侵处于早期阶段”仍然是这个地区某些部分的特点。按照这里的地方传统，雪松所占地盘即使与半个世纪前相比，也更加广阔得多了。

---

① John Hussey，前引书，p. 34。

32 3. 中部边疆的宅地和社区*

1862年的《宅地法》（Homestead Act）为我们的记忆方便地标志出美国历史主流中的一个重要时刻——寻求开垦并拥有土地的人们举家向西部大迁移。这个运动始于东部海岸，在整个密西西比河-密苏里河的宽广流域发展到高潮，到高地平原逐渐消退。“中部边疆”（Middle Border）——这个名称很合适——指的是大规模向前推进的定居浪潮席卷五大湖以南、俄亥俄河以北的平原，他们利用了五大湖和俄亥俄河这两条水路作为通道。移民潮造就了克利夫兰、托莱多和芝加哥的北部门户，并且在南边使河流侧畔的边界城市兴起，例如俄亥俄河边的辛辛那提、横跨密西西比河的圣路易斯，以及密苏里河大转弯处的堪萨斯城。19世纪30年代，人们大批越过密西西比河，在南北战争前的边界冲突中又有很多人越过密苏里河进入堪萨斯州。虽然一开始并非有意为之，但这的确为大草原输送了定居人口，建立并形成了真正的“中西部”。

《宅地法》是在内陆移民的较晚阶段才颁布的。当时很多人已经免费得到了土地，还有些土地被公共土地部门、运河公司及铁路公司以象征性的价格和很容易的条件出售给个人。无

* Homestead and Community on the Middle Border, Landscape, Vol. 12, No. 1, 1962, pp. 3-7.

所有权而擅自占地定居的人受到慷慨保护，因为有优先购买权和日益强大的习惯做法。好几百万英亩的土地在《宅地法》出台前就已经作为宅地被授予个人，更多的土地在这部法律生效后继续用其他办法转移到个人名下。土地非常之多，一向足够使用，荒地的现金地价是把它建成农场所需成本中最省钱的部分。公共土地部门设立起来了，为的是把土地迅速、简单而便宜地转移到私人手里。

印第安人的遗产 33

美国的拓荒者从印第安人那里学到了对其生存和安居来说十分重要的东西，主要是在农耕方式方面。拓荒者在文化上仍然是欧洲人，他很明智地利用了东部林地印第安人的知识中对他有用的部分。这种学习起始于东部的詹姆斯敦和普利茅斯，在他翻越阿巴拉契亚山脉之前就已经基本上完成了。

内陆的印第安人似乎没有教给定居者什么东西。阿巴拉契亚山脉以西的印第安文化仍然主要是以垦荒耕作为基础，比我们大多数人所认为的程度更深。西部印第安人有没有贡献过任何品种的栽培植物呢？这一点不曾被人注意，直到我们再向西行进很远，来到上密苏里河的曼丹人（Mandans）部落和西南部的普韦布洛人（Pueblo）部落。

印第安人被抢走了家园的所有权，被剥夺了生计，又失去了可能重新起步的希望，于是很多印第安人沦为赤贫，或者成为住在白人定居点附近的“贱民”。他们落魄的生活中又加上了酗酒，这是他们不曾做过的事情，现在却变成他们最后的避风港。他们对彼此绝望，被白人藐视和厌恶，这两个种族失去了本来可以互相学习、共同生活的机会。

密西西比河流域早期的拓荒者中，多数是从南方通道过来的。他们起初被称为弗吉尼亚人和卡罗来纳人，稍后被称为肯塔基人和田纳西人，最后以衰减的势头被人叫作密苏里人。他们步行或骑马跨越坎伯兰地区和阿勒格尼地区，通常先在肯塔基或田纳西落脚，住上一段时间后再从那里经陆路或水道继续前行，渡过俄亥俄河和密西西比河。林肯家族和布恩（Boone）家族就是人们熟知的例子。①

第一波

西奥多·罗斯福（Theodore Roosevelt）称赞先驱拓荒者的主力队伍，说他们是苏格兰-爱尔兰人；亨利·路易斯·门肯（Henry Louis Mencken）强调他们的凯尔特族腔调和气质；埃伦·丘吉尔·森普尔（Ellen Churchill Semple）把他们看作阿巴拉契亚山脉的盎格鲁-撒克逊人。无论他们起源于什么地方（会有多种不同起源），他们是住在荒蛮丛林、带来并发展了
34 美国拓荒者生活方式的人。他们是林地的农夫、猎人和牲畜饲养者的混合体，善于使用斧头和步枪。树木是建造原木小屋和栅栏的原料，同时也是土地上的障碍物，需要被灭除、焚烧或

---

① 亚伯拉罕·林肯的父亲从弗吉尼亚移居肯塔基，他年幼时全家迁往印第安纳；先驱者传奇人物丹尼尔·布恩早年从宾夕法尼亚到北卡罗来纳，在肯塔基活动多年后移居到密苏里。——译者注

放倒。种植场由木栅栏围起来，牲畜就在树林里或草原上自由放牧。新英格兰人阿尔伯特·理查森（Albert Richardson）在《越过密西西比河》（*Beyond the Mississippi*）一书中报道了边境冲突时期堪萨斯东部的生活，他说他能从三件事上辨别出一个来自密苏里的定居者：木头房屋的烟囱建在房屋一头的外面；房屋挨着泉水，泉水代替地窖用来保存食物；还有就是他会给你喝酪奶。其实理查森不妨加上：这人手头会有玉米威士忌，而且如果这个家庭真是南方人的话，他们的玉米面包就会是白的。

这一波拓殖发生在早期，规模很大。它始于将近 1800 年，几乎占据了整个的新西部，直到 19 世纪 30 年代。在 1803 年"路易斯安那购地"（Louisiana Purchase）的时候，美国定居者们仅仅在密苏里境内便已经拥有了 100 万英亩西班牙颁发的土地所有权证书，主要是沿着密西西比河和密苏里河下游。他们的家园和田地限于有树林的河谷地区，他们的牲畜则放牧在高地草原上。在整个中部大陆，只有内布拉斯加几乎完全留在拓荒者安家落户的范围之外。

从生态方面看，他们占据土地，对长远影响是满不在乎的。树木被胡乱砍伐，草地过度放牧，野兽被猎杀、赶走。他们按照印第安人的方式务农，即弄死并清除林木，然后种上庄稼，很少（或很迟才开始）使用犁具和马拉货车。他们给人的印象是更注重牲畜饲养，对料理田地、改良庄稼却不怎么上心。例如，密苏里中部和西北部是这个"南部"边疆中最为成熟发展的地方，这里通过早期的圣菲集市繁殖了密苏里骡子，后来又培育出鞍马、快步马和肉用牛。

北方来的浪潮

北方来的移民大潮出现在 19 世纪 30 年代，从一开始就依赖于交通运输的改善——伊利运河、五大湖上的蒸汽机船、结实而宽敞的马拉货车，等等。这一波移民潮持续要求着“内部改善”，这个词在当年指的是交通方面的公共援助：首先是
35 运河，很快加上铁路（两者那时候均属罕见），以及铺有硬面的道路。货车运输十分重要，因而货车制造工业迅速出现在五大湖南面的硬木森林里。（回想一下，后来的机动汽车工业也是在同样的几个中心创建成形，也是利用同样的分销技巧和组织。）就运河来说，最重要的是 1848 年完成的伊利诺伊-密歇根运河，它把五大湖和密西西比河流体系连接起来，将内地的农场产品运送到东部。铁路最初只是打算用来给那些通航水道提供运货的支线。第一个重要的项目是伊利诺伊中线，1850 年特许开建，从俄亥俄河与密西西比河交汇点的开罗，通向位于伊利诺伊-密歇根运河和伊利诺伊河旁边的拉萨尔；国会拨给这个项目 200 万英亩的土地。

这个最后的陆上移民大潮是向大草原进发，和此前的林地定居有很大不同，无论是在生活方式上还是在来人的种类上。新移民依赖于提供交通运输的工业和资本。他们从一开始便以犁耕为基础——切开并翻转草皮需要铸铁或钢制犁铧，还需要牛或马这样强壮的耕畜。到 1850 年，种植玉米和收割小谷物的农业机械已经开发出来了，由此导致人们逐渐用马代替牛作为动力。

大草原上的宅地与树林中宅地的区别，首先表现在对犁具、耕畜和马拉货车的依赖上。还有，玉米是草原上种植的最重要的作物，部分用来饲养耕畜，但更多的是喂猪，这些猪是在西部培育的大型新品种，通过圈养，把玉米转化成了猪肉和猪油。定居者需要围栏，不是为了把动物阻挡在田地之外，而是要防止它们跑出去。牲畜不散养，住上了棚圈，吃上了饲料。农场分为一块块的田地，分别种植玉米、小麦、燕麦、苜蓿和饲草，用轮流耕种的方式为耕畜和准备卖给市场的动物提供所需食物。谷仓是必需的，用来储存粮食和当作马厩。这种混合型的经济通过出售动物和小麦带来现金收入，使工作时间分散到一年四季，并且能保持土地肥沃多产。它是一种自身可持续的生态系统，有能力长久继续下去并不断改善，这是在大草原定居的过程所确立的，其中不存在强行榨取或耗尽地力式开垦耕种的阶段。

到 19 世纪 60 年代初期的南北战争，也就是说在大草原移民 20 多年的时间段里，密西西比河以东的草原地区、艾奥瓦州东半部和密苏里州北部住上了很多定居者。有些县那时已达 36
到最高人口水平。我的家乡密苏里州沃伦县在 1860 年的人口是目前的两倍。改良土地、建造房屋和谷仓，比后来维持农场运转需要更多的劳动力。有些剩余人口继续向西寻求新的土地，还有很多人进入城市建设的行列。这些在大草原定居的人是农夫，他们在美国东北部或者外国出生长大，首先并且人数最多的是德国人，然后是斯堪的纳维亚人。他们知道如何翻耕、使用土壤到适当深度，如何照料牲畜，如何安排并充分利用自己的工作时间。他们需要金钱来建造房屋和谷仓，这些不是原木小屋，而是框架结构、装有壁板的建筑物；木材大多是从五大湖地区沿主要货运通路运进来的白松木。他们除自己的劳动外，也需要金钱来打井和给田地排水。和其他地方一样，土地价格是获得一座农场的成本中较小的部分。费心费力的是筹措足够的资本以改善和装备宅地，这是通过艰苦劳动和厉行节俭来达成的。这就充分解释了美国中西部的工作道德和俭省习惯，而这种道德和习惯现在常常是被人以轻蔑中西部农场生活的态度所强调的。为了拥有并维持优良的土地，必须遵守工作纪律、延缓享受轻松舒适的日子。这个代价对第一代定居者来说还是合理的，他们以前在新英格兰地区只能从很少几英亩土地里抢夺生计，或者在欧洲根本不可能自己拥有土地。

村庄的终结

分散居住、孤立的一家一户，成为边疆“北方人”群落的最大特点。在欧洲，几乎每个人都曾居住在一个村庄或乡镇里面；但是在美国，那时候农业地区的村庄却消失了，或者根本不曾存在过。我们的农夫在“乡下”居住，到“市镇”去办事或休闲。“村庄”这个词就像“小溪”一样，是诗人们会使用、而西部农夫感到陌生的语言。这里土地有的是，个人可以得到的地块面积比他在海外任何时候可能拥有或租用的都要大得多。村庄这个模式得以保留下来的少数地方，几乎完全是因为宗教纽带或社会计划规定人们生活在紧密的群体之中。

通常情况下，一个家庭占有的土地就是他们居住的地方，而这种身份识别也在确立所有权的时候得到承认。在自己占领

的土地上居住的行为是获得占有权过程中的一个步骤。随着时 37
间的推移，先前对一块土地的占据和改进给优先购买权加上越来越重的分量，在土地上居住也可保护家人不受驱逐，为将来购买或签约获取所有权证书赢得第一优先权。《宅地法》只是延伸了很早之前就存在的优先购买权法规，根据这些法规，通过在一块土地上居住并改进它而获得的占有权可以被用来保障对这块土地的完整且不受限制的所有权。

"土地总勘测"为公有土地建立了描述和细分的长方形模式。农村的土地占有采取正方形或多个正方形的形式，表达为一平方英里面积的倍数或分数。四分之一平方英里很适合家庭农场的大小，逐渐成为最受欢迎的面积，后来在《宅地法》中成为家庭农场标准单位。因此，每平方英里四个家庭、大约二十个人，被认为是农村中理想的人口密度。在一个乡镇范围内，每36个单位面积中要留出一个单位作为学校之用，以支持公立小学教育，这样来鼓励公有土地处置中唯一一种公共建筑物的兴建。四个家庭占有一平方英里，在一个六英里见方的乡镇中有四所小学，这就是中西部农村地理形态的简单的一般模式。这个模式在平缓的高地大草原上得到最忠实的执行。这里的道路沿着土地单位的边缘修建，因此不是南北向便是东西向，而农舍在网格的一边或另一边以几乎相等的间隔排列。令人奇怪的是，这种单调的模式得到如此普遍的接受，甚至很少见到四家人在四个土地单位相接的一角把房子盖得互相邻近的情景，尽管这样做密度是保持不变的。

很少有人注意到当年建造房屋的场地是什么样子，或农场的几种建筑物如何组合在一起。选址其实很重要，例如要考虑风向和阳光的因素。

农舍选址的后勤保障问题是一个相当具吸引力，但很少有人探索的研究领域，实际上农村景观及其变迁的总体问题也是如此。住房和农场的位置、不同拓荒族群的文化偏好、小气候下的排水及卫生情况，这些在当年没有得到充分认识，结果便难以避免伤寒和“夏季病”（假霍乱）造成的生命损失。

房屋完全是实用型的，没有什么修饰。无论是林地里的原木小屋，还是大草原上盒子般的农舍，以及横跨密苏里原野的
38 草皮房（备料可能要用切割草皮的重型犁铧），全都是小小的、经济适用的容身之所，几种形式的区别不大。铁路公司那时候已经向购买其土地的人们提供样式简单的标准化房屋预制件，那正是地区住宅的早期形式。房屋的质量与土地质量似乎没有关联。美化家园、装点院子的事情多数是留给第二代人去做的，在乡镇和农场都是这样。装饰性树和灌木的传播史可能会说明问题，从俄亥俄州到内布拉斯加州迅速兴起的苗圃也许就是这方面的证明。

经济从一开始就是以销售产品为基础的，不过它也在很大程度上维持着自给自足的形态。熏肉房、地窖和食品储藏室保存着农场生产并加工的食物。农场开辟了自己的马铃薯地块、果园、浆果和蔬菜园地，不同作物的成熟期有早有晚，口味不同，用途不同，所选择的品质并不以适合运输和早熟为准。大部分农场果园如今已不复存在，菜地也越来越少，我们过去熟悉喜欢的很多水果品种都找不到了。那时候的家庭果园种着各种各样的苹果树，可以在初夏和仲夏做苹果沙司，在秋天做苹果泥和苹果酒，还可以放在凉桶里存入地窖，然后一种接一种

地拿出来吃，直到深冬时节以赤褐色的粗皮苹果结束。19 世纪的农业公报和年刊提请人们注意可以添加到家庭果园和菜园里的果蔬新品种，追求的是多样化而不是标准化。县里的展览、州里的交易会都强调种植作物的优异品种，并且给最肥的猪和最大的南瓜颁发奖励。

自给自足的家庭

在收获丰足的时节，“梅森罐”（一种有金属盖子的玻璃罐）成了家中存放水果和蔬菜的主要设备，以对付寒冬或防备来年歉收的可能性。殷实家庭自己生产并大量储备，保证家人在任何时候都没有食物匮乏的担忧。一个人口不少、年龄各异的家庭，总是能够通过种植各种各样的作物并维持扎实的社会组织，来提供自给自足所需要的大部分技能和服务。这种能 39
力及整体性，即便在自给自足的必要性早已消失之后还照常保持着。从美国历史上对时代的衡量来说，这个社会的生命及活力都是非同凡响的。

从现今舒适生活的角度回望过去，那些早期岁月可能像是一个寂寞而非常孤立的时代。只是到这一时期快要结束的时候，才有了电话和农村直接通邮。大草原缺乏雨季可以通行的道路；丘陵地带修建在山脊上的道路大部分时间能够使用；平原上，冬天是最容易走动的季节，而春天则因为道路泥泞不堪而无法出门了。乡村医生应该（并且确实）在任何天气都能风雨无阻地赶来救治病人。生活如此安排，人们并不需要在某一特定时间进城办事。如果天气不好，就待在家里或者围着农场院子活动。用我们的眼光来看，可能会过分强调家庭农场寂寞孤立的一面。的确，美国的农舍没有欧洲或拉丁美洲“村庄”的社交功能，但是整个家庭都有需要学习和履行的责任，还有需要休息和娱乐的时间段。这依赖于每个人的工作士气和能力，全家人积极参与，从中得到满足。或许，与我们社会的任何其他部分相比，这种生活都更少遭受紧张与混乱之苦呢。

尽管居住分散，农场家庭依然属于一个较大社区，它也许是邻近的一些家庭，或者是更大范围的组合。在某些情况下，社区起始于亲朋好友在一起的定居点，譬如布恩家族的模式，归属感从一开始就存在，或者是在定居点形成后很快就发展起来了。这样的社区起先可能是封闭式的，但后来多半会通过某种接受方式来逐渐吸纳新成员。血缘关系，以及共同的习俗、信仰或口音等，正是形成并维持有生命力的社区的纽带，这样的社区无论世道好坏都能存活下去。门诺派信徒的拓殖地就是突出的例证。缺乏这种逐渐吸纳特征的社区可以在切罗基地带看到，那里的社区完全开放，就像是一群陌生人胡乱聚集在一起。

乡村教堂在社会的交流方面起到主导作用，当然还是根据特定教派而有所不同。天主教和路德教派信徒与其他人相比，或许其社交生活更多地受到教会的控制。他们的神父和牧师多半都长期留在同一个社区中，当之无愧地对这个社区施加影响。教区学校更加延伸了社交联系。教会有很多吸引人的节
40 日，礼拜天的仪式也不是那么清苦。另一方面，卫理公会教会却经常更换他们的牧师，一般每两年一次。我祖父在他半个世纪的教职生涯中，曾被调动过二十来次，范围覆盖五个州。卫

理公会一年中的高潮是冬季的复兴布道会和夏季玉米存储后的露营布道会。对一些人来说，这些是宗教活动；对另一些人，特别是年轻人来说，它们是可以进行社交的场合，尤其是在风景宜人的林中营地举办的露营布道会，大家住在小木屋或帐篷里，长时间地吃着野餐。事实上，几乎每一个人都属于某个教会，大多数人通过教会找到各种各样的交往对象，并且从中得到满足。

教会也在高等教育中充当先锋。早在南北战争之前，早在1862 年莫里尔法案（Morrill Act）催生一批靠税收支撑的学院之前，教会就在整个中西部从俄亥俄州到堪萨斯州的广大地区建立了大学和专科院校。这些教会支持的小型学院（其中有50 个左右至今还存在）首先向大草原各州的年轻人提供文科教育，男女合校。这些学院的学生不光来自附近地区，也有些是由于教会的关系而从很远地方招收进来的。在这些院校中，人文学问得到研习和传播，它们的校园至今仍是中西部最优雅的早期纪念碑，颂扬着那些先驱者渴求的文明。

乡村与城镇互相依存，其生活方式相同，而且往往就是同一批人。按照一个可能是源于欧洲城镇集市的传统，星期六是一个进城处理生意（早年所说的“做买卖”就是这意思）以及游览探访的工作日。城镇提供农场家庭所需要的服务、商品和娱乐活动，而且最终还成为退休农人的居住地。

中部边疆的时代结束于第一次世界大战。“中部边疆”这个名称是哈姆林·加兰（Hamlin Garland）提出来的，他 1917 年出版的小说名为《中部边疆农家子》（*A Son of the Middle Border*），是他在人到中年时对以往经历的回顾。在中部边疆最西边的内布拉斯加长大的薇拉·凯瑟（Willa Cather）在大战前写了两本书，以平静的欣赏态度描述那里的生活，但随后就看到她的世界被一扫而空了。我们中间有些人经历过那个时代晚期的回暖光景，那时候几乎没有人知道它会那样迅速而突然地终止。四分之一平方英里对家庭农场来说依然是个合适的面积；农场依然忙于自给自足，同时也把粮食和牲畜运送出去；农场家庭依然种植着欣欣向荣的庄稼。一个家庭在社区中的地位并非主要由收入决定，而且那时候也没有听说过“生活标准”。

41 **中部边疆的衰退**

1914年大战爆发，迅速提升了对协约国和对美国工业供给的需求和价格。美国1917年的参战促使农民更多地生产：“食物将赢得战争”，而这场战争会终结一切战争。农场主比以前任何时候都赚到更多的钱；人手比以前少，这鼓励他购买更多的设备和土地。战争结束时，整个国家已经高度工业化，不断地从农业人口中吸收劳动力。道路改善了，轿车、拖拉机、卡车普及，人们不再需要马匹，以前的作物轮种也不再维持下去了。农业耕作不像以前那样完全是一种生活方式，而更大程度上成为一种极具竞争性的生意，农业学院为此培训各方面的专家（例如工程师、化学家、经济学家等），使他们得以帮助人数越来越少的农民生产更多的市场商品，扩大其收入来源，以便应对不断提高的劳动力成本、税收和资本需求。这个过程被称为“把人从土地中解放出来”，结果我们现在只有十分之一的人口生活在农场，这个比例是世界上最低的，而这些都是不会自我复制的模式了。

中部边疆已经成为不复存在的过去，在这个过去的时代中，不同的生活方式与生活目的并肩而行。从那以后，我们为人类的共同福祉下了定义，认为那应该是一个为定向的物质进步而组织起来的社会。至少就当前而言，我们自主控制着生产商品的手段。我们还没有学会如何获得像过去农业劳动所带来的同等的满足感，那种满足感源于通过简单办法和独立判断来做好工作，这就赋予农业劳动信任与尊严。家庭农场很好地培训了年轻人应对生活，无论是生活在农场上还是其他地方，而且它提升了美国生活的质量。我们会怀念它。

第二部分 42

西南部和墨西哥

4. 历史地理学与西部边疆*

作为边疆基础的自然景观

历史地理学的三个大问题是：（1）在人类闯入之前，这个地方的自然特征（尤其是植被）是什么？（2）人们定居的各个中心点是在哪里、怎样建立起来，这个边疆经济的特点是什么？（3）在定居和土地利用方面发生了哪些演替？

即便在西部地区，我们今天研究的也主要是“文化景观”(cultural landscapes)，因为人类的改造之手不仅出现在农业和城镇建设所占有的区域，也清晰地显示于无人定居、不曾耕种的地带。在加利福尼亚州，肯定很难找到任何植被未经改变的大片土地。放牧活动在河谷和海岸草地、在高山草场、在沙漠牧场已经进行到如此程度，它使得现在生长的植物与一个世纪之前存在的植物非常不同了。加州草地上最具特点的几种植物——野橡树、芹叶太阳花、苜蓿草、芥菜——都是从欧洲迁移过来的。草地与灌木丛之间的边缘地带已经改变了许多。伐木、火灾以及淡季放牧大大影响了西部森林的成分。大型牧业

---

* Historical Geography and the Western Frontier, James F. Willard and Colin B. Goodykoontz, edits., The Trans-Mississippi West: Papers Read at a Conference Held at the University of Colorado June 18 - June 21, 1929 (Boulder, 1930), pp. 277-289.

以广泛而根本的方式修改了当地的动植物生命形态，以至于我们今天的植物地理学在相当程度上就是研究在人类强加的条件
46 下发生的植物演替。即使是我们这里的干旱地区，现在也不能忠实再现当年首批编年史家所看到的情景了。

白人的文化大大改变了西部的自然水系，特别是在西南地区。半个世纪之前亚利桑那州的圣佩德罗河途经一系列沼泽地流过长满芦苇和灯芯草的河床，而这条路径现已成为深陷谷底50英尺的沙底干河道。很多可耕地都不复存在了，地下水位下降，清泉消失，在山谷中维持一条道路变得非常困难，在一些地方已经不可能了。1846年摩门教徒军营库克（Cooke）的马车队穿过最容易行走的小路进入加利福尼亚的地点，以及18世纪基巴里的西班牙人-皮马人（Pima）要塞和聚落所在地，现在是一片又深又窄、坡度很大的山谷，几乎不可能骑马通过。柯克·布赖恩（Kirk Bryan）特别提请读者注意，新墨西哥州沙子和砾石干涸河道的形成只是不久之前的事情。在下加利福尼亚半岛，在亚利桑那，在索诺拉，我们现在都可以检验这个观察结果，即干旱地区“典型的”干涸溪谷在很大程度上是文明开化所造成的。随着侵蚀发生、地下水位下降、土壤情况变化、野生植被成分改变等现象，很多地方的自然面貌都产生了深远的变更，这可能与美国较干旱地区近期以来干旱程度加强的过程十分相似。

为了评估被人占据的地方，有必要了解在人进入时那些地方的状况。只有这样我们才能获取正确的基准线，用来衡量文化带来改变的数量和特点。这种情景重现的手段还是相当够用的。这首先关乎最初的勘测，特别是政府土地总办公室

(General Land Office) 所做的勘测、早年访客的观察记录，以及我们在直接田野调查中可能仍会见到的一些尺度。在加利福尼亚州，美国联邦地区法院审理土地所有权案件的记录为我们提供了极为宝贵的档案资料。有关自然景观的事实被我们忽视的时间越久，就越难以读懂。在西部的大多数地区，现在还活着的拓荒者，他们知道当年移居时这个地方的模样。植被在一些地方，特别是在森林地带，依然显示着较早时期的构成部分。田野调查能够发现过去遗留的植被和埋在地下的有机物残余，甚至土壤也可以帮我们判断过去覆盖其上的森林或草木。用这些以及其他方法具体确定并绘图表明这一广大地区在首批拓荒者到来之际是什么样子，这件事随着时间的推移变得越来越困难了。但只有通过这种具体的确定，才能使我们理解移民 47
定居是如何发生、为何发生的。

印第安景观

实际上，在白人到来的背后隐藏着一个或一系列重要的边疆景观。印第安人对地域的改变通常被认为可以忽略不计，其实这种改变是一个不应忽视的因素。这一点之所以不受重视是基于以下原因：(1) 拓荒者对剥夺当地土著祖居持自我辩解态度；(2) 在美国，尤其是在西部，文化倒退现象在欧洲人到来之前的一段时间内影响了印第安住民，而这种现象没有得到完整理解；(3) 印第安人从事农业的程度被低估了；(4) 印第安人居于此地的时间长度，或许还有其人口数量，也被低估了。

一个越来越明显的事实是，印第安人在这个大陆上已经居住了很长时间。我们或许还不能完全确定新大陆在冰河时代就有人居住，但是这方面的证据也逐渐积累起来了。因而如果说，在白人到来之前几千年就存在印第安人居住地，特别是由于印第安人在离开太平洋海岸的西部大部分地区都兼事农业，那么，总体来看他们大有机会使砍伐森林和改变森林构成的现象逐渐发展。

当然，这一命题的重要性在潮湿地带最为突出。有充分证据表明，那时候东部地区的植被不是由单一的原始森林组成，而是存在大量并非由气候决定的开阔地，在这些故意或偶然清除了森林的空地上，有小片空场、牛栏和草原。在漫长的年岁中，无意或有意造成的火情肯定使开阔地带大大扩展了。而对西部地区来说，清除森林的重要性仍然大有疑问，尽管一些典型的加利福尼亚草地被认为不是由气候决定，而是意味深长地围绕在重要的印第安人居住地附近（这些草地，特别是草地上像露天公园一样的古老橡树林，引起了早年访客的注意，至今仍然是加州海岸山岭的特色之一）。在这些地方，也许采集
48 橡实带来习惯性焚烧，因而越来越限制了森林和灌木丛的范围。无论是在加利福尼亚州还是在西部其他地区，似乎都没有发现白人大面积清除森林的迹象。许多拓荒者社区都建立在开阔地块上，那里并不是无树干草原，即气候造成的草地。这些移民定居位置相对于印第安人住地以及森林清除后的空地可能是什么关系？这值得我们进一步在当地做深入了解。

西班牙和美国的探索者们在印第安向导的带领下，在印第安人的居住地之间发现了一个“印第安地域”。白人的迁移路

线和定居地点大体上是根据印第安人的经验标记出来的。在东部，美国边疆从印第安农人那里接收了庄稼、种植方法和农田。而西班牙人的拓殖当然就是直接控制当地人，并且由此攫取了那里的土地。一些地方的印第安人人数和特性适合充当西班牙人所需的雇农阶层，在这样的地方西班牙人的征服行动就很成功。拓殖者被“赐封”连同居民在内的土地（encomiendas），即印第安人居住地，通常是整个的政治或部落单元。传教士前往印第安人住地，一般是去那些组成基础印第安领土的小部落的主要住地。传教区带去这样的结果：印第安人居住地的数目减少了，那些被选中为教区的印第安人居住地扩大了，但这并非意味着建立新的基地。只有在开矿的城镇我们才看到，一般情况下会有一些新的欧洲人地盘，但即便是矿区也有很多例外。关于印第安居住中心对西班牙人边疆以北的西部的重要性，我没有掌握这方面的资料，但这两者的关系可能不像其他地方那么重要，除了一些皮毛交易站点以外。

边疆的形式和经济

习惯上谈到边疆，人们总是假设其发展分为这样一个接一个的阶段：打猎-交易-捕捉动物，放牧，务农，最终取得支配地位而居住在城市。这种温和的社会学概括无非是披上现代外衣的古罗马人老旧的文明阶段概念，它至少可以追溯到公元前一世纪的瓦洛（Varro）。就美国的情况而言，它涉及两个假定：(1) 整个人类都经历了标准的经济进化；(2) 当一个文明人来到边疆定居时，他“返回”到了“原始状态”。爱德华·

哈恩（Eduard Hahn）很有力地驳斥了关于原始社会发展阶段
49 如何演替的假设。而且，当文明人把自己置于一个边疆社区的时候，他会保持自己所属特定文明中的许多特质及活动。来自不同文明、被不同社会理想所激励的人群，绝不会以相同的方式应对边疆生活。边疆生活如何发展取决于在那里居住的是什么样的人群。历史的永久性多元主义在美国的边疆表现得明白无误：没有一种单一的边疆类型，也没有一个统一的发展阶段系列。始于任何一处边疆的文化演替都是由当地的自然特征、定居者带来的文明，以及当时所处的历史时机而决定的。边疆实际上是一系列来自不同源头、具有不同成分的第二文化家园，它们在那里开始了各自的进化过程。在某些情况下这种进程会趋于一致，但这主要不是为自然环境所迫，也不在于各类文化中固有的趋于相似发展的内在倾向，而更多地是因为人们出自共同的政治觉悟而产生的团结统一的意愿，这种不断增强的政治觉悟来源于美国较为古老的部分。

各边疆社区最主要的区别或许存在于这两者之间：一些社区经济上自给自足，另一些则依赖专项生产，从一开始就用剩余产品建立起重要的商业联系。到西部地区定居大都带有商业目标，但前一种类型也有重要的例证。如果我们概括一下边疆类型的话，可以考虑以下的功能性分类：（1）由一家一户的宅地组成的分散定居点，其组织方式基本上是自给自足的，地点的选取是为了方便拥有一切生活必需物品，而不是因为当地存在某种宝贵的资源，例如大片肥沃土地；（2）以某种当地资源的商业开发为基础的分散定居点，例如牧牛场和谷物农场；（3）主要为群体团结而组成的群组定居点，社区内的专业化足以支持整个群组；（4）为特定商业目标而组成的群组定居点，涉及很多各式各样的人员，例如采矿营地、木材场等。

第一种类型包括西向移民刚开始时为人熟知的边疆农场，其根源可追溯到特拉华州瑞典人–芬兰人拓殖地建造原木小屋和砍伐森林的活动，这种单个宅地的形式或许是由苏格兰人–爱尔兰人引进的。然而农业技术主要是东南部印第安人的技术，他们靠环剥树皮杀死树木，有自己的玉米–豆子–瓜类种植 50
体系，以及种子栽培。这种耕作法主要以玉米为基础，不能一味向西照搬到比较干燥的草地和高海拔的山地草场。我不知道这样的西迁曾达到什么程度。在加利福尼亚海岸山岭的谷地，在内华达山脉边缘的一些地方，可以看到一些小农场，那里的人是从上南方（南部偏北地区）迁移过来的，他们的生活方式几乎和在家乡一样，没有什么变化。不过，靠环剥树皮杀死树木和留下树桩地的制度在西部没有普遍应用，因为到处都是草地和针叶树林，相对而言这个印第安–南部边疆所依赖的硬木林地就没有那么重要了。

重要得多的事物是牧场，它的原型是西班牙人的 *rancho*。在西班牙人领地的北面，乡村的定居点就是传教区和牧场。传教士们勤于写作，他们的记录使我们对传教士活动的特点有所了解，比我们对西班牙俗人的生活知道得清楚多了，后者一般只是在出现劳工问题时才会被传教士们提及。尽管有革命和社会改革，墨西哥北部至今依然是一个贵族地主的国度，有许多大牧场，牧场之间是人口拥挤的乡镇土地，这些土地大部分曾经是传教区。这种北部牧场很少见那种连人带地一起“赐封”

的做法，它不像墨西哥南方的大牧场、大庄园那样带有可耕地的小公国。在北方，印第安人没有连同土地一起被授予他人，因为传教区享有优先权。劳动力稀缺，市场很远，农业生产成本不菲，还不得不与传教区乡镇竞争。马、骡子和牛是可以买卖的，也有劳动力去喂养繁育它们。而羊呢，至少在索诺拉和锡那罗亚，它们只是属于传教区的。墨西哥西北部的传统至今还认为，绵羊和山羊对一个有理性、有财产的人来说是有失身份的动物，我曾听到有人坚称羊肉不能食用。即便在今天，美墨边境线两边的生活、劳动和景色，在离开可灌溉河谷的地方依然十分相似。或许是直到引进了风车和铁丝网，我们才看到美国人对牧场体系的重大变更。源自西班牙-美国模式的西部牧场发展是制度研究的一个重要领域。

在墨西哥和新墨西哥州，传教区是保存印第安人口的重要机构，合起来成为乡镇。它们还通过设立驻防地决定了一些乡镇的创建。在加利福尼亚，传教区对我们的重要性，与其说是
51 解释了后来的经济样貌，不如说留下了展现用精神手段进行世俗征服的奇特有趣的建筑遗迹。传教区的农业受加利福尼亚、亚利桑那和索诺拉小麦种植的影响，为后来的农作物体系打下基础，但好像对西部的园艺和畜牧业发展没有起到什么作用。关于摩门教徒如何获取他们的灌溉技术，这个悬而未决的问题也许能在新墨西哥州的传教区得到解答。

一处边疆，被组织成一个旨在履行文化单元所有服务功能的社区，这可以在摩门教徒的大定居点看到，它很像新英格兰地区的城镇，可能那些摩门教群组就是从新英格兰城镇衍生出来的。摩门教不允许其圣徒单人面对荒野的危险，而是把他们

编成紧密的小组派往精心挑选的地点。他们的“辖区”明显像是新英格兰定居点的改进版本，因为最早的摩门教定居者几乎全都是新英格兰人。西部的其他宗教拓殖地，从贵格会到门诺派信徒，在凝聚力、计划发展、职业专门化方面与宾夕法尼亚州和北卡罗来纳州摩拉维亚兄弟会的常见例证十分相似。

这些例证可能足以表明我们应该去做关于移民定居方式和定居点替换的研究项目。关于大西洋沿岸，我们知道一些较为重要的定居原初形式，尽管中部拓殖地这个美国最重要的文化摇篮不幸被忽略了。而对远西部甚至中西部而言，类似威斯康星历史学会《土地清账书册》（Domesday Book）所开始的工作是无论怎样推动都不会过分的。的确，我们需要重构许多特定的早期文化景观，我们需要知道：这个社区就个人土地权益的准确界限而言究竟是什么？组成群体的定居者从何处来到此地？是哪些资源吸引他们选择这个地点？他们怎样安排田地和房屋？他们为自家消费和市场交易生产什么东西？他们在土地利用方面早期犯过哪些错误？他们又是如何纠正这些错误的？总之，我们需要知道，这些定居者对这片他们找到的土地做了些什么，并且如何改变了这片土地。

在我们能够识别出一个有特色的文化群组时，可取的程序是将这个群组的所在地区划分出来，从他们的文化界限入手评估其先期占有的地点。在太平洋沿岸地区，后墨西哥时代的历史文化地区很难辨别其原初模型，因为从海上和陆地来了那么多不同种类的移民，以至于单单一个加利福尼亚山谷就可能包含墨西哥牧场、新英格兰村庄社区、南方边疆类型的独户农场、意大利葡萄园社区作为自己的原型。在加利福尼亚，果园

52 业似乎主要来自纽约，部分来自中部欧洲；葡萄园有很强的北部意大利背景；新鲜蔬菜水果的种植至少有东方、地中海和葡萄牙这几个源头；粮食业源自墨西哥和美国中西部。与此相似，我们的城镇也有着混合的前身，在我们的建筑中至今仍可清楚地看到社会调节的特点。在这里，一个文化大熔炉一直在强力运转，给城镇和乡村带来融合和新鲜的形式。

迁居依然是西部生活的突出现象。有些地方衰落而人口减少了，另一些地方不断重新定位。西部地区的人们还没有长期扎根于脚下的土地，因而世界市场和国内市场情况的变化对这里的影响特别大。一份新的关税费率表、移民政策的一个变化、世界其他地方一种经济需求的停止或产生，都会迅速反映在当地情势上，后者就像它的自然背景一样，始终保持极大的不稳定性。西部地区尚未尘埃落定，其形式还远远没有固定下来。我们可能仍然会看到边疆开发。人作为地球的租客在大地上书写自己的记录，人的目标与结果在各个文化区域中表现出区别性或一致性——追踪这个记录、看到这些区别和一致，正是我们的目标，它会对西部的文化史做出贡献，使我们理解西部今日的多样性。我们不认为这块土地已经标准化到了单调乏味的程度，就像千篇一律的小镇大街那样，而且我们也不预料它有朝一日会变得如此，因为我们深知它关于“自然与人”丰富多彩的背景。

5. 通往西波拉之路* 53

主题及其研究方法

在新大陆，伟大的探险路径往往会变成历史性要道，于是锻造出一个连接遥远过去与现代化今天的链条。探险家们沿袭印第安人世世代代披荆斩棘开辟出来的主要小径。在印第安人的村庄或部落之间一向存在不同程度的往来和物品交换，由此形成的小路会尽量直来直去，当然要在地势、路上所需饮食及适度安全所允许的范围之内；它们是长期经验所产生的穿越某一片地域的最佳通道。成功的探险者是通情达理的人，他们雇用的印第安向导带领他们使用印第安人的道路。一般来说，欧洲人在拓殖运动中仍然发现这些道路很有用，因为骑马的人正像过去的印第安步行者一样，需要节省行程的距离，需要找到容易通过的山隘和渡口，需要食物和饮水。步行和骑马的道路很少有区别。那些白人只是在心怀新的经济利益（例如找矿）和引进机械化运输（例如铁路）的时候，才会与原始的通路分道扬镳。即便如此，还是有很多早期的历史要道和史前要道保留下来了。

通过西北新西班牙地区的陆路主要是一条大干线，它很好地说明了上述观点。从人口众多的墨西哥中部，一条道路沿着

---

* The Road to Cíbola，Ibero-Americana：3，1932.

墨西哥西北部的沿海低地而行，先到普韦布洛印第安人的北方地盘，再向北最后到达加利福尼亚州（见地图）。它被称为通往西波拉之路（Road to Cíbola），因为寻找传说中的“七座城市”是西班牙人开通这条道路的主要原因。

起初，这条道路是一系列印第安人小路，经常被人使用。
54 绿松石从这里运到南方，鹦鹉和其他亚热带低地鸟类色彩斑斓的羽毛是运往北方的最重要物品。其他比较重要的交易物包括水牛皮、贝壳和珍珠、金属、黑曜石，等等。当一处庄稼歉收时，玉米看来也是一种以物易物的对象。

一批接一批的西班牙探察队伍一点一点地锁定了整条道路，从哈利斯科高地到科罗拉多高原的祖尼人（Zuñi）地盘。这些探察队大都沿着一条连续不断的印第安小路而行。后来，这条路成为纵贯拓荒省份锡那罗亚、奥斯蒂穆里和索诺拉的“国王大道”（*camino real*），把西北部的传教区、驻防地、矿区、牧场与瓜达拉哈拉及墨西哥内地连接起来了。直到 19 世纪才建立了一些海岸港口、铺设了铁路，从而逐渐毁掉了老陆上通道的重要性，并且使移民定居转向此前不受重视的沿海区域。

呈现在此处的研究是五期田野调查的副产品，五期调查分别在亚利桑那、索诺拉、锡那罗亚、纳亚里特和科利马进行，是由加利福尼亚大学研究委员会拨款支持的，并且在 1931 年秋天得到约翰·西蒙·古根海姆纪念研究基金（John Simon Guggenheim Memorial Fellowship）的赞助。田野调查另有目标，但是在调查过程中，我却越来越清楚地意识到这一条伟大的陆上通道所具有的坚持性和重要性，而这条道路从来没有得到应有的关注。世上虽然有许多关于各种各样西部探险者的作品，

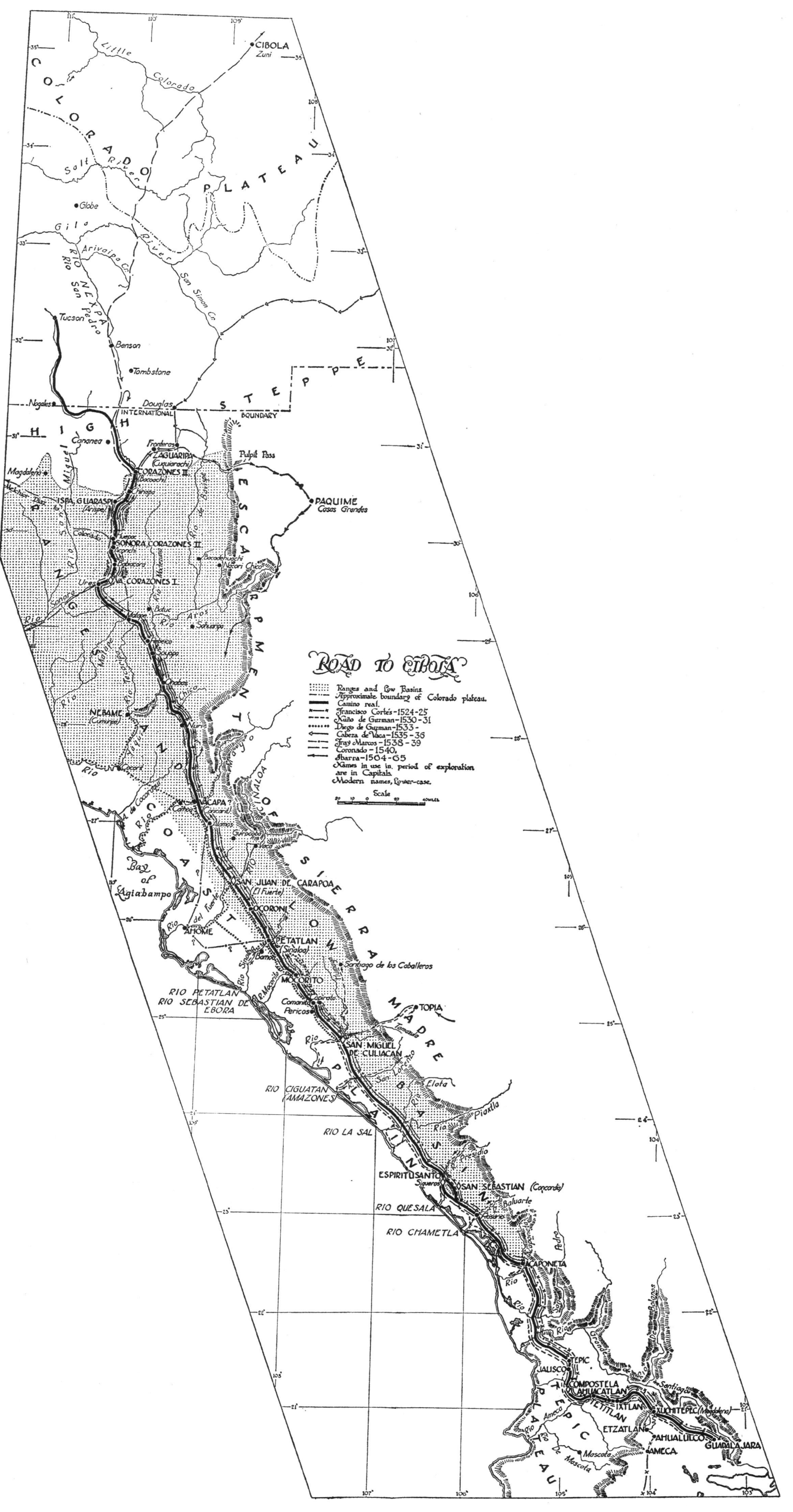
ROAD TO CIBOLA
Ranges and Low Basins
Approximate boundary of Colorado plateau.
Camino real.
Francisco Cortés-1524-25
Nuño de Guzman-1530-31
Diego de Guzman-1533-
Cabeza de Vaca-1535-36
Fray Marcos-1538-39
Coronado-1540.
Ibarra-1564-65
Names in use in period of exploration are in Capitals.
Modern names, Lower-case.
Scale
CIBOLA
Zuni
Little Colorado
COLORADO PLATEAU
Salt River
Globe
Gila River
Rio Arivaipa Cr.
RIO NEXPA
Rio San Pedro
San Simon Cr.
Tucson
Benson
Tombstone
Douglas
Nogales
INTERNATIONAL BOUNDARY
HIGH STEPPE
Cananea
Fronteras
ZAGUARIPA
(Cuquiarachi)
CORAZONES III
(Bacoachi)
Pulpit Pass
PAQUIME
Casas Grandes
Magdalena
ISPA, GUARASPI
(Arispe)
SONORA, CORAZONES II
CORAZONES I
Ures
Batuc
Sahuaripa
NEBAME
(Cumuripa)
ESCARPMENT OF SIERRA MADRE
ACAPA
Bay of Agiabampo
SAN JUAN DE CARAPOA
(El Fuerte)
OCORONI
AHOME
PETATLAN
(Sinaloa)
Santiago de los Caballeros
MOCORITO
RIO PETATLAN
RIO SEBASTIAN DE EBORA
TOPIA
SAN MIGUEL DE CULIACAN
RIO CIGUATAN
(AMAZONES)
RIO LA SAL
Rio Piaxtla
Rio Elota
Rio Presidio
ESPIRITU SANTO
SAN SEBASTIAN (Concordia)
Siqueros
Baluarte
Rosario
RIO QUESALA
RIO CHAMETLA
ACAPONETA
Rio San Pedro
TEPIC
JALISCO
COMPOSTELA
AHUACATLAN
IXTLAN
TETITLAN
XUCHITEPEC (Magdalena)
ETZATLAN
AHUALULCO
GUADALAJARA
AMECA
Mascota
Rio Ameca
TEPIC PLATEAU
COAST PLAIN

但作者们没有认识到一次远征在很大程度上是沿袭前人远征的足迹，而且除了阿道夫·弗朗西斯·班德利尔（Adolph Francis Bandelier）以外，别人也没有通过深入了解这片大地来帮助自己的写作。我有机会开车、骑马或步行走过北至希拉河、南至圣地亚哥里奥格兰德河的几乎所有地方。此处讲述的这条道路，我只有很少几英里没有亲眼看到，而且不少路程是在一年中的不同季节走了好几次。基于对这个区域的了解，我对相关历史证据做了重新解释，在许多具体问题上与前人的观点有所不同。

我认为没有必要在此文中列明与其他学者的所有相同和不同意见，也没有必要引述除关键段落以外的相关文件，因为那样做将会无谓地大大拉长这篇文章。重要材料都很容易查到，对这些材料的主要评论也是如此。①

---

① Hubert Howe Bancroft（Works, Vol. 15 [San Francisco, 1886], chaps. 3 and 4, pp. 40-98, and Vol. 17 [San Francisco, 1889], chaps. 1 and 2, pp. 1-48），详尽介绍并评论了相关的原始及二手材料。Woodbury Lowery, The Spanish Settlements within the Present Limits of the United States, 1513-1561（New York and London, 1901），总结了直到1900年的著述。Elliott Coues, On the Trail of a Spanish Pioneer: the Diary and Itinerary of Francisco Garcés . . . , 2 vols.（New York, 1900），其中第2卷第479—521页评论了弗赖·马科斯（Fray Marcos）和科罗纳多（Coronado）的行程。George Parker Winship, The Journey of Coronado, 1540-1542 . . .（New York, 1904），和A. F. Bandelier's introduction to Fanny Bandelier, The Journey of Alvar Nuñez Cabeza de Vaca and His Companions . . .（New York, 1905），包含了对这些较早时期著作的补充。一群得克萨斯历史学家对卡韦萨·德巴卡（Cabeza de Vaca）旅程中的东部路径重新审视，将其推向一个新阶段（在后面关于德巴卡归程的一节中引用）。最近发现了关于伊瓦拉（Ibarra）探险的奥夫雷贡（Obregón）编年史，它引起了一系列研究，在后面关于伊瓦拉探险的一节中将会谈到。[作者在这篇文章的原始版本中，在此处援引了一些当时尚未发表的文件作为附录，本书的这个版本删去了这个附录。]

55 科尔特斯寻找“西海岸的秘密”[1]

既然埃尔南·科尔特斯（Hernán Cortés）开始了对西北地区的发现，而且假如运气再好些的话也许就会得到明确的结果，那么我们也应该首先提到与他有关的一些事件，以此开始我们的讲述。对阿兹特克人（Aztec）首府的占领使征服者控制了整个阿兹特克州，并且在没有遭遇什么抵抗的情形下长驱直入到墨西哥中部和南部所有开化的印第安公国。征服的第二阶段是攫取墨西哥城西面和北面的富有而人口众多的乡村，从而圈定了“高文化”（high culture）[2] 地区的西部和北部界限。这是通过一系列快速探测而完成的：如果当地酋长无条件拥戴他们，他们便欣然接受；要是遇到抵抗，他们就会带着更强大的武装力量回到这个地方。一个特别的侦查先头小组被迅速派遣向西而行，主要是为了得到有关海岸线走向的信息，因为他们仍然希望能找到一条从欧洲到东方的捷径。这样，科尔特斯的人马在 1522 年侵入当地的科利马州，第二年建立了科利马西班牙小镇，作为向西北方向展开进一步行动的基地。

就在这个当口，传过来一个关于“亚马孙之地”的古代亚洲传说，这更加强化了到墨西哥北面寻找海峡的活动。根据弗朗西斯科·塞万提斯·德萨拉撒（Francisco Cervantes de

---

① Antonio de Herrera, Historia general de los hechos de los Castellanos . . . , Decada V (Madrid, 1728), cap. 3, pp. 157-159.

② 指较高的文明开化程度。——译者注

Salazar）的记载，科尔特斯是从塔拉斯坎人（Tarascans）那里 56
第一次听说亚马孙省份的。[①]在他的第四封信里，科尔特斯告诉西班牙国王：在科利马发现了一个很好的港口，在离科利马十天路程的地方有一个锡瓜坦的亚马孙省份[②]，科利马的本地人访问了锡瓜坦，说亚马孙之地有很多珍珠和黄金。科尔特斯不失时机地跟进这些报告，在1524年派遣弗朗西斯科·科尔特斯·德布埃纳文图拉（Francisco Cortés de Buenaventura）从科利马经陆路向北。他说："有人告诉我，在下面的海岸边［即向北］有许多省份，住着很多人，人们相信那里有大量财富，那里的某处是女人住的一个岛屿……其情状就是古代历史上被认为属于亚马孙的那样。"[③]这个传说与后来努尼奥·德古兹曼（Nuño de Guzmán）的探察相关，或许还与科尔特斯本人对加利福尼亚的探察相关。

弗朗西斯科·科尔特斯一行从科利马出发，几乎是一直向北，走了一条艰难但直接的道路爬上墨西哥高原，其间经过奥特兰、阿梅卡、埃察特兰和马格达莱纳，[④] 这些都是重要而友好的印第安城镇。这个队伍的目的是寻找一个海岸省份，当他

---

① Francisco Cervantes de Salazar, Crónica de la Nueva España (Madrid, The Hispanic Society of America, 1914), p. 765.

② 锡瓜坦（Ciguatán）是印第安人对加利福尼亚的称呼。——译者注

③ ［Camilo Garcia de Polavieja y del Castillo, edit.］, Hernán Cortés, copias de documentos existentes . . . (Sevilla, 1889), pp. 327-328.

④ 关于这次远征的路线，见 Fr. Antonio Tello, Libro segundo de la crónica miscellanea . . . de la santa provincia de Xalisco . . . (Guadalajara, 1891), pp. 36-56 and Matías de la Mota Padilla, Historia de la conquista del reino de la Nueva-Galicia (México, 1870), p. 70。

们爬上内陆高原时就知道自己将来还得下来重新走回海边。虽然这些西班牙人走了相当长的一段弯路，但这的确是可通行的唯一最佳路径，是在距离与地势之间所做的最有利的妥协，因为在这条路和大海之间横亘着高山深谷，地势非常凶险。换句话说，他们有经验丰富的印第安向导，利用的是印第安人的道路，经过一连串的印第安城镇，直接奔向通往北方低地的最为可行的豁口。实际上，他们行走的路线中连一里格的距离都没有浪费。

在马格达莱纳（胡奇特佩克），弗朗西斯科·科尔特斯踏上了来自东面的道路，它后来成为从瓜达拉哈拉到西海岸的重要通道。从高原和从南方来的道路在这里相交，成为穿过大斜坡的路口。往西几英里，峡谷地带就开始了，又深又陡的峡谷
57 割裂了中部高原向海一面的边缘。详细说来，有几条可选择的道路，不过无论走哪条路，下坡都要沿着陡峭的山脊和狭窄的山谷前行。从中部高原通向西北的关口之中，没有第二条路像伊斯特兰与马格达莱纳之间的狭长地块那样容易接近并走出高原的边缘，因为此处的高原尽头异常低矮，坡度也不像其他地方那样陡峭。这个地段迄今一直是通向西海岸的主要关口，现在被南太平洋铁路利用，铁路令人惊叹地通过一系列盘旋路段、隧道和桥梁爬上高地。

在这个巨大的单面山脚下，有一个较低的火山高原——特皮克高原，那里土地肥沃、水源充足，气候永远是春天和秋天。远征队在诱人的山谷中经过了伊斯特兰和阿瓦卡特兰。在特蒂特兰，他们和当地人发生了一场小冲突，然后沿着山边绕过塞沃鲁科火山，往西北方向来到另一串印第安城镇的重要聚

集地，其中为主的是哈利斯科和特皮克。特皮克地区标志着弗朗西斯科·科尔特斯的整个大队所到达的最北端。至于再远一些的炎热海岸地带“热地”（*tierra caliente*），这位队长就满足于派遣几名“大使”前往。根据安东尼奥·特略（Antonio Tello）的记录，其中一位“大使”到访了阿卡波内塔。这些西班牙人喜欢这片土地和这里的居民，不过在他们眼里这块地方没有什么新鲜事物或特别价值。自从西班牙人踏上墨西哥海岸，所到之处遇到了很多开化的印第安人。这些西岸的印第安人与内陆的印第安人相比，手中即使有贵金属也要少得多。

返程时，弗朗西斯科·科尔特斯试图弄清楚从特皮克到科利马之间沿海地区的特点，但是高山岬角逼迫他离开海岸线，转向一条漫长而艰难曲折的道路返回科利马。在此之后，进入这一地段的唯一陆上入口是从东面偶然可以下行到深谷。返程路线乏善可陈，只是证实了之前印第安向导带领他们绕行内地道路的正确判断。

从科利马出发的远征结果很重要：（1）发现了数量很大并且容易控制的当地人口，与已经并入新西班牙的本土各州在文化上十分相似。主要的城镇被连人带地一起赐封给探察队成员，传教活动也随即开始了。（2）了解了北至圣地亚哥里奥格兰德河的土地，而且通过特别使者将认知范围延伸到现在的纳亚里特州北部界线。（3）找到了从高原到西北海岸低地的最佳通道，因此西北探察的主要问题之一第一次试验就解决了。（4）在近 150 英里的距离内确定了后来进入西北的拓殖 58
要道走向。今天的铁道线很接近科尔特斯探险队从马格达莱纳到阿卡波内塔的路径。高山、深谷和沼泽依然将行进路程紧紧限制在同样的通道之中。

埃尔南·科尔特斯本来可以把这个吉祥的开端发扬光大，进一步探察西北的土地。找到北方海峡和“亚马孙之地”的诱惑依然存在。科利马提供了很好的港口，从墨西哥城过来也不难，很适合准备海岸线探险。诚然，由于班德拉斯附近的崎岖地势迫使人们绕路而行，科利马或许不适合充当探险的陆上基地，但是弗朗西斯科·科尔特斯的队伍已经在特皮克建立了这样一个基地，它可以从米却肯通过瓜达拉哈拉的平原直接到达。按理说，下一步行动应该是确立这条捷径，从那里沿海岸线北上，然而科尔特斯没有成功进行这下一步行动。从科利马出发的探险队1525年就回来了，而科尔特斯在这方面无所作为，直到1532年他派遣侄子迭戈·乌尔塔多·德门多萨（Diego Hurtado de Mendoza）从阿卡普尔科乘船出发，但乌尔塔多在富埃尔特河上死于印第安人之手。原本可以为西北地区提供理想港口的科利马只成为新西班牙一个不出名的小地方，它的港口直到19世纪才显示出自己的重要性。陆上线路是由科尔特斯的竞争对手重新开发并延伸扩展的。

科尔特斯的失败是运气不佳和历史意外造成的，而不是因为他误解了地理问题。在他之后的探察者建基于他的探察结果，将这些结果拿过来为己所用。在特皮克探险进行期间，科尔特斯被召唤到南边的洪都拉斯去解决奥利德（Olid）的叛变。他用了五年时间才得以重建自己的事务，在此期间他无暇顾及远征探险的打算。当他澄清了此前受到的责难，作为新西班牙的总司令回到墨西哥，他的主要政敌努尼奥·德古兹曼认为自己审慎起见最好离开墨西哥，于是选择了西北乡村作为转移视线、重建受损名声的最适宜地点。德古兹曼征服了后来被称为新加利西亚的西北边疆，从而在科尔特斯此前宣称权力的陆路上阻挡了后者。迟至1540年，科尔特斯才重新表明他继续征服西北的权利，但是他的主张没有得到承认。他的其他努力都限于海路、关乎加利福尼亚，而与大陆无涉了。

西班牙基地推进到库利亚坎 59

墨西哥的高度本土文明从根本上是从玛雅中美洲传入的，在西北方向最远达到西海岸库利亚坎河谷。①我们有理由猜测，这种文明往西北传播是沿着太平洋海岸，而不是从墨西哥内陆传到海岸。这些海岸居民缺乏像阿兹特克人和塔拉斯坎人那样的军事组织，他们不习惯战争，也不熟悉抵御强大侵略者所必需的协同行动。他们的政治单元很小，很少包含一个以上的山谷。肥沃的洪积平原出产丰盛的农作物，还有大量来自河口和溪流的鱼类和贝类加以补充。印第安人住在宽大、紧凑的村庄里，他们是聪明的手艺人，好像人数跟这个地段的现代农村人口一样多。主要的聚落沿着大冲积山谷而建，北方远至库利亚坎，但是还有许多小村庄位于内陆洼地边缘，向北和向南延伸，形成背后高山下面的一种山麓小丘陵带。

在1530到1531年间，努尼奥·德古兹曼的一次进犯便摧毁了当地的景色。他轻易征服了这个地区，大多情况下没有遇

① Carl Sauer and Donald Brand, Aztatlán: Prehistoric Mexican Frontier on the Pacific Coast, Ibero-Americana: I, 1932, 全文各处。

到抵抗，还常常受到欢迎。在他身后留下的是一连串冒烟的废墟和一片狼藉。幸存的当地人被成群地赶出家园，卖为奴隶，几年之内锡那罗亚和纳亚里特的低地就几乎成为一片荒野了。

笔者为了重新构建征服时期的印第安场景，曾经追踪古兹曼进军的详细路线重行一遍。①古兹曼的路线与后来“国王大道”的差异标明在地图上。军队沿着国王大道的位置行进，那是早年印第安人穿过密密的灌木、荆棘和草丛开辟出来的道路，这些灌木、荆棘和草丛覆盖着锡那罗亚的整个沿海区域。要不是印第安人维持着他们的小路，这种植物构造实际上是无法越过的。印第安人的道路至今还有不少就是步行小路，两边的树丛在头顶上交织成拱形。古兹曼的军队有重型装备，因此必须把道路打开。例如查梅特拉的印第安人就把
60 道路一直清理到普雷西迪奥河渡口（埃尔雷科多?），还远远地上了山。关于当年记述中注意到的道路，唯一的困难是在过了普雷西迪奥河之后的地面上遇到的：“这条宽敞的道路通向非常大的灌木丛和干燥荒凉的原野，因此人们希望出去寻找另一条路。”这另一条路被他们找到了，“是一条相当宽的道路”。②由于他们下一步来到深山里的村庄，看来他们是在此处离开了较近的沿海道路，以便入侵一系列山地村庄。军队的行进路线从后来的国王大道位置朝大山方向移动，或许是因为山里比外面干旱平原上有更多的村庄。国王大道紧

---

① 同上，Fig. 4，p. 16。

② Sámano，载于 Joaquín Garcia Icazbalceta，edit.，Colección de documentos para la historia de México（México，1858-1866），Vol. 2，p. 281。

紧跟随平坦的沿海平原靠里的边缘，而向着山麓小丘间的洼地进军更有利于劫掠，因此军队采取了一条不那么直接的路线。然而国王大道当时很可能已经存在，尽管只是作为一条直接的印第安小路，正如胡安·德萨马诺（Juan de Sámano）的笔记所表示的那样。无论如何，到西班牙拓荒者定居的早期，这条路肯定已经在使用了。

沿海地区土地平坦，内陆洼地向北、向南排列，有无数水道通向沿海平原，因此从那里向北走的唯一困难就是要找到合适路径得以穿过浓密树丛和山上流下来的大河造成的洪水险情。洪水泛滥的时候，交通可能会中断好几个星期。纳亚里特北部的平原尤其麻烦，因为它地势特别低，不存在更偏北地面多年形成的台地，而且直接毗连中部高原的陡坡，没有山麓小丘间的洼地。因此，这个圣地亚哥-阿卡波内塔地段在雨季特别难以通行，也不方便绕道。正是在此处，古兹曼的军队在阿卡波内塔河边扎营休息时差一点被洪水卷走。

新加利西亚是科尔特斯和他手下的人没有进入（或未能有效控制）的开化印第安区域的西北方尽头。它终止于库利亚坎河北边，这也是较高程度的印第安文明终止的地方。整个开化的低地，以及高地边缘，被迅速且永久地并入了西班牙殖民结构。为了保持征服结果，古兹曼按照差不多相等的间隔安置了四个西班牙小镇，分别在北面边界库利亚坎、锡那罗亚南 61
部普雷西迪奥河边的圣埃斯皮里图、特皮克中间高原的孔波斯特拉，以及中部高原上的瓜达拉哈拉。从此以后，这些地方或它们的继任地就成为“国王大道”进入西北地区的主要站点。[①]在大约半个世纪中，圣米格尔-德库利亚坎的小镇充当了所有向西北远征的起点站，是西班牙在野蛮地带南部边缘的最后一个永久定居点。古兹曼连人带地的赐封将科尔特斯进入的特皮克疆域向北增加了一条大约300英里的地带，在此地带之外就是卡西塔人（Cahitas）的地盘了。

探察卡西塔区域

科尔特斯所说的“锡瓜坦的亚马孙之地”被努尼奥·德古兹曼的队伍在现在的圣洛伦索河旁发现了。村民们在西班牙人到来时全都逃走了，因此征服者们起初以为这里的确是亚马孙人的城镇，但他们很快就明白自己错了。失望之余，据说古兹曼希望立即去追踪“当他从墨西哥城出发时被告知的‘七座城市’”。[②]据卡斯塔涅达·德纳赫罗（Castañeda de Nájero）记载，古兹曼是从一个印第安人那里得到这个信息的，那人的父亲向北走了40天，其间经过一片荒野，来到穷乡僻壤做买

---

① 四个地方都曾搬迁，库利亚坎可能迁移过四次或五次之多。圣埃斯皮里图只从1531年维持到1536年，那时候新发现的佩鲁吸引了众多定居者，于是圣埃斯皮里图的居住地就被放弃了。这个居住地位于一座锯齿形山脊的脚下，可能是锡凯洛斯现在的位置。在这之后，库利亚坎与孔波斯特拉之间的漫长距离中就没有一个中间站点，直到伊瓦拉建立起圣塞瓦斯蒂安（即现在的康科迪亚）。圣塞瓦斯蒂安和圣埃斯皮里图一样，位于查梅特拉省，但是更偏东一些，因为伊瓦拉手下的人正在科帕拉附近的山边开采矿藏。

② 第一位佚名作者，载于Icazbalceta，前引书，Vol. 2，p. 291。

卖，用精美的鸟类羽毛换取装饰品。[①]卡斯塔涅达说，古兹曼最初就是根据这个信息组织起他的远征，也是为同样理由选择了通过塔拉斯卡西行的路线。找到亚马孙人和珍珠海岸的希望破灭，但是还有“七座城市”的财宝可以去勘察。

因此，很奇怪的是，既然身在库利亚坎，在前往西波拉的
直接道路上已经走了半程，古兹曼为什么会在那里调转方向， 62
没有向着预定目标继续前行呢？在库利亚坎，古兹曼开始了一系列攀登东边高山屏障的努力。我们能辨明的有三次：（1）沿着乌马亚河谷上行，那是库利亚坎河主要的北方富庶之地。他们兵分两路，由克里托瓦尔·德奥尼亚特（Cristóbal de Oñate）和贡萨洛·洛佩斯（Gonzalo López）分别率领，据派勒（Pilar）说前进了 40 里格[②]，按照萨马诺的说法是走了 15 到 20 天，然后被锯齿形山脊挡住了去路；算起来应该已经深入到圣地亚哥-德洛斯卡瓦耶罗斯，接近奇瓦瓦现在的西部边界了。这条路原本也可能指向西波拉，但是对于骑马的队伍来说是无法通行的。（2）在此之后，贡萨洛·洛佩斯试着取道库利亚坎河的南方源头塔马苏拉流域，深入到托皮亚的山区，但终于被越来越荒蛮险峻的深峡谷和单面山逼得放弃了这次行动。（3）最后一次尝试是通过更加偏南的路线，即圣洛伦索河的源头，至少到达了杜兰戈的山谷。所有这些努力的结果只是让西班牙人更加远离了西波拉及其他北方目标。当年记述中

---

① George Parker Winship, The Journey of Coronado, 1540-1542 ... (New York, 1904), pp. 1-2.

② 本文中的“里格”（league）应为西班牙语 legua 的英译，一里格等于 5.572 公里，而不是通常英语中所指的约 4.8 公里的距离。——译者注

的共同说法是，他们转向内地是因为他们被沿海的高山阻挡住了，这个说法常被历史学家援引，但在事实上是没有根据的。那里并没有什么高山，只是在瓜伊马斯一带的南边有些孤立的小山。简而言之，古兹曼就是改变了自己的行进方向。为什么呢？我们不得而知。也许他得到消息，说西波拉在马德雷山脉的另一侧，但这不太可能，因为印第安人是知道合适路线的。更大的可能性似乎是这样：古兹曼并非在认真寻找“七座城市”，而是意欲跨过墨西哥湾，到达他的领地帕努科，建立一个从大西洋到太平洋、位于新西班牙以北的边疆省份。尽管如此，古兹曼和部下队伍的热情在冲击杜兰戈山脉的过程中被摧毁了，那是整个北美洲最厉害的高山屏障之一。

当古兹曼在库利亚坎的河谷中逗留时，好像只有洛佩·德萨马涅戈（Lope de Samaniego）手下的一个侦察小分队被派往西北方向的沿海地区。[①]他们知道，在库利亚坎河谷北边有一些属于库利亚坎省（当地政权）的乡镇。远征队看起来没有什么其他目标，只想在西班牙人已经占领的地盘上减少这些最
63 后的偏远定居点，因为除非有重要发现，否则这支队伍打算待两周就回去了。有证据表明，远征队没有进入库利亚坎印第安人——称为霍拉巴人（Horaba）或塔胡人（Tahue）最后的河谷，即莫科里托河谷，而是在印第安向导的带领下走了内陆路线，上行到卡皮拉托和科马尼托所在的干旱洼地。远征队开始时走的是一条普通路线，但是这条路越来越窄，最后成了步行

① 主要的报告是第三位佚名证人的报告，载于 Icazbalceta，前引书，Vol. 2，pp. 454-456。

小道，经过一些非常难走的地面，与平坦地段交替出现。这样，队伍行进一个星期，穿过人烟稀少的地区，然后才到了锡那罗亚河边，有五天没见到一个定居点。这就意味着，在这片山高岭密的地区，印第安向导很可能是带领他们绕过了自己同胞的定居点，因为从库利亚坎经巴迪拉瓜托向北伸展的洼地里，过去和现在都有不少小型农业社区，从事因时制宜的耕作。

远征队在离主要乡镇（现在的锡那罗亚城）6 里格的高地到达了锡那罗亚河，从那里开始下山，来到一片宽广的平原。乡镇上有 500 所房屋，墙是用芦席做的，与他们以前看到的房屋不同。后来那里的河流和乡镇被称为佩塔托尼或佩塔特兰，意思是“席屋之地”。那里的人也迥然不同，西班牙人“惊讶地看到这么奇特的一种房子和这么凶蛮的一个民族，因为房子像是西班牙阿拉贡的大篷车，人穿的是兽皮”。这是西班牙人与卡西塔文化接触的首次报告中所写的话。现代的锡那罗亚河是一个粗野强健的族群的南部界限，他们向北一直延伸到亚基河谷。迄今为止，在西班牙治下的北美所有印第安人口中，卡西塔人是唯一一个在某种程度上成功抵御欧洲化的族群。远征队的侦查活动没有超越“芦席河谷”的范围。队伍沿河而下，直到他们被浓密的灌木丛挡住去路，它向海一面的边缘是散布着仙人掌和带刺的含羞草族叶片的沙漠。他们还往山的方向沿着河流走了 14 里格，经过了有人居住的地带，不过地形是越来越艰难了。

在努尼奥·德古兹曼回到南方两年之后，他在 1533 年又派出一支队伍继续向北探察。这次的行程是在库利亚坎河谷

(当时在古兹曼赐封的人控制下) 组织起来的，由迭戈·德古兹曼 (Diego de Guzmán) 率领。[①]这支队伍动身时走的是萨马
64 涅戈两年前走过的道路，经过尤图阿坎 (佩里科斯?) 河谷，但他们从南边更直接地进入佩塔特兰。[②]他们派人沿着河谷下行5里格去做侦查，那些人听说前面有一条更大的河，而且有更多的食物。队伍行进三天，穿过海岸浪蚀平原——一个长着巴西苏木的无人居住地带，来到塔马查拉的富埃尔特河，它位于圣布拉斯丘陵区的下方。他们附带向海岸绕行到奥雷米 (阿奥梅) 乡镇，然后又回到河边，沿河上行来到最大的省份锡那罗亚，那个地区大约相当于现在的埃尔富埃尔特城，建在小河边缘的一座小石山上。这支队伍接着往山的方向走了一段，那条路"像球场那么宽"，从而完成了对这个伟大富庶的河谷从海边到山上的侦查探索。

继续向北行进被夏季洪水搞得十分困难，他们只好乘木筏渡过富埃尔特河。又在陆地上走了三天，这些西班牙人来到特奥科莫河和特奥科莫镇，那里正是山上下来的一条大溪流注入特奥科莫河的地方。特奥科莫河是特乌埃科人 (Tehuecos) 的河流；在它与吉罗科瓦溪汇合的地方 (吉罗科瓦溪每年雨季会从山里带来大量水流)，行军记录把它称为库朱瓦基河，也叫阿拉莫斯河。继续前行三天半，他们来到现在的卡莫阿镇附

---

① 这次远征的日志保存在 Proceso de Guzmán，发表于 Colección de documentos inéditos, relativos al descubrimiento, conquista y organización de los antiguos posesiones españoles . . . , Vol. 15 (Madrid, 1871), pp. 325 ff.；进一步说明见第二位佚名作者的报告，载于 Icazbalceta，前引书，Vol. 2，pp. 296-306。

② 佩塔特兰的乡镇有个印第安名称 Moretia。

近的马约河畔。这个行程后半段走的是崎岖不平的艰难道路，从阿拉莫斯附近到马约河之间没有水源。在马约河畔，他们听说了亚基河谷，以及更远的内瓦米镇。

由于他们的下一个目标是亚基印第安人的地盘，有必要离开他们一直没怎么离开的洼地，而转向一条更偏西的路线——洼地继续向北，它排水排到塞德罗斯河。从他们记录的行军距离以及提到的取水地点判断，远征队采纳了一条非常直接的路线，经过一排小山，在科科里特遇到亚基河的大拐弯。在卡莫阿到科科里特的老印第安小路上，他们很可能找到了阿基维圭奇和科科拉基的水源。只是在最后一天，当他们开始下行到亚基河谷时，才真正受到干渴的煎熬，只好靠吸吮仙人掌解渴。从亚基河边的营地，他们沿河上行，第三天到达内瓦米。这里 65
住着特征和语言与别处不同的印第安人，他们最近刚刚遭到亚基人的蹂躏。这是西班牙人与下皮马印第安人的首次接触。内瓦米的地点可能同库穆里帕一致，后者是亚基河边最下方的皮马人村庄。队伍继续向亚基河上游行进，但是被库穆里帕城外的峡谷挡住了，在当时那个水位很高的季节根本就过不去。在此情况下，他们决定放弃追寻他们受命要找到的“七座城市”。一个小分队，其中包括本文所征引的第二位佚名报告者，沿亚基河顺流而下向海边进发，试图找到一条绕过前面大山的通路，这座大山就是后来恶名远播的巴卡太特山。

返回马约河走的还是他们来时的路线。远征队巡视马约河直到河口，还朝着锯齿形山脊的方向走了一段。在马约河南面，一个侦察小组游荡到阿希亚万波湾，发现了迭戈·乌尔塔多被消灭的探险队留下的第一批遗物。进一步搜寻富埃尔特河下游的定居点和佩塔特兰河（锡那罗亚河）沿岸，他们逐渐得知了前一年印第安人对科尔特斯派出的这支队伍进行屠杀的情景。从佩塔特兰出发，迭戈·德古兹曼选择了取道莫科里托河谷，这个河谷之前由努尼奥·德古兹曼赐封的一个葡萄牙人进驻，他名叫塞瓦斯蒂安·德埃博拉（Sebastian de Ébora），因此在其后一段时间里，河谷以他的姓名来称呼。

迭戈·德古兹曼的远征就季节而言十分合宜，因为他们是在夏天雨季快到尾声时启程，向未知的西北方向进军的。显然，他们一路上找水没有遇到什么困难。反过来说，要是在旱季最高峰时期，那他们从马约河到亚基河的行程根本就不可能，其他某些路段也会变得非常困难。从他们的日志和适当的行军路线看，虽然偶然有人抱怨无路可走，但他们总的来说得到很好的指引，选取了卡西塔人不同分支居住的几条河流之间直接相连的小路。这次远征为后来的“国王大道”北至索诺拉州阿拉莫斯附近的路段勾出轮廓；再往北，他们走了一条通往亚基村镇的路线，把北向的主要道路留在了东边。这次探察几乎覆盖了卡西塔人的整个范围，此前只有萨马涅戈在锡那罗亚河旁看到过他们。这些西班牙人还第一次了解了“内瓦米人”（Nebomes），这是拓殖时期早年人们对下皮马人的一般称呼。努尼奥·德古兹曼指挥下的几次西北探察行动，没有一次
66 在地势方面遇到问题，除了最后一次在南索诺拉需要小心绕开长满仙人掌的沙漠。古兹曼的部下把科尔特斯的西北探察所得知识足足向前延伸了近 600 英里。

卡韦萨·德巴卡及同伴的归程

阿尔瓦·努涅兹·卡韦萨·德巴卡（Alvar Nuñez Cabeza de Vaca）[①] 的行进路线被一群得克萨斯历史学家严格地重新审视，他们令人信服地显示，这几个人向西漂泊，到达了孔乔斯河与里奥格兰德河的交汇处。[②]超过这一点的路线，这些作者只给出不太肯定的说法。其实这个行程的余下部分也像它的东面部分一样容易确定，下面将作一简述。[③]

他们几人在孔乔斯河口附近到达的定居点是属于胡马诺（Jumano）印第安人的。苏马（Suma）印第安人住在里奥格兰德河往上游方向，他们在文化上低于胡马诺人，并且对后者抱有敌意，但是卡韦萨·德巴卡的报告说两者使用的是同一种语言。西班牙人后来得知苏马人向西延伸，直到奥帕塔（Ópata）印第安人地盘的边界。因此我们可以推测，卡韦萨·德巴卡的小组在孔乔斯河与索诺拉东北部的玉米（奥帕塔）地带之间，从苏马人的一个村庄或群组走到另一个村庄或群组，而阿帕奇人（Apaches）对这片领土的入侵看来是在几代人之后了。从

---

① 卡韦萨·德巴卡是阿尔瓦·努涅兹的母姓，然而它在我们所见的文献著述简称中已经成为通用的名字，所以我们此文中也只用“卡韦萨·德巴卡”了。

② 最终版本是 Harbert Davenport and Joseph K. Wells, The First Europeans in Texas, 1528-1536, Southwestern Historical Quarterly, Vol. 22, 1919, pp. 205-259，特别见第 248—255 页。

③ 卡韦萨·德巴卡早年参加的探险队船只失事；这里讲述的是八年后的 1535 年，他和另外三名幸存者一起向西、向南探察以回到西班牙人领地的一段经历。——译者注

孔乔斯河向里奥格兰德河上游方向的行程继续下去变得异常艰苦，因为持续两年的旱灾使这个地方无法种植玉米，玉米要从很远的、有水浇地的其他族群手中以物易物交换回来。此时，这些西班牙流浪者初次听说了奥帕塔人和普韦布洛印第安人，特别是听说西边有很大的玉米之乡，还被告知如何前往这个地区。当地人让他们不要从孔乔斯河继续往西走，而应该绕个大
67 远，沿里奥格兰德河逆流向北走上 17 天，然后再转向西边。人们还说，这一路都不会找到种植的粮食，住在那里的人是靠某种树籽（好像是牧豆树）活命。奥维多-巴尔德斯（Oviedo y Valdés）的记述也认为这个小组获得了有关玉米之乡的信息，到达那里一路上要保持北方在自己的右手边；那是上游里奥格兰德河畔普韦布洛人的土地。

卡韦萨·德巴卡这样描述从孔乔斯河开始的行进路程：

> 在那里待了两天之后，我们决定去寻找玉米[之乡]，而且我们不愿意沿袭 Vacas 的路径 [Vacas 即牛，这个路径看来是指里奥格兰德河谷；他们也把本文前面说的苏马人称为 Vacas 印第安人]，因为那样会通向北方，对我们来说是绕个大远 [然而他们实际上还是向北走了]，而我们始终确信，向着日落方向前行就会找到我们追寻的东西；因此沿着我们自己的路 [*el camino del maiz*，即玉米大道]，横跨整个大地，直到我们来到南海之滨；他们告诉我们要走 17 天，在这整个 17 天里我们会遭受饥饿折磨——我们的确挨饿了，但没有让自己被饥饿的恐惧阻挡前进

> 步伐。在沿河上行的所有进程中，他们给了我们很多野牛皮，我们并没有吃野果［牧豆］，而是每天靠一块手掌大的野鹿脂肪维持营养，野鹿的肥肉我们一直都留着够自己需要吃的；这样，我们度过了整整 17 天，然后过了河，又走了第二个 17 天。日落时分，在拔地而起的一些高山之间有某些平原，那里的人在每年的第三个时段只吃磨碎的草本植物（*paja*）；由于我们通过那里时正赶上那个季节［春季］，我们也不得不吃那个东西，直到完成了这些行程，到达有永久性房屋的地方。[①]

这个记述是在事情发生多年之后凭记忆写下来的，可能需要被奥维多的《通史》（*Historia General*）加以修正，毕竟后者是在这几个人回来后不久就完成的。奥维多说他们离开孔乔斯河沿着里奥格兰德河向上游行进的时长是 15 天。在渡河之后——

> 他们向西，或者说向着日落的方向行走，又走了 20 多天才到达玉米之乡，其间经过或轻或重遭受饥饿折磨的乡村，尽管没有之前那么糟糕；当地人吃磨碎的草本植物并猎杀许多野兔，他们打了野兔给这些基督徒送去，总是超过后者的需要。在这条路上，几

① 译自 Alvar Nuñez Cabeza de Vaca，Naufragios y comentarios（Madrid，1922），p. 119。

个人休整了几次，这是他们一向的习惯。

这个旅程不仅是在连续两年的干旱之后，而且是在旱季
68 （看来是春天）进行的。他们必须沿着里奥格兰德河向北尽量走得远一些，这样才能在他们转向西方时有足够的水，而这恐怕只有沿着科罗拉多高原边缘的群山脚下而行，主要是明布雷斯山。国际边界线一带的乡村是不可能通过的，一是因为那里有很宽的沙丘带，另一个原因在于那些一望无际的无水平原，相隔很远才被小小的洼地打断，里面是否有水还不一定。这几个受难者不是没有可能曾冒险从里奥格兰德河旁的梅西亚山谷开始向西走，但是考虑到那个时期的干旱程度，更大的可能性是他们走到林孔再离开里奥格兰德河，然后横穿明布雷斯山和巴罗山的南部边缘。大约 15 天沿河向北，加上之后向西走了差不多同样距离，跟我们这个推测十分吻合。没有证据表明他们越过奇瓦瓦的马德雷山脉，要是那样走的话将会是最困难的路线，这一点他们绝不会没有注意到。里奥格兰德河边的印第安人自己显然也没有试图穿越马德雷山脉到奥帕塔地区，因为他们建议西班牙人绕个大远从北边过去。上述两段报道中唯一提及的地形是“几座高山之间有一些平原”，这很像是明布雷斯山所在地的洼地和山峰。这里简述的道路不涉及重要的翻山越岭，而且路上有不少水坑。在我心目中相当肯定，卡韦萨·德巴卡和他的同伴们在前往索诺拉的路上，经过了新墨西哥的西南部和亚利桑那的东南部。因此，“美国西南数州中的第一批白人”这份荣誉属于卡韦萨·德巴卡及其同伴，而不该属于弗赖·马科斯·德尼萨（Fray Marcos de Niza）。

玉米之乡当然就是奥帕特里亚，它的东北边界是索诺拉的弗龙特拉斯洼地。在这里我们就可以结束这个横跨里奥格兰德河西边的干草原和沙漠的旅程了。在奥帕塔之地，卡韦萨·德巴卡受到热情接待，获得了大量食物。上面引述的材料包含了关于当地民族最初的、宝贵的人种志记录，但是对所走的路线却鲜有提及。奥维多把玉米之乡的起点放在离库利亚坎 200 多里格的地方，这个估计与弗龙特拉斯洼地的位置相符。然后这个小组慢慢行进，“从乡镇到乡镇，经过了 80 多里格的距离”，这大约是从弗龙特拉斯到乌雷斯的路途，是老索诺拉定居人口最密集的部分。在这段行程中，有八个月他们“没有从群山环绕中走出来”。这个说法也符合当地的地形特征，因为奥帕塔山谷两侧夹着的都是一系列山峰。 69

经过最后一道锯齿形山脊之后，奥维多说到：

> 这四名基督教徒来到三个乡镇，它们连在一起但都很小，有大约 20 所房子，很像他们在此前经过的乡村看到过的那样，建造得很紧凑（不是这儿一栋、那儿一栋的，后面这样的房屋他们后来在已经平定的地区看到了）［指的是南边卡西塔人的分散式村庄］。在这里，有来自沿海的人［塞里（Seri）印第安人］拜访这几位基督徒，后者通过他们的手势理解他们来自 12 到 15 里格的远方。基督徒们给这个（或者说这组）乡镇起了个名字叫“心乡”，即科拉松尼斯

(Corazones)。[①]

这个科拉松尼斯的印第安人聚落在后来弗朗西斯科·巴斯克斯·德科罗纳多(Francisco Vázquez de Coronado)的远征中起到了突出的作用。被称为索诺拉河谷的洼地在巴维亚科拉下面就到头了，在这里河流从一个超过15英里长的峡谷穿过了西侧的山峦，进入乌雷斯河谷。科拉松尼斯位于峡谷下面的索诺拉河畔，看来是在索尔港的乌雷斯上方约8英里的地方。我们在峡谷口可以看到几个小小的废墟，这或许可以被认定为过去聚落的遗址。

卡韦萨·德巴卡自己是这样说的："在它旁边是通往南海沿岸好几个省份的路径；如果想找到通路的人不进入此处的话，他们就会迷路了。"这是索诺拉的海岸地区与索诺拉河谷之间一条著名的河道通路，对任何知道这条通路的人来说，卡韦萨·德巴卡的话算不上晦涩难懂。它是索诺拉州最重要的关口。在拓殖时代以及其后很多年，索诺拉南北之间几乎所有的交通运输都是通过这个峡谷完成的。时至今日，虽然从乌雷斯到索诺拉河谷之间修建了绕道山间的汽车公路，但动物驮队和骑马旅行仍然是沿着峡谷走这条较短的路线。上面的索诺拉河谷是奥帕塔地区的心脏，后来成为拓殖时代索诺拉的主要定居地点，"索诺拉"也被用作整个州的名称了。这个峡谷也区分了北面的奥帕塔地区和南面的皮马居住地。向海而行，在不长

① Gonzalez Fernandez de Oviedo y Valdés, Historia general y natural de las Indias ..., Vol. 3 (Madrid, 1853), p. 610.

的距离内开始有几个原始部落，当时是各有其名，但现在通常 70
都合起来称为塞里人。因此，卡韦萨·德巴卡认为这地方是前往当地各省的通路，他说的没错。

在这部分行程中，探察者还注意到有关普韦布洛人地盘的另一件事。他们看到许多绿松石，当地人还给他们看了一些叫作祖母绿的加工过的宝石。关于这一点，卡韦萨·德巴卡写道："我问他们是从哪里弄到这些石头的，他们说石头来自北方很高的山峰上，他们用鹦鹉的皮和羽毛换来的，他们还说在那个地方看到的村镇有很多居民和非常大的房屋。"①当这些西班牙人到达索诺拉流域的时候，他们从普韦布洛地区南边进入印第安人的老贸易路线，得知那里有从很远地方运来的物品交易。很可能，鹦鹉羽衣是从更南边的地方运过来的，因为这些鸟在奥帕塔地区只能偶然见到，而且主要是在索诺拉河谷的东边才有。到索诺拉南部和向南进入锡那罗亚就有很多鸟了，而且不光是普通的绿鹦鹉，还常常见到色彩斑斓、羽毛备受称赞的金刚鹦鹉，以及包括马尾鹦鹉在内的其他品种。

皮马人的地盘以科拉松尼斯为起点。奥维多的意思是说，这几个人从科拉松尼斯朝着努尼奥·德古兹曼发现的大河方向走了 30 里格［他指的是亚基河，实际上是迭戈·德古兹曼按照努尼奥·德古兹曼的命令行事时发现的］。这大约是从乌雷斯河谷到亚基河畔索约帕的距离。这段没有记载的道路直接从索诺拉河的花岗岩河口，通过阿拉莫斯、马泰普和雷韦科这些印第安村镇，到达索约帕。索约帕有河上唯一可涉过的浅水

① Alvar Nuñez Cabeza de Vaca，前引书，pp. 120-121。

处，是由宽大的礁石形成石洲，在水位较低时便有可能安全涉过。这地方迄今仍然是汽车过河的唯一浅水处，也是整个历史时期北方的“国王大道”通过亚基河的地方。

卡韦萨·德巴卡关于如何渡过亚基河语焉不详。他说：“从那里［科拉松尼斯］出发，一天的行程到了另一个［村庄］，在村里我们遇到大雨，这雨大到使河水暴涨，我们无法渡河，被困在那里 15 天。”如果说他们从科拉松尼斯只走了
71 一天，那一定是在阿拉莫斯镇等待河水消退。然而，那里的小溪谷绝不可能长久阻碍他们前行，我们也没有理由认为他们会在一个离亚基河还有好几天路程的地方等待河水退下去。很可能是卡韦萨·德巴卡的记忆有误，把他们从出发到被洪水截住所走的天数记错了。我们认为这事发生在索约帕，时间是在圣诞节期间，那个季节的冬季暴风经常带来长时间连续不断的雨水，因而造成整个区域最严重的洪水泛滥。笔者曾有机会在附近的萨瓦里帕过了个圣诞节，看到暴风雨慢慢过去，河水更慢地恢复平静。

从他们等待洪水消退的村镇到他们初次听到有关基督教徒消息的村镇，卡韦萨·德巴卡认为中间的距离有 12 里格。因此后面这个地方应该是奥纳瓦斯，是亚基河东岸、顺流沿河的老“国王大道”更远的第二站。在索约帕和奥纳瓦斯之间，东岸的河流阶地开发得很好，也很容易通行，而西岸却是断裂的斜坡。奥纳瓦斯是南方皮马人最大的聚落地之一。有关西班牙人在这个地方的记载，既没有肯定也没有否定古兹曼的某些下属曾经进入奥纳瓦斯。这可能指的是迭戈·德古兹曼在到访顺流方向的下一个皮马乡镇库穆里帕之后的事情。也可能还有

其他人后来又走得更远，例如奥维多注意到曾有三批人从库利亚坎深入北方很远的地方，好像是捕获奴隶的远征队。在奥纳瓦斯，卡韦萨·德巴卡的流浪小组发现了一些西班牙人的标志，因而知道自己就要摆脱困境取得成功了。从那以后，他们行进的步调加快，不再关注路线或当地习俗，而是一心想着回到自己人身边去了。

从渡过亚基河到第一次看到西班牙士兵，中间还有 80 到 100 里格的路程。上述两个当时的陈述都没有写到这段路程是如何走过的，除了接近尾声的时候。当他们连续向南行进，一方面为预期的前景而激动，另一方面却对路上所见所闻越来越感到震惊，因为他们越来越清楚地看到这片大地在古兹曼人马的奴役袭击下被摧毁成什么样子。田地撂荒了，村庄废弃了，印第安人退居丛林和山里。记录中提到的唯一地方是位于狭窄
山峰中的一个村镇，它充当着许多印第安人的避难所。据奥维 72
多说，这个地方离库利亚坎有 40 里格，那么可能是在俯瞰现在的锡那罗亚的高山上，挨着锡那罗亚河的一条源头溪流。没有关于路线的记载，我们只知道这些西班牙人尽快前行，因此可以推测他们从奥纳瓦斯穿过卡西塔人的地盘，沿主路一直向南。这意味着先沿里奥奇科河逆流而行，再沿塞德罗斯河顺流而行。只有两个不太强的理由支持这个较短路线的推测。首先，他们是在雨季行进，那时候很难继续沿着亚基河往下游方向，通过亚基河的低峡谷从奥纳瓦斯到库穆里帕，再按照迭戈·德古兹曼的路线向南到马约河。其次，当这个小组的成员之一黑人斯蒂芬（the Negro Stephen）后来随弗赖·马科斯回到此地时，他在马约河离开后者，开始沿塞德罗斯河北上，为

的是重新折返他过去跟着卡韦萨·德巴卡走过的路程。由此判断，既然卡韦萨·德巴卡他们来到亚基河畔、位于向南主要通道上的奥纳瓦斯，而这条道路距离最短、沿途最多聚落、最少有洪水断路风险，那么没有理由认为他们会另选一条困难的弯路回南方。

他们发现了西班牙人捕获奴隶的团队营地，还在锡那罗亚附近或奥科罗尼附近遇见了迭戈·德阿尔卡拉斯（Diego de Alcaraz）率领的这个团队本身。①（陪同卡韦萨·德巴卡从科拉松尼斯地区过来的一群皮马人留下不走，在锡那罗亚下面的巴莫阿村定居下来，形成其后多年存在的卡西塔人地盘上的皮马族群。）有人放风预告，从北方来了几个奇怪的西班牙人。库利亚坎市长、后来追随科罗纳多的梅尔基奥尔·迪亚斯（Melchior Diaz）来到库利亚坎河谷北面 8 里格一个河谷中被
73 平定的印第安人村庄（佩里科斯?），欢迎这些流浪者回到西班牙文明世界之中。

卡韦萨·德巴卡和他的同伴们并非有意为之的远征，其成就有深远意义：（1）他们关于北方存在一个高文明区的报告

---

① 后一个地点见于包含在下述文献中的手稿片段——Historia de las Misiones（Tomo 25，Misiones，of the Archivo Publico of Mexico）："自库尔华坎镇起，一些官兵就跑步行进，虎视眈眈地进入了锡那罗亚的地盘。他们强迫或用奸计把遇见的印第安人都抓了起来，然后不顾天主教君主敕令和上司的命令，把他们当奴隶卖了。……最大胆妄为闯入锡那罗亚地域的当属迭戈·德阿尔卡拉斯上尉，他带着士兵们到处抓奴隶，追逐着巨大的利益。阿尔卡拉斯继续进犯锡那罗亚，从奥科罗尼到卡拉波亚有三里格路，那个地方叫奥胡埃洛斯，那里有一大群印第安人。他敲响了警报提醒弓箭手，前去抓他们，好像去抓某些猎物。他暂时停止了正在进行的屠戮，因为在那些人中他看到三个形体怪异的男人。"

重新燃起了人们对“西波拉”故事的兴趣，直接导致了安东尼奥·德门多萨（António de Mendoza）总督参与北方探察。（2）他们的旅程证明，在新西班牙之北有一个大洲那么大的陆块。（3）他们确认了存在一条通往北方的小路，这条小路成为后来的历史要道。科罗纳多的远征只不过重走他们的路线到索诺拉河的源头罢了。（4）他们让世人知晓了两个半开化印第安族群的存在，那就是卡西塔人北边的皮马人和奥帕塔人。（5）卡韦萨·德巴卡愤怒抗议对印第安人的野蛮奴役袭击，这终结了古兹曼部下剥夺印第安人生命财产的行为，否则南方的卡西塔人很可能会被灭绝了。不久以后，较人道对待印第安人的时期开始了，带来耶稣会传教活动的黄金时代。

弗赖·马科斯重行北向小路

各种各样关于拓殖时期教会的编年史一致认为，1538 年方济各会修士们有过一次远征。阿道夫·弗朗西斯·班德利尔为此主张辩解，声称确有这样一次远征发生在弗赖·马科斯的探察之旅前面；其他作者也采纳他的结论。①然而休伯特·豪·班克罗夫特（Hubert Howe Bancroft）认为这次远征是虚构的，不足为信。笔者的看法是，方济各会修士的远征就是弗

① A. F. Bandelier, Contributions to the History of the Southwestern Portion of the United States (Papers of the Archaeological Institute of America, American Series, V, 1890), pp. 84-105. 评论见 Elliott Coues, On the Trail of a Spanish Pioneer: the Diary and Itinerary of Francisco Garcés ..., 2 vols. (New York, 1900), Vol. 2, pp. 479-521。

赖·马科斯的远征，两者根本是一码事：

一、那些宗教编年史家看来都利用了同一个来源，或者是一个接一个互相抄袭而没有费神援引来源。这些记述中的第一篇是托里维奥·莫托利尼亚（Toribio Motolinia）1540 年出版的。[1] 16 世纪末赫罗尼莫·德门迭塔（Gerónimo de Mendieta）的《教会历史》（*Historia Ecclesiástica*）（第四卷）用了莫托利尼亚的叙事，有些地方完全相同。方济各会修士赫罗尼莫·德
74 萨拉塔·萨尔梅龙（Gerónimo de Zarata Salmerón）在 1626 年左右几乎逐字逐句重复了这个故事。[2]同一时期还有胡安·德托克马达（Juan de Torquemada）所写的更加广为人知的故事，包含在《印第安君主制》（*Monarquia Indiana*）一书中，不久后又在安东尼奥·特略的《编年史》（*Chronicle*）第五卷中重现。[3]巴勃罗·博蒙（Pablo Beaumont）详尽地重述了特略的文字，显然是来自这部《编年史》。

二、莫托利尼亚是这样讲述的：

> 同一年［1538 年］，方济各会分区负责人弗赖·安东尼奥·休达·罗德里戈（Fray Antonio Ciudad Rodrigo）派了南海岸边的两名修道士，跟一位准备探险的上尉一起，取道哈利斯科和新加利西亚前往北

[1] Icazbalceta，前引书，Vol. 1，pp. 171-172。

[2] P. Gerónimo de Zarata Salmerón, Relaciones de todas las cosas que en el Nuevo-Mexico se han visto y sobito . . . desde el año de 1538 hasta el de 1626，载于 Documentos para la historia de Méjico, Sér. 3, T. 1, Parte 1 (México, 1856).

[3] 其手稿收藏在瓜达拉哈拉的公共图书馆。

方。他们走过海岸线上那片已经被人发现、知晓并征服的区域之后，发现前面有两条路向他们敞开。上尉选择了右边一条走下去，这条路转向内陆。仅仅走了没几天，他就遇到非常险峻的高山，无法翻越而只能原路返回。两位修道士中有一位生病了，另一位带着两个翻译走了左边通往海岸的那条路，结果它一路畅通而且直来直去。走了几天之后，他进入一个贫穷的印第安人地区，他们出来迎接他，把他称为上天派来的信使，并为此都来触摸他、亲吻他的道袍。他们一天天陪着他，每天有三四百人，有时候更多。其中有些人到了该吃饭的时候就去打野兔和鹿，这些动物有很多，他们知道怎样在很短时间里想要多少就打多少。他们先给修道士，然后把其余的在自己人中间分配。就这样，修道士走了300多里格的路程，而几乎在整条路上，都有人告诉他有一片土地上住着许多身穿衣服的人，那些人有房子，房顶是平的，房屋有好几层。他们说那些人沿着一条大河的岸边定居下来，那里有很多围起来的村镇，有时候村镇之间会发生战争。他们又说，过了那条大河，还有其他更大、更富裕的村镇。他们还说河这边的村镇里有牛，比西班牙的牛要小，其他动物也跟卡斯蒂尔的大不相同。那些人穿着很好的衣服，不但有棉布的还有羊毛的，因为他们有羊，可以从羊身上取毛（不过不知道是哪种羊）。那些人穿衬衫和其他遮体的衣服，他们的鞋子可以把整只脚都包起来，这可是在所有已经发现的大

> 地上从来没见过的事情。而且，有人从那些村镇带来
> 许多绿松石，这些绿松石和我在此所说的其他东西一
> 样，会在修道士接触的这些穷人中间传看；这些东西
> 穷人的地区不生产，但是他们把东西从那些大村镇带
> 回来，因为他们有时去那里干活养家，正像西班牙的
> 75 短工一样。为了寻找这片土地，从陆地和海上都已经
> 去过很多人马和舰队，但是上帝把它藏起来不让任何
> 人看到，希望有一个没鞋穿的穷修道士会发现这个地
> 方。对这个穷修道士，当他带来这片土地的消息、在
> 我写下这些话的时候，他们许诺不会用大火和刀剑去
> 征服这片土地，像征服大陆上几乎所有被发现的地区
> 那样，而是会在那里传布福音。但是消息一给出去，
> 很快就传遍了各处，由于这是个神奇事情，很多人都
> 想前去征服这片土地。无论是好是坏，新西班牙总督
> 唐安东尼奥·德门多萨主动采取行动，给这个任务带
> 上神圣目的和良好的意愿。

三、莫托利尼亚的报告包含了我们所知的弗赖·马科斯旅程中的基本要素，而略去了弗赖·马科斯本人叙述中一些我相信是虚构的声称：（a）同两位修道士一起出发的上尉正是科罗纳多本人。门多萨总督在给西班牙国王的一封信里谈到科罗纳多伟大远征之前的事情，他说两个修道士（马科斯及同伴）和巴斯克斯·德科罗纳多一起前往库利亚坎，科罗纳多得到的命令是弄清楚有关一个山地省份托皮拉（托皮亚）的情况。当他［这个词不明确，可能指科罗纳多，也可能指修道士］

到达这个省份时，来到一座像一堵墙那样的高山，没有能通过的路径，因此被迫返回库利亚坎。[①]另一封信是科罗纳多在库利亚坎写给门多萨的，他报告说自己计划于 1539 年 4 月 10 日动身前往托皮拉，这是弗赖·马科斯已经北行的约一个月后。[②]从这两封信看，虽然它们提到的其他文件丢失了，但很明显科罗纳多在陪同弗赖·马科斯及同伴到达库利亚坎之后，曾于 1539 年短暂进入杜兰戈山地。(b) 弗赖·马科斯的同伴离开库利亚坎后不久就生病了，留下不再往前走。莫托利尼亚报告中“匿名的”方济各会修士也有相同经历。(c) 弗赖·马科斯的叙述包含贫穷印第安人的情况、他作为上天信使受到的接待、大群印第安人对他的自愿陪伴、整整一路上听说的北方大量人口的消息，所有这些都是莫托利尼亚报告中的主要内容。(d) 两份叙事的差异在于，弗赖·马科斯在他自己的写作中声称见到了北方的文明族群，而莫托利尼亚说修道士是作为二手资料报告这些情况的。我们后面的讨论将力图显示，对 76
“莫托利尼亚所报道的正是弗赖·马科斯的旅程”这个论点，这一差异是支持而不是反驳的证据。(e) 莫托利尼亚的报告在日期方面是正确的。弗赖·马科斯是 1538 年被派出去的。当莫托利尼亚写这份报告时他刚刚回来，那时候科罗纳多看来还没有开始他前往西波拉的旅程。

四、对莫托利尼亚记述的逐渐扭曲是明显的，主要原因是

---

① Relation du voyage de Cibola，载于 H. Ternaux-Compans, edit., Voyages, relations et mémories originaux pour servir à l'histoire de la découverte de l'Amérique ..., Vol. 9 (Paris, 1838), pp. 285-290，特别见第 288—289 页。

② 同上，p. 352.

他既没有提修道士的名字，也没有提上尉的名字。门迭塔在半个世纪后再写此举，他重复了莫托利尼亚讲的故事，但加上一段说，当时马科斯·德尼萨（弗赖）是修会分区负责人，“他为了使自己确信另一个修道士发表的东西真实无误，……尽快出发，结果发现那个修道士给出的故事和声明都是真实的……回到墨西哥城，确认了另一个修道士的话”。看来，此时弗赖·马科斯的名字已经如此广为人知，因而门迭塔没有想到，莫托利尼亚居然会写这个大名鼎鼎的萨瓦人而不提他的名字。以后的编年史也沿袭了门迭塔的说法。

五、两个世纪过去了，传说开始给那个“无名的”方济各会修士安上名字。名字是怎么来的，我们不得而知，但是既然还能认出故事没变，我们就可以推测这些名字只不过是进一步添枝加叶罢了。耶稣会的编年史受到胡安·马特奥·曼赫（Juan Mateo Mange）上尉的影响，而曼赫在北方边境服役，可能在皮梅里亚或奥帕塔地区听到当地人的传统故事。

在18世纪出现了莫托利尼亚主题的变种，主要来自耶稣会派的编年史家。曼赫1720年左右撰写的《未知大地之光》（*Luz de Tierra Incógnita*）说道，弗赖·马科斯向他的修会分区负责人安东尼奥·休达·罗德里戈寻求授权去进行一次远征，不过他自己没有获得授权，却得到许可派遣一个名叫弗赖·胡安·德拉亚松森（Fray Juan de la Asunción）的修士和一个俗家弟子一起前往，这两个人走了600里格到墨西哥西北部，被一条大河挡住了去路。在这里他们得知还有一条更大的河流，在北边10天路程的地方；有一个很大的族群住在那里，人数多到可以用一堆堆沙子来形容；他们有三层楼的房子，有围

墙，居民们穿着柔软皮革和棉布做的衣服和鞋子。[①]曼赫对皮
梅里亚有第一手的直接了解，他的描写没有充分区分他自己所 77
知道的东西与从旧时讲述者那里提取的内容。曼赫写的早期发现历史远不如他关于亲身参加边疆拓殖的记录那样可靠。举例来说，在上述那段后面，他用了一章的篇幅写科罗纳多的远征，然后（!）说弗赖·马科斯在1544年北上探察。曼赫的说法后来被加尔塞斯（Garcés）在1777年、阿里西维塔（Arricivita）在1792年采纳。莫塔·帕迪利亚（Mota Padilla）在1742年称那位远征的方济各会修士为胡安·德奥尔梅达（Juan de Olmeda）。人们注意到了曼赫对莫托利尼亚报告的主要偏离之处。

《弗赖·马科斯·德尼萨的陈述》（*The Relation of Fray Marcos de Niza*）[②] 对他的旅程说得相当含糊，我也很难做出解释，因为他的这个旅程已经被太多关注此领域的学者重新构建过了。弗赖·马科斯在1539年3月7日离开圣米格尔–德库利亚坎，“路上受到很多招待并收到很多食物礼品”。在佩塔特兰（锡那罗亚）因为同伴生病耽误了三天，然后同伴就留在那里不走了。离开佩塔特兰，一路上在印第安人的村庄里有许多当地人陪伴，有很多次招待、庆祝和走过凯旋拱门。“在这整条路上，大概有25到30里格，我没有看到什么值得报告的

---

① Juan Mateo Mange, Luz de tierra incógnita en la América Septentrional ... (Publ. del Archivo General de la Nación, Vol. 10, México, 1926), pp. 282-297.

② 引用的文本来自 Colección de documentos inéditos, relativos al descubrimiento, conquista y organización de los antiguos posesiones españoles ..., Vol. 3, pp. 329-350。

东西，除了有印第安人从一个海岛过来看我，那个海岛是巴耶侯爵［即埃尔南·科尔特斯］曾经去过的。”弗赖·马科斯亲眼看到这些印第安人的确是从海岛上来的，因为他看到他们划着木筏渡过半里格宽的一个海峡，海峡对面有一个较大的岛屿和许多小岛。但是这位修道士以为他看到的是科尔特斯所说的加利福尼亚，当然是错了。他说的可能是富埃尔特河口湾南面的泻湖、沙洲和岩石岛（圣卡洛斯湾，现在是托波洛万波所在地），在那里他可能还听到有关迭戈·乌尔塔多探险队的事情。

从这个地方，他用四天（?）时间走过一片荒地（当时是沙漠，可能在托波洛万波与富埃尔特河之间?）来到另一个印第安人居住地，我们推测是在下马约河或富埃尔特河畔。他在这里听到一个传闻：在山里，距离此地四五天路程的地方，住着一个更有知识、生活更富裕的族群。他继续在同样简单的人群中走了三天，到了一个不算小的居住地，他说这个地方叫巴卡帕。

他到达巴卡帕的日期是“耶稣受难日”的前两天。1539
78 年的复活节是在公历 4 月 6 日，因此他到达巴卡帕是在 3 月 21 日，离他从库利亚坎出发只有短短两周，其中还有三天因为另一位修道士生病而白白待在佩塔特兰。不计花在招待、庆祝上的时间，最多只有 11 天在路上，而假如这位宗教人士星期天休息的话，就只剩 9 天了。动身日期是弗赖·马科斯自己写的，又在科罗纳多从库利亚坎写给门多萨的信中得到印证。马科斯比较详细地描述了他在巴卡帕待了两周直到复活节的情景，讲到他让印第安人去海上，自己和来自岸边的印第安人一起等他们回来；还讲到他派遣黑人斯蒂芬去侦查前面的道路，四天后斯蒂芬叫人回来给他报信。马科斯在复活节第二天离开巴卡帕。因此，从这个日历看，假设巴卡帕在马泰普河畔、索诺拉河谷，甚至在亚利桑那边境的各种臆断统统站不住脚！

从经过的时间来计算，很难认为巴卡帕位于富埃尔特河以北的任何地方。富埃尔特河上游在西班牙人的征服时期有个印第安村庄巴卡，当时有人立即认为它和巴卡帕是一回事，“巴卡”是印第安语名称，不是西班牙语名称。在 17 世纪初，巴卡村或一个类似的乡镇被那个地区的军事指挥员马丁内斯·德乌尔戴德（Martínez de Hurdaide）称为巴卡帕。[①]弗赖·马科斯说他到了离海 40 里格的巴卡帕，这与巴卡的位置倒是很相符。从圣卡洛斯湾到富埃尔特河用不了四天，而三天是不够从河口三角洲到达上游巴卡的。不管怎样解释，这个报告中都有不对的地方，弗赖·马科斯日历上从库利亚坎到巴卡帕的起止日期不足以容纳他所记录的所有路程。

另一个可能性是，这几个人从佩塔特兰-锡那罗亚直接到了富埃尔特河口，尽管很难想象富埃尔特河口有科尔特斯曾到过的岛屿和海峡。按照这种可能，“四天走过一片无人居住地区”的行程则应该是从富埃尔特河穿过沙漠到达马约河，那么巴卡帕村便是在马约河上游方向三天路程的地方。弗赖·马科斯陪同参加的科罗纳多远征中发生的一件事可以支持后面这种解释。[②]快捷行走能将他们在所述时间内带到马约河，不过 79

① 报告手稿载于 Vol. 316, Historia, Archivo, Nacional de México。

② 见本文后面第 87 页【原书页码】。

一定得持续稳步向前才行。

用的时间太短，完全不够他们绕行海边再走到内陆的巴卡帕，无论巴卡帕是在马约河畔还是富埃尔特河畔。笔者强烈感觉，这位修道士根本就没有像他声称的那样来到海岸，而是把从海上过来的印第安人的讲述当作自己的观察加进他的报告之中。我们只能说，巴卡帕不是在富埃尔特河畔就是在马约河畔。不管是哪条河，他说那里的印第安人从未听说过基督教徒都是不可思议的，其实这是在他后来走过的区域，甚至要到很靠北的索诺拉才出现的情况。他的这个说法可能是基于政策因素，为的是支持门多萨总督热切争取的发现之权利。举例来说，门多萨在向西班牙国王转呈《弗赖·马科斯·德尼萨的陈述》时写了一封信，信中虚假地声称努尼奥·德古兹曼"未能深入内陆得知任何新鲜东西。在他的首次努力之后，当他还是加利西亚总督的时候，曾几次派出军官和骑兵，但这些人也没有取得比他更大的成功"。[①]弗赖·马科斯是给门多萨打前站的先遣者，因而很有必要宣告他进入了前人未知的新地界。

过了巴卡帕，弗赖·马科斯行程就更加模糊不清了。在三天里，他遇到那些向黑人斯蒂芬提供了有关西波拉的最初消息的人，他们说行进 30 天便可到达西波拉。马科斯来到另一处居住地，人们对他十分欢迎；在他看来这个地方比他此前离开的地方要好。这样，他走了五天，总是遇到居民，受到盛情款

① Relation du voyage de Cibola，载于 H. Ternaux-Compans，前引书，Vol. 9，p. 286。

待，直到他听说再走两天就会开始进入四天行程的无人居住区了。他的记录没有清楚表明一共走了多少天。他说的变得较好的地方可能是指里奥奇科河流域。努里盆地是索诺拉州最好的地块之一，从那里到亚基河谷的奥纳瓦斯居住地是沿着那些河道、间隔紧密的良好地块。

亚基河谷和索诺拉河谷之间有一长条干草原和小山地块，人烟稀少；我们认为这是第二个四天行程的荒凉地区（*despoblado*）。它始于从亚基河中游人口稠密区出发的两段路径。在进入荒野之前，弗赖·马科斯遇到一个清凉、令人欣喜的乡 80
镇，田地有水浇灌。马泰普符合这个位置。它位于有水的河谷，地点高于炎热的沙漠地区，住着善于仔细浇地的奥帕塔人。右面一条路不通往乌雷斯洼地（科拉松尼斯）的入口，而是转向草原高地和橡树点缀的花岗岩山峰，直接进入索诺拉河谷。看来，马科斯之所以没有提到科拉松尼斯，可能是因为他根本就没有进去。这条抄近路线在后来被频繁使用，到今天依然如此。

在这个荒凉地段的尽头，他进入一个有很多人居住的河谷，住在那里的族群比之前看到的穿得要好。在此处他听到不少关于西波拉的消息，就像他在墨西哥的新西班牙听到的一样多，还听说海岸线就要急转向西了。下面这段话很不寻常：

> ……因此我前去寻找并清楚地看到，海岸线以 35 度转向西方，在那里我得到的快乐一点也不比我听到那片土地的好消息时少。于是我回来继续我的路程，沿着这个河谷走了五天，这里住着大批智慧的人群，

> 有丰盛的食物，就算来三百多个骑手也足够他们吃的。……土地都有水浇灌，像一座花园，紧凑的居住区（*barrios*）相互之间距离半里格或四分之一里格。①

这里描述的，除了有奥帕塔人密集居住地的索诺拉河谷，难道还会是别的什么地方吗？奥帕塔人在文化上高于库利亚坎到普韦布洛地区的任何其他族群。他们实行灌溉式的农业，居住在小巧紧密的村庄里，和普韦布洛人的地盘做买卖。通常的解释说这些人是上皮马人，但这种说法不仅不符合弗赖·马科斯前面的行程，而且也违背了下面这个事实：圣佩德罗河的皮马人是多个小群体，文明程度比奥帕塔人低得多，居住的河谷非常贫瘠。

走完这片住人的地区，弗赖·马科斯说从他听到有关西波拉最初消息的地方起，已经走了 112 里格，这基本上就是从里奥奇科河到索诺拉河源头支流的距离。这一小组人在 1539 年 4 月 7 日离开巴卡帕，5 月 5 日到达奥帕塔人的居住地，从时间上看也是合理的。

弗赖·马科斯报告中的其余部分，我认为是不可能的。笔
81 者相信，马科斯动身向北进入荒凉地段，那是始于索诺拉北部的高地草原（卡纳内平原）；他不久之后就听到黑人斯蒂芬在祖尼人那里死去的消息，是一个跟斯蒂芬在一起的印第安人向

① 关于看到的海景，显然又是印第安人的报告，弗赖·马科斯把它改写成自己的经历了。去往海边要走一条又长又累人的路；要是说他从索诺拉河谷旁边的山峰上看到海，这也是不太可能的事情。

他报告的；然后他突然折返南边，根本没有看见祖尼人的地域，也没有爬上科罗拉多高原，最多也就是进入现在的亚利桑那州里面很短的距离：

一、弗赖·马科斯说他们在5月9日进入荒凉地区。他宣称看到西波拉的日子是快到5月底。两者之间距离几乎有200里格，所述的行路时间却不到三个星期。这样的走法即便不是不可能，也是非同寻常，跟他们原先的速度不成比例，而原先的速度代表了步行在这片地域很好的平均水平。

二、行程中不可能的部分是一个月从西波拉地区返回孔波斯特拉。我们被告知弗赖·马科斯在6月底到达孔波斯特拉，这将意味着一个月内走了1200英里，而且在库利亚坎以北是没有马匹运输的。

三、每天平均行进40英里、持续一个月，这本身就难以置信，而且季节因素会使这个速度更不容易达成。他们的返程是在一年中最热的时候，这个地区又是全世界最热的地区之一，一天中通常有四五个小时气温在阴影下高达华氏100度[①]或100度以上。甚至当地土著都会明智地来个长长的午休，并减少自己的活动时间。

四、没有特别的设备和训练，长途步行或骑马意味着每天只能走较短的距离。对于长途行进，一个人员混合的小组一天走4里格到5里格已经不错了。路上难免会有耽搁，找食物、请向导、渡河，在居住区也必须停下来补充给养。普通人（以及马）都需要一定的休整期。而且没有记录表明弗赖·马

① 约为摄氏37.8度。——译者注

科斯是个矫健坚韧的步行者，像后来很多边疆传教士那样。根据安东尼奥·特略的手稿，马科斯当时已经上年纪了。

五、还有两个因素支持报告所述的他们在6月底到达孔波斯特拉的说法：（a）一年中的雨季在此时开始，很有规律。然后低地乡村便会受到广泛的水淹，特别是纳亚里特北部的低洼地区。
82 不仅十几个海岸平原河谷在6月以后都很难渡过，而且在纳亚里特通常需要绕一个很大很困难的弯路才行。很可能是这个考虑决定了他回到孔波斯特拉的日期，因为在那个地区旅行的人一般都会调整日程以避免雨季。（b）弗赖·马科斯于9月2日在墨西哥城正式谒见门多萨总督，向他呈递《弗赖·马科斯·德尼萨的陈述》。用两个月时间在孔波斯特拉做出给政府的初步报告可真的不算长，考虑到还要长途乘车前往墨西哥城，起草、抄写和认证最终报告，以及为正式呈现这份报告做好安排。

六、正式的《陈述》很可能经过梳妆打扮，以适应政府的需要。这份报告使弗赖·马科斯看起来像个说谎者，或许他本人并没有这么糟糕。与他同时代的莫托利尼亚的报告并没有宣称那位修道士到达了西波拉地界，只说他从普韦布洛地区南边的印第安人那里收集了间接证据。卡斯塔涅达赞同科罗纳多对马科斯在报告中骗人的反感，他说，当修道士一行听到黑人斯蒂芬死去的消息时，他们还在离西波拉60里格的沙漠中。“他们做好了应付一切情况的准备，用双倍速度从这里返回，除了印第安人告诉他们的以外，没有看到西波拉的任何其他东西。”①这好像是说马科斯在跟随科罗纳多远征时，只声称自己

① Winship，前引书，p. 8。

曾深入北方的荒凉地段，而放弃了关于见到过西波拉的断言。

早年探察活动的大部分记录随着被人了解加深而变得更好用了。有时被人怀疑的卡韦萨·德巴卡的叙述实际上显然很诚实，只是在一些细节上比较薄弱，因为时间流逝很容易模糊叙述者的记忆。然而对弗赖·马科斯的故事就不能这样说了。(a) 其中最重要的部分，即曾经到达西波拉的宣称，是一个明显的谎言。还有其他几个方面，我们也可以指责为不实之词。(b) 对海岸特征的两次观察结果，一次在锡那罗亚北部，另一次在索诺拉河谷，看起来肯定有问题，一是因为这些描述极不准确，二是因为它们不可能符合马科斯自己写下的时间限度。他既然能把印第安人讲的故事解释成自己亲眼看到了西波拉，为什么不能照此办理，把关于海岸的二手知识说成亲身经历呢？(c) 另外，他没有提到佩塔特兰以北地区更早的白人 83
探察者，这一点至少是很奇怪的。实际上，马科斯修士明确表示，他在旅程早期来到了从未见过基督教徒的印第安人中间。在我看来，除了他去程中的最后一段日子，这位修道士从来没有到达过任何一处之前未经卡韦萨·德巴卡一行或按照努尼奥·德古兹曼命令行事的某支队伍所踏足的土地。不提这个事实可能对赞助人门多萨总督有利，但不能为弗赖·马科斯的名声增光。(d)《陈述》是在马科斯回来后立即编写的，一路上的情景依然历历在目，因此他报告中的含混不清甚至不能用记忆模糊来减轻其严重性。(e) 马科斯的远征是公开宣称的地理探察，它不像卡韦萨·德巴卡的归程那样是意外发生的，也不是为某种其他目的而产生的附带行动。马科斯修士收到的指示是要仔细观察，而且据说选中他的原因就在于他很熟悉地理观察。他的上司安东尼奥·休达·罗德里戈称赞他在宇宙志方面的技能，之前科尔特斯曾考虑过将他加进自己的一支探险队，因为他以航行知识著称。《陈述》中关于地形、方向和距离的数据稀少而混乱，一个荒谬的纬度认定使它轻易成为这一边远地域内的最差地理文件，这说明马科斯修士要么是个蠢材，要么就是故意混淆视听。我们很难理解，任何一个人得到明确的命令要报告大地、居民和路程情况，即便其行程只有所宣称的一半之远，他怎么能够做出一份在这些细节上如此无法辨认的正式报告呢？如果我们认同马科斯“是个十足骗子”的旧说法，那不如就这样解释还比较厚道，而不要再加上他还是个根本没本事在陌生地方游荡的傻瓜了。

就报告的诚信而言，对这次远征的赞助是可疑的，正如我们在前面引述门多萨给西班牙国王的信件时指出的那样。努尼奥·德古兹曼和科尔特斯二人都有声称原创北方探察的正当权利，而门多萨拥有总督官位的优势和新近觉醒的保护印第安人的志向。有意思的是，虽然门多萨说他曾考虑起用安德烈斯·德多兰特斯（Andrés de Dorantes）——卡韦萨·德巴卡的同伴，也是黑人斯蒂芬的主人——去率领这样一次远征，但他自己承认“这个想法成为泡影，原因不明”，然后便选择了一个
84 对西北区域一无所知的人。总督本人极力推动原创称号的所有权，但拿下这个称号还得靠弗赖·马科斯。后者的《陈述》当然满足了这个预设目的。

还存在着一种可能性，就是呈送给西班牙国王的文件经过改编，以便建立门多萨对西波拉的权利。门多萨在这件事上所扮演的角色并非完全无可指摘，例如前面谈到的情形，以及他

对国王说古兹曼一事无成。莫托利尼亚也是方济各会修士，他在自己的写作中删去了马科斯正式报告中的虚假陈述，在他之后的方济各会编年史作者们同样没有宣称马科斯到达了西波拉。或许弗赖·马科斯并不是为自己而做出那个宣称。另一方面，科罗纳多和他的手下认为马科斯是个冒名的骗子。科罗纳多的说辞之一是："那个修道士所说的每件事都被证明基本上是相反的。"[①]卡斯塔涅达指出，马科斯很丢人地被送了回去，因为"他待在西波拉不安全，既然他的报告显现出完全是虚假的"。[②]还有科尔特斯对马科斯的谴责——虽然科尔特斯本身是个利益相关者，但他的话也是不应忽视的。科尔特斯 1540 年写了一份关于在门多萨手上所受伤害的备忘录，其中正式宣告，他，科尔特斯，曾向弗赖·马科斯吐露秘密，告诉后者自己在西海岸的发现，弗赖·马科斯把这些信息带给总督，他的发现仅仅是科尔特斯告诉他的东西（这是科尔特斯一方不公平的说法）；而且，"弗赖·马科斯以这种方式大出风头，用他既不知道又没有看到的东西装点门面并做出报告，这样做对他来说一点都不新鲜，因为他在很多其他场合做过类似事情，这是他的习惯，在秘鲁省和危地马拉省臭名昭著，如果需要的话我将向本法庭提供充分证据。"[③]科尔特斯声明中的偏见很明显，因为当时新西班牙各领主互相争抢西北新地域的荣耀权利，整个局面很难看。然而这个声明的确给马科斯修士的形象

① Winship，前引书，p. 162。

② 同上，p. 26。

③ Colección de documentos inéditos para la historia de España, Vol. 4 (Madrid, 1844), pp. 209-211.

又加上一道灰色阴影，他无论怎么看都是一个很不可信的人物。①

85 科罗纳多

弗朗西斯科·巴斯克斯·德科罗纳多远征的记述谈到了穿过现在的锡那罗亚和索诺拉两州中有人居住的区域，但非常简短，或许是因为路程中的这一部分到那时已经不再被视为前人未知的领土了。与其他人的探察之旅相比，人们对这次远征的研究最为仔细，因而我们没有多少东西需要补充了。下面这些段落将限于表明这条路径沿袭了北方的共同要道，并且考虑几

---

① 对弗赖·马科斯的这些判断不影响黑人斯蒂芬的故事。斯蒂芬在巴卡帕被派遣继续前行，从此一去不复返。他被西波拉的印第安人杀害，这件事由科罗纳多的队伍证实，不需要质疑。斯蒂芬得到命令往前走，他熟悉当地的路径并且习惯于荒野生存。他的快捷小队到达西波拉，然后队伍中的印第安人跑回北索诺拉向弗赖·马科斯报信说斯蒂芬被杀了，这样做的时间是足够的。我在这里加上一个很可能是虚构的老说法，它对这位黑人的命运给出一个不同版本。它包含在从失散的编年史中提取的一套旧摘要和节录中，是下面一节中的第一段："Punctos sacados" of Volume 25, Misiones, Archivo Publico, Mexico.（对这份材料的简短分析见 Herbert E. Bolton, Guide to Materials for the History of the United States in the Principal Archives of Mexico, Carnegie Inst., Publ. No. 163, 1913, p. 74.）"埃斯特瓦尼科［斯蒂芬］到了马约河，那里正是马约印第安女人美丽端庄出名的地方。他躲在那儿，或者是由于后来使用了土地，与四五个女人结了婚就留在那儿，并且传了下去。22 年，他名叫 Aboray 的儿子在那里生活。那是个地地道道的混血男人，高高的个子，干巴巴的，脸色很不好，是那条河上特西奥镇一个地方的首领或酋长。这一点鲁伊斯（Ruiz）也是暗示，说这个黑人已被留在后面了。"因此，在 17 世纪初，有个关于马约河的流行故事，说黑人斯蒂芬在马约人那里躲起来了，成了家，他的后代到 1622 年在印第安居民中间仍然可以看到。这个说法的事实基础可能在于第一批传教区建立时，当地印第安土著中有一些黑白混血种族的后代。

个悬而未决的问题，例如“心乡”（科拉松尼斯）的选址及迁移，以及奇奇提卡利的位置等。

门多萨总督命令库利亚坎的梅尔基奥尔·迪亚斯在大队人马行动之前先去侦查一番。迪亚斯于 1539 年 11 月 17 日从库利亚坎出发，在离原地 100 里格的地方（这应该是到里奥奇科河谷了），他开始遇到寒冷天气，而且越往前走就越冷。有几个随他前来的低地印第安人死去了。迪亚斯深入北方足够远，得到了关于祖尼人区域很详尽的二手信息，与弗赖·马科斯的浪漫故事相当不同。看来这些信息是从住在南亚利桑那的 86
上皮马人那里得到的。根据卡斯塔涅达的说法，这一小队人到了奇奇提卡利，后者在皮马人地域的远方边界，在希拉河畔或接近希拉河。[①]这样，探察的发展又向北方推进了一步，留给科罗纳多去开拓的余地已经不多，除非爬上科罗拉多高原和进入西波拉。

科罗纳多的远征队于 1540 年年初在孔波斯特拉正式集结。哈拉米约（Jaramillo）说，行程的第一段是通过一条“人们熟知并经常使用的道路”到库利亚坎。[②]科罗纳多和一个不太大的马队在 4 月 22 日离开那里，两周后开始了远征的主要部分。他们途经佩塔特兰和锡那罗亚（埃尔富埃尔特）。值得注意的是，马队用了一个星期时间到达富埃尔特河，而弗赖·马科斯的日程表是 9 至 11 天到达巴卡帕。这就又一次提出巴卡帕在哪里的重要问题。据哈拉米约报告，当他们来到锡那罗亚

---

① 见本文后面第 90 页【原书页码】。

② Winship，前引书，p. 22。

(富埃尔特) 河畔，科罗纳多命令一小队骑手——

> 以双倍速度轻装前进，直到我们到达塞德罗斯溪，从那里我们准备进入道路右边山中的一个豁口，去看看那里面和周边都有些什么。……我们这样做了，看到的却只有几个穷困的印第安人，他们住在一些像是农场或庄园的山谷里，土地很贫瘠。①

到这个时候，道路已经变得相当熟悉，因此从北面流入马约河的溪流当时就被识别为阿罗约-德洛斯塞德罗斯(Arroyo de los Cedros，意即“雪松溪”)，这个名称至今仍在使用。用“塞德罗斯”(雪松)来称呼这个山谷是因为那里异常茂盛地生长着一丛丛的墨西哥落羽杉(*Taxodium*)。这种树现在通常被沿河人家称为*sabino*，我们今天还能看到一些浓密的树林，例如在兰乔-德洛斯塞德罗斯(Rancho de los Cedros，意即“雪松牧场”)。从塞德罗斯河汇入马约河的地方(科尼卡里特)，这支小队经过马约河横断一系列山峦形成的大豁口，进入上面一个贫瘠的洼地，那里仍然有几个印第安人的小村庄。为什么要多走这段附带行程？科罗纳多透露了原因：

> 还差30里格将会到达那位修会分区神父在报告中如此盛赞的地方［温希普(Winship)附注：“弗

① 同上，p. 223。

> 赖·马科斯没敢进去的河谷”]，我派梅尔基奥尔·迪亚斯带领 15 个骑手，命他一天完成两天的行程， 87
> 这样在我到达之前他就可以查看那里的一切。他用了四天时间穿过几座非常险峻的高山，没有找到任何赖以生存的东西，也没有发现人群或关于任何地方的信息，除了看见两三个贫穷的小村庄，每个村里有二三十所小棚屋。他从那些人口中得知，前面什么也没有，只有大山，这些山一直都会同样险峻。①

当时科罗纳多在富埃尔特河畔。30 里格之外有一片土地，弗赖·马科斯曾讲过关于这片土地的奇妙故事。这位修道士的头一桩奇谈是说巴卡帕有一个拥有许多黄金的富裕族群，还说那个黄金之地在东边，朝着山的方向走。马科斯自己的讲述倾向于把巴卡帕放在富埃尔特河畔，但是科罗纳多坚决相信这个黄金之地是在马约河上游。于是，这个侦察小队在塞德罗斯河与马约河交汇点被派遣沿马约河逆流而上，目的是验证马科斯的故事。

科罗纳多的队伍在塞德罗斯河口，从富埃尔特河走向马约河，沿着塞德罗斯河谷逆流向北前行。从塞德罗斯河，队伍用了大约三天到达亚基河，这是很充裕的骑行时间；道路从特松帕科附近离开塞德罗斯河，越过分水岭，进入里奥奇科河谷。过了亚基河，按哈拉米约的说法，队伍“来到另一条小河，那里有一些定居的印第安人，他们带着草帽，有存放玉米、豆

① 同上，p. 161。

子和瓜类的仓房”。[①]这一定是马泰普河谷的奥帕塔人，这个地方后来成为重要的传教中心。下一个河谷和小河就是“心乡”(科拉松尼斯)，这个名称是由于卡韦萨·德巴卡的到访而被人记住的。科罗纳多报告说，这个地方比他们以前在别处看到的人要多，还有大片的耕地。它离大海有五天路程，不过每天得走很长时间才行。有几个作为野蛮人的塞里印第安人从海边被带了过来，以便科罗纳多的手下对他们问话。探察队伍中有一部分人就留在此地建立一个基地，它成为这一带的头一个西班牙小镇——科拉松尼斯的圣耶罗尼莫。

哈拉米约继续记录：“我们从这里继续前行，通过某种像是关口的路径，来到离这条小河不远的另一个河谷，这个河谷从同一条小河向外打开，叫塞尼奥拉河谷。”这个陈述使评论者迷惑，然而如果你记得下面这个事实就清楚了：“心乡”坐落的乌雷斯洼地终结于上面的一个峡谷，索诺拉河通过这个峡谷从索诺拉河谷流入乌雷斯河谷。
88 在当地一直以来的用法中，“河谷”这个词并不是指一条河的整个流域，而是适用于一个连续的、首尾清晰的低地区域。这些河谷实际上是结构性的洼地，例如索诺拉河就流经好几个河谷。科罗纳多的队伍只是离开了乌雷斯洼地，逆流而上穿过峡谷，进入索诺拉河本身的洼地。索诺拉河谷是这片地域上最漂亮、最富饶的地方。它从巴纳米奇上面开始，在巴维亚科拉下方延伸十几英里，到上面的锡诺基佩峡谷终结，这个峡谷切开火山岩，有十几英里长。过了这个路段，还有索诺拉流域的第三个洼地，面积较小，叫作

① 同上，pp. 223-224。

阿里斯佩河谷。它也被方便地称为哈拉米约的伊斯帕。西班牙人把索诺拉河谷的主要居住地称为塞尼奥拉。卡斯塔涅达报告说，从那里到苏亚的河谷距离是 40 里格。苏亚在奥帕塔人地盘的北部边界，因此应该是在索诺拉河的源头，很可能位于现在的巴科阿奇附近。远征队继续沿着索诺拉河上溯到它的源头，穿过了奥帕塔人的整个居住地。

在索诺拉河的农业地区拥有一个基地是件令人向往的事情。第一个这样的基地建立在卡韦萨・德巴卡的科拉松尼斯，但它的地点不久后迁往索诺拉河谷。卡斯塔涅达只是简单说道，人们认为科拉松尼斯的圣耶罗尼莫在原址无法维持，于是把它转移到塞尼奥拉的河谷。后者的确提供了更好的处所，因为它位于一个供应更充足、离北方荒野更近的地方。西班牙人定居的第二个地点我们不能确定，似乎是在一个当地的小镇，阿雷利亚诺（Arellano）说它离“心乡”10 里格远。[①]这样看来它大约是在巴维亚科拉，往索诺拉河谷的下游方向延伸。老的印第安乡镇索诺拉一直被认为建立在更靠上游的地方，在韦帕克与阿空奇之间，当地人至今还能指出它的废墟。迭戈・德阿尔卡拉斯，就是被卡韦萨・德巴卡看到在锡那罗亚抓捕奴隶的那个人，从这支队伍中留下来，负责建立第二个圣耶罗尼莫，名字里还是带着科拉松尼斯。他很快便与勇猛的奥帕塔人发生冲突，使大约 18 名士兵在这些印第安人知名的箭毒下丧生。[②]这场灾祸导致西班牙基地再度迁徙，“向西波拉方向 40

---

① 同上，p. 198。

② 据说是用箭草做的，这种草在那一带的干燥台地上长着很多。

89 里格，进入苏亚的河谷中”。[1]这个新地方依然叫作科拉松尼斯的圣耶罗尼莫。三个不同的西班牙定居点都保留科拉松尼斯这个名字，不免造成一些混乱。这种情况常常发生：最初的西班牙锡那罗亚是在富埃尔特河中部锡那罗亚印第安人的地盘里，它后来向南迁移到佩塔特兰地区，佩塔特兰镇和佩塔特兰河都改名为锡那罗亚，沿用至今。瓜达拉哈拉搬迁过好几次，但一直保留这个名字。同样的事情也发生在库利亚坎和孔波斯特拉。总之，苏亚河谷中的最后一个科拉松尼斯位于现在的国际边界线上无人居住的干草原边缘地带，我们认为应该在巴科阿奇附近，也就是北边的最后一个奥帕塔人居住地。正是在这里，在印第安人最后的反抗中，迭戈·德阿尔卡拉斯被杀，用生命支付了他长久以来欠印第安人的旧账。这个西班牙定居点随即被放弃了，没有再建新的。

科罗纳多率领的远征队离开奥帕塔人的地盘之后，据哈拉米约说，“在荒漠地带走了差不多四天，来到另一条河边，我们听说它叫内科斯帕河，有一些贫穷的印第安人来见将军”。[2]这无疑是亚利桑那东南部的圣佩德罗河，住着上皮马人的索白普里（Sobaipuri）分支。队伍沿河而下，两天后来到本森下方，或许是在卡斯卡贝尔附近。人们至今记得，通往霍皮人（Hopi）地盘的一条印第安老路大约就是从这里出发向北，[3]转向并围绕加利乌罗山到阿里瓦伊帕洼地，再到圣卡洛斯上方

① Winship，前引书，p. 61。

② 同上，p. 225。

③ Carl Sauer and Donald Brand, Pueblo Sites in Southeastern Arizona, Univ. Clif. Publs. Geography, Vol. 3, pp. 415-458, 1930. 提及的内容见第 424 页。

的希拉河。这条小路非常直接，一路上水草丰盛。科罗纳多路程中的下一个明确表达的地方是奇奇提卡利——红房子。这是一个著名的史前时代遗迹，在当时是个地标。哈拉米约报告说，他们离开了那条小河（圣佩德罗河），用两天时间向着山脉脚下的右面前行，这时他们被人告知奇奇提卡利的所在地。然后他们越过这些山，到了一条深深的、芦苇丛生的河流旁边。[①]很清楚，这条路穿过阿里瓦伊帕洼地，并穿过皮纳莱尼奥山与圣特蕾莎山之间的伊格尔帕斯（Eagle Pass，意即“鹰关”），来到希拉河。他提到奇奇提卡利的地方意味着，他们是在通过伊格尔帕斯之前遇到奇奇提卡利废墟的，这个证据将 90
奇奇提卡利置于阿里瓦伊帕洼地。卡斯塔涅达却倾向于奇奇提卡利是在希拉河畔，他说：“在奇奇提卡利，大地的特征又一次变了，带尖刺的植被到此为止。”[②]这个描述说明科罗拉多高原的上坡由此开始。远征队向北行进的过程中，希拉河谷是他们看到沙漠植被的最后一个地方。

两种说法都很模糊，奇奇提卡利废墟放进其中的任何一个都算合适。奇奇提卡利地区由一个史前时代后期的普韦布洛族群占据，他们是希拉河中游地区彩陶的生产者。[③]这些人在居住地某些部分建造了厚实的围墙，这些围墙虽然现在都破碎成了低矮的土埂，但是400年前科罗纳多远征时可能还保留着墙的样子。这些废墟中只有两处被认为可能是奇奇提

① Winship，前引书，p. 225。

② 同上，p. 90。

③ Sauer and Brand，前引文。

卡利。一处是阿里瓦伊帕洼地的哈比牧场，它或许是整个区域中最引人注目的希拉河中游地区彩陶遗迹了。它位于通往伊格尔帕斯的上坡路根基处，路线和距离正如哈拉米约所述。另一处位于希拉河畔的悬崖峭壁上，在杰罗尼莫北边大约一英里。这两个地点及其他地点在前面引述的卡尔·索尔（Carl Sauer）和唐纳德·布兰德（Donald Brand）论文中有详细描述。

从奇奇提卡利开始了最后的荒野地区，这就走出了皮马印第安人居住的地盘。我们知道，皮马人直到大约18世纪中叶都居住在阿里瓦伊帕洼地，而上希拉河谷的印第安人情况不清楚。科罗纳多的队伍从“红房子”向前行进85里格，到了祖尼人的居住地，看到传说中的西波拉在现实中的惨淡景象。班德利尔清楚地确认了行程的最后部分：他们必须从怀特河往科罗拉多高原上坡而行，渡过小科罗拉多河来到祖尼。

还有最后一个值得注意的问题，就是梅尔基奥尔·迪亚斯的探察路线。他从索诺拉的“心乡”，即第二个西班牙基地，到科罗拉多河口的库科帕地区。关于他的路线，我们只知道是向北、向西一共走了150里格。正如乔治·帕克·温希普（George Parker Winship）所显示的那样，迪亚斯的小队不可能沿着海边走，因为那样的话就需要在一开始绕行一条很远且不必要的弯路，然后走上无法忍受的长路，没有水，地面尽是松软的沙子。看来一条可能的路线是通过帕帕格里亚，这条路后来有不少传教士和西班牙远征军使用过，例如安萨（Anza）
91 的部队。我们可以猜测，迪亚斯穿过了奥帕塔人占据的圣米格尔河谷，从那里沿着马格达莱纳河下行到阿尔塔地区，那里是帕帕格里亚地区开始的地方。他们很难错过索诺伊塔的沙漠绿洲，它是通向下科罗拉多河谷的常用门户。

弗朗西斯科·德伊瓦拉的进军

对科罗纳多远征的失望降低了人们对西北边疆的兴趣。库利亚坎的西班牙基地维持下来了，但是大多数偏远的“赐封地”都被放弃了。同时，在萨卡特卡斯及其北面发现了大银矿，这导致了内陆，即新比斯开省的北方边疆蓬勃兴起。新比斯开省的总督弗朗西斯科·德伊瓦拉（Francisco de Ibarra）在1564到1565年，主要为勘探矿藏的目的翻过西马德雷山脉到达海边，重新返回通往西波拉之路的很大一部分。从那以后，查梅特拉区及其北面的所有领地都属于新比斯开管辖了。伊瓦拉的人来到此地，锡那罗亚海岸的衰败似乎减轻了一些。随着伊瓦拉去世（据说是在这次远征结束时），海岸发展计划大部分被弃之不顾，但是卡西塔人地盘以南的沿海地区多多少少巩固起来了，成为西班牙人的前哨站，而不再是完全无人照管之地。四分之一世纪之后，耶稣会的修士们开始建立他们的宗教/世俗国家，探险、侦察的时期被永久占领所取代了。

关于伊瓦拉进军的主要资料来自最近重新发掘出来的巴尔

塔萨·奥夫雷贡（Baltasar Obregón）编年史。①这部编年史很
92 混乱。它是在事件发生将近20年后撰写的，看来是为了向西班牙国王提出对奥夫雷贡褒扬的要求。作者记忆力很差，在很多事件上明显地糅杂含混。作为编年史家，他非常糟糕的失误是让一个事件指向另一个发生在不同时间地点的事件，而没有向读者清楚说明他即将转换方向。他渴望讨好上司而言辞卑躬冗赘，因而写出了一个罕见地炫目多彩的故事，而不是像他大多数同时代人那样采用实实在在的简单风格。印第安的人种和语言对他来说几乎没有意义，例如他显然不知道自己走过的漫长大地上，那些部落之间有什么区别。然而，这部编年史几乎是重构这次远征的唯一资料来源，而且尽管它饶舌、缺少智慧，但整部书中谬误最少的部分还是对于区域的描述。奥夫雷贡幸好还有不错的视觉记忆，他所写的景观，尤其是关于植被的细节，还是基本上得到欣然认可的。

---

① 有人翻译并编辑了这部编年史：George P. Hammond and Agapito Rey, Obregón's History of 16th Century Explorations in Western America ...（Los Angeles, 1928）. 两位编辑的地理注释没有什么用处，他们对路线的重构也不理想。我还发现他们的翻译就我的需要而言并不完全可靠，例如他们把一个经常用到的词 *arcabuco* 说成是描述一片多峭壁的地区，而在此处这个词语总是指密集的矮树丛植被，与地形没有什么关系。由此，英译本给人的印象是队伍走过崎岖不平的大地，而原文是说他们走过丛林茂密的区域。基于这个原因，我用的是西班牙文版本：Marianco Cuevas, edit., Historia de los descubrimientos antiguos y modernos de la Nueva España, escrita por el conquistador Baltasar de Obregón, año de 1584（Mexico, 1924）。另外，下面这本书试图用我们今天在地图上看到的地名再现伊瓦拉的路线：J. Lloyd Mecham, Francisco de Ibarra and Nueva Vizcaya（Durham, 1927），但是它所勾画的路线在很多地方都是不可能的，例如书上说通过某一片地域，而那个地方连一个印第安人都很难行走，更不用说一小队西班牙士兵了。不过，对上述这些作者公平起见，我们应该知道地理因素在他们的研究中是次要的事情。

迄今没有使用的另一个资料来源是安东尼奥·鲁伊斯（António Ruiz）的编年史。鲁伊斯也参加了这次远征。[①]

从杜兰戈开始，伊瓦拉翻越托皮亚的山峰，进入库利亚坎上方的海岸地区。[②]伊瓦拉在这里翻山，开通了一条从墨西哥城到西北海岸的替代路线，这条路在后来的年代里分流了库利亚坎-瓜达拉哈拉道路交通的相当一部分。托皮亚路线的劣势是地势险恶。另一方面，它避免了库利亚坎南部炎热而不健康的低地，不会经常被洪水阻断，而且把新比斯开内陆众多的、长期高度富裕的矿业社区同海岸居住区连接起来了。

伊瓦拉的队伍从库利亚坎河谷向北行进，走了一条经由塞瓦斯蒂安-德埃博拉河谷（即莫科里托河谷）的著名道路，穿过密集的矮树丛，来到佩塔特兰（锡那罗亚），然后通过奥科罗尼，到了富埃尔特河畔有围墙城镇的锡基尼（圣布拉斯附近?）。他们从那里去走访了上游的省份，奥夫雷贡称之为锡 93
那罗，这是此前经过的锡那罗亚名称的轻微变体。当时看起来，特乌埃科是上游河谷最大的居住地。伊瓦拉很喜欢这个又大又富饶的河谷，很快就下令在河流南岸修建一个边疆小镇，名叫圣胡安-德卡拉波亚或圣胡安-德锡那罗亚。最初的小镇可能位于现在富埃尔特城的所在地，要么就是往后者的下游方向几英里，在巴加达-德尔蒙特。伊瓦拉观测这个富裕的河谷，从山边的巴卡直到海边，希望把这一整片地盘分配给他的

---

① Vol. 316, Historia, Archivo General of Mexico. [包含在这篇文章原始版本的附录中，本书省略。]

② 鲁伊斯说是在库利亚坎上方乌马亚河畔的伊马拉（Moholo viejo）。

部下。

从富埃尔特，伊瓦拉被召唤到南边的查梅特拉省，以确立他对现在的锡那罗亚州另一侧边界的权利主张。这样，伊瓦拉大体上圈定了现在的锡那罗亚州，他将富埃尔特到巴卢阿特河（查梅特拉）的区域连人带地“赐封”给部下，于是形成了这片领土脱离新加利西亚的历史基础（新加利西亚过去是努尼奥·德古兹曼的领地）。在富埃尔特河畔建立一个边区驻防地是稳妥的政策，不过伊瓦拉的去世和印第安人随后的起义迫使西班牙人把边疆前沿暂时撤退到佩塔特兰河畔，在这个过程中“锡那罗亚”的名字也转移到它现在的位置。通过伊瓦拉积极发起的行动，西班牙人从此以后就在比库利亚坎更远的边疆维持了一个前哨站，而这个前哨站沿用了锡那罗亚这个名字，无论它在什么地方。

向北方的行军在1565年雨季开始的时候重新启动。队伍从马约河连续五天沿塞德罗斯河而上，走过了茂密的杨树、柳树、雪松丛林。看来，他们没有继续直行穿过分水岭到达里奥奇科河流域的努里，而是向右边走得太远，因此从塞德罗斯河源头走过一段相当困难的地面到了努里河的源头。[①]奥夫雷贡形象地描述了路途多么艰险；他坚持说队伍向右偏离了，也就是说走向了马德雷山脉。

他们进入的下一个河谷是厄埃拉河谷，它与努里应该是同一的。努里占据着一个西北-东南走向的非常好的洼地，充足

① 这一地区的流域和地形在任何现有的地图上都没有正确显示出来。努里河和特立尼达河在莫瓦斯北面汇合，形成里奥奇科河。

的水源不仅来自主要河流，还有很多从山上下来的泉水汇成的 94
小溪。它现在是一个虽然遥远但质量很高的柑橘生长地。奥夫雷贡比较详细地谈到那里广泛的灌溉系统、众多的农田、密集的人口，以及良好的生活状况，包括优质房屋。远征队走过的路上，在富埃尔特与乌雷斯之间，除了努里就不会有其他地方符合这个描述了。再远一些的莫瓦斯和奥纳瓦斯缺乏可浇灌的田地。亚基河只是在亚基印第安人地界（限于下亚基河的海岸平原上）有可浇地，往上游方向几乎完全没有，直到巴图克河谷才有所改观。此前队伍走过上塞德罗斯河的干旱坡地，又翻越了塞德罗斯河与里奥奇科河之间的山峰，长途跋涉后看到努里洼地的景色，自然格外欣喜。根据我本人的解释，弗赖·马科斯也曾用赞美口吻提到过努里洼地。这是奥夫雷贡参加的探察队伍第一次进入皮马人的居住地，在他看来皮马人的文明程度明显高于南方的印第安人。

“从厄埃拉，远征队经过崎岖不平的一系列峰峦下山，走过河流、干溪谷，和非常浓密、炎热的灌木丛。”[1]这段行程是在初夏，雨季即将开始。里奥奇科（Rio Chico，意即“小河”）这个名字取得不对，它即便在旱季也流淌着来自奇瓦瓦马德雷山脉的大量水流，浅水处也深得难以涉过。在雨季，河谷中的道路变得无法通行，只能去走两边山岭上蜿蜒艰险的小路。奥夫雷贡没有提到他们经过亚基河，但是鲁伊斯记录了

---

① Marianco Cuevas, edit., Historia de los descubrimientos antiguos y modernos de la Nueva España, escrita por el conquistador Baltasar de Obregón, año de 1584 (Mexico, 1924), p. 147.

他们离开马约河不久就到了亚基河畔。奥夫雷贡能记起来的下一个地方是他们在一座山顶上宿营，从那里看到“两个美丽的河谷，有五六里格长，里面有花草点缀的小溪和精良肥沃的小平原，种满庄稼”。[①]他们的向导说，此时他们是在塞尼奥拉[②]和科拉松尼斯（索诺拉和乌雷斯）两个河谷的范围内。他们可能是在马泰普到巴维亚科拉的一条近路上，它经过从南边围绕索诺拉河谷的花岗岩分布区。这个花岗岩区有一个缓坡向上的高峰，俯瞰着乌雷斯洼地和索诺拉洼地。奥夫雷贡接着写道：

> 总督和他的队伍进入塞尼奥拉河谷的第一个聚
> 95 落。……队伍从这里沿着河谷和河流，往上游方向走
> 了四段短短的行程，其中大部分地方住着人，两边都
> 有村庄，互相间隔三四里格远。这些河谷非常炎热，
> 长满了灌木丛，山上有很多有毒的树木。[③]

奥夫雷贡说他们进入了塞尼奥拉河谷；他提到这件事不下十几次，而且对地方、居民和距离的描述都吻合。因而令人奇怪的是，约翰·劳埃德·米查姆（John Lloyd Mecham）和乔治·P. 哈蒙德（George P. Hammond）在讲述这次远征时说他们根本没有进入索诺拉河谷，看来是因为两位作者认为必须把

① 同上。

② “索诺拉”在早期文献中经常被称为“塞尼奥拉”。

③ Cuevas，前引书，p. 148。

远征队放进现在的萨瓦里帕才行。[①]毫无疑问，远征队利用的是沿着索诺拉河谷（或称塞尼奥拉河谷）上行的著名要道，河谷的名字只能是指乌雷斯峡谷和锡诺基佩峡谷包围的索诺拉河洼地，而从来没有应用到任何其他地段。

鲁伊斯的说法有些不同。据他的记载，伊瓦拉“遇到一些断壁和废墟的痕迹，由此看来这个地方曾经有过西班牙人的定居点。问起是谁建造的这些，他们得知阿尔卡拉斯上尉在那里设立了一个小镇，有 40 名定居者”。当地人接着讲述了阿尔卡拉斯及其部下被杀死的事情。伊瓦拉的队伍“继续向前，当地人总是和平地归顺国王，这样在［离开富埃尔特?］相当长的一段时间之后，我们到达了科拉松尼斯的定居点和他们称为塞尼奥拉的河谷，那是富饶的河谷，盛产玉米、豆子和瓜类”。文中提到的废墟可能是第二个科拉松尼斯西班牙小镇，而科拉松尼斯河谷可能是第三个西班牙小镇的地点，或者是奥帕塔区域北部的苏亚河谷。

奥夫雷贡报告的后面几部分非常混乱。从提到索诺拉河谷，他离开主题长篇大论地谈起有毒的树，这是他深深感到恐惧的东西。这个题目又把他引向讨论他们有所听闻的一件事，即降临到科罗纳多远征中迭戈·德阿尔卡拉斯小队头上的灾祸。对自己这个远征队的叙述突然重新开始了，[②] 没有说明他们当时到底在什么地方：

---

① 它的位置将在后面讨论，见本文第 97—99 页【原书页码】。

② Cuevas，前引书，p. 156。

> 队伍通过一些小乡镇行进了三天，这些乡镇有一
> 层半高的平顶房屋，有土墙，土地温润，生长着一丛
> 96 丛的小橡树；又走了一天到达瓜拉斯比，这里住着不
> 少穿衣服的人们，比我们之前看到的要先进。它有
> 600 所平顶房屋和土墙，有规整的街道，田地上有灌
> 溉用的沟渠……处于面临这些省份中最英勇无畏的族
> 群——克雷乔人（Querechos）——的前沿。

瓜拉斯比应该就是阿里斯佩。我们说过，阿里斯佩河谷与索诺拉河谷是分开的，尽管都属于同一条河的流域。阿里斯佩的居民是奥帕塔人，它是奥帕塔人的主要城镇之一，后来以其人口的先进地位著称。奥夫雷贡描述的紧凑、整齐的镇子只可能属于奥帕塔人。北方的皮马人生活水平要低得多。而且，这个地方被说成是与平原印第安人接壤的前沿，阿里斯佩正好就几乎位于茂密的干草原边缘。提到橡树这一点很重要。在雨季，锡诺基佩峡谷无法通行，只能利用山边的一条小路，队伍在那里肯定近距离看见了由此处向山下四处散开的一丛丛白橡树。

行程的下一个阶段是到库穆帕，或者叫奇穆帕，据奥夫雷贡说是五天行军的距离。库穆帕是不是今天的昆帕斯？昆帕斯河谷在阿里斯佩东南面，也就是在东面的下一个结构性洼地里，距离也差不多。然而，要说他们是转向昆帕斯洼地，这种解释有几个难点：（1）这将意味着突然改变方向，实际上是走回头路，又没有说出什么理由。（2）奥夫雷贡说路上经过了多个小村庄，有一二百所房子，房子的样式和人们的生存方

式都跟他们此前看到的一样。但是从阿里斯佩到昆帕斯要通过山里一个很宽的豁口，那里是干旱的缓坡，长满青草和丝兰花。他们最多会经过几个孤立的牧场，但路上不存在哪怕是只够一个小村庄用的水和可耕地。（3）库穆帕被描述为拥有一个一里格长的河谷，而昆帕斯那里的河谷很大，事实上在整个北方区域面积仅次于索诺拉河谷。（4）据奥夫雷贡说，库穆帕处于面临平原印第安人的前沿，[1] 而昆帕斯在南边，离那个前沿很远，几乎是在奥帕塔人地盘的中间位置。这样看来，队伍并没有改变行进方向，而是继续沿着左手边的索诺拉河支流巴科阿奇溪而上，经过小块的冲击陆地，直到他们来到那个更
宽敞富裕的洼地和更大的村庄奇纳帕。这些都是奥帕塔人的地 97
盘，队伍在这里发现自己真正站在了奥帕塔地域的边境。从阿里斯佩用两天时间很容易到达奇纳帕。这一流域里最后的奥帕塔村庄是巴科阿奇，它也可以在五天或更短时间内到达，每天不用走很多路。奥夫雷贡对印第安名字不在行，而且名字可能有改动（这事曾经发生过），或者他把另一个词误为某个乡镇或族群的名字（这是常常发生的）。

走出这个我认为是巴科阿奇的河谷，他们爬上一片高高的、艰难而炎热的山地，从另一边下来，到了一个被奥夫雷贡称为扎瓜里帕的地方，它在一个河谷中，“被高高的锯齿形山脊、深深的峡谷、悬崖峭壁和巨大岩体环绕着”。[2]“这个扎瓜里帕河谷和乡镇在与平原印第安人接壤的前沿……是个防御性

① Cuevas，前引书，p. 173。
② 同上，p. 159。

地点，两边围着险峻深邃的峡谷。”[1]据奥夫雷贡估计，它离富埃尔特河有 300 里格。这里住着第三个科罗纳多基地的迭戈·德阿尔卡拉斯驻防部队留下的混血儿后代，而这里的印第安人看来曾参加过杀害那些驻防士兵。从伊瓦拉所走的路线看，他们离平原印第安人地盘的起始之处还差两天的行程。米查姆和哈蒙德认为这个地方是现在的萨瓦里帕，但上述所有事实都与萨瓦里帕的特点完全不相符：

（1）现在的萨瓦里帕几乎是在奥帕塔人地盘的南部界限，在奥帕特里亚北部平原边境的相反方向。（2）现在的萨瓦里帕离富埃尔特河不到 100 里格，而奥夫雷贡两次谈到这两个地方的距离是 300 里格；数字虽然有些过大，但对奥帕特里亚的最远边缘来说还是可以理解的。（3）现在的萨瓦里帕位于奥帕塔所有河谷中最平滑的洼地之一，而奥夫雷贡描述的是非常崎岖不平的地势。由于一个古代盆地充填——即格罗夫·卡尔·吉尔伯特（Grove Karl Gilbert）的“希拉岩块”——断裂，索诺拉州的一些洼地里面有峡谷冲出的胶结沙砾台地，造成极其艰难的地形。萨瓦里帕洼地显然没有受到这个大断裂的影响。（4）萨瓦里帕既然在奥帕特里亚的完全相反一侧，就很难在那里听到科罗纳多远征队苏亚基地的消息或看到他们的后代，因为科罗纳多的部下从来没有到过任何接近萨瓦里帕的地方。

更何况，根本没有证据表明伊瓦拉曾经走进或走出过这个
98 偏南的萨瓦里帕。扎瓜里帕位于索诺拉河谷到帕基梅河谷

---

① 同上，p. 161。

（奇瓦瓦的大卡萨斯）路上的某处，奥夫雷贡说这两个河谷之间的距离是 40 里格，[1] 基本正确。我们所追踪的小路通向索诺拉河。离开扎瓜里帕，远征队应该是很快到达奇瓦瓦的西北部。要是把萨瓦里帕放进这个行程里，那伊瓦拉非得转向南边走上几个星期不可，要么折回他从富埃尔特河来时路线的大部分，要么经过非常艰难的路径从亚基河对岸的巴图克河谷走向东南方。米查姆和哈蒙德为避开让伊瓦拉走回头路的难点，采用了一个简单而不加解释的权宜办法，这就是不提他进入了索诺拉河谷。然而，把队伍放进现在的萨瓦里帕还会面临一个更大的难点，就是伊瓦拉如何从那里到达奇瓦瓦西北部。米查姆和哈蒙德画了一条短线来解决这个问题，这条短线从萨瓦里帕翻越马德雷山脉直到奇瓦瓦的大卡萨斯。两位作者为伊瓦拉选择的这条路线是不可能的，从而暴露了他们缺乏对地形和对印第安人口的认识。我怀疑马德雷山脉在他们所说的这个地段从来就没有人翻越过，是北美洲存在的几乎不可通过的障碍。而且，从萨瓦里帕的北边、东北和东边到奥帕塔人居住地的边界都会远远超过两天的路程。假如队伍从萨瓦里帕走向奇瓦瓦，那么只有两条可能的路径。虽然困难但相对较好的一条路是渡过阿罗斯河，沿巴卡德瓦奇溪而上，再沿巴维斯佩河上游而下，经过卡雷塔斯关隘或普尔皮特关隘进入奇瓦瓦。这将是伊瓦拉行程迄今为止最为艰难的一段，需要好几个星期时间，因为奥帕塔人的居住地延伸到巴维斯佩河谷的最远边缘。另一条路就更糟糕了：向东北到奇瓦瓦边界大约在帕皮戈奇克河与阿

① 同上，p. 186。

罗斯河汇合的地方，从那里翻越马德雷山脉。我认为，伊瓦拉后来从大卡萨斯回来的时候走过了这段路程中的一部分，他们所经历的艰难险阻生动地描述在奥夫雷贡的报告中。去程要是走这条路的话，也会有很多天与乔瓦–奥帕塔人相遇。

除了名字以外，没有任何其他东西支持扎瓜里帕就是萨瓦
99 里帕的论断。在印第安索诺拉，有很多地方的名字是重复的。有好几个印第安人告诉我，萨瓦里帕在奥帕塔语言中意思是“红蚁人的家”，这暗示着奥帕塔人会分为不同部分，正像弗兰克·拉塞尔（Frank Russell）所描述的皮马人一样——他们与奥帕塔人相邻，在那里秃鹰氏和土狼氏、红蚁人和白蚁人是重要的氏族。[①]因此，这样一个本地氏族很可能压制了其他族群，或者是西班牙人只是听到一个占支配地位的氏族名称，而没有打探出真正的地名。无论如何，萨瓦里帕这个词的意思既然如此，那么它反复出现是非常之可能的。

因此，如果我们认为不应该仅仅根据一个地名便重画远征路线，而是认真阅读奥夫雷贡关于地形和印第安部落的描述，那我们就会发现，伊瓦拉离开了上巴科阿奇河谷中的西波拉之路，转而向东沿着卡韦萨·德巴卡进入奥帕特里亚的路径走了一段，这是从巴科阿奇穿过洛斯阿霍斯山进入弗龙特拉斯洼地

---

① Frank Russell, The Pima Indians, 26th Ann. Rept. Bur. Amer. Ethnol. (1908), pp. 1-389；提及的内容见第197页。他还给“白人”安上个名字叫Va'af。这可能与加尔塞斯的说法有关系，后者试图把弗赖·马科斯的巴卡帕置于帕帕格里亚（Coues，前引书，Vol. 2，p. 487），而且看来在奥帕特里亚又出来第三个巴卡帕。皮马语、奥帕塔语和卡西塔语非常相近，再加上同样的氏族组织，一个氏族的称呼可能被西班牙人反复听到，便以为它是一个地名。

的一条老路。奥帕塔人的村庄库奇亚拉奇隐藏在阿霍斯山峦的东部基座，建立在古老砾石充填地的断裂平台上，此处形成又深又窄的峡谷和开阔洪积平原上的堞状岬角。这个场地非常符合奥夫雷贡的描述（他激动地报道了在那里与当地人的战斗），也非常符合其余的资讯。西面短短距离之外就是苏亚河谷（巴科阿奇流域），那正是迭戈·德阿尔卡拉斯及其手下被杀死的地方，也是当地混血后代的起源之处。东北方紧邻此处的是特里诺斯德卡莫，它是平原印第安人（当时大概是苏马人）地盘上高处茂盛干草原的一部分。奥夫雷贡写出了战斗发生地的悬崖峭壁和山峰，很少有其他地点能如此吻合他的描述。阿里斯佩也许差不多，但是我认为阿里斯佩已被确定位于这条路上更早的地方，奥夫雷贡把它称为瓜拉斯比。安东尼奥·鲁伊斯支持将扎瓜里帕的地点置于北边的说法，因为他提到那里的一个侦察小组看到松树，还说他们夜间感到很冷，尽
管当时是八月份。从库奇亚拉奇-扎瓜里帕开始，根据奥夫雷 100
贡的记述，伊瓦拉行进的其余部分就与索诺拉东北部的地形十分相符了。

伊瓦拉此时正在接近奥帕塔地域的尽头。他——

> 承诺向着平坦大地继续他的进程，因此他非常谨慎地前行，让侦察员穿越极高的山脊、通过崎岖不平的地面，把一些马匹都累得筋疲力尽……这样才把队伍带到一个比之前的气温较为适度、路途较为轻松的地方。经过两天的行程，我们发现一个有200所平顶房屋的乡镇［上巴维斯佩河旁的莫雷洛斯移民镇附

> 近?]。……在这里，我们走到朋友们［奥帕塔人］的土地和边界尽头，踏入了克雷乔人的地界。①

这段记述符合由西向东跨越弗龙特拉斯洼地的情景。洼地边缘有深深断裂的砾石充填地，起伏的高山排列在两边，特别是东边。然而，在上巴维斯佩洼地东面，沿着溪流有一条直接且足够易行的路线，径直连着大关隘通路，把队伍带到奇瓦瓦地区。

奥夫雷贡这样描述进入奇瓦瓦的通路：

> 远征队离开索诺拉河谷最后的定居点和属地边界已经行进了两天……队伍爬上北边最后一道锯齿形山峦，在山顶上看到美丽而富饶的大河谷，它由最漂亮的平原、草场、泉水、河流和清澈的小溪组成，还有气温适度的土地，比我之前见到的任何地方都好。这片美丽富饶的大地也有精致的山峰装点并相伴。……那里有茂盛的石南，有很多高大的核桃树和李树、野葡萄。②

关于通过普尔皮特关隘及下山进入清凉而水源丰富的奇瓦瓦高地，我将引用唐纳德·布兰德的观察所得，他在这个地区

---

① Cuevas，前引书，pp. 172-173。

② 同上，p. 176。

待了一年，研究奥夫雷贡所注意到的那些废墟：①

> 普尔皮特关隘和上拉斯巴拉斯溪（卡雷塔斯河的支流）满足奥夫雷贡勾画出的地势条件。这是索诺拉东北部与大卡萨斯河谷之间最容易通行的路径，它绕路最少、行进最方便，并且有充足的水源、草料和木头。从崎岖狭窄的关隘到开阔平地的变化是突如其来 101
> 的，这种突然的改变与更靠南边的卡雷塔斯关隘逐渐变缓的路线相比，更能激发奥夫雷贡的写作热情。
>
> 普尔皮特关隘南面是松树覆盖的哈奇塔韦卡山，它与奥索山会合，整个地区至今仍然以熊著称，正如奥夫雷贡提到过的那样。一丛丛或单个的核桃树在山谷中最为常见，但也延伸到平原上。石南、野葡萄和野李树在山里很普遍。卡雷塔斯平原是奇瓦瓦区域内最好的自然牧场之一，现在虽有大量放牧，但我们还是可以在山脚下看到鹿，在开阔平地上看到羚羊。奥夫雷贡描述的鸽子、鹌鹑和水鸟今天仍然随处可见。
>
> 从拉斯巴拉斯流域的山谷开始，许多史前废墟散布在这条溪水两旁，延伸到它与卡雷塔斯河的交汇之处，进而在平原上相当广泛地存在。一些较大的废墟现在依然很高，因此在伊瓦拉进入此地的时候，它们很可能还有两三层楼存留着没有倒塌。
>
> 大卡萨斯本身的废墟位于大卡萨斯河的左岸，那

① 下面的陈述是布兰德应我的请求，为用于本文的目的而写的。

地方被奥夫雷贡描述为："在围绕河流的美丽而富饶的平原上，有令人喜爱且有用的小丘，还有小排的山峦。"我认为，奥夫雷贡所用的词语"*el rio abajo de Paquime*"意味着按照他的理解，这座废墟城镇坐落在名叫帕基梅的河流下游。现在主要是杨树和柳树构成河流两岸的木材林，但主要河谷里面已经见不到落羽杉了。不过，在山脚下和支流河谷里还有两种刺柏，这些有用的树木（特别是用于烧炭）过去可能延伸到河谷更下游的地方。

从残存墙壁的高度和大堆的破碎土坯来看，奥夫雷贡关于有六层或七层楼房的说法也可能是真的，但多半是个夸张言论。这些废墟已经解体到如此程度，因而其上层结构的性质我们无法猜想，只是转角处的造型很像在美国普韦布洛人那里发现的瞭望塔。现在我们看不到防卫墙的影子。有几处构造好像有奥夫雷贡说的"大而精美的院子"，但是没有一处能让人看得足够清楚，以便证实或否定那里曾使用过碧玉般的石头铺地。或许奥夫雷贡看到的只不过是半铺半露的地面，是墙上坍塌下来的石块堆积而成的。当年的建造者常常把石块和墙上的泥土混合起来。残留的遗迹中没有发现粗壮木头支柱的证据，但这种支柱的存在几乎可以说是较大建筑物的前提条件。奥夫雷贡还谈到墙壁被粉刷过，涂成很多不同颜色，这个说法在这一地区残存的峭壁房屋上得到支持。他还说墙壁通常由搅拌的土坯制成，有时掺入石块，这样描述也很准确。然而我从来没有看到建墙的材料中有过木头。

奥夫雷贡提到又大又宽的运河把水从河里带到这些房屋，这个说法令人无法理解。古代灌溉水渠在大卡萨斯河流域平原上可见的唯一痕迹就是一条用来浇 102
灌最低处田野的渠道，而这些废墟位于高处。有证据表明，一条水沟把泉水引入主要废墟所在地。很可能是在河流更下游的地方，那里的废墟分散在离河流或远或近的平原上，于是拦河筑坝，用灌溉渠道把水从那里输送到村庄周围的田地里。这方面所有的证据都被多个世纪的侵蚀风化抹平了，在今天已开垦的土地下面只有禾草丛生的荒野、牧豆树和水冲的沟壑。

房屋地面的火炉（estufas）可能不是指地穴，后者我们至今一个都没有发现，它或许只是指火炉或壁炉。奥夫雷贡所说的“金属矿渣”也没有见过。加工铜制成的两个“圆盘”没有什么不寻常，在大卡萨斯地区还发现过几个小铜铃铛。“研磨用的石头”就是石磨。金属熔炼在史前时期的西南部是没有得到承认的。“铺面道路”也不可能，除非奥夫雷贡看到一些朝山方向的岩石台地（这种台地有很多），误认为自己看到的是绕山而行的铺面道路了。

奥夫雷贡提到从第一座山峰向着河流下游，“8里格距离内的房屋”，这符合大卡萨斯河谷主段从拉博基亚到科拉利托斯下面峡谷之间的废墟分布情况。这片地区是由另一支探险队考察的，这一事实可能会说明伊瓦拉的路线没有深入到比大卡萨斯本身更靠大

> 卡萨斯河下游多少的地方，同时进一步暗示伊瓦拉的主力队伍是从普尔皮特关隘通过的，也就是后来政府和传教士使用的道路。这里的废墟分布更加表明这一地区在史前时代的重要性。由此，我们可以认为，伊瓦拉从巴维斯佩河谷起所走的道路正是在后来的殖民时期人们一直沿袭的旅行路线。
>
> 根据奥夫雷贡对地形和废墟的记述，我认为帕基梅河就是大卡萨斯河，两者是同一的。奥夫雷贡试图用绘声绘色的故事给他的君主留下深刻印象，但是就我对这个地区的了解而言，他的故事中没有真正糟糕的不实之词。

队伍中的大多数人在返程时不愿意再次遭遇心怀敌意的奥帕塔人，也不愿意再次经历毒树的恐惧（奥夫雷贡曾深受毒树之苦）。很难确定他们的返程是怎么走的。他们选择了一条更偏南的路线，翻越马德雷山脉非常困难，渡过一条大河也同样不容易，这条河向下游的峡谷无法通行，也就是说到不了西边。这条河很可能是阿罗斯河，他们下山过河的地方似乎是阿罗斯河从奇瓦瓦进入索诺拉之处。唯一的另一条大河便是下巴维斯佩，不过它没有那么难渡过，也不存在无法通行的峡谷。而且，还有一个原因使我们很难考虑巴维斯佩河，因为如果是
103 那样的话，远征队在到达河边很久之前就必然会遇到纳科里奇科河谷和巴卡德瓦奇的奥帕塔人居住地，而奥夫雷贡说他们在荒野行进，走出去之前队员们几乎饿死。要是认为队伍渡过的是巴维斯佩河，唯一论据是奥夫雷贡说他们在巴图科

（Batuco）进入有人居住的地区，这个地方被认为是莫克特苏马河下游现在的巴图克（Batuc）。队伍在巴图科第一次获得了食盐。然而，假如他们真是从马德雷山脉基座的纳科里奇科向西走到巴图科的话，那他们肯定早就能得到食盐了。直到今天，巴卡德瓦奇的乡镇都是从红沙岩床层里提取原盐的，红层位于洼地的河谷填积中。有鉴于此，我倾向于相信，奥夫雷贡所说的巴图科并不是现在被称为巴图克的乡镇。

从奥夫雷贡的报告和此处地形判断，远征队最为清晰可辨的返程路线应该是：从大卡萨斯穿行丘韦丘帕地区，在纳托雷附近通过阿罗斯河峡谷，继续经由萨瓦里帕地区人烟稀少的南部，直到亚基河畔。我认为有村庄地区的起始点，即奥夫雷贡所说的巴图科，其实就是塔库佩托洼地。至少算是有一条小路从奇瓦瓦进入萨瓦里帕地区，尽管那些需要翻山的人通常愿意选择更偏南的路线，从迈科瓦绕行。对这样一支探险队来说，纳托雷路线已经够难通过的了，北面的山峦更是不可逾越的高峰。

国王大道

伊瓦拉的进军终结了探险时期。他沿着西波拉老路走到墨美边境，然后离开老路去寻找另一个传奇地点，但后者最后同样令人失望。几年后，耶稣会在墨西哥北部边疆开始了传教活动，并迅速向北扩张。在不断扩张的过程中，这条古老通路起到了重要作用。沿着它排列起教会和王国的主要行政基地。通往西波拉之路变成了西北边疆的“国王大道”——整个区域的大动脉。

6. 墨西哥的个性*

地理的艺术

这是一次深入地理学最古老传统的远足。因为，不论今天的问题是什么——这些问题需要专家关注，导致更精确的审视办法和更正式的比较系统——始终不变的依然是不为系统所包含的、某种形式的地理好奇心。它是查看大地与生命如何从地球的一部分到另一部分变得不同的艺术。这一理解的本质几乎从人类时代一开始就令人感兴趣，而每一代新人都需要重新讲述和重新检验它。

对区域性解释这个最重要而从未完成的主题，人们给出不少名称。本文借用了西里尔·福克斯（Cyril Fox）爵士所用的一个名词，他用在关于不列颠群岛文化背景的令人钦佩的研究之中。①这个名词是“个性”（personality），应用于地球特定部分的“个性”涵盖生命与大地之间的整个动态关系。它不是把大地和生命当作分开的事物来处理，而是研究一系列民族居住过的特定地块，这些人就其能力和需求为自己的年代评估土

---

* The Personality of Mexico, Geographical Review, Vol. 31, 1941, pp. 353-364. Copyright, 1941, by the American Geographical Society.

① Sir Cyril Fox, The Personality of Britain: Its Influence on Inhabitant and Invader in Prehistoric and Historic Times, 3rd ed. (Cardiff, 1938).

地资源，按照最适合自己目的的方式分散到四面八方，把表达自己特别生活方式的劳作成果铺陈在大地上。

为时久远的墨西哥之根

墨西哥，正像拉丁美洲的大部分土地，有它主要的、有活
力的根扎在深厚而丰富的过去。从早已逝去的岁月保持下来的 105
连续性在这个国家是根本性的。现代西方世界的入侵正在进行，但这种征服将依然是局部的，正如早先西班牙征服者对当地生活方式的粗暴攻击所做的那样。如今，最偏僻的村落也有美国汽车在服役，但车上装运的是古老的货物和属于这块土地的当地人。人们接受汽车为更好的运输手段，正像几个世纪以前，人们接受从卡斯蒂尔引进的驮运役畜一样。然而，汽车和其他机器被用来适应当地方式和当地需要，而不会主导或取代当地文化。

关于墨西哥，我们需要知道的最重要的两件事仍然是：白种人到来之前存在的生活模式，和在西班牙时期的第一或第二代人中引进的改变。虽然转型的第三时期已经开始，但我们目前能做得最好的恐怕还是从其史前地理和 16 世纪地理角度描述这片土地和这些民族的根本特征。因此，我们的注意力可能局限于很久以前的几段有重要影响的时期，它们区分出什么是这个国家仍然占主导地位的特征。

北部与南部之间的界线

经过很多世纪，一条狭窄的边疆形成了如今称为墨西哥的国家北部和南部之间的分隔线。这是南方的高文化和北方较粗糙文化的交汇地带。这条线东面延伸到墨西哥湾坦皮科稍北，紧挨着线南的是瓦斯特卡，它也被西班牙人称为帕努科省。从那里开始，这条线沿着台地的东面断崖蜿蜒向南，直到墨西哥峡谷的最边缘。它在此处转而向西，然后或多或少沿着大东西火山带的北面山脚穿过。火山带这个偏北的、抬高的山脚通常被称为“浅滩”（Bajío），土地特别肥沃，或许是墨西哥最好的农业地区。奇怪的是，在最初的历史时期，这些滩地多半掌握在北方的未开化人手中。临近瓜达拉哈拉，南方高文化的一个尖锐岬角伸向北和东北方向，把现在的哈利斯科与萨卡特卡斯交界处米克斯顿（或称特乌尔）地区的卡兹坎（Cazcán）印第安人包含在内了。卡兹坎人的地盘由高高的平顶山和富饶的河谷组成。瓜达拉哈拉西面，这条分隔线急转向西北，穿过
106 西部山峦，达到锡那罗亚的海岸平原，在那里终结于库利亚坎北边的加利福尼亚湾（见附图）。

北方的较粗糙文化占据着内陆高地，南端直到中部火山带的山脚。先进文化在海岸低地和山麓小丘地带有两个伸向北方的大尖齿。东面的尖齿是瓦斯特卡，它未能延伸到北回归线，而是在塔毛利帕斯非常原始的文化面前骤然终结。在西海岸，高文化的尖齿插入锡那罗亚北部（我有幸在十多年前发现了这一点）。也是在西部，中等文化的“岛屿”，特别是索诺拉

墨西哥地图，显示南部与北部两种文化的分界线

的奥帕特里亚和下皮梅里亚，形成了与美国西南部普韦布洛地区的连接。一般来说，高文化的扩展精神在西部最盛，东海岸次之，中部最差。

在很多地方，通过考古看到高文化的北方界限曾达到它历 107
史边界以外几十英里。因此，这似乎表明野蛮文化曾一直处于向南方推进的过程中。

北部地区，大奇奇梅卡

在气候方面，北部地区主要是干旱或半干旱的，有大片的牧豆树和金合欢，大片的石炭酸灌木、索托百合、丝兰花和仙人掌。但是北部地区也包含一些最大、最好的冲积河谷和很多优良的高地，这些高地的夏季庄稼能得到充足的雨水。南北分界线的位置是由文化因素而不是环境因素决定的，它应被视为两种非常不同的原住民生活方式的交汇处。西班牙人区分了南方"政体下的印第安人"（*Indios de policía*）和北方的野蛮人，或者叫奇奇梅克人（Chichimecs）。南方立即被西班牙人接手了，成为"和平之地"（*tierra de paz*），而北方仍然多多少少不安定，是"战争之地"（*tierra de querra*）。

对整个北方最常用的名称是大奇奇梅卡，它包括许多不同的未开化人的很小部落，其中很多人（特别是在东边）是游居的猎手和采集者，例如在塔毛利帕斯、新莱昂和科阿韦拉这些州里。然而，比人类学上迄今承认的更多的北方部落，至少部分时间是农人，尤其是在内陆高原上，例如在奇瓦瓦、杜兰戈、萨卡特卡斯等州。在西北部，农耕占支配地位；至少在奥帕特里亚和下皮梅里亚，农业技能不亚于南部印第安人。这些部落以及普韦布洛的各部族，是被西班牙人排除在奇奇梅克人的一般定义之外的。

南部文化家园，重点在西边

南方属于可以被称为开化的印第安人，这个称谓很合适。偶然在某些地方，像雨林中和特别崎岖的山地，还是有些原始族群（主要是其残余部分）存留下来。但是，南方没有任何
108 大型的、有吸引力的地点尚未被具有先进文化的人群加以利

用，这不像是在北方，有许多诱人而宽敞的地区完全没有用于农业，或者即便用了也用得很糟糕。

墨西哥南部和西南部构成世界上伟大的文化家园之一，作为人类伟大成就之一的一个经济综合体就是部分地在这里创造、很大程度上在这里发展起来的。或许只有在世界的东方，人们才这样将一个多样化的文明基地发扬光大。迄今为止的考古活动把注意力大多集中在重大纪念碑式的文化上面，这些多半在大西洋那一侧。在知名的玛雅文明、托尔特克文明和阿兹特克文明的背后，在植物驯化和其他发明方面还有着更古老、更根本的成就，而我们对后者只有零星碎片式的认知。当我们对这些人类文明更古老开端有了更深的了解，很可能就会把最大的关注点移至太平洋这边。

学者们对太平洋沿岸斜坡地区关注最少，然而有证据表明，这些地方可能曾经是文化起源和发展的最活跃前沿。我们可以提出几个指征：

一、当地驯化植物的基本特征将其来源指向太平洋边缘地带，而不是大西洋一侧。一般来说，太平洋地区雨季较短，总降雨量较小，具有更清晰标明的旱季。那里的土壤很少为酸性，最普遍情况下多少带有碱性。我们看到所有的当地主要农作物都显示出来源于较干燥的西部土地的特性。或许我们可以在西部冲积河谷寻找最早的农耕活动，高度多半是在海拔2000米以下。所有的当地作物都是暖天生长的，意思是最适合它们发芽的环境是晚春或初夏上升的温度和充分通气、轻微湿润的土壤。它们发育成长的时期是温暖天气与经常下雨同步发生，比如夏天的雷阵雨气候。间或出现的短期干燥时段很有益处。尽管没有一种庄稼能真正抗干旱，但它们有各种各样的办法保护自己不受短期干旱侵害，例如毛茸茸的叶子表面。作物成熟是在雨季过后阳光充足的干燥天气。有些豆类只需要一个月的雨天，有些玉米可能得利用三个月的湿润气候。墨西哥普通庄稼的这些气候特性可能意味着，它们的起源是在太平洋一侧高山温带（*tierra templada*）的较低层面上。

二、还有，在太平洋这边，从危地马拉北部到索诺拉，存在着极其多样化、生态固定的农作物种类和农作物亚品种或变
109 种。光是玉米，西部就不但有大量不同的马齿型玉米品种，还有许多粉质玉米、甜玉米、爆粒玉米、硬粒玉米等，没有被人采集和分类。人们迄今主要是在较大城市的市场上采集种子，因而错过了那些对当地经济很重要但没有进入商业领域的种子。结果，经济型的植物学家不知道西部海岸后面山地里那些标志性的多种多样的玉米、豆类、辣椒、南瓜、高地棉花、苋属植物、番茄，等等。

三、值得注意的还有，西部的野生植物包含耕种植物（除玉米外）的大量近亲属。

四、当地农作物向美国印第安农业的传播路线也证明了西海岸文化的伟大时代。这条路线几乎可以肯定是沿西岸向北进入亚利桑那和新墨西哥，再从普韦布洛地区传到（中?）密西西比河谷及美国东岸。佛罗里达-西印度群岛大桥即便不是没起作用，也是作用不大；同时没有迹象表明任何驯化作物是通过墨西哥湾沿岸从墨西哥传到美国的。

五、一点一点地，西南部考古工作者正在找出证据，表明这个西方走廊将各种文化特征从墨西哥传播到亚利桑那和新墨

西哥的早期运作。

在原住民的农业中，最高质量、最密集利用、最靠得住的是谷底的土地。许多这样的土地在当今都是一年种几茬农作物。这些土地即便在旱季，可能仍然足够湿润以供庄稼生长，被称为“潮湿地带”（*tierra de humedad*）。在一些地方，水是人工浇灌的；不过在墨西哥，水利并没有起过什么主要作用，早年也是如此。河谷土地被精心照料并改进，成为很多较大村庄选址的决定因素。然而，夏季经常的阵雨使得大小山坡上也有可能种出夏日雨季生长的短期庄稼。人口增长很快迫使人们从狭窄的谷底地区扩张到广阔得多的山坡地带。

到如今，墨西哥南部和西部在春季被烟雾包裹，这烟雾产生于焚烧几千棵山上剥皮死树和垃圾，为的是准备耕种。很多土地在备耕和种植的时候不用犁具，只靠一根尖头棍或撬棍和锄头。种子被丢入灰烬覆盖的土壤，然后就留待雨水光顾，除了锄锄野草以外就不再去管它。由于既没有犁沟，也没有整齐的田地划分，当地农人选择种植地点主要是着眼于树木。树长 110
得越高，清除它们越容易，焚烧起来产生的草木灰更厚，而且还可能通过烧炭赚到更多现金。坡度如何完全没有关系，土壤怎么样也不大考虑，因为种庄稼主要是靠树林生长带来的土地肥力。

这种凌乱无序的耕作以独特方式保护陡峭斜坡的土壤不受侵蚀。许多这样的山坡经历了几千年的清除树林、种植庄稼、恢复树林的变换，其过程的确是一个庄稼与树木的长期周转轮回。这样管理的田地和定居点得以分散到一些用犁铧耕地的农民会认为不可能种地和居住的地势上。村庄有一个永久性潮湿地带的核心区，同时还在周边占据了很大的山地外围区用来种地。村里后代的拓殖发生在山地，他们没有永久性的谷底田地，而是完全依赖在山中轮换清除树木维持生活。在这两种情况下，村庄本身都是永久性的；没有（或者非常罕见）游动的村庄。

美国人对构成良好农用地、肥沃土壤的因素和乡村人口的限度等概念不能适用于上述的土地与文化。这些起伏不平的山地在我们看来人口太过密集了；然而我们对西班牙征服的记录和关于此前很久时期的考古报告了解得越多，就越是感觉到：从远古时代起，这些西部山地就挤满了像今天一样多的村庄。实际上，似乎很多山区的人口在古代比现在还多。

这个古代人口增长的画面意味着，大量人群从富庶河谷的摇篮之地（我倾向假定它在太平洋一侧）向山坡上移动，逐渐发现自己面临较高、较寒冷的区域。向山上迁移的过程使他们有必要排除一些对环境要求更为严苛的农作物，有时候需要进行新的植物驯化（龙舌兰），而一般都需要培育能耐受较冷气候的特别品种。这些事不可能迅速做好，因此像墨西哥河谷这样的“寒地”（*tierra fría*）就不是最古老的定居之地。较高处的土地至今仍然不太适合玉米生长（只有少数特别品种除外），但随着欧洲农作物和家养动物的到来，这些地方的农业用途大大增强了。

人数增加、农业技能提高，也导致高文化通过大西洋海岸
111 斜坡的热带森林传播开来。其中最不起眼的是向北进入干旱地区的传播路径，除了沿着西部海岸，因为那里宽大丰饶的河谷吸引了大量移民，甚至沙漠上也不例外。我们这里，在国界线

的美国一方，希拉河谷和索尔特河谷是整个北美洲的关于土著发展水利技术的唯一已知重要实例。

总而言之，这种农业文明看来起源于一个真正温和的气候地带，那里具有丰富的野生植物素材，适合通过繁育加以改进。当这个南部（或者像我更愿意说的——西部）高文化地区获取了更多的耕作及植物繁育技能、增加了更多的人力，这种文化就朝着高山方向移动到中部火山山坡，并且向东穿过雨林和大草原来到墨西哥湾岸边，而最不重要的是向北进入干旱地区的边缘。以上陈述应该被看作一个工作假设，而不是已经确立的发现。

南部文化中的金属

墨西哥土著生活中一个被人低估的因素是金属。这个例子和上面一样，证据不仅指向南方，也强力指向西方。黄金是整个高文化中最高定价的东西，是一种礼赞物品和交易常项，也是一个基本的文化特征。黄金在中部火山高地很稀有，它主要来自较古老的变质岩和火成岩地势里南部和西部溪流中的金砂。变质岩和火成岩的露头广泛散布在中部火山带的南边，向西直到太平洋，向南直到特万特佩克地峡，也存在于中美洲的“古地”。有两个大型的砂金聚集地区，一个以洪都拉斯为中心，另一个更大，从特万特佩克地峡向北延伸到巴尔萨斯地堑，向西延伸到科利马的火山脚下。在这两个地区，几乎每一次洪水都带来金砂的年度增量。

对其他金属我们知之甚少，但看来在原住民对这些金属的利用方面会有很多可以去发现的东西。似乎西班牙人的第一批矿脉原先是印第安人的矿坑；塔克斯科是铜、锡，或许还有银这些金属的例证。在西班牙人掠夺阿兹特克宝藏的过程中，他们很快发现，阿兹特克人的金属财富大多来自非阿兹特克区
112 域，尤其是，他们的西邻塔拉斯坎人是银以及铜和青铜的大量供应者。档案材料和田野调查没有发现在塔拉斯坎领地内开采银矿的任何信息；相反，对这些金属的欲望似乎激发了塔拉斯坎帝国主义的西向征服。我们认为，我们找到了塔拉斯坎银、锡和部分铜的来源，它并非在塔拉斯坎人的故乡米却肯，而是在哈利斯科南部。原住民开采和冶炼金属的踪迹现在可以部分标记出来：从巴尔萨斯河的塔克斯科地区，经过哈利斯科的塔马苏拉，再穿越普里菲卡西翁的海岸山峦和班德拉斯河谷，向北直到锡那罗亚的库利亚坎河。①

研究表明，在西部各个地方，冶炼技术与合金操作相当先进。我们刚刚开始对此题目的探究，看来很有可能改变人们此前对印第安人金属艺术的概念。从现有的证据我们可以推进一个假设：印第安人的冶金术（重点是降低硫化物及氧化物含量）是在塔克斯科与库利亚坎之间的地区发展起来的，他们实行了硬化、铸造、铜银熔合，铜和银的产量标志着一个金属时代可能正在开始，但是西班牙人的到来打断了这个进程。

① 伊莎贝尔·凯利（Isabel Kelly）的一份报告于本文写作时正在准备，后来发表了：Excavations at Culiacán, Sinaloa, Ibero-Americana, 25（1945）。

阿兹特克州和塔拉斯坎州

这个高文化的伟大南方区域有许多部族和语言，但是占支配地位的文明特征在整个区域都是相似的。在西班牙人征服时期，只有两个大型政治单元——墨西哥的阿兹特克州和米却肯的塔拉斯坎州。两者在地理布局上差不多。它们的主要地区都在海拔高、农业吸引力适中的地方，各自的首府都离北部边缘不远，接近奇奇梅卡。有这种暴露的边界，阿兹特克人和塔拉斯坎人大概自顾不暇，只能守住自己的地盘吧。然而，这两个州都表现出强烈的扩张主义欲望，要进入“热地”（*tierra caliente*），吸收越来越多的中海拔和低海拔的土地。这些土地给高地上的宗主部族提供了金属、棉花、可可、各种食物、染料和树胶。这两个州依赖制服其周边那些文明但弱小的邻居来不 113
断扩大自己的权力和财富。它们都从来没有冒险去开拓与自己北疆接壤的奇奇梅卡，尽管后者人口稀疏且非常富庶。

西班牙人沿袭阿兹特克和塔拉斯坎政治模式

阿兹特克和塔拉斯坎的帝国主义实践使西班牙人的占领变得顺利。西班牙人接收了两个州的架构，在当地纳贡系统上面叠加了自己收取贡品的组织。鉴于阿兹特克人和塔拉斯坎人一直以来向南方和西方发展，西班牙人一开始也选取了同样的方向。在 1520 至 1531 这十二年间，他们已经完成了对高文化地区的控制。对数以百万计的当地农工来说，印第安主人换成了西班牙的受赐封者（encomenderos），印第安受贡者换成了王国和教会的收税人。

总体而言，强征苛索大概增加了，特别是要求印第安人交出更多的黄金。由于黄金主要来自南方，来自火山群之南的地质上较古老、地形上较低洼地区，西班牙人就黄金起源提出一个气候命题：这种黄色金属亲近太阳，因而生长在炎热地带、南方和低海拔的地方。于是，东西两侧海岸的“热地”被异常迅速地挖掘开采。在 1540 年以前，从韦拉克鲁斯到瓦哈卡和科利马，溪流冲积砂矿、台地金砂，甚至残余渣土中的金浓缩物都大体上被提取出来了。更为严重的是，炎热地带的印第安人口逐渐消失，只剩下可怜的零头，“十室九空”实实在在地发生在科利马到帕努科的土地上。墨西哥陷落十年后，一些有识之士开始讨论这个国家不可避免的毁坏和人口丧失——继它的财宝被清空之后，当地劳工也遭到清洗。

在西部形成的新边疆

与此同时，在高文化地区的西端，一个新的经济前沿不知
不觉地形成了。1523 年，埃尔南·科尔特斯悄悄地为自己攫
114 取了塔拉斯坎人控制的塔马苏拉（哈利斯科）银产地。塔克
斯科也同时成为西班牙人的矿业营地。远在西北的努尼奥·德古兹曼手下在 1530 年代靠着库利亚坎东边山地和特皮克峡谷里的银矿维持军队开支。1540 年以前，西班牙人在塔克斯科直到库利亚坎一线陆续发现了一些小银矿。这些西部的受赐封者使用属于他们的开化印第安人在矿场做工，还进入远处的奇

奇梅克人地盘捕获奴隶。富含银矿的西部成为新西班牙军政官员垂涎的场地，埃尔南·科尔特斯、安东尼奥·德门多萨、佩德罗·德阿尔瓦拉多（Pedro de Alvarado）、努尼奥·德古兹曼等人展开激烈争夺；在这场混战中诞生了一个新的边疆政府——新加利西亚，它真正是把新西班牙从安的列斯群岛的命运中拯救了出来，给它带来日后殖民事业的辉煌。

早期发现的所有银矿都位于开化印第安人的区域内。从1523年到40年代这二十多年间，在塔克斯科和库利亚坎之间建立了一系列村庄乡镇（现在大部分已经被人遗忘了），正式构成了矿业定居点，这些西班牙人定居点中的每一个都以矿场（主要是银矿）为基础。这样便建立起新加利西亚的第一个首府孔波斯特拉。如今这个地方半睡半醒地围绕在挂着哈布斯堡双头鹰徽章的古老教堂旁，它被我们记得的唯一原因是，弗朗西斯科·巴斯克斯·德科罗纳多在此集结新西班牙那些无所事事的西班牙青年，从这里上马向堪萨斯平原进军探险。①

开采白银的踪迹是由沿海向内陆、由低地向高处，而不像黄金追随者那样深入峡谷底部向海而行。银矿的主体与中央高原较低或较早期的火山活动相关联。被金属硫化物强化的第三纪火山岩覆盖在老岩石上，可能带有游离金，存在于年轻火山的椎体、熔岩、凝灰岩床和泥石流下面，这些年轻火山一般没有多少贵金属。中央高原的西部和西南边缘被多个大型峡谷分割。沿着深峡谷的上方斜坡，勘探者可以接触到含银的较低部

① 以上两段中涉及的西班牙人“探险”史，详见本书第五章《通往西波拉之路》。——译者注

火山岩床。银矿对西班牙人意味着山地和寒冷地带，他们甚至认为白银以某种方式与北方联系在一起，正如他们过去把黄金归于南方那样。

开化的印第安部落控制着西部的海岸地区以及沿峡谷温暖谷底伸展的内陆。未开化的部落占据着高原的高处，并顺着峡谷之间的破碎边缘向海岸方向延伸。因此，产银地区在某种程度上就是位于开化部族与未开化部族之间，在两种主要文化的
115 交汇处。特别是，孔波斯特拉和瓜达拉哈拉后面的深峡谷成为西班牙勘探者的通道，带领他们走向中央高原并进入奇奇梅卡。

到 1540 年，西班牙人的渗透在这个前沿区域引发紧张状态，造成新西班牙历史上最可怕的印第安人暴乱——米克斯顿战争。米克斯顿地区是高文明区从瓜达拉哈拉向北延伸的突出岬角，在这里开化的印第安人（主要是卡兹坎人）与未开化部落为邻，后者例如萨卡特克人（Zacatec）、瓜奇奇尔人（Guachichil）和维乔尔人（Huichol）。温顺的卡兹坎人一直以来被西班牙受赐封者粗暴对待，用来在峡谷中开采银矿；同时，这批受赐封者捕获奴隶的行为激怒了高原上的游居部落。米克斯顿的反叛是绝望的高文化印第安人与山上野性印第安部落的联合行动，新西班牙统治者动用了全部兵力才将这次暴乱镇压下去。在实行镇压的过程中，西班牙人突破这个边疆，开始占领奇奇梅卡。他们在这里开始使用前沿战斗技巧，建立了机动舰队和强化防卫点（驻防地），这标志着其后长达两个半世纪的对北方的占领。

对西班牙来说非常幸运的是，正好在紧挨米克斯顿防御墙

的后面，就是世界上最大的银产地，即萨卡特克印第安人的地盘。有些萨卡特克人在米克斯顿战争中被抓捕为奴，送到塔克斯科银矿做苦工。其中有几个人成功逃离银矿回到家乡，他们带回了一些关于银矿石的知识。当西班牙人的队伍从瓜达拉哈拉进军到他们家乡附近，萨卡特克人于 1546 年试图通过披露萨卡特卡斯的维塔格兰德（Veta Grande，意即“大条纹”）矿脉的存在来赢得西班牙人的好感。不久以后，萨卡特卡斯成为全世界最大的银产地。在可持续生产方面，至今没有任何一个产银区可以与之相比。

在萨卡特卡斯大发现之后的二三十年间，史无前例地又有一系列银矿被发现，首先是沿着中央高原的西部边缘，但很快发展到它的东部斜坡，通过圣路易斯波托西延伸到西北方向。新加利西亚此前只是个地位不稳的西北地区窄条地块，现在迅速扩张，兼并了无边无际的北方大地奇奇梅卡。瓜达拉哈拉和孔波斯特拉的寒酸市民摇身一变，成为建于矿场周边的北方小公国的大公。矿场主、商人、士兵、农场主和传教士经瓜达拉哈拉这条通道蜂拥向北，他们的车上装载着来自哈利斯科、米却肯和科利马的印第安人，这些温顺的南方印第安人被送到新 116
矿区去做苦工。瓜达拉哈拉成为北部以及西部的首府。从这个暴露的“行进场地”（march site）——借用沃恩·科尼什（Vaughan Cornish）的术语——新大陆历史上最伟大的突破之一在重要的 1540 年至 16 世纪末之间发生了。到 1600 年之前，从新加利西亚行进的人们已经到达并占领了杜兰戈、奇瓦瓦、新墨西哥、科阿韦拉和新莱昂，大体上勾画出现在的国际边界线。在后来的岁月中，同种同族的人们把行动范围从得克萨斯扩展到加利福尼亚。美国西南部的西班牙踪迹全都可以直接回溯到新加利西亚的核心地区。

这片高地干草原和松树覆盖的高山是四个世纪以来新西班牙–墨西哥的主要财富来源。它的矿业城镇发展出色，建筑物也很独特。甚至在殖民时期结束时，根据亚历山大·冯洪堡（Alexander von Humboldt）的估计，这个地区生产的贵金属——银——仍然占全世界产量的一半以上。矿场周边开发了巨大的牧场，以满足对驮运役畜、肉食、皮革和脂肪的常年大量需求。矿区的南面是火山脚下的“浅滩”肥沃土地，用来耕种，给矿区提供食物，也造就了大批有利可图的庄园和非常富有的地主阶级。墨西哥城是政府和贸易中心，它作为北方财富的终极受益者，变得华丽也变得虚弱了。

随着前所未有的大量财富从原奇奇梅卡地区的银矿向南方流动，北方的原住民也被驱赶一空，除了在某些深山老林里，例如塔拉乌马拉的印第安人。很多当地居民被打上烙印卖到南方当奴隶，更多的人被用在矿上干活。南部的印第安人被源源不断地带到北方成为“自由工”，于是特拉斯卡兰人（Tlascalan）、塔拉斯坎人、奥托米人（Otomi）、阿兹特克人和其他移居者被分散到北方各地，成为农场、牧场和矿场的劳工。比较富裕的矿场引进大批黑人奴隶。很多贫穷的西班牙人来到北方，在开矿、贸易或运输上一试身手。在漫长的过程中，除了上层阶级的西班牙人以外，所有这些不同血统之间发生融合，产生了一个非单一肤色的新人种，今天的混血墨西哥人就是这样诞生的。在这个新西班牙的边疆，终于形成了一个新的民族。

新西班牙的这个设计图是在 16 世纪画出来的，一直持续
到现在。向北方的行进仍然在部分程度上支配着南部家园。北 117
方依旧是一个移民地区，为自己的金属、牲畜和棉花而从中部各州获得劳工、食物和制成品。大体而言，来自索诺拉、奇瓦瓦、科阿韦拉和新莱昂的北方人生而喜欢冒险，他们对边疆生活中时而努力工作、时而完全懒散的陋习掀起革新并行使权力。而南方呢，还是一成不变地表现出原住民的基本特征——许多能工巧匠耐心、稳定地辛勤劳作，有机会便可创造出异常漂亮的物件。开化的南部与北方奇奇梅卡之间的界线已经相当模糊了，然而这条界线依然是存在的。这种对比有时意味着冲突，有时却意味着品质的互补，而正是在这种对比中展现了这个民族的力量与弱点、紧张与和谐，它们共同构成了墨西哥的个性。

第三部分

人类对有机世界的利用

7. 美洲农业起源：对自然与文化的思考[*]

按照“考古学就是你发现它的地方”这个稳妥的描述原则，史前科学从挖掘出土的证据中拼凑起来了。然而，它不能仅仅依赖由废墟、坟墓和垃圾堆中的未腐朽材料所提供的有限见证，同时还需要通过追踪文化遗存去寻求其他的归纳方法，不论这些文化遗存是语言、机构、定居形态、工具、农作物，还是其他的文化特征。这类资料来自多种源头，也可以在野外考古学家的探察中为他提供新的线索。进一步而言，文化历史可以部分使用演绎方法建立实用假说，譬如从充分的经验中推断出环境优劣与文化起源和发展之间可能存在的某种关系。正如在文化史的所有其他领域一样，我们永远需要跨学科的综合与假说。在本文中，笔者从当地农作物和耕种实践的某种基本特征出发，讨论美洲农业在某些人类家园的原始发展的可能性，这些基本特征指向特定的自然环境，因而会把这种文化开端可能形成的合格地点限制于一定的数量。

---

* American Agricultural Origins: a Consideration of Nature and Culture, Essays in Anthropology Presented to A. L. Kroeber in Celebration of his Sixtieth Birthday, June 11, 1936 (Berkeley, California, 1936), pp. 279-297.

美洲农业的发源地是沙漠或干草原吗？

关于美洲农业起源，最广为人知的论题是赫伯特·约瑟夫·斯平登（Herbert Joseph Spinden）创立的，他认为“灌溉
122 是构成农业自身最初起源的一种发明”，并且他由此把农耕和定居的乡村生活，以及文化最迅速推进的地点，置于新大陆的干旱和半干旱的部分。①他的立场非常像熟悉的“河川”（potamic）理论，即旧大陆文明通过灌溉而起源于近东的河流绿洲，这个理论特别得到克鲁波特金（Kropotkin）和梅奇尼科夫（Metchnikov）的详尽论述。由斯平登提出的具体论据是：（1）最早的栽培植物、制陶和编织的记录来自实行人工灌溉的区域，这些区域在新大陆特别包括秘鲁和墨西哥；（2）人口压力在这些区域很早时期就被人感受到了，并成为发展文化的动机；（3）“在沙漠清理田地不像在丛林里那么费力”；（4）源于沙漠环境的植物，其相对食用价值也许高于那些原本属于较温润气候的植物，因为沙漠气候要求植物具有更极端的生理素质。

关于农业起源与灌溉相关的考古证据完全没有说服力，甚至这个论题的支持者也得出这样的结论。这个说法对于旧大陆

---

① H. J. Spinden, The Origin and Distribution of Agriculture in America, Proceedings, Nineteenth International Congress of Americanists Held at Washington, December 27-31, 1915 (Washington, 1917), pp. 269-276. 我在其他地方反驳过他的观点：Carl Sauer and Donald Brand, Aztatlán: Prehistoric Mexican Frontier on the Pacific Coast, Ibero-Americana, 1, 1932, pp. 58-60。

远比新大陆更符合实际情况，但即便在旧大陆也相当牵强。旧大陆早期文化的出色地层记录是在大河绿洲或它们的边缘，的确如此，但是有什么能够保证灌溉与这些最古老或较古老的知识见地相关联呢？要是有人假定，因为所知的最早地层序列是在河流绿洲中确立，所以更早的记录不会在其他地方被发现，那这种假定同样并不可靠。关于美索不达米亚和埃及的考古知识比其他区域现有的要高超很多，因为它们古代历史文明的伟大遗迹最先吸引了科学的好奇心。我们刚刚开始看到，人们将注意力转向伊朗、小亚细亚和印度，它们之中任何一个或全部都可能在农业和定居生活的发展上早于沙漠河流。对新大陆来说，主张墨西哥农业的开端与灌溉相关，似乎不保险。我不知道在早期墨西哥或中美洲有任何这样的证据，甚至连它们土著历史上的任何时期灌溉享有关键重要地位的证据也没见过。在
墨西哥湾或加勒比海沿岸和内陆高原存在大量人口的地区，灌 123
溉一般不需要。而在我熟悉的西海岸，证据表明那里没有用到灌溉，农事依靠降雨，由天然的季节性溪流泛滥来补充。

假如美洲农业诞生于沙漠或半沙漠区域，无论是通过灌溉还是依赖自然泛洪，首先有三个地区应该加以考量：（1）索诺拉沙漠，它靠近加利福尼亚湾，以及海湾边缘的干草原地区。在新大陆，或许没有任何其他区域比这里更接近旧大陆肥沃新月地带①的自然条件了。几条大河河谷——科罗拉多河下游、索诺拉河、亚基河、马约河和富埃尔特河——是幅员广大、土地极佳的区域，靠洪水耕作或人工灌溉均可，适宜种植

① 指地中海东南岸的半圆形地区。——译者注

多种庄稼，部分地区一季可种两茬主要作物。所有这些河谷，除了科罗拉多河以外，都非常有利地处于南北部之间可能的移民路线上。然而，一无例外，这些大洪积平原都欠缺重要的考古证据。相反，这些墨西哥西北部河流的源头都位于更潮湿多山的地带，有可观的考古遗存，尽管据目前所知并非多么久远。科罗拉多河的支流希拉河和索尔特河有霍霍坎（Hohokam）文化的遗存，这里曾修筑了土著北美洲最大的灌溉系统。虽然这一文化的附加细节生发出惹人注目的本土特色，但它的开端无疑是由南方引进的。（2）美国西南部的普韦布洛文化区域，其主轴从圣胡安河上游，沿着里奥格兰德河进入奇瓦瓦中部。这里，在比霍霍坎地区数量更多但面积较小的地块里，使用了灌溉。但是，它的农业开端是"编筐人"（Basket Maker）文化，也是基于南部的引进。如此看来，在北美洲的这两个干旱地区，无论是索诺拉沙漠还是普韦布洛文化区域（它们是北美大陆唯一值得我们考虑的干旱地区），农业都不外乎是从南部扩散而来的。而且，在这两个地区中，许多较小的早期场地依赖的是无灌溉的农业，不论田野里是否有自然泛洪。[①]也许，两个地区因此可以允许我们做出这样的解
124 释：人工灌溉是在农业定居建立之后才发生的，并且它尤其是当地文化最大限度扩张和气势最强盛时期的特征。我们可以认为最有可能的是，农作物和耕种方式从南部引进，但灌溉是当

① 我在另一篇文章中讨论了在干旱的霍霍坎地区（包括帕帕格里亚沙漠），农业所面对的自然条件问题：Carl Sauer and Donald Brand, Prehistoric Settlements of Sonora, with Special Reference to Cerros de Trincheras, Univ. Calif. Publs. in Geography, Vol. 5, No. 3, pp. 67-148, 1931. 提及的内容见第 119—124 页。

地的发明。(3) 因此，作为干旱条件下可能的农业发源地就只剩下秘鲁海岸了。不利于它的因素首先是，相对于新大陆的较高文化区，它只占有极其次要的位置；同时，越来越多的证据表明，当地栽培作物不是那个地区土生土长的。像其他干旱之地的文化一样，它似乎是一个拓殖区域，尽管拓殖也许发生在早期，并且在绿洲群居环境的刺激下迅速产生了高度本土化的附加细节。

反对沙漠观点的以下论据分量也很重：(1) 关于新大陆驯化植物的压倒性证据不指向沙漠或干草原，而是指向几个气候潮湿地区为各自的起源地。除少数例外，它们都具有不适宜干旱气候自然环境的生理素质。这些素质对文化起源的认定至关重要，它们被忽视了，我们将在下面几节中加以考虑。(2) 沙漠土地，除非是树木丛生的洪积平原（因此就植被而言不是沙漠），否则非但不轻松，而且很难清理出来种地。北美洲干旱地区中本可被我们考虑的部分却布满灌木和矮树丛，它们的根扎得很深，生命力顽强，即便使用现代手段都难以根除。就算是在光秃秃的地面上做准备工作，通常也需要大量人力来平整土地，才能使水有效分配。水的转送和延迟排放的工程问题，即便在最简单的情况下也相当难以应对。亚利桑那州霍霍坎人的灌溉区域需要非常可观的工程技巧及大量的集体劳动。

有利于文化家园发源的位置特点

我们已经发现沙漠和干草原不适于作为美洲农业的发源地，那么让我们审视在寻找家园区域时的其他情况和标准。毋庸置疑，原始族群在满足生存需要上存在着无理性或“前理性”的态度，但尽管如此还是很明显，在所有的文化形态中，获取食物、衣服和住所的要务大多依靠对自然环境的合理利
125 用。因此，考察一个原始族群如何合理解决在特定环境下维生所面临的问题，不应该被当作把原始族群“理性化”而轻易驳回。

一、弗里德里希·拉采尔（Friedrich Ratzel）曾强调“温床”条件在文化起源中的重要性。这一概念涉及是否存在一个有限而有价值的可维生地区，这个地区以充分增长的回报来奖励人们密集地使用它，同时它具有某种无弹性的局限，这往往导致使用方式的改进，而不是使用面积的扩大。还有一个更重要的因素是，它是否有一个边界区，能阻挡其他族群的轻易入侵，但又不会成为把这个族群孤立起来不与他人接触的有效屏障。根据这个论点，在此条件下，社会进步得到鼓励，而不断增加的人口压力催生了从采集到种植的发展。这种观点当然可以被解释为赞同耕种有多重发源地的说法。

二、文化进步的另一个刺激因素在于，是否存在可用的多样化原料，每种东西数量适度，而不是一种或几种主要物品特别充裕。每个原始族群正如美国的边疆农夫一样，需要各种各样的原料供应来使经济达到良性平衡。如果想继续改善族群的生活状况，甚至仅仅是为了维持它原有的标准，则要么这些资源必须保持不变，以提供一定的人均定量，要么必须发现或发明至少是等量的替代品，使每个人还能继续使用差不多相同的数量。因此，丰富多样的维生基础，以及保持或扩大这种维生基础的可能性，将会是文化进步的必要物质前提。

三、尼古拉·伊万诺维奇·瓦维洛夫（Nikolai Ivanovich Vavilov）构想了农业发源地为山地-山谷的命题：“多山地区为植物品种多样性的显现、为品种和种类的分化、为保存所有可能的生理类型提供一个最适宜的环境。……因而非常可能，山区作为品种多样化的中心，也是原始农业的家园。”①在这种多变的自然环境里，无数种类和类型的有用植物有最好的机会出现，原始的植物繁育者有最丰富的材料用来通过选择和对比去做试验，由此我们可以假定，这个地区拥有产生新的、更有 126
用的植物形式的最好前景。

四、对原始农业来说，土地必须只用很少而简陋的工具即可耕作，并回报足够的产量以鼓励继续种植。

五、同样，当地植被必须是只用简单手段、无需过多努力就可移除的那种。这个话题后来被发挥为：林地最轻易地服从了原始耕作者。

六、对气候条件的要求是，必须有泾渭分明的生长季和休眠季。清晰定义的植物生长期逐渐进入休眠期，这会刺激籽粒和块茎的形成，而籽粒和块茎正是植物食品采集和种植的主要目标。而且在此情况下，植物成熟会在短时期内一起发生；换句话说，会有一个固定的收获季节。预防无产出时期反复出现的必要性，使人们非常重视节约和勤勉，而这在季节反差缺失或不明显的土地上是无法做到的。

---

① N. Vavilov, Studies on the Origin of Cultivated Plants, Bulletin of Applied Botany and Plant-Breeding, Vol. 16, 1926, No. 2, pp. 139-248. 提及的内容见第 218—219 页。

七、人类早期的重要进步使他们达到了定居、务农生活的水平，这看来发生在气候温暖宜人的土地上。有人说人类进步只有在大自然的鞭子不断驱赶下才会发生，如斯平登所言："理论上，农业在艰难条件下会比在轻松条件下更有可能发源。"这个理论已经被滥用而失去效力了。恰恰相反，似乎在人类文化进步的较早阶段，人在下面这样的自然环境里要过得更好：温和、多样，但不在任何特定方面太过分，并且它把充分而现成的回报赐予勤勉、熟练、未雨绸缪的人。我们会发现，在人类重要的早期进步中（不论在耕作发展之前还是之后），真正温和（中等温度）的气候——远离热带的喧嚣、沙漠的极端、冬季的漫长严寒——起到了多么大的作用！

迹象显示的美洲农业起源中心

那么，根据上述条件，我们应当在中等温度气候下的湿润土地中寻找较高文化摇篮，特别是诸如有一个明显的干燥季节，即弗拉迪米尔·科本（Wladimir Köppen）所称的 Cw 或 Cs
127 气候[①]，有适当数量的树木覆盖，有松软而非常肥沃的土壤，有可观的原料品种（可能是由范围够大的不同高度提供的），有虽然不大但良好的维生区域，并且受到不完全的天然屏障保护（例如海岸或山脉）。瓦维洛夫反对关于近东的大河流平原是旧大陆农业摇篮的说法，并且寻求把这个源头放在伊朗、突

① 按气候学家科本的分类，Cw 和 Cs 分别指冬季和夏季干燥的温和气候。——译者注

尼斯、印度和阿比西尼亚的山谷。与此相似，在新大陆我们主张，发现农业源头最有希望的线索在围绕着低纬度高地的湿润侧翼，其海拔为中等。

一、从特皮克到韦拉克鲁斯中部横贯墨西哥的大火山链基座侧翼，存在着非常适宜的地方，那里有充沛的夏季雨水和肥沃易碎的土壤。最没有希望的地方是中段，它的北边对大奇奇梅卡完全敞开，后者是延伸到国际边界线的干草原和沙漠，从那里进行突袭的部落对南边定居者的土地施压。中部火山带的南面斜坡也不利，因为它的绝大部分陡然跌进巴尔萨斯河谷或梅斯卡拉河谷的雨影洼地。然而，火山带的东端和西端都适合作为文化的家园。（a）在西边，瓜达拉哈拉以西的土地有难以逾越的深峡谷有效地防御北方。尤其是特皮克，它土地肥沃、气候宜人、地形多样、植物群丰富，而且位置既受到良好保护，又足够便利文化冲击力的闯入和扩散。至于考古证据，已知的只有那些怪异的伊斯特兰雕像。（b）在东边，墨西哥峡谷是最优质土地的宏大、温暖舒适的大湾。它在早期吸引力不大，主要是由于它地势高、植物种类有限。普埃布拉的多处洼地有高山环绕，极好地捍卫它们免受动荡北方的骚扰，可能被认为比墨西哥峡谷更优越。它们的地势和植物群也更加多样化。对这些火山高地的原始植被不曾做过重构，但有迹象表明，这里是一片落叶硬木林，其中最突出的是橡树。

二、在墨西哥-普埃布拉地区的南面，有一条舒适的走廊通向瓦哈卡气候温和的高地，那里既是一个受庇护的地点，也是一条通道，有醇熟的土壤，还有非常有利的多样化地形、气候和植被。

三、中美洲的那些火山斜坡在较小规模上重现了墨西哥火山带的有利条件。综上所述，北美大陆以松散群聚的形态，给
128 出了四个优于一般的地区作为可能的农业发源地。

四、南美大陆似乎只有一个同样合格的地区，即哥伦比亚和委内瑞拉气候温和的安第斯山间构造谷。

五、但是，巴西高原上较高的东部，可能特别是朝南的部分，也具有总体上有利的条件，除了不规则的位置和过于开阔的地形以外。

有些人可能对这样检视新大陆不以为然，他们认为这是基于当今气候的适合性，而此处考虑的是几千年以前的事情。有人会争论说，新大陆史前时期的气候区域分布与现在的情况显著不同，他们依据的特别是埃尔斯沃思·亨廷顿（Ellsworth Huntington）的说法。然而，涉及逐渐排除气候极限的气候变化需要一定的前提条件，要么是重要的地形改观和陆地海洋分布移位，要么是总体大气环流的重大改变。前者运行缓慢。后面这个类型的变化在冰河时代确有发生。在冰河时代和它刚刚过去的时候，旧大陆的旧石器时代人类分布区遭受了严重的位移。就我们所知，新大陆后冰川期的气候在农业活动开始之前就稳定在目前的形式了。不赞同这个说法的人需要举证才行。我们目前的气候学知识没有告诉我们后冰川期存在这种带来重大气候变化的力量。为绕开一些看来棘手的文化分布问题而求助于气候变化之说，是太常见的简单而粗心地摆脱困局的办法。这种办法被不适当地用在美国西南部，而那里整个考古成果的分布按照当今的气候来理解都完全说得通。还有人以所谓当今气候不适用为理由，去为古代玛雅做出推定。在这两个实

例里，愿望成为思想之父，而对文化和地区的更多了解使得这类假说完全没有必要。

新大陆农作物对气候和土壤的适应

旧大陆的农作物也许可以粗略地划分到两组起源中心，一个在近东，另一个在东南亚的季风地区。气候上，前者是干燥低地和潮湿高地的镶嵌拼图，温度适中，清凉季节的降雨和干燥的夏天占主导地位，即科本分类表中的 Cs 气候。这种气候类型出现在互不相连的区域，东面远至阿富汗。有漫长冬天雨 129
季的地区围绕着大部分地中海，包括在它东端的叙利亚和巴勒斯坦，并且在更远的向东直到印度边界的山脉侧翼重现。瓦维洛夫和他的同伴把许多最重要的旧大陆农作物的故乡放在这些东部山脉的“岛屿”上。在这些产地，庄稼是秋天播种，大部分茎和叶生长在清凉的天气，并且在最热的长长夏日里完成它们的成熟期。这种气候适应性使这样的庄稼易于扩散到欧洲西北部，甚至到达需要挪到春天播种的高纬度地区。在欧洲的土地上，那些地方虽然改成春天种植，但依然存在清凉、潮湿萌发期的相同条件，而成熟发生在白日时长的仲夏季节。欧洲有仲夏丰收节，这不是没有意义的。

在新大陆，我们面对的是一个极为不同的局面。新大陆大多数驯化植物（马铃薯是主要的例外）喜欢或要求一段温暖的萌发期、夏天的雨水，以及温度降低的干燥秋季。它们萌发迟，成熟也迟；如果能被纳入一个季节定义的话，它们可以说是在夏季开始时种植，秋季结束时收获。这一季节归纳显然非常粗略，但它确实指出了新大陆的农作物与西亚作物、与欧洲作物的差异。玉米是美洲种植最广、最重要的作物，它集中反映了美洲驯化植物中占支配地位的气候适应性。种植一般推迟到地面足够温暖、夜晚寒意消失的时候。在这样的条件下，即便土壤只是轻微湿润，玉米也会很好地发芽。举个例子，在墨西哥北部和美国西南部的印第安人中间，深土种植发生在这些地区特别迟来的夏雨开始之前一个月左右。玉米发芽后，雨水越多、天气越暖，它的长势越强大。美国商业谷类作物的产量，与第一批叶子形成后两个月内的降雨和气温几乎直接成正比。密西西比河谷的居民称闷热夏季雷雨期为“玉米天气”。这样，一个高温度、高湿度、温暖雨水和温暖夜晚的组合带来高产所必需的茂盛生长。在此之后，降雨量减少是有益的，天气转为干燥或者温度逐渐降低会帮助作物成熟。新大陆农作物
130 最活跃的生长期倾向于覆盖最温暖和白天最长的整个时段。旧大陆的可比环境是在东南亚夏季季风区域。我们可以看到，欧洲耕种玉米和季风气候作物最成功的地区是波河河谷，那里在仲夏的酷暑中有明显的降雨期。按照科本的气候分类法，Cw 气候是美洲栽培植物最适宜的产地，而 Aw 气候则是一些更热带品类（例如木薯和甘薯）的最好家园。[①] 然而，马铃薯及其同类栽培植物不属于这种归纳，因为它们不耐热。

美洲的农作物一般不怎么适应在生长时期耐受干旱，但墨西哥原生的山地棉花在部分程度上是个例外。普通美洲植物的

① Cw 指冬季干燥的温和气候，Aw 指冬季干燥的热带稀树草原（savannah）气候。——译者注

叶子表面缺少即便是稍微耐旱的植物都有的那种减少蒸发的办法。在叶子的大小和疏密方面，美洲的驯化植物比旧大陆非热带谷类植物要奢侈多了。那些例外的快速成熟植物，譬如尖叶菜豆（*Phaseolus acutifolius*），可能生长在总降雨量少的地方。植物即便只是在一个短暂时节需要水，它们在生长时期依然要求有稳定可靠的水供应；要是那段时间缺水，它们很快便会受到损害。其他植物，像木薯、马铃薯和甘薯，会利用短暂雨季发育藏在土里的块茎或根茎，它们之中有一些适应了双年降雨期，另一些则接受两年的生长期。但是很明显，这些植物都没有任何防备雨水太少、不确定和无规律的对策。虽然相当数量的这种本地农作物不在乎雨季短暂，但很难说它们耐旱。在热带稀树草原气候区（Aw）及其北部边界，雨季可能短至两个月，但是那段时间降雨相当准，多以每天雷阵雨的形式出现。也许正是这种状况，在美洲农作物的气候适应性方面误导了一些观察家。一种气候可能在一年的大部分时间里干燥无雨，但它并不因此就是半干旱气候，正如它不一定有漫长冬季那样。这两种情况都意味着植物休眠期长、生长期短。然而，生长期完全不是一段干旱时间，因为植物并不耐旱，要么快速成熟，要么进入休眠状态，直到下一个雨季。在这方面，我们能做出
的最具普遍性的评论就是，美洲农作物所需雨期的长度差别很 131
大，但它们在生长期一般都没有保留水分的办法，如果在这段时间限度内水分供应被严重阻滞，那它们很快就会受到损害。墨西哥棉耐旱性能相当好，也许因此而在美洲农作物之中特别引人注目。总的来说，我们的新大陆驯化植物不具备旱地植被和一些旧大陆农作物普遍拥有的深扎根系。很多都是浅层吸食

养料水分的植物。

美洲农作物与原产于西亚的农作物另一个重要对比是，前者对碱性土质的容忍度要低得多。美洲的豆类对土壤里的盐碱非常敏感。谷物稍好一点。高地棉花在这方面倒相当容忍，其中一个品种阿卡拉（Acala）是奥拉特·富勒·库克（Orator Fuller Cook）从恰帕斯引进的，很耐碱。这个特别变种来源于南墨西哥特别干旱的内陆，它也许代表了一个旧时的自然选择，这个选择是从一种原来喜好夏雨中温气候较干燥边缘地带的植物中做出的。美国的农业实践经验似乎表明，新大陆的农作物属于碱性和酸性土壤的中性边界土质，棉花倾向于碱性一边，不过在酸性方面也有很强的耐受力，而马铃薯、甘薯、花生和番茄则很能忍耐相当酸性的环境，玉米-豆子-瓜类种植体系大致在酸碱之间的中性土质上长得最茁壮。这些营养习惯再一次指向适度潮湿的气候，高地棉花偏向干燥的边缘，而甘薯、花生和番茄偏向更湿润的一侧。

以上评论都只是笼统的说法，主要是因为对具体作物的最佳和限制性气象条件很少有数量上的信息。农业气候学仍然可悲地受到忽视，在拉丁美洲气候方面几乎是空白，而拉美气候对我们当下研究的问题是极为重要的。因此，总而言之，目前我们只能说：源于新大陆的栽培植物集合体主要是中生植物；除马铃薯一族以外，其他植物的生长始于温暖天气和有雨的时候，继而贯穿整个最高温、湿度最大的时期；一些植物生长需要的雨季可以短到只有两个月，其余的则需要四五个月；植物
132 成熟在随后的干燥季节发生。最接近代表这些条件的自然植物组合可以在夏绿、有落叶习性的森林地区看到。

各种农作物的发源地

关于植物驯化地最全面的证据来自俄罗斯应用植物学与植物育种研究所。我们下面的讨论主要是基于这个研究所的材料。①

俄罗斯研究所给我们添加了许多关于美洲当地农作物的知识，譬如其种类、分布区、习性和亲缘关系等。整个美洲栽培植物的汇总，第一次被当作收集和研究的目的。在每一个地区，俄罗斯植物学家关注到整个农业体系，他们不仅对每一个栽培的物种，而且尝试对尽可能多的品种样式获取标本和资料。在制图显示各种栽培植物形态的地理范围和描述其习性（包括海拔和向光性极限）方面，已经有一个良好的开端。种子和块茎的广泛收集，使俄罗斯植物学家有可能把它们种植在自己国家的试验园里，就其生长习性做更深入的研究，从而也

① S. M. Bukasov, The Cultivated Plants of Mexico, Guatemala and Colombia (Russian), Bulletin of Applied Botany, of Genetics and Plant-Breeding, Suppl. 47, 1930, pp. 1-469; English summary pp. 470-553. 其中包含 N. N. Kuleshov 关于玉米和 F. M. Mauer 关于棉花的文章。G. S. Zaitzev, A Contribution to the Classification of the Genus *Gossypium* L., Bulletin of Applied Botany, of Genetics and Plant-Breeding, Vol. 18, No. 1, 1927-1928, pp. 37-65; N. R. Ivanov, Peculiarities in the Originating of Forms of *Phaseolus* (Russian), 同上, Vol. 19, No. 2, 1928, pp. 185-208, English summary, pp. 209-212; N. N. Kuleshov, The Geographical Distribution of the Varietal Diversity of Maize in the World (Russian), 同上, Vol. 20, 1929, pp. 475-505, English summary, pp. 506-510; V. A. Rybin, Karyological Investigations on Some Wild Growing and Indigenous Cultivated Potatoes of America (Russian), 同上, pp. 655-704, English summary, pp. 711-720。

有可能将其原始生长地区与新环境做出比较。通过染色体计数及显性和隐性特征的系统化详尽测定，对很多品种进一步做了基因分析。由此，这些遗传学家已经着手进行品种的重新分类，并把这些品种联系到它们的原始形态上。的确，收集工作
133 用的是快速而活跃的抽样方式，大多沿着主要旅行路径，因此对找到那些只保留在较偏远小道旁的更原始的植物材料是不怎么有利的。尽管如此，这些收集人从新大陆带回去最多姿多彩、引人入胜的栽培植物材料主体，这些东西以前从未被人收集到一起并做出基因分析。

俄罗斯人的调查非常有意思，这不只是因为它调查的事实，更重要的是它在方法上应用了文化史的熟悉程序，尝试走一条被人忽视的文化史证据的路线。在对栽培植物的处理方式上，这些植物实际上就相当于当地原生的文化特征，应该就其地理分布、起源中心、扩散方向和扩散过程中的变化等加以考虑。一个特定植物形态——也就是文化特征——的存在或不存在，在整个观察区域都被注意到了。在确定这个植物形态或文化特征的身份时，遗传学家的工作能够比文化史学家通常可达到的精确度更高，因为前者所研究的属性能够根据其原始性来分类。假如一般文化要素也能参考显性或隐性去排列的话，那么文化传播扩散的整个问题也许就能通过分布分析法得到解决了。俄罗斯研究所的人员在暂时判定植物的特定身份后，首先进行的是在一个物种中确立各品种相互之间的基因遗传关系，据此把它们按照与原始植物的区别分开放置；然后，制图显示每一个品种的出现，由此发现一个物种中品种多样性最大化的地区。如果这种多样性也与显性特征的最大化发展相吻合，那

么就可以下结论说，这种植物的起源中心已经找到了。这个程序显然很接近确定文化特性起源和扩散的一般人种学方法。俄罗斯遗传学家可能已经无意中发现了一种辨别相对年龄和文化迁移方式的手段，这种手段在确定性方面应该仅次于考古学家的地层学考察结果，并且可能提供考古学方法无法找回的知识。至少，这里有一条寻找文化开端的途径，文化史不能对它视而不见——要么因为它掩盖了某种我们尚未得知的错误而反驳它，要么就应该把它当作重构文化发源地的一个主要辅助工具来使用。

俄罗斯植物学家提出了新大陆植物驯化的八个中心，没有
特别说明它们是独立的还是互相依存的。提交的证据并不明确 134
排除（好像也没有暗示排除）这样的可能性，即存在一个主要中心，而其他中心是通过补充式和替代式驯化从主要中心那里发展起来的。虽然调查人员不曾对单一或多元起源的终极问题表达自己的意见，但他们的证据可以被解释为赞同新大陆农业有多重独立的开端。

哥伦比亚在奥古斯丁·彼拉姆斯·德堪多（Augustin Pyramus DeCandolle）的著作中被列入植物驯化历史的一个主要地位，而且确实被列入它可能占有优先的地位。如果我们可以说驯化的第一步是获得足够的淀粉食物供给，那么哥伦比亚在下述三个方面格外值得注意：（1）它有一种重要的当地农作物秘鲁胡萝卜（白胡萝卜，*Arracacia xanthorhiza*），俄罗斯植物学家认为它可能比玉米和马铃薯都更为古老，它占据着介于木薯和马铃薯之间的海拔地带，或者粗略地说玉米的海拔地带；（2）至少存在两种哥伦比亚土生土长的原始形态的马铃

薯（24个染色体）；以及（3）有可能，最古老形态的玉米发源于此，它被认为属于粉质玉米（*Zea mais amylacea*）。支持粉质玉米年代古老的论据在于：（1）它在全部玉米群组中比其他种类的分布要广泛得多，（2）它在形态学和生物学上的多样化最为丰富，（3）它的淀粉胚乳具有显性特征。尽管玉米在哥伦比亚大量种植，在那里考察的俄罗斯人却很少注意到它的品种形式，因而认为它可能起源于此地的理由并不明显。对新大陆的棉花来说，他们把原始品种减少到两个，把光籽棉（*Gossypium peruvianum*）归于海岛棉（*G. barbadense*），把南美洲定为发源地。他们为棉花所确定的原始属性是明显的中生多年生植物——比较不耐受炎热天气，显然适应短暂的夏日——似乎表明它的发源地必须在海拔适中的低纬度地区寻找。哥伦比亚或委内瑞拉中等湿润度的山谷，品种多样性非常之高，是最大可能的棉花起源中心。

中美洲，特别是危地马拉，也许还可以加上相邻的墨西哥恰帕斯州，给俄罗斯探索者丰盛的回报。在这里，他们发现硬粒玉米（*Z. mais indurata*）是“世界上其他地方都不知道的一个变种”。他们看到这种玉米向南纵贯秘鲁北部海岸、向东
135 横跨西印度群岛，继续占主导地位。他们认为，硬粒玉米起源于更古老的粉质玉米与一种危地马拉类蜀黍（*Euchlaena*）杂交。中美洲也被指认为菜豆属（*Phaseolus*）植物驯化的重要中心：肾豆（*P. vulgaris*）归于墨西哥或中美洲，分布之广仅次于肾豆的多花菜豆（*P. multiflorus*）发源地被辨认为中美洲，而棉豆（*P. lunatus*）原属于危地马拉和南墨西哥的潮湿低地。他们甚至发现尖叶菜豆在恰帕斯非常重要，它起源于雨

季短暂的炎热地区。这种豆所需雨期短、耐热、成熟快，在当地庄稼中几乎是独一无二的，它沿着整个墨西哥西海岸并在美国西南广泛分布。它的范围和起源问题也许和有关奇亚（*Salvia chia*）的问题相似。可以想见，两种植物大概都是从南方进入美国西南部的，出发地是墨西哥西部的较干燥地区之一，那里农业发展得相当早。这种可能性从西南部尖叶菜豆的考古所见中得到一些支持，看来尖叶菜豆是在肾豆引进很久之后才出现的。因此，对尖叶菜豆的仔细研究，可能对重构墨西哥西海岸甚至中美洲和美国西南部之间的文化传播问题特别有意思。

关于中墨西哥，俄罗斯团队信心十足地把马齿型玉米（*Z. mais indentata*）标记为它的伟大贡献，这种玉米显示“在地球上其他地方都没有这种形式和类型的品种”。米粒型爆粒玉米被认为是硬粒玉米在哥伦比亚的变种。一种栽培的苋科植物“瓦特利”（Huautli）和麦斯卡尔型龙舌兰，是另外两种大体上限于墨西哥影响下各地区中的淀粉食物。“所有散布在各地栽培的高地棉花都源于墨西哥棉”（陆地棉，*G. hirsutum*），俄罗斯植物学家断言它是多年生的原生形态。与海岛棉相比，陆地棉对长于旱期和高温的耐受力明显较高，它与一种或几种西岸野生形态的棉花密切相关。因此，它显示的发源地是显著缩短雨期的低海拔土地，那正是沿着或接近墨西哥西海岸的多个地区的特点。

对南美洲，尚未收到俄罗斯研究所的概要报告。我们能看到的不充分陈述简单勾画了巴西的文化家园，木薯和花生从那里起源；另一个是在冬季下雨的智利，调查人员在那里发现了 136

爱尔兰马铃薯（*Solanum tuberosum sensu stricto*）的发源地；第三个是在安第斯山，调查人员坚称那里存在不下十几个马铃薯品种，其中没有任何一种是商业化马铃薯的祖先。在他们的分析报告中，著名的秘鲁考古学老海岸几乎完全没有作为植物驯化中心而存在，却成为一个来自东方和北方物种的移植地区。

在我们收集到更多材料、更明确植物间的基因遗传关系之前，俄罗斯人的调查结果可以继续被视为非决定性的。然而，这些调查结果对很多习惯性的文化起源概念是一个严肃的挑战，并且可能迫使美洲史前历史的大修正。他们的查证令人惊异地与本文前面提出的其他证据线索和理论考量十分吻合。正如俄罗斯植物学家所呈现的，多雨的热带地区、半干旱的草原，以及沙漠，都无一例外、显而易见地从农作物起源的画卷中缺失。“中生性”（mesophytism）被标记为主导，加上各自适应不同的降雨和干旱的季节节奏。许多美洲驯化植物在纬度方向的扩散很有限，这可能与它们狭窄的向光范围相关联，不过玉米在这方面显示出非凡的灵活性。

竞争式或替代式驯化问题和农业的单一或多元起源问题

美洲当地农业的突出特点之一是，大量植物品种被驯化，以生产淀粉食物。正如现代农业中碳水化合物食品是最为重要的元素，比任何其他形式的农业生产都占用更多的土地和人力，我们同样可以推断，原始时期农业最急迫和最早的目标也是满足更充足淀粉供给的需要，从而意味着这是第一批拿来驯

化的植物。我们可以认为，最古老的栽培植物是淀粉主食，除
非农业有一种非经济性的起源。在靠采集获取食物的阶段，淀
粉主食通常是人们最大量需要的物质，它要求人们在最大面积
内采集，而且最有可能被耗尽。于是，这样的植物会首先令人 137
想到繁育的优势，从而成为第一批选择性改进的对象，也就是
农业综合体中最年长的成员。

那么，在土著美洲人的生活环境中，淀粉主食的多样性意味着什么呢？我们今天所知道的几乎所有农作物都远离了它们的野生原始形态，而代表了一个极为长期的驯化过程。有一个问题我们很想知道答案：在同一个地区，是否不止一种这样的植物被置于单调乏味的改进活动？是否一个地方一代接一代的耕作者不断注意例如一种草、一种茄属植物、一种番薯属植物的繁育，为了获得多种来源的淀粉食物？这种持久的平行的努力似乎过于伟大而不可思议，尤其当我们考虑到结果都相同的时候。在农业的初始阶段，多种植物很可能被用来达到相似结果，但如果一种植物比其他植物在高产、营养含量或品质保持方面显示出天生的优势，那么人们会把注意力集中到它的繁殖和改进，其余的就会很快消失。在同一地区竞争式的植物驯化可以说是不可能的。

在旧大陆的相似情况中出现了两个例外，但它们在新大陆农业中并没有显示出多么了不起的意义。第一个例外是开发一种反季节、次要性的庄稼，在气候特别干燥或特别寒冷时也能生长，提供主要食物。然而美洲的淀粉作物一般都是在同一个季节里生长的。另一个例外是，有些可能是主动的伴生植物，原来是野草或野生植物，逐渐被认可而发展起来的。但是，几

种美洲淀粉植物的生长习惯绝大部分不适宜这种生态伴生，“山丘”耕作的普遍美洲做法也不喜欢这种伴生，这个论题解释了人们更愿意引进补充型庄稼，即不同用途的植物，而不是引进竞争型庄稼的耕种。既然一种成功的淀粉食物已经就手，人们就不大可能把力气花费在改进一种为相同目的服务的野生植物上了。

我们所掌握的关于基本食物（或称淀粉食物）驯化来源的证据表明，其中每一种都有一个区别于其他的起源中心；换句话说，美洲有多少驯化的淀粉植物，就有多少个植物驯化中心。这些中心似乎按照某种气候系列排起队来。甘薯的起源指
138 向比任何其他淀粉植物都更加潮湿和温暖的条件，除非是较苦涩的木薯。或许两种都来自稀树草原气候下不同的湿润边缘地带。甜木薯似乎属于稀树草原条件下的干燥边缘。玉米和秘鲁胡萝卜属于相似的温度适中环境，在低纬度的中海拔地区可以见到。栽培的苋科植物和菊芋（Jerusalem artichoke）也来自温度适中的气候。一些安第斯山的块茎植物，如马铃薯和块茎酢浆草（oca），来自气候凉爽到寒冷的高海拔地区。智利马铃薯，如果像俄罗斯遗传学家认定的那样独特的话，应该归属于温度适中、提供冬季生长期的土地，它模拟安第斯高原的夏季生长条件。这样，基本淀粉植物大体上可以解释为替代式驯化，来自气候上有差异的各个不同的中心。

两种淀粉作物比肩耕种，一种是当地的，另一种是大范围内的，意味着那个地区的本地作物享有时间上的优先。例如在哥伦比亚，玉米和秘鲁胡萝卜在同一区域广泛种植，有时候木薯也栽种在同一个农业综合体内。在这种环境里，引进的植物

需要有某种比本地植物优越的特质，才能成功入侵新的区域。本地驯化作物能够幸存是受到习惯惰性的助力，例如它在本地惯用食谱中扮演的传统角色。有些作物的属性不足以造成来自不同野生祖先的两种相似食材并肩发展，但是在某种更有价值的作物从外区引入时，这些属性可能足以使本地的一种相似作物保存下来继续使用。

玉米的实例特别重要。它是全美洲所有的淀粉植物中分布最广泛和最有用的，部分由于它容易贮藏和保质，部分由于它也含脂肪和蛋白质，是比其他东西更接近完整的食物。玉米在它分布范围的北部差不多是独一无二的淀粉食物，而在南美洲主要是种植在同时生产其他淀粉植物的地区。那么，这些更本地化的作物可能是在玉米引进之前就有了驯化形态。这也许可以说明哥伦比亚的秘鲁胡萝卜的状况，可能还包括墨西哥的“瓦特利”，甚至美国东南部的菊芋。所有这些作物都明显不如玉米有用，因而很难解释：当这些作物被拿来驯化时，这些
地区是否已经有了玉米呢？然而，谷物的传播扩散无疑需要很 139
长的时间。玉米的较老旧形态可能被认为需要一个长长的温暖而湿润的季节，而更快速成熟的形态是在耕种它的一连串北部边缘，某种程度上也是在较干旱的边缘，通过缓慢的选择才开发出来的。所有通过宽广的纬度和高度范围扩散的庄稼都必须经历缓慢的生态选择，这种庄稼的扩散能量可能是人们对它的愿望和它内在的生态可塑性的复杂表达。但是，从扩散的幅度能否稳妥地推断出植物驯化的相对年代，还是不无疑问的。

有些地方拥有未经栽培的合格野生淀粉来源，但玉米也作为唯一一种淀粉主食被种植在那里。能说明问题的例证是亚利

桑拉和新墨西哥的野马铃薯，它们好吃又耐寒，也许同样优良的野生材料还有安第斯山的野马铃薯。这样好的食材在美国西南部未被驯化，这个事实表明，农业是和玉米一起引进的，当时可以用来种植的玉米形态已经适应了本地气候条件，因而无需再用自己的野生淀粉食物去做试验了。在一个地区农业耕种开始的时候，如果那里已有足够使用的农作物组合，无疑会是当地野生植被中很多可能性没有被人加以利用的原因。

既然已经冒昧进入了一个高度揣测性的疑难领域，我们现在可以看一看最终的、最难回答的问题，那就是美洲的农业到底是单一起源还是多重起源的问题。当地农业的基本元素，除了庄稼以外，都非常简单而不太正式。例如，新大陆从一个地方到另一个地方，男女村民所干的农活似乎非常没有规律。大部分农具也一样简单、不规范，没有建立起一个形态上的渐进式地区差异。挖一个坑撒下一粒种子或一个块茎的活计是极为初级的过程，不足以据此声称它从一个中心扩散到新大陆所有农业区域。假设农业本身扩散，或通过传播某种受人喜爱的主食而扩散，这种假设合理吗？然而在后一种假设中，我们面临基本主食（这我们认为是淀粉作物）多样化的问题。当一个族群看到另一个族群得到一种庄稼，譬如玉米，他们会寻求驯化另一种替代的淀粉植物，还是会从自己的邻居那里借鉴农事、引进玉米呢？

140 很明显，假如农业是从一个共同中心向外扩散，那么只有庄稼在借用它的区域不能成功的情况下，替代式的驯化才会实行。马铃薯的复杂构成很可能就是这样的替代，因为安第斯高地的寒冷气候阻止了低地马铃薯品种的引进。这个情况或许与发生在该地区名副其实的驯化热大爆发有某种关联——如果俄罗斯应用植物学与植物育种研究所的结论得以确认的话，那么至少有十几种不同种类的马铃薯是在安第斯高原驯化的。

不过，美洲农业通过替代式、模仿式的驯化而互相依存，这一点总体而言是完全不明显的。虽然存留下来的淀粉主食植物表现了多少有些不同的气候适应性和局限性，但这些并非如此突出，并不能表明由于受到发源地气候限制，驯化一种新形式比引进已经耕种的还要容易些。除了较高海拔地区，当地淀粉庄稼的互相渗透显然是很自由的。从我们所掌握的事实看，证明美洲农业的单一起源似乎要比证明多重起源的命题困难得多，后者表明在可以得到温顺植物的多处有利地点，各个互相独立的社会群体经历了从采集食物到种植庄稼和选择性植物繁育的全过程。根据这个观点，较高级庄稼的传播，如玉米、棉花、肾豆和木薯，出现得晚一些但可能更快捷，因为先前已经有了种植实践的广泛发展。关于农业起源和扩散的这个建议做得相当缺乏自信；希望不要因为它的倡导者没有看到美洲农业单一起源的基础，就把他看成一个反传播论者。

不利于原始农事的环境

在纬度和高度范围，印第安人的农事几乎像现代农业一样广泛分布，但是来自旧大陆的农作物和耕种办法促成了某些明显的扩展。原始农业与现代农业在地域上的差异主要是以下几点；

一、需要排水和灌溉的土地。必须排水的地块被排除在原

始农业的扩张范围之外（除了浮动园地），而灌溉还是可能的，只要引水不涉及提高水位的重要问题。但是，所有的水浇
141 地可能都是在农业发展的后期才出现的。灌溉最大程度的发展是在秘鲁海岸和美洲西南部，这两个地区对美洲农业的一般扩散而言，位置都比较偏僻，可能在时间上也不太重要；而且这两个地区在植物获取方面，都显示为农业家的移植区域，而不是植物驯化的发源地。

二、低降雨量地区，没有明确界定的降雨期。欧洲小粒谷类作物侵入了半湿润的中纬度地区，这里没有充足的夏雨，对我们的部分本地庄稼来说生长季节太短。因此，在美国大平原及其边缘地区，气候条件大部分不适合印第安农业。旧大陆谷物得以占领美国西部各州和加拿大草原省份的更多区域，要么因为这些庄稼能被秋播，要么因为它们能利用冬季的潮气在早春种植和早期发芽，而这一点对美洲本地植物来说是不可能的。

三、在清凉季节降雨而温暖时期天气干燥（即科本分类表中 Cs 气候）的地区。新大陆最大冬雨区是美国的太平洋沿岸。虽然西南部的老农业区域包括下科罗拉多河谷，但农业并没有在更靠西面紧邻的加利福尼亚海岸建立起来，也没有向它的北面发展。在这片广袤而气候宜人的土地上缺乏耕作，其原因有时被认为是野生食物供给充足，以及当地人口的文化惰性。美国太平洋沿岸没有农业，这很难说是由于与农业族群缺少接触。加利福尼亚南部的印第安人与科罗拉多河沿岸的农业部族一直有交流，加利福尼亚的印第安人也不太可能不去试着种植在科罗拉多河畔生长的庄稼。抵御农业向西扩散的多半是

环境因素而不是文化。科罗拉多河畔的农作物在冬雨的土地上几乎没有成功的前景。玉米和南瓜尤其被冬雨的世界排斥，而且豆类对那种气候条件也基本不适应。美国太平洋沿岸作为地中海气候地区，必须等待从欧洲地中海引进的庄稼。

其他冬季降雨的地区包括智利中部和南部，那里具有发展
农业的机会，因为有不适宜北部的马铃薯。俄罗斯植物学家说 142
美国的商业化马铃薯原产自智利。以更流行的观点，它应该是从偏凉的安第斯高原迁移过来的，那里夏季的生长期气候条件与智利冬季的气温和湿度相似。

四、黏重土壤无法被土著农人使用。挖掘和种植用的棍子，甚至骨质或石质的原始锄头都没有什么用处，除非是轻质土壤。除了沙地和轻壤地，我不知道印第安农业还占用了什么样的地方。甚至早期欧洲殖民者对较黏重的土地都做不了什么，直到有了恰当的役畜和农具。英国清教徒到普利茅斯定居，原因之一就是那里有沙质的印第安人田地，清教徒们能用他们简陋粗劣的农具耕种。清教徒移民的编年史对这一点没有留下疑问：印第安人用以决定田地位置的这种土质，同样得到殖民者的高度评价。在墨西哥北部，农业向黏重土质的扩展只是在近年来才开始发生并正在进行，这是由于引进了美国犁具、耕种方法和较大体型的役畜。在那些地区，塔拉乌马人（Tarahumar）和特佩瓦人（Tepehuan）的部落都有大面积肥沃黏土和黏壤土领地，没有被他们用于农业，他们的居住点主要局限在洪积平原和崎岖的山地，那里的土地他们能够耕种。用木棍插不进黏重的土地，土壤的质地的确比它的肥沃程度重要得多。正如我们对冰川作用地区印第安人田野分布的任何调查

所显示的那样，贫瘠的沙地有人耕种，而富庶的黏土地却荒废着。

加利福尼亚的土地除前面所说的气候问题外，还有另一个土壤条件方面的劣势：海岸带普遍是非常黏重的土壤，甚至在谷底也是如此。土壤的可用性对土著农业来说，美国的太平洋沿岸和大部分内陆平原排位特别低。溪底最吸引白种人和原住民，这里的土壤多半是柔和而高产的。在冰川作用区域里面和附近耕耘，冰水沉积碛和黄土地区最受欢迎。印第安“筑墩人”（Mound Builder）遗址的分布与黄土地区和冲积轻壤地区密切相关。在美国东南部，有适度沙质残积土壤的重要地块主体在皮德蒙特高原南部占主导地位，其中最显著的是坚硬的塞西尔土壤（Cecil soils）及其衍生物。南北卡罗来纳和佐治亚
143 高地由于这个原因，并且因为它们有长长的生长季节，是特别有吸引力的地区。东南方的部落，特别是切罗基人（Cherokees），掌握了一个对大面积农业特别有利的地区。

五、把农业从草原和灌木土地上部分或全部排斥出去。也许所有现象中最重要的是印第安农业与林地的联系。草皮对印第安人所掌握的农具来说是几乎不可逾越的障碍，白人拓荒者也被草原所阻，多年畏缩不前。的确，早期定居者避开大草原的主要原因是无法打碎厚重的草皮，直到他们开发了特制的、能划开草皮的犁铧。在草地上种植庄稼，草必须被完全清除，否则它会毫不迟疑地窒息庄稼。草地上靠木棍耕作几乎是不可能的。

这个论题可以进一步引申：不仅在新大陆，而且普遍而言，农业的开端都要在林地寻找。把树移开，不让它与庄稼竞

争，只需打碎形成层即可，为此不需要尖锐的工具。当树木死掉，全部光线皆可照到森林地表，那里没有野草，只有一些为庄稼提供养分和护根的杂物。死去的树干和树桩对木棍种植或锄头种植不会形成障碍。在霉菌和细菌猖獗攻击死树的气候下，死去的森林很快变成开放的空地。环剥树木的印第安方式被美国的拓荒者采用。美国的西进运动就是沿着一条向前推进的“剥皮死树”边缘，从森林区域穿行的。

灌木丛生的土地在原始条件下难以清理。灌木不能被环剥留待死亡，而必须砍掉或拉出去以便腾出种植的空间。灌木生长一般也有抽芽的倾向，而且如果修剪的话，常常会抽芽更快更多。强力焚烧可以抑制灌木抽芽再生，但能否成功焚烧取决于自由砍伐灌木的能力。石器时代的人在草和灌木面前都十分无助，但在森林面前却不是这样。植被的界限可能由于各种各样的原因而被移除，因而想象史前和如今的自然植被一直相似是靠不住的。世界上很多地方的草地超越了草地气候（干草原气候）而进入相邻的森林气候，这一事实引出这样的问题：这种森林-草地界限的普遍反常现象是否可能由早期人类活动（例如持续焚烧）所影响的呢？我们所知的长草的地区会不会曾经是森林呢？如此，我们还不能确切假定北美大草原和南美 144
的无树大草原自古以来就是草地。然而不论它们的起源是什么，作为草地，它们的确相当充分地排除了原始农业的可能性，除非是在沿着河谷的林地上。①

① 欧洲中部的黄土地区有不少新石器时代的遗址，有人把这些地区解释为森林区域内的草地，那里可供没有入侵森林的农耕族群定居。黄土地区作为残存干草原的证据在于其内部有干草原植物系的因素。然而，这些因素的出现，就像铁道线两旁的路堤上会出现特别的植物群一样，不足以证明黄土地区初始的草原特征。如果黄土地区的森林遭到清除，那么干草原植物系的成员很快就会进入，并在人为的空地上生根发芽。唯一的问题是干草原植物是否在近旁触手可及。植物因素的证据完全不足以推断这些地区的初始草原环境。我们倒是应该说，这些植物是考古学上的野草，是散布于黄土地区的原始杂草，它们溜进了早期欧洲森林清除后的空地之中。

上述干草原残存的命题暗指黄土地区把耐旱植物群维持到湿润气候时期，而黄土可能是最不合适此目标的材料。相反，顶极中生森林在黄土地上比在几乎任何其他类型的土壤上都更容易生长，只是除了有些冲积土地以外。黄土有比大多数土壤更强的能力，从降雨中最大限度地吸收湿气，在天气干燥时给植物根部提供毛细管水分，因而它显著耐旱，在美国（例如密苏里河谷）支持了繁密茂盛、丰富多彩的森林生长，而其他高地土壤只养育了单薄有限的树木。在所有与大陆冰川相关的土壤中，黄土最有可能首先接纳向它推进的森林，并且失去随冰川退缩而遍布北方的干草原植物系。因此，事件难道不是按下面这个顺序发生的吗？(1) 中生的落叶顶极森林在黄土地区内生根。(2) 森林植被的多样性、砍伐清除落叶树木的轻而易举（与生态上不那么先进的针叶树木相比）、黄土地的松软肥沃，所有这些因素持续不断地使黄土地成为早期移民大大中意的地盘。如果说美洲原始部族觉得林地更适于耕作，而旧大陆的原始种植者会更喜欢草原，那是很难解释得通的。新旧大陆在耕种上面临的问题很相似。即便欧洲谷物起源于森林边缘之外——也就是说起源于草地——用木棍和锄头在森林清除后的空地上耕作仍然比在草地上容易得多。且不说割开草皮之困难，单单是与野草纠缠不清这一点就给疲软的耕作带来很大的压力，而这在气候温和的中生森林里是不存在的。(3) 黄土地在土质和肥力方面的优越性，使这样的地区保持在连续的农业运作下，从而在这里留下了中欧地区最长久的考古记录。

8. 经济史上对动植物破坏的主题*

我们的时代精神喜欢辩论，喜欢通过决议去筹划我们的未来。也许这种心态标志着一个伟大时代的开端，但即便人类是比我所认为的要高明得多的社会工程师，最重要的事情仍然是找出目前我们站在历史长卷的何处，看看我们到底处于社会变革趋势曲线的什么位置上。我们在迫不及待地追求普遍原理的过程中，严重忽视了人的“自然历史”，这也表达为“世界历史就是世界法庭”（Die Weltgeschichte ist das Weltgericht）。制度和观念的出处离不开时间和地点。它们从一个群体传播到另一个群体，随着时间流逝、地点迁移而经受变化，遭遇到竞争和抵抗。起源、发展和幸存是社会动态的基本决定因素。我们有多少社会科学的内容不包含时空相互关系的意义呢？我们不是玄学家，我们理解的“逻各斯”（Logos，即理性，“道”）也不过是文化史的一个名词术语而已。今日在社会理论上的胜利就是明日文化史的一个脚注。我们挖掘出来的事实可能在人类学识上找到永久立足之地。我们对这些事实的解释就作为历史资料存留于世，如果这些解释能够存留下来的话。

---

* Theme of Plant and Animal Destruction in Economic History, Journal of Farm Economics, Vol. 20, 1938, pp. 765-775. Presidential address given at the Eighth Social Science Research Conference of the Pacific Coast, San Francisco, March 24, 1938.

将社会科学解释为文化史，其中有一个占主导地位的地理主题，它研究的是人类对环境不断增长的控制。与此轮番应答的是愤怒的自然对人类的报复。我们有可能从这组对立的角度勾画出人类历史的动态。

146 我们探寻人类直系血缘的开端，上溯到大约 25 000 年前，智人（*Homo sapiens*）作为进化的一个成品出现了。在我们开始取得动植物驯化的非凡成果之前，人类历史的一半或三分之二已经过去。动植物驯化标志着人类在利用自然方面的重要进步。它在长期的进行过程中并没有扰乱人对其环境的关系。人类虽然在文化的优雅和声望方面稳步成长，但很久以来保持着与自然共生的平衡。

或许是早在新石器时代，第一个险恶的裂痕开始发展了。旧大陆的干旱内陆，从佛得角到蒙古，如今远比新石器时代早期更为贫瘠和难于居住。我们知道，这些地区的退化比起能够算到气候改变头上的要严重得多。在相似的外部条件下，新大陆的干草原和沙漠上现在生长着形形色色的有用的植被，而旧世界的干旱地带则显现为沙土流动、岩石裸露的巨大荒地。举例来说，在撒哈拉和阿拉伯沙漠中一些最荒凉的部分，湿度数值根本不是最小的。旧大陆也充分存在一些成功的耐旱植物。因此我们推论，旧大陆植被与气候之间的不一致是由于文化的影响。具体而言，旧大陆内陆很多地区的荒芜贫瘠应该归咎于古代牧民的过度放牧。损害也许是三四千年之前出现的，而时间流逝并没有对这种破坏做出任何修复。旧大陆中心干旱地带的利用价值令人伤心地永久降低了。

对生境价值的下一个主要破坏发生在地中海沿岸，时间是在罗马帝国晚期或紧随其后的混乱时期。在此处我们又一次看到，现代生产力与公元初期的已知土地条件不一致。地中海高地的景观不符合它们的地貌学形势。光秃秃的岩石强行挤进不属于它们的斜坡；通常的土壤样貌是缺失的；植被显示很多退化的特征。毁灭性开发严重破坏并永久损害了地中海周边的大片土地。虽然许多世纪过去了，我们还是没有看到资源再生的证据，相反，证据多半表明环境在继续衰退下去。

除了上述这两个例外，在人类进入现代史阶段之前的漫长存在期间，我们几乎没有听说过任何毁坏性开发的记录；而进 147
入现代时期意味着欧洲的商业、民族和政府开始了跨越大西洋的扩张。然后就开始了所谓的人类大时代，但与其说它伟大，倒不如说它是悲剧性的。我们以浪漫眼光看待殖民化和边疆，因而美化这个时期。图像的另一面是黑暗的，我们却完全视而不见。

关于西班牙对新大陆的灾难性影响，已经有过很多议论。巴托洛梅·德拉斯·卡萨斯（Bartolomé de Las Casas）的慷慨陈词被西班牙的政治对手接续下去，他论述西班牙破坏印度群岛的主题在有关西班牙殖民地的错误观念中长盛不衰。欧洲人发现美洲后最初的半个世纪的确是破坏性的，看上去即将到来的一定是印度群岛当地人口减少、土地荒废。然而，这些预期只有一部分成为现实，部分原因是旧大陆流行病的严重性降低了，部分原因是政府加强了对当地人口和自然资源的有效保护。西班牙政府制定并实施了保守的管理办法，而我们在当时其他殖民地国家里都没有发现类似的情况。

到了 18 世纪晚期，欧洲人剥削掠取的破坏性效果逐渐而快速地积累起来并清楚显现了。这种破坏性效果确实是工商业革命中重要且不可分割的一部分。在一个半世纪的跨度中——这其实只是两个完整的生命周期——世界生产能力受到的损害比之前在人类整个历史进程中受到的损害更大。过去生活方式的特点是依赖一个地区本身的资源并利用它的实际“剩余”，但到了这一阶段，这种生活方式被鲁莽榨取资源以便快速获得“利润”所取代。早期的突出例子是烟草种植耗尽弗吉尼亚州的地力，以及中国贸易带来的影响。弗吉尼亚人的西向移民在很大程度上是由于烟草毁坏了自己的土地。通过好望角发展起来的中国贸易，特别是中国人对皮毛和其他动物产品的需求，迅速导致人们从福克兰群岛和南奥克尼群岛到白令海，处处掠夺远洋哺乳动物。19 世纪初期，高地棉开始种植，这将美国南方置于永久性危机，直至今日依然如此。查尔斯·莱尔（Charles Lyell）在 1846 年形象地描绘佐治亚州米利奇维尔附近的大沟壑，并声称它们在二十年前并不存在。[①] 1864 年，杰
148 出的法学家和被遗忘的科学家乔治·马什（George Marsh）写出描述和分析我们生存基础被破坏的第一篇文章。[②]到 19 世纪 90 年代早期，西部放牧地被冲垮的现象变得引人注目，这是在最后的大群野牛被消灭的十年之后。随着第一次世界大战爆发，最后的旅鸽死去了，五大湖最后的大片白松被砍伐一空。在我们这个 20 世纪 30 年代，美国大平原麦田的表层土壤被沙

① Charles Lyell, A Second Visit to North America, Vol. 2 (London, 1849), pp. 28-29.

② George P. Marsh, Man and Nature; or, Physical Geography as Modified by Human Action (New York, 1864).

尘暴吹到远至大西洋。以上只是围绕现代历史的几点记录。现代世界建立在逐步加快用尽自己真实资本的基础之上。

这个明显的悖论导致最近的定居点土地是世界上用坏、用残的部分，而不是古老文明的土地。美国在剥削和浪费土地财富的名单上位居榜首。从自然状态上看，拉丁美洲比美国强得多。在美国与墨西哥的国际边界，地表、土壤和植被的情况对比很明显。为了重新构建加利福尼亚的高地土壤样貌和正常植被，我们必须走到下加利福尼亚半岛。墨西哥的奇瓦瓦向我们展示了一代人之前的新墨西哥州是什么样子。过去一个半世纪中向商业开放的世界其他国家，也表现出与美国相似的破坏性开发。南非和澳大利亚很清楚它们在自然保护方面的严重问题。南俄罗斯现在成为一个研究土壤侵蚀的活跃场地。阿根廷的大草原遭遇到越来越麻烦的沙尘暴扫荡（阿根廷在经济上并非典型的拉丁美洲国家），而更原始的乌拉圭则仍然保有自己几乎不曾削弱的土地资本。

在自然资源方面，加利福尼亚还是处于不错的状况。就其负面情况而言：红杉树林被毁坏得很厉害，而且无法补充；油田寿命短暂；海岸山岭和内华达山脉的不少山坡农场被放弃了；大河谷西侧过去的大麦和小麦种植区土壤已经乏力；山地的过度放牧造成了土壤大量流失。举例来看，远足穿过马林县的乳品产区，几乎每一个牧场都显示出土壤受损的重大证据。幸运的是，我们的主要农业资源位于广阔、平坦的河谷地区，
那里的土地不会流失，而且我们山区林地的安全在很大程度上 149
受到大范围公共林地的保障。加利福尼亚有相当严重的自然保护问题，但这些问题不像其他很多州那样生死攸关，而是能够

解决，无需采取孤注一掷的应急手段。

对年轻殖民地土地的透支，给较老的北大西洋区域带来严重影响。它们依赖原材料的流通，但这一点也许不能永远维持下去。在这个榨取式商业的时期中，北大西洋老区的人口增加了一倍。它们自己的农业得以保持平衡，之所以如此，完全是因为密集的畜牧业靠的是海外饲料供应（如麸皮、粗谷粉和油渣饼），以及商业肥料，这意味着持续从海外榨取资源。整个西方商业系统看起来就像个不可靠的纸牌屋。

世界到目前已经遭受的一些损失如下：

一、物种和品种类型的灭绝。大型食肉和食草动物的灭绝也许可以归结为它们在经济所需的环境变化中无法生存下去。然而，这对一个长长清单上的其他动物来说并不适用。海洋及其周边有很多哺乳动物和鸟类被肆无忌惮地摧毁，也没有作为补偿的替代者。例如，杀光海獭绝对就是从海岸清除了所有皮毛动物中最有价值的动物，而海獭的存在丝毫不会减损捕鱼或者人类的其他海事活动。

更重要的是，清除物种缩小了有机界进化可能达到的未来功用范围。这一点可以用驯化的植物来说明。原始的植物繁育者从大量野生植物祖先中开发出范围很广的有用植物形态，我们现在的商业植物只是原始驯化物种和品类的一小部分。例如，商业玉米种植只利用了玉米的两个亚种，其中只有一小部分的基因系列是通过原始繁育固定下来的。然而，我们为当前商业玉米种植而达成的标准化玉米品质，可能与距今一个世纪之后人们所期待的并不相同。

同时，商业化农业的扩张正在造成原始驯养品种快速灭

绝。很多物种和在遗传基因上已经固定的更多品类在近几年已经不可逆转地消失了。高地棉的大量品种中只有非常少数的一 150
部分列入商业品种。棉花种植在美国、埃及和印度的扩大，导致它从墨西哥和中美洲的很多原始栽培区域中消失了，而那些区域曾发展了棉花的全部品类。这些原始形态为将来的植物繁育保有范围大得多的可能性，对这些可能性的需要我们今天还没有认识到。几年以前我们从南墨西哥获得一种棉花的种子，这种名叫阿卡拉的品种使南加州圣华金河谷得以种上了棉花。倘若当时植物探测者错过了恰帕斯州的这个棉花产地，或者他几年以后才去那个地方，那我们在加利福尼亚可能就不会有成功的棉花工业了。没人知道有多少前人栽培的棉花品种幸存于世或者已经消失了。

在大多数被驯化的动植物中，最大的基因系列存在于非商业品种里。直到最近的商业化生产扩张之前，本土农牧业多年来的趋势本来是要继续并扩展这个基因系列的。原始农牧业当时正致力于稳步扩大这个进化过程。然而商业化生产已经并正在继续造成动植物形态的不断严重收缩，这是因为突然引进了限制性的功用标准。不幸的是，当前的用途和预期的用途可能是非常不同的事情。这同样适用于批评人类对野生和驯化两种生物形式的商业文化效果上：在两种情况下，我们都剧烈地削弱了生物进化的结果。

二、对有用物种的限制。通常情况下，我们所造成的是一个物种在当地终结，而不是在所有地方全部消失。在普里比洛夫群岛还生存着一个物种的皮毛水獭，但是我们没有办法使它们回到那些水獭消失的许多海岛栖息地。东部白松在五大湖地区并未灭绝，但它们已经从曾经兴旺过的大片区域内被完全清除了。这个树种的恢复可能会带来经济上不合算的播种或栽种的代价，或者在经济上不可能，因为白松原来的生长地已经被较劣等的物种占据，后者填充了砍伐后的松林。而且，生态联合体一旦被严重干扰，可能很难或无法重新建立起来。过度放牧导致山艾灌丛在较凉爽的西部草原猛烈增长，同样味道不佳的丝兰和索脱百合在炎热的西南部大草原也是如此。在这些地区，假如过度放牧立即停止，即便当地土壤并未受到损害，普通野草仍然需要一个无限期的长时间取代无用的灌木丛。生态
151 演替往往非常缓慢；一旦退化性植物演替开始，恢复就是非常不确定的。举例来说，大火能改变土壤的品质，可能在好几年时间里使一片土地的使用价值大大降低。

三、对土壤的破坏应该列为殖民地商业开发的最普遍和最严重的弊端。关于这个糟糕的问题，只有几句简单的陈述，绝没有容易的解决办法，而且往往是根本就没有解决办法。在自然条件下——考虑到特定的气候、植被、地形和岩石结构——就会在一个斜坡的任何位置上发现一种在深度和样貌方面有典型特征的土壤。土壤和斜坡存在亲缘关系。两者都不是静止的，当然它们的变化都非常缓慢。在大多数情况下斜坡逐渐变小，上面的土壤受风化影响更深，因为它的形成比斜坡表土被去除的速度要快一些。土壤的形成和去除要么互相平衡，要么形成大于去除；或者在很稀有的情况下，去除会超过形成。土壤在风化作用下缓慢发展。冰川期地表被机械性粉碎的岩粉在大约 25 000 年的过程中获得了可能是最佳的特征。这不包括从固体岩石开始的风化作用，而是指从冰川壶穴的被粉碎物质

开始受到的风吹雨打。

旧大陆农民的耕牧作业把动物产品放在首位，因而维持一种土壤状态，即地表的庄稼和动物粪肥使土壤的样貌合理地完好无损。美国东北部的一些地区也显示出相似的由文化维持的自然平衡。

然而，普遍存在的情况是，我们的耕作体系没有提供任何手段能在土壤上维持一个有足够吸收力的覆盖层，就像西北欧和美国东北部的一般农牧业那样。行栽作物和非生产季节的裸露田野造成土壤中有吸收力的有机物减少。土地表面暴露在雨水的冲刷下，一层又一层被雨水剥离，表土厚度不断降低，而这种表土通常是土壤中最肥沃、最会吸收的部分，在某些土壤中甚至是唯一有肥力的部分。在南部的很多地方，几乎不可能找到土壤的全部构造成分。南方高地和溪流呈现的红色出自底土，而这种底土现在大面积暴露于土壤表面。南部地区的耕作在很大程度上就是在底土上种植，底土能长庄稼全凭慷慨施用商业肥料。俄亥俄河和密西西比河变成黄色河流，这表示那个地区的黄色底土现在已经广泛暴露出来了。正是这种逐渐的、 152
通常不受注意的真正土壤流失，给我们造成了最大的损害。无数个世纪中风化作用和土壤发展的产物，就这样被几十年的耕作摧毁了。很多人谈到开沟挖渠对土地的破坏，但这只不过是最后引人注目的表土流失，实际上主要的、不可弥补的损害事先就已经造成了。

雨水冲刷造成土壤流失的范围不限于陡峭的斜坡，甚至并不是多山土地的主要特征。它把皮德蒙特高原和海岸平原的许多缓坡高地贬损为荆棘丛生的牧场。它还大体上摧毁了阿拉巴马州盛产棉花的“黑带”①，那里并没有什么坡度，许多地方连一度都不到。它正在入侵得克萨斯州的“黑草原”，并且在过去十年中已经在俄克拉荷马州中部平缓的平原上取得了惊人进展。它所需要的无非是一个足以让泥水流动的斜坡而已。甚至美国中西部著名的玉米种植带边缘也磨损得非常厉害。密苏里州西北部曾经丰饶的各县广泛沦为贫困地区。艾奥瓦州四分之一的地区宣称受到严重损害。

风蚀作用完全不限于斜坡，事实上它在平地上更是肆无忌惮。用犁铧切开耕种地块的干燥边缘造成的结果是，只要出现一个明显干燥的时间段，就会立刻加快风把土壤吹走的速度。

这些损失在很多情况下是不可挽回的。工程装置主要用来缓解损失的速率，但在极端天气条件下反而可能增加风险。解救损坏的土地比耕种好地需要更多的劳力、更好的技巧和更大的资本，而且结果并不确定。要是能把最好的农民放到用坏的土地上，说不定能取得一些进步。想打破退化的周期是极其困难的，任何高级的装置都不能解救它。

对这个关于我们当前商业经济某些自杀性质的概要回顾，人们可能反驳说，这些问题属于自然科学家，而不是社会科学家。但这里作为缘由的因素是经济因素，只有释放出来或涉及其中的病理过程才是自然因素。自然进程与社会进程的互动就说明，社会科学家不能把自己单单限制在社会学数据里面。我们常常会假定有一种可以无限延展的控制物质世界的心智力量，但我们不应当做这样的假定。我们对应用科学的巨大成就

---

① 指该州中部以深色沃土得名的地带。——译者注

过于敬佩了。它适合我们的主观愿望，即依赖技术人员持续不
断的充足技术去满足我们对商品生产的需求。在我们的意识形 153
态中，宇宙是无限扩展的，因为我们是边疆拓荒者的子孙。出
于乐观的人类中心论的习惯思维，我们倾向于认为这是一个为
人类利益而创造出来的取之不尽的世界。

让我们暂且承认，为世界提供基本商品只不过是能量消耗的问题，而且能量既不缺乏也不会丧失。但即便是这个乐观的假设，也还是会遭遇人口地理的困难。世界上二十亿居民的位置分布非常不平等。许多人口密集地区的能力下降，例如美国的“老南方”，这一点很难阻挡；也很难找到某种办法把大量人口从危机区域转移到机会区域。我们的移垦管理局在发现危机地区方面没有困难，但是在寻找愿意接受移民的区域时却极少成功。当前各国对外国移民的态度（看看加拿大、澳大利亚和拉丁美洲吧），大部分源自一个近来强硬起来的结论，即当地居住人口对利用本国的机会来说是足够了。这个态度几乎已经遍及全世界。生产力下降正在成为越来越大区域的特点。对深陷在经济资源衰退地区人数不断增加的民众来说，关于世界总生产力可能会维持或提升的一般归纳安慰不了他们。印度可以作为一个大规模的例证，说明西方政治经济刺激人口增长和土地过度开发，将引发重大的人口危机。对这种特定的分布不均，我们要做些什么呢？

让我们再一次暂且接受下面这个观点，即自然科学家将来有能力制造出必要的合成物质，以便提供实验室产品去替代耗尽的自然资源。即便如此，依然存在由陆海地理和气候等因素引起的分配成本问题。货物必须持续被拖拉，运送物品就产生

费用。创造无比伟大的实验室给我们制造合成产品的梦想，同样需要大大改变相对位置优势。如果我们乞求太阳来做我们的救世主，那就必须在阳光暴晒的沙漠、山麓前沿和波涛汹涌的海湾来建立我们的理想工厂，但那些地方与目前密集和先进人口的分布不一致，并且会带来动力和物品运输的额外费用。

154 轻易否认我们的困境，把问题交给技术专家去处理，在很大程度上不过是一厢情愿的想法。它主要来源于合成碳水化合物的经验。碳水化合物的合成很成功，但也是相对容易的。我们因此对实验室技术人员期望值甚高，让他为我们提供大范围的生物化学化合物，而我们为了这些化合物正在摧毁大自然的动植物实验室。我们甚至期待他的生产成本接近自然来源的产物。这还不够，我们还有更多的要求。实际上，我们想让化学变成炼金术，达到元素的点石成金。一个典型的（但远非独一无二的）例证是磷酸盐的问题。磷，大家知道是地壳中非常小的一种成分，它作为原生矿物实在太稀有了，因而无法大量提取。破坏性采集使土壤中积蓄起来并能够得到的磷遭受巨大损失，这造成我们所面临的最严重问题之一。我们目前还算应付得过去，一是靠清理最后的鸟粪堆积（这已经开发利用了一个世纪之久），二是靠用尽作为次生矿物的磷酸盐。后者是某些古代海洋生物墓场的化石累积，非常本地化。这些是为人熟知的实际情况，鸟粪和磷酸盐的贮藏量都不大。然后怎么办呢？西里尔·霍普金斯（Cyril Hopkins）尖锐地提出，这种对动物生命至关重要的元素消失后，人类文明如何幸存下去呢？这个问题仍然没有答案。

有一种理论认为，自然界的前沿已成为过去，它被一个永远且充分扩展的技术前沿所取代了——这是西方文化的一个当代典型表达，它自身就是一个历史-地理产物。这个对“前沿”的态度中有着已经成为习惯的乐观主义轻率性，但它也是过去勇敢日子的残余，那时候北欧海盗横行全世界，令各国臣服。我们至今还没有学会理解生产出的物品与劫掠的战利品之间的区别。我们不愿意成为经济现实主义者。

155

9. 人类对植物的早期关系*

人“与他的食用植物一同进化”，形成“一个生物综合体，在其中人类与他们的食用植物同步发展”。“我们的主食作物都是趋光、喜阳的植物”；假以时日，从这些植物中“人类在阳光沐浴的环境下发展了农业”。这些是值得所有探究文化起源及过程的学者熟知的基本研究主题。①在农业黎明到来之前那个长久、暗淡的时期中，我们需要寻找共生系统和转变——早期人类是它的一部分，它为人类迈向超越采集和狩猎的进步缓慢地准备了路径。本文论述的是人类时代和文化的原生方面，关系到早期人类在懂得种植的很久以前与之共存的植被。

冰河时代：人类的年龄

早期人类时代与冰河时代大体吻合，这一点已经是确立无

---

* Early Relations of Man to Plants, Geographical Review, Vol. 37, 1947, pp. 1-25. Copyright, 1947, by the American Geographical Society.

① Oakes Ames, Economic Annuals and Human Cultures (Cambridge, Massachusetts, 1939)；提及的内容分别见第 11、23 和 8 页。

疑的了。[1]智人，即体质上的现代人，被认定为生活在英格兰 156
第二次间冰期——泰晤士河流域的斯旺斯科姆人（Swanscombe man），可能还有加利山人（Galley Hill man）——因而早于任何已知的尼安德特人（Neanderthal man）。后者似乎已经失去了自己作为独立物种的身份，而只是一个反常的变种或种族，偶然与现存的人类（Neanthropic man），或者说是狭义的智人杂交。更原始的北京人（Peking man）现在被归于第一次间冰期，与爪哇人（Java man）密切相连，后者似乎在第一次冰川阶段就已经存在。莫佐克托人（Modjokerto man）也与爪哇人相连，他们被置于爪哇最下面的更新世（Pleistocene）。[2] 现在，启动人类家族树大检修的弗朗兹·魏登赖希（Franz Weidenreich，一译魏登瑞），已经发现了生活在冰河时代开始前很久的巨大的原人（hominids）。

奇特的生物分类学标签，例如对不同的化石人遗迹所贴上的“猿人”（Pithecanthropus）和“中国猿人”（Sinanthropus），在更新的生物系统学中已经不再使用，人的进化在这个生物系统学中失去了怪异的神秘性，即不再像原来那样，将智人从各 157

---

① 见勒格罗·克拉克（W. E. LeGros Clark）对化石人的综合与批评：Pithecanthropus in Peking，Antiquity，Vol. 19，1945，pp. 1-5，和 Pleistocene Chronology in the Far East，同上，Vol. 20，1946，pp. 9-12；以及多布然斯基（Theodosius Dobzhansky）从遗传学角度对人类进化记录的精辟分析：On Species and Races of Living and Fossil Man，American Journal of Physical Anthropology，N. S.，Vol. 2，1944，pp. 251-265. 另外，佐伊纳（Frederick E. Zeuner）的 Dating the Past：An Introduction to Geochronology（London，1946）这部书我太迟才看到，因此书中的论断没有能在本文中充分用到；这是一部优秀的史前时期比较年表，其价值并不取决于是否接受作者对冰河时代的绝对年表。

② 更新世距今约 260 万年至 12000 年前。——译者注

种“原人”中孤立出来并把他的出现几乎推迟到冰河时代结束的时候。于是，人类身体历史便加入了其余的有机界进化行列。当前的研究表明，现统称为“直立人”（*Homo erectus*）的爪哇人和北京人位于同一树干，它产生了斯旺斯科姆人和克拉皮纳人（Krapina man），后来又是克鲁马努人（Cro-Magnon man）和格里马尔迪人（Grimaldi man），最终造就了我们自己。偶尔会有一个枝条死去而无子孙，后来的一些尼安德特人可能就是这样，但是总体的系统发生图现在显示的是一个持续的生物实体接连不断的修饰过程。大多数生物学家多半都会同意弗雷德里克·佐伊纳（Frederick E. Zeuner）的说法，① 即所有的化石人和近期人种“无非就是一些‘好亚种’而已”。

既然现代人是更远古化石人种的嫡系后裔，那么这些人种就不再只具有旁枝末节的有限利害关系；反之——这一点至关重要——更新世的文化记录代表了一切人类学问中最早的、基本的步伐。在去除人类特殊创造的残存痕迹时，我们被迫承认，考古发掘的老旧人工制品标志着早期的人类技艺，后来的人类技艺发展正是起源于此。

冰河时代达到或超过了一百万年，这依然只不过是我们的最好估计。最近佐伊纳支持并传播了米卢廷·米兰科维奇（Milutin Milankovitch）的天文学-数学计算，把更新世的纪元缩短到 60 万年多一点。②米兰科维奇的年代表与其他人对更新

---

① Frederick E. Zeuner，前引书，p. 295，footnote 1。

② Frederick E. Zeuner，The Pleistocene Period：Its Climate，Chronology and Faunal Successions（London，1945），pp. 166-171.

世晚期（威斯康星冰川期、维尔姆冰川期）的估算非常一致，但是压缩了较早的部分，并且缩短了各个间冰期的时长。

与其从天文学理论出发，在我看来，那些通过观察所积累的更多更好的资料才会继续增加我们对冰川时期长度的更深入了解；也就是说，我们需要对更新世期间的冰川沉积与非冰川沉积进行比较研究，需要考察更新世风化沉积物和侵蚀移除造成的变更程度，需要探究沉积物的放射活动、冰壳的增长和消融比率、有机物种的起源和灭绝比率，等等。

关于更新世时代的分段长度及人类遗迹在其中如何定位的 158
知识，将会特别因为海洋阶地及依赖它们的河流阶地与世界范围的海平面变化相关联而扩大。我们从那些可以确定海面升降位置的阶地中能够学到很多东西；这是因为，那些阶地是由海平面的不断下降与上升造成的，而海面下降与上升取决于大陆冰壳的推进和退缩。[1]更新世及其各个阶段的最新示意图见附图。[2]

无论我们目前的数据如何支离破碎，它们也是累积的资料，而不是一时的理论。尽管并不精确，关于人类起源于大约一百万年前（或者说几乎四万代人之前），这个估计是我们考虑人成为什么样子和做了些什么的一个出发点。

---

① 同上，pp. 127-134。

② H. N. Fisk, Geological Investigation of the Alluvial Valley of the Lower Mississippi River (Mississippi River Commission, U. S. War Department, Corps of Engineers, 1944), Fig. 75.

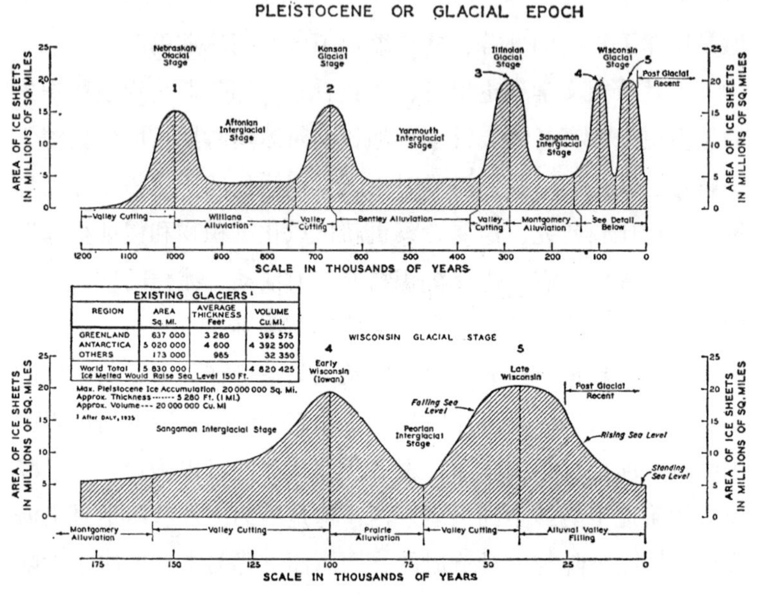

EXISTING GLACIERS[1]

REGION	AREA Sq. Mi.	AVERAGE THICKNESS Feet	VOLUME Cu. Mi.
GREENLAND	637 000	3 280	395 575
ANTARCTICA	5 020 000	4 600	4 392 500
OTHERS	173 000	985	32 350
World Total	5 830 000		4 820 425

Ice Melted Would Raise Sea Level 150 Ft.

更新世或冰川时代（经密西西比河委员会授权重印）

从北京人文化所做的推断

人们普遍接受的最早期文化记录关乎北京人文化，它是从一般的原始文化（*Urkultur*）大大发展而来的。①在北京人出现之前，人类时代的四分之一大概已经过去了（这是按照人类

---

① 但是必须注意，半个世纪以来颇有争议的东英吉利亚红岩火石“原始石器时代”目前声誉很好，它被认为属于第一次冰川期，因而早于北京人的记录：F. E. Zeuner, Dating the Past，前引书，p. 182。

持续进化而不是“旁系原人”的观点)。北京人已经学会了在高纬度气候下的漫长冬季中生活，那时候对食物的需求必定常常超出获取食物的手段。栖息地和文化遗迹同样表明，我们所面对的不是毫无计划的“半猿”，而是运用思想和远见在相当严酷的环境中生存的人类。火对他们的文化来说是基本因素。①他们烧熟食物，这个事实意味着他们正在进行试验，不仅使动物产品，而且使植物产品都能适合人类消费。女人忙于开展自己专门的家务活动。炉灶的存在显示这些人居住在某种程度上是永久性的特定地方。炉灶的数量使人想到，他们可能是以家庭组合的方式生活，每一组习惯于聚集在自己的地方 159
(炉灶=家)。这个画面中没有任何东西显示漫无目的的游荡者，没有那些虚构的人成群结队地自由漂泊。

如果人类从这么早的时期起就按家庭组合生活，在家族火堆前集会，在一起形成某种原始社区，而且只要食物供应的季节性允许就留在原地不动，那么，同样大有可能的是，每一个家庭组合都有或多或少定义明确、被其他家庭组合承认的地盘作为自己的领地。

植物食品中只有朴树果实的使用被确认，但我们也能肯定，这些人曾利用他们懂得如何处理的所有植物食品。

据报告，被发现的动物残骸中有十分之七是鹿的遗体。我们是不是能够把北京人对鹿的依赖（为取其肉、骨、皮）解释为表明他们拥有有效投掷器物，能击倒这种跑得最快、最难捕捉的猎物，或者拥有罗网或陷阱，能捕捉并困住它们呢？不

---

① 看来对更早的红岩人来说也是如此。

论是这两种情况中的哪一种，都需要技术的进步，这种进步在如此远古的时代看起来真是过于高超了。棍棒、长矛也好，标枪、斧头也好，都不是猎鹿的好武器，这些充其量只是原始人手头可用的武器。北京人只有巧妙操纵这些武器，将其置于鹿无法从中逃脱的位置，才能与鹿发生身体接触。在沙漠地带，鹿可能会被水坑困住，但是在中国北方，没有迹象表明那时是干旱的，鹿的习性不会给人那么容易捕捉它的办法。

因而问题来了，早期人类用得最好的工具是火，那么人是不是也用火来驱赶这种快捷胆小的动物，把它们消灭在自己手中呢？人在那时候已经学会了如何用火在冷天温暖自己和烧熟自己的食物，也许他会把好奇心转向火的其他用途，例如用火把木头工具弄硬弄尖、用火驱赶猎物。

北京人的发现给我们提供了对远古时代的匆匆一瞥，但这足以使我们认识人在改变植被中扮演的古代角色。他有自己的习惯营地，从那里踩出小路，路的两边以野草为界，这些野草利用比没有路时更充足的阳光，并逐渐容忍了践踏和其他骚扰。草籽和草根掉落在路旁和营地，有一些成长起来并继续繁育。营地丢弃的厨余垃圾以灰烬和含氮物增肥了土壤，新的植物组合在变化的土壤中找到先机。原来人们采集食物的地面被
160 挖掘搅乱了，他们现在挖地寻找从根茎、蛆虫到地鼠的一切东西。挖过的地面总是有利于植被改变。如果火从一开始被燃起，最初是为了帮助采集，然后用作猎杀手段，那么毫无疑问，它一定会成为植被改变的最强助手。燃烧清除了地面上的杂物，使采集掉落的坚果、橡实之类变得比较容易。它窒息那些行动慢的小动物。它还是驱赶那些快捷大动物的最佳、最简

单手段，这样就能把大动物成批消灭。火无论被用在哪里，它都影响植物的再生，并改变植被的组成。

以上这些是古代采集人和狩猎人如何给植被带来改变的初步事例。如果人在这方面的活动时有时无，可能就不会导致植物复合体的永久性变化；但如果这些活动向着同一个方向维持下去，那在植物的组合上，或许还在植物的进化上，就会产生累积的甚至永久性的效果。

因此，一个重要问题是，当一些地区被人占据时，它们是否一直处于人的持续占据之下。附带的问题是这些地区是否得到大量人口不断增长的开发，并发展文化。这两个问题将在下面讨论。

旧大陆文化的发展

从考古遗迹判断，直到最后的冰川期开始之后，即大约十万多年以前，人类技艺的变化和分支都发展得非常缓慢。在欧洲，阿舍利（Acheulian）文化从第二次间冰期的早期延续到第三次冰川期（里斯阶段），大约经过了三十万年。它的石头工具，例如“手斧”，是把圆石或其他合适的岩石打掉边角，直到形成一个理想形状的中心和边缘。勒瓦娄哇（Levalloisian）时期的工具是从一个事先准备好的核心部分敲下石片，然后研磨石片做出来的。勒瓦娄哇遗址在欧洲发现，从第三次冰川期开始时直到最后一次冰川期的中期，跨度可能在二十万年。这两种文化的持续时长中，有差不多一半是重合在同一时期。每一种文化都表现了一定的技术发展，但是很明显，两种文化在那么长的时间里，技能和生活方式的改变都非常之慢。①

161 或许人们对这个时期的进步缓慢有些夸大了。资料贫乏可能是因为我们没有发现或没有认识到它们。而且，单单以石头制品为基础做出的解释也许有误导之嫌，因为有些族群，甚至很多族群，可能已经把他们的注意力转向使用植物和动物材料，而不是石头了。一再有迹象表示，主要基于木头和纤维的文化可能早于那些基于石头的文化。有些部落至今依然存在，而且有相当丰富的文化，他们依靠的几乎完全是动植物材料，巴西的波罗罗人（Bororos）就是一个广为人知的例子。

考古学研究的必须是考古活动所发现的东西。对远古时代的发现几乎都是石头制品，或者在罕见情况下有骨头制品。因此，考古学系统主要是从石器制造的角度做出详尽阐述。石头特别适合加工成猎杀武器，刃片用来剥皮和分割猎物，刮削器用来处理兽皮。于是石头工具主要被解释为狩猎人的设备。这种用途被保存下来，其他的都不存在了，就这样勾画出一幅概括性但可能是扭曲的古代猎人系列图像。

梭鲁特人（Solutrean）曾短暂入侵欧洲，时间相对较迟；是否在他们之前很久，在旧大陆或世界任何地方就存在专门的狩猎文化呢？这一点在几个方面看来有疑问。马格达林（Magdalenian）狩猎人跟随其后，他们似乎来自北极圈内。关于人类时代来临更早的普遍化观点或许应该看到各种各样相互区别的文化，不但依赖采集也依赖狩猎，一些群组更专注于植

---

① F. E. Zeuner, Dating the Past，前引书，特别见第 283—295 页。

物原料，另一些则更有兴趣并更擅长追逐猎物，专门化的方向取决于环境的比较优势。历史上的狩猎民族在分布上显而易见地受环境局限，处于北极圈中和大陆平原上；而且据我所知，他们的前辈（可能还有他们的祖先）也主要是占据着同样的区域。因此看起来，学者们在解释早期人类习性时过分强调狩猎了，而本文的目的是检视关于人与他的植物环境关系的模糊记录。

很多旧石器时代遗址显示了定居者和长期使用的证据，从而不应解释为主要从事狩猎的族群的营地。大多数旧石器时代的石头工具通常被说成是狩猎之用，但它们用于其他目的也有同样的甚至更大的功能。所谓手斧，对大型动物来说绝对危险，然而对小动物就不会比鹅卵石更有用；另一方面，它们可 162
以用来切割和劈开木头、削断树皮，还能用来挖地。斧头作为武器的价值靠的是投掷出去的速度和很快变换角度的能力，这样的武器在旧石器时代之后变成了小型的、磨光的斧子。刮刀、砍刀、刻刀和各种各样的刃片和刀子，除了充当切兽肉、剥兽皮的工具以外，同样可以用来切割和加工木头、树皮、韧皮纤维、植物的根和果实，等等。

塔斯马尼亚（Tasmanian）土著的文化常常被引述来说明旧石器时代的生活方式存留到了现代。[①]他们从南亚某地迁移过来，这是在冰河时代发生的。人们认为他们的行程大部分是徒步，乘坐木筏渡过狭窄的新几内亚以西的海面，他们迁徙主

---

① 例如这本书就做了很好的比较：W. J. Sollas, Ancient Hunters and their Modern Representatives（3rd ed., London, 1924）, p. 107。

要是在海平面低的冰川阶段完成的。海平面的上升把他们隔绝起来了；而且由于身处世界上一个遥远的角落，他们保留了自己与大陆失去联系时所拥有的旧石器时代的主要特征。威廉·约翰逊·索拉斯（William Johnson Sollas）看到他们的石器文化与在南欧得到的里斯-维尔姆间冰期的情况相似，它的内容确实表示他们大约在那一时期与其他民族分开了。最近在澳大利亚墨尔本附近发现的凯勒遗迹强化了这个推断。其中一个颅骨据说有塔斯马尼亚人的特性，而这些颅骨的地层学位置被指定为这个第三次间冰期。[①]因此对这个发现的解释是，澳大利亚有人居住发生在之前的第三次冰川期，那时候澳大利亚在低海平面期间是可以从亚洲进入的，这些首批移居者就是塔斯马尼亚人的祖先。

于是，塔斯马尼亚人的文化被视为真正的旧石器时代中期的遗存，由于长期与世隔绝而没有什么变化。塔斯马尼亚人生活在相当优越的环境中，不需要为他们提出文化损失的理论。他们不怎么改变，不是因为他们悲惨、愚蠢或懒散，而是因为他们被切断了与外部世界观念的接触。

塔斯马尼亚人少量粗制滥造的工具主要用于砍树皮、刮木头、在树干上挖槽以攀爬，和给动物剥皮。他们的主要工具和
163 武器是木制的，例如挖掘棒、长矛和棍子。他们最先进的技艺是编制盘绕的篮筐。他们没有特别的装备捕鱼，但他们确有筏船，或者说轻木筏，是把一卷卷或一条条树皮捆在一起做成的。作为工匠，他们更精于使用植物材料而不是摆弄石头。特

① F. E. Zeuner, Dating the Past，前引书，pp. 279-280。

别有意思的是，在这个原始层面上，剥树皮是人常做的事情；既然剥光树皮和韧皮纤维是弄死树木的有效办法，我们因而获得了证据，表明导致植被变化的另一种实践的早期来源。

澳大利亚土著居民在比塔斯马尼亚人更晚的时候才与欧亚大陆相隔绝。他们有一些塔斯马尼亚人不知道的东西：飞镖投掷器、树皮小船、回飞镖、牛吼器和盾牌。所有这些都是木制的，澳大利亚文化在石头人工制品方面也很贫乏。[①]飞镖投掷器在欧洲出现于维尔姆冰川期，这一事实可能给我们提供了澳大利亚移民年代的线索。在塔斯马尼亚人之后向澳大利亚的主要迁徙定居可能发生在最后一次冰川期（维尔姆）的低海平面阶段，在那之后由于大陆冰层消融、海平面上升，这些人与外部世界的接触大部分被切断了。

至少在欧亚大陆的北部平原上，大狩猎文化是在最后一次冰川期兴起的，主要是梭鲁特人和马格达林人。这些族群有穿透力很强的投掷尖器、边缘精细的刃片，以及一种准确而远程的射杀武器——飞镖投掷器。此外，马格达林人有骨头制造的鱼叉，这也许产生于亚北极的居住地。[②]

游居的狩猎和战斗民族梭鲁特人和马格达林人，很快便以

---

① 狗也来到了澳大利亚，然而它在欧亚大陆的最早考古记录是在中石器时代。它在欧洲为人所知始于马格勒莫瑟文化（the Maglemose）时期（公元前7000年？），在巴勒斯坦始于稍早一些的纳图夫文化（the Natufian）时期。因此问题来了，狗是不是在晚些时候被引进澳大利亚的呢？难道澳大利亚与大陆的隔绝不是完全连续不断的吗？

② 我不知道在中石器时代之前有任何关于弓箭的确凿证据。带翎的矛杆，譬如马格达林之前的岩洞壁画所描绘的插在受伤大动物身上的物件，并没有证明弓的存在。翎杆同样是飞镖投掷器的特征。

他们的新武器在旧大陆平原上发展壮大。他们起源的地点和方式是个谜；在欧洲他们显然是作为来自东方的侵略者出现的。①

164 随着大陆冰层的消退，欧亚大陆上的变化步伐大大加快了。和此前占据人类时代90%的时段不同，这种变化不再是采集者与狩猎者缓慢分化的问题。冰河时代的最后阶段以重大的革新为标记，这是由于大狩猎人的出现，他们特别是在广阔的大陆平原上占主导地位。在他们之后（但并非源自他们），出现了新石器时代的种植者。游居的狩猎人与定居的种植者是极端的对立面。我没有看到任何证据显示游猎族群会转变为农人，除了后来在压力之下不得已而为之。狩猎者的注意力不在植物身上；种植的起源一定要从那些具有强烈的静止品质、主要关注植物开发的文化中寻找。

新大陆的发展

关于新大陆基本的早期文化和它们的变化，以及它们如何与旧大陆早期文化相关联，我们基本上还是一无所知，部分原因在于学界权威采取教条主义态度，不承认新大陆在冰河时代有人类存在，并且多年来维持他们的审查制度，甚至在今天也

① 佐伊纳重新归纳了关于旧石器时代晚期文化之年代的资料。他将梭鲁特文化置于距今约7万年前，最后一次冰川期的其余时间主要由马格达林文化所占据。因此，现在的欧洲考古学界倾向于将这些大狩猎文化明确认定为维尔姆时期，这修正了之前为这种文化所设想的显然更早的年代。F. E. Zeuner, Dating the Past，前引书，p. 290。

只是部分放松。一个迂回累赘的词语“原始印第安人”仍然被用来描述新大陆的古老栖息者，而“旧石器时代”在新大陆考古界心照不宣地不是个好的惯用语。

根据我们对冰河时代历史和人类进化及散布历史的了解，没有理由像当前的流行说法那样，把人类排除在直到冰川期最后阶段之前的新大陆以外。从人类祖先的家园到达北美洲，并不比到达澳大利亚或沙漠另一端的非洲更显著困难。西伯利亚和阿拉斯加从来没有被冰盖总体覆盖。在海平面高的间冰期阶段，北美洲大概是不可接近，但在冰川期海平面低的时候却不是这样。北京人很早解决了如何度过北方寒冬的问题，他的后代也没用多长时间就学会了如何生活在纬度更高的海岸。考虑到人类在旧大陆广为人知的到处扩张，假如说鄂霍次克海和白令海的边缘在第二次间冰期（甚至也许更早）是无人居住之 165
地的话，那会令人非常惊讶。在很大的第二次间冰期之后，当第三次冰期（伊利诺伊）海平面明显下降时，向新大陆移居完全不是没有可能的事情。到那时候，澳大利亚看来已经有人居住；非洲最远端和不列颠群岛在此前很久就被人占据了。那为什么一个进入新大陆的可行通道会单单被人留下不用呢？

在我们这个半球尚未发现比智人的原始形态更为原始的骨骼，这一事实已经不再是对人类在大洋此岸远古存在的反对理由，因为在斯旺斯科姆、加利山、凯勒和其他地方的考古发现确立了智人早在冰河时代就广泛散布了。

从人种学上看，传播论者经常推动一个观点，即火地岛的雅甘人（Yahgan）和塔斯马尼亚人是同一个文化进化树干上的早期分支。假如不把这些非常落后的民族——包括圭亚那森林中和南太平洋沿岸遗留的原始人、巴西高原的食物采集者、下加利福尼亚的瓜伊库鲁人（Guaycuru）和佩里库人（Pericu）、上加利福尼亚的尤基人（Yuki），以及纽芬兰的贝奥图克人（Beothuk）——当作来自很久以前旧石器时代旧大陆的文化遗迹的话，那就需要不同的假说，即一些有用的技能不可思议地消失了。巴西内陆有些简单部落的烹饪习惯是不用水煮，① 这无法用他们的生活环境来解释，而只能是旧时的文化习惯造成的。他们长期接触制陶的族群，却不使用或只是偶尔使用罐子，准备食物的方式限于烧烤和烘焙，后来才开始用葫芦运水。美洲（特别是南美洲）很多更原始或更古老的部落没有狗，表明这些族群是在狗被驯化之前迁移过来的。

这种细小的文化特征数不胜数，显示出某些群体在古代从旧大陆来到此处，他们在新大陆依然非常保守，这是因为他们存活于与世隔绝的小范围之中。如果承认他们与冰河时代晚期的旧大陆旧石器时代相联系，那么这些就是可以理解的。对我来说这是唯一的解释。

许多东西在冰河时代中被引入新大陆（尽管不是同时引
166 入），并且在后来历史时期的各处继续使用，其中让我印象深刻的事物包括：火（炉灶、火攻、火钻、烧烤和烘焙、石煮、工具的硬化和弄尖、用火驱赶），树皮剥离（家用器皿、独木舟、树皮缝制的小舟），木器（挖掘棍棒、鱼叉、飞镖投掷

① Curt Nimuendajú, The Eastern Timbira, translated and edited by R. H. Lowie, University of California Publications in American Archaeology and Ethnology, Vol. 41, 1946, p. 43.

器、桨、牛吼器），纤维活计和类似物件（拧绳、编篮、罗网、绑席、轻木筏），骨制品（锥、钻），和石器（打击石片、砍刀、刮刀、刃片、尖器、磨石）。

新大陆的古代考古仍然主要是很多没有结合在一起的知识碎片。重要的是人们越来越认识到，陶器文化之前的遗迹出自非常长久的时间段，从人工制品的种类往往可以判断出它们的年代。已知的遗址绝大多数在我们的干旱和半干旱地区，一是因为西南部正好有警觉的考古人员在那里工作，二是因为那里的低降水量有助于遗物的保存和考察。很可能，一段研究和综合的时期正在那里开始，它说不定会使那个地区成为美洲旧石器时代的关键所在，正像法国对旧大陆的作用一样。下面这些议论是本着对这种有希望的探索给予帮助的精神发出的。

人类居住早期遗迹的年代断定大体上是一个地貌学问题。[①]沿着被大陆冰壳覆盖地区的南部边缘，人类对冰川沉积的直接关系可能得以确定。然而在多数情况下，遗址坐落在冰川沉积物或者冰水和黄土沉积物没有接触到的地区，而且还有更多的遗迹继续在这样的地区被发现。风暴带朝赤道方向的移位造成了一些地区的多雨期，这些地区如今已成干旱区了。那时候，雨水渗透洞穴顶端和深深的悬岩遮蔽处，在其底部形成滴水石或石灰华，这样封住了早期人类居住的遗迹。在多雨期，不排水的洼地托起淡水湖泊和沼泽，在它们的边缘曾有人居住，这些地方后来不再适合长期定居。在美国西南部和墨西

① 关于这个题目的全面论述，见 Zeuner, The Pleistocene Period，前引书，pp. 1-135, 225-252。

哥北部有广泛记录的多雨气候，是否与威斯康星冰期巧合呢？

不过，也许早期遗址发现的最伟大前景在于人类定居与海洋阶地的关联，它们作为河流阶地持续向陆地方向延伸。贯穿
167 得克萨斯，而且在索诺拉、下加利福尼亚和上加利福尼亚，在阶地填充物上面（乃至里面）有特点的位置上，都发现了一系列原始人工制品。这些阶地可能整个或部分由海平面升降造成，于是记录了冰河时代的年表。如果能确立阶地与世界上冰川化和冰川消融阶段的同步，就能对其中人类遗迹的年代做出足够精确的判定。阶地的沉淀模式、表面的连续性、天气的影响、侵蚀，这些都有强大的持久性，以至于对它们的破译成了领先于地貌科学的最有前途的任务之一。

关于人如何形成在新大陆的不同生活方式，在所有的解释中，令人烦恼的未知因素是他们在这里存在的时长和数量，以及他们从旧大陆移居过来的顺序。人在美洲存在的时长也涉及我们的植物地理和植物演化问题。人在新大陆究竟是只存在了15 000到25 000年？还是要长很多，例如是这个长度的十倍，或者是整个人类时代的四分之一？这会给问题的理解带来很大的不同。

最有可能发现答案的地方在得克萨斯和下加利福尼亚。在得克萨斯，我们有希望看到，一些研究者对河流阶地及其与海平面关系的兴趣会在不久的将来得到结果，解开新大陆编年之谜，就像索姆阶地的研究对旧大陆的意义一样。对下加利福尼亚，我们在1946年夏天从加州大学做了初步观测，发现了很有希望的调查前景。加利福尼亚半岛有数量上持久并一致的海洋阶地，上面（显然还有里面）存在着丰富的考古材料。证

据清楚显示，多雨状况和人类居住曾在整个下加利福尼亚沙漠占支配地位。进一步而言，还有众多未受干扰的洞穴和悬岩，那里曾有人居住，有保存的植物材料和用它们做成的物件。甚至我们的首次勘察就已经显示强烈迹象：人类遗迹和遗址不会局限于当今给予新大陆人类的压缩了的时间量程。

将现有的资料分类整理，显示出有几种古代文化可能按以下顺序引进或发源：

一、其中最原始、最古老的可能缺少石头尖器和磨石。我不知道有任何地层学或地貌学证据被发现，但是这个文化类别似乎是必需的。这些工具在南北美洲的很多历史族群中都是缺 168
失的，并没有环境方面的原因。

举例来说，籽实研磨及其人工制品，在南美洲的分布是特别有限的，然而在处于相似的食物收集条件下的北美洲南部和西部，它们却广泛分布，或曾经广泛分布。离开加勒比海岸，南美洲的磨石考古记录非常稀少，主要是在安第斯山脉，而且看来既不是很早，也没有在任何地方的食物加工中形成占支配地位的器具，除了很特别的木薯擦板。我们由此推断，很多南美族群的文化来源于缺乏食物研磨习惯的基础，他们准备食物的工艺是沿着其他路线发展的。把石头尖器装在投掷杆上，这个特征也是很多族群从来没有采用过的，特别是在美国以南的地方。

有些非常原始的考古地点，例如从得克萨斯和阿根廷所报告的那些地点，只发现了简陋击打形状的工具，没有尖头。也许我们可以期待，这些会被证实为真正最远古的遗址。人工制品综合体的年代可以通过它们展现的技艺和专门化程度来解读

——这个说法，在那些最低技艺的遗址与较高级技艺的遗址并存的地区，可能是正确的，因为低技艺族群不太可能取代更聪明的族群。特别是，如果最简陋技艺的遗址所代表的栖息地在地形上和气候上最不适于今人居住的话，那么这样的遗址就应该被视为最古老的。最早的文化最容易被忽视，因为它们的产品最不容易被承认为手工制作，因为它们的遗址多半窄小微弱，还因为这样的遗址很可能存在于我们不习惯去那里寻找人类居所的地方。对这种遗址的搜索和研究几乎还没有开始。

二、古代的食物研磨器从得克萨斯到加利福尼亚，也在索诺拉和下加利福尼亚，都是为人所知的。一般的联想是，用收集的石头搭起基座并在上面建造火炉，使用研磨或粗碾用的厚石板，在上面将食物用手磨石（*mano*）来回或转圈碾压揉搓，还有各式各样的粗糙击打工具，主要是砍刀和刮刀，可能用的是和旧大陆勒瓦娄哇人同样的技术。发现了简陋的刀具，但是通常没有投掷的尖器。

一种早期的籽实研磨文化首次由戴维·班克斯·罗杰斯（David Banks Rogers）描述为加利福尼亚州圣巴巴拉县奥克格罗夫人（Oak Grove people，意即“橡树林”人）的文化。他们的圆丘顶遗址被认可，其特点为丰富的手磨石和研磨石板，
169 而缺少几乎所有的捕鱼和打猎的遗迹。遗憾的是，罗杰斯了不起的先驱著作出版太早，那时候人们还没有真正认识到美国早期人类的问题，因而这部著作从未得到应有的注意。①

① D. B. Rogers, Prehistoric Man of the Santa Barbara Coast (Santa Barbara Museum of Natural History, Santa Barbara, California, 1929).

在亚利桑那南部的洼地平原（科奇斯）和帕帕戈沙漠（本塔纳洞穴），埃米尔·豪里（Emil Haury）和埃德温·布思·塞尔斯（Edwin Booth Sayles）在长久持续或一再重复的居住地遗址底层，发现了采集和研磨文化的证据。他们的工作使得干旱的西南部地区这种文化有多么古老成为无可置疑的事情。早期的研磨族群生活在多雨气候下，与现今气候有显著不同，而一个悬而未决的重要问题是湿润气候在美国干旱的西南部存在于多久以前。在索诺拉，我在1946年春天和豪里一起，看到一系列与早期科奇斯在类型上相似的遗址，延伸到马约河以南很远，其位置特征在当今条件下不利于获得水和食物。在下加利福尼亚，夏季晚些时候，从加州大学来的一个团队发现了很多类似的情况。

因此，早期的食物研磨聚落散布在从密西西比河谷到太平洋海岸的广大区域。从这个区域的大多数（即便不是全部）地方，手磨石和研磨石板后来消失了，在其中一些地方是突然消失的，而且从来没有再次采用，或者只是在很久以后，当玉米种植从南方引进时，才以磨盘的形式重新出现。在加利福尼亚、下加利福尼亚、索诺拉和亚利桑那，我见过很多这种早期研磨族群的遗址。一般说来，它们都坐落在现今不宜供给一个族群食物和饮水的地方；就当前的地形和植被而言，在此处居住是毫无道理的。这在我看来，很清楚地标志着它们是很久以前的居住地。

研磨，这个食物加工的革新不应被解释为帮助烹煮植物的淀粉质块根、茎秆和叶子，或多肉果实的技巧。这些东西在当时（乃至现在）只不过是在煤上或灰烬中烧烤，或者在坑里烘焙。即便在今天，龙舌兰芽、野甘薯和土豆，以及其他的块根球茎，在印第安烹饪中也不做研磨处理。新加工方法的作用是使人们得以利用（或在更大程度上利用）坚硬的和小粒的籽实，例如草籽、藜麦和苋菜及其同科的籽粒，还有各种菊科
170 籽粒，如向日葵、粘草、豚草等。这种方法也适用于处理带苦味的淀粉质果实，例如橡实，以及含毒性的淀粉质根茎，例如各种天南星科植物，它们不能靠煮熟整个块茎或块根而变得可以食用。这样的植物中，有一些只需研磨后煮熟就成了可口食物，另一些还必须采取额外的过滤步骤。研磨的引进给原始厨房长期持续增添着新的资源。

这样加工出来的粉状食材，与水混合，烤成糕饼，或煮成糊糊，或加入炖品。因此，食物研磨要预设世上存在装水和装磨粉的容器，也就是说，大概要在有了很好的、几乎是不漏水的容器之后，才可能发明研磨工艺。早期食物研磨的主要分布区域，树木不多，缺少适合做容器的树皮，但是盛产有用的纤维植物。编织精良的篮筐先于研磨石板存在，这看起来是个顺理成章的推论。采集细小的籽粒也需要敲打器、收纳和搬运的篮筐，以及簸扬用具。

历史和考古都显示，早期食物研磨器具分布地点所在的一般区域，也正是世界上出现编织篮筐的主要区域之一，这恐怕不是偶然的巧合。传播问题的研究者已经指出编织篮筐技术非常古老，但没有明显迹象表明它是用来制成容器的一种技巧。

食物研磨的族群倾向于定居生活方式；通过他们在同一个地方持续居住而留下来的遗物数量，就很容易确定他们的位置。旧大陆几乎没有看到过研磨这种重要发展的类似遗迹，虽

然它在澳大利亚以简单而相当偶然的形式被发现。它可能最初是以不成熟的形态来自东南亚，但从主要的发展来看，这种食物加工方式似乎是美国西南部及其边境地区的成就。

三、另外的一系列遗址显示了人们日益专注于狩猎，并引进了投掷用尖器的发展中系列。这些族群仍然有永久性居住地，这表现在炉灶和人工制品的聚集上，也可以从那里存在的籽实研磨石器上看出来。

我在 1946 年春天有机会访问得克萨斯的阿比林一带，那是在敏锐的当地研究者赛勒斯 · N. 雷（Cyrus N. Ray）博士的引导下进行的。[①]虽然没有包括得克萨斯最早的人类遗址，但这个地区对冰河时代人类历史的一部分来说，可能至关重 171
要。雷已经识别了七个连续的地层，在布拉索斯河支流的河谷填积中广泛分布。除了第一个地层以外，其余的都是松弛或缓慢流动的河水中的沉积物。最低的一层下克利尔福克（Lower Clear Fork）是最有意思的，因为那里有在原位的炉灶和人工制品，还有已灭绝的大型哺乳动物的骨头。这最早一层的居民既是食物研磨者又是猎人。在这一地层，发现了几种原始的尖器，给我的印象是它曾经作为古老的地表，被人发现并占据了相当长的时期。这个底层后来被和缓而长时间不间断的洪水淹没。几个覆盖在它上面的沉积地层显示了不同程度的土壤发展，有炉灶和人工制品。我们还需要充分的田野调查和实验室

① 见他对该地区的考古学–地貌学状况的批判性概述，附有地层学简介：Cyrus N. Ray, Stream Bank Silts of the Abilene Region, Bulletin of the Texas Archeological and Paleontological Society, Vol. 16, 1944-1945, pp. 117-147。

研究，来揭示这些沉积层及其经历风雨的表面中所记录的事件更迭，然而在此之前，我们可以冒险提出一个暂时的猜测：下克利尔福克的地表是最后一次威斯康星冰期高峰时候的大地表面，随着大陆冰川消融期的到来，海平面上升，大面积的河谷淤塞发生了。在那种情况下，这个间歇空隙（其间天气影响的形态在发展）记录了世界范围内冰川消融过程的暂停，而无需指出当地气候的任何变化。如此看来，下克利尔福克有可能是大约 35 000 年前人类占据的地表，那时候的人正在试验投掷的石头尖器。甚至有可能，这里面的一些东西是像福尔瑟姆（Folsom）工艺那样高度专门化发展的先驱，那我们也就不必寻求福尔瑟姆文化的旧大陆源头了。

对中等大小石头尖器的早期使用，向我们提出了飞镖或矛的投掷器（也按照墨西哥人的用法称为 *atlatl*，在南美洲称为 *estolica*）最初使用的年代问题。关于这种工具源自旧大陆的说法是一个推论，其根据是它曾在澳大利亚部落间使用，这些部落承载的文化只比塔斯马尼亚人的原生文化稍晚一点点。这个在所有的人力推进投掷器中看起来最古老的装置非常精巧独特，很可能是一项发明，然后很早就很广泛地传播出去了。有一种日渐流行，而且是合理的倾向认为，中等大小的石头尖器

(这正是看来最早的尖器)曾经与飞镖投掷器一起使用。[①]比起长矛和投枪，飞镖投掷器的优势在于速度和精确性，这来自备 172
受恭维的投射轨迹。它要求较轻的矛杆，也不能承受沉重的尖器。

四、一段时间之后有了游猎族群，他们对食物研磨不感兴趣。在一些地方，如圣巴巴拉一带，两种住所类型之间突然断裂，甚至连体型都改变了，意味着狩猎族群可能粗暴取代了更早期的族群。福尔瑟姆和尤马（Yuma）文化代表了高度专业化的大型动物狩猎。这样的文化对植物食物和纤维的兴趣多半很小。

五、在大陆冰壳消失的很长时间之后，我们得到关于弓箭、狗、鱼钩和磨光的石器的第一批记录。所有这些似乎都是后来者从旧大陆引入的，而且看起来是全面新石器时代的环境及农业的序曲。因此，这些就是发生在本文所讨论的时代后面的事情了。

早期文化序列的小结

这个简述试图勾勒出人类时代除了最后百分之二以外的全

---

① A. D. 克里格（A. D. Krieger）这样描述：“在‘鸟尖’（bird points）与较重的飞镖尖之间，有很确定的年代区分。轻型结构的真正箭头在全国各地肯定出现在相对较迟的时候。在得克萨斯，以及西部、南部和北部，箭头在最后的地层中才出现，那是和农业以及陶器制造一同发生的。……另一方面，飞镖尖在此前的文化中数量很多。”（Some Suggestions on Archaeological Terms, Bulletin of the Texas Archeological and Paleontological Society, Vol. 16, 1944-1945, pp. 41-51.）在墨西哥中部以北地区，飞镖投掷器在史前时代消失了。

部文化多样化的突出特点，涵盖了几乎整个冰河时代。在人懂得用火之前，不存在人类的任何记录。作为火的主宰，人在夜晚安全了，不怕猛兽；他能够迁移到气候寒冷的地方；他有了炉灶，家庭生活围绕炉灶展开；他的女人开始无休止地做各种加工食物的化学试验；他学会在火里使木头硬化和碳化，以此塑造工具的形状；他还学会了利用火的无情力量驱赶并控制动物，无论是大动物还是小动物。剥离树皮和韧皮纤维做成容器和绳索的知识，教会他一种简便的杀死树木的方法，这就给了他方便的木柴供应。把绳子织成网、把纤维和柳条编成篮筐，向他提供了最初的厨房和搬运器具。在利用石头的过程中，他以缓慢增长的技能开发出一系列简单工具，这些工具最大限度
173 地吸引了考古学界的注意力，因为它们几乎是唯一保存下来的东西。

直到冰河时代的最后阶段，人不论在哪里，都是靠采集和狩猎维生，逐渐分化为不同的文化。接近冰河时代结束时，文化演变（分化）的进度和方式剧烈改变了。尤其是在新大陆，看来一个新时代以引进食物研磨所带来的营养基本改善开始了。另一个革命动力来自精准武器——飞镖投掷器。最后出现了流浪的大动物猎手，拥有制造刃片和刀具的技能，这技能在石器上从未被超越过。就我们目前掌握的信息而言，比起从北京人到威斯康星冰川期中段之间的整个时期，更大的文化推进和分化似乎是从最后一次冰川期（威斯康星、维尔姆）的中段开始发生，延续到全新世开始的时候。而且，我还想提出，证据已经开始表明，新大陆可能与旧大陆同样参与了冰河时代后期的文化推进。

人口增长

这个早期人类记录的概述有一个含义，即一批又一批的移民潮以及各种发明从人类的祖先家园向外扩展，这个祖先家园被认为位于亚洲南部。这种强大影响力从很早就开始，持续了很长时间。下面我们需要考虑其传播的性质和某些效果。

至于地球如何被人类到处住上，仅归纳出以下几个要点：人类从原生之日起就是有力的拓殖者；世上有过多次人口剧增的时代；人类向地球上大多数地方的扩张并不是流浪习性的结果。

不论是人类的人口增长还是其他生物的数量增长，都是受可以得到的食物所控制。著名的人口曲线急速爬升到高处，当消费者数量增长到完全耗尽食物供应时，这条线就变成水平的了。人口增长的历史是一次又一次走向更高平面的过程，每一次升高都是由于发现了更多的食物，而食物增加要么是通过占据新领地，要么是因为食物生产技能提高了。扩张到新居住地的行为也刺激了利用新资源的食品试验，因而聚落的边疆很可能带来持续的增长潜力和不断扩张。一个群组来到新地区居 174
住，起初能利用的只有他们在原居住地所熟悉的那些资源。他们有机会或者迫切需要去试验不熟悉的东西，其中一些通过成功的试验就成为新的资源。在那以后，人口抑制因素开始起到越来越大的作用，除非取得更多新土地，或者由新技能发现更多的资源。“资源”这个词意味着确定一种物体是否有用，因此它是一个文化成果。

一个新的拓殖地有可能在一代人的时段内将人口增加到它

食物供应的极限，但通常是在几代人后达此极限。然后，这个地方的人口必须稳定下来，要么出生率和死亡率逐渐趋同，要么把多出来的人口分散到附属拓殖地。在人类时代早期，聚落的边疆顺着海岸线急速推进，那里的食物采集又容易又多样，改变居住地的问题最小。中等大小、地形不一的河谷也容易进入，而且收益丰满。边疆社区能吸引人到来，因而总是占据着最有利于扩张的位置。当聚落的边缘向前推进到离一个社区越来越远，这个社区对推进中的边疆做出贡献的机会就越来越小了。剩下的少量机会在于寻找附近不那么吸引人的地块。最后，不再有新土地可以占据，多半也没有了利用土地的新方式，这时候人口增长就停止了。地球上任何地方在任何时候被人住满的方式，必然与现代美国西部边疆移民的情况相似：首先活跃而迅速地涌入最有吸引力的地区；然后缓慢渗透到较低回报的地区；最后在越来越多的老占领区出现停滞。

采集和狩猎族群的人口密度不能以他们在现代的遗存人数来估计，这些人现在都困居在世界上最贫瘠的区域，例如澳大利亚内陆、美国大盆地，以及北极苔原和针叶林。人在早期占据的地区食物丰盛，只需简单技能便可支持每平方英里一个或几个住户的密度。在这些地区，这种密度是从最初的聚落以后，在几代人的时段里达到的。采集人习惯杂食，有好奇心用手头所有的植物和动物做试验，在火的帮助下加工和保存食
175 物，他们无论在什么地方定居下来，肯定很快就成为那里数量最多的较大型哺乳动物。

除非受某种信仰（例如图腾）的压抑，人对自己领地里他能容忍的肉食动物数量定下限度。人以外的其他造物活在对

人的恐惧之中，它们怕人，而不是人怕动物。关于人经受来自其他人的危险，我们有各种不同看法，但战争作为对人口数量的严重抑制因素，是超越早期社会形态的更先进文化的结果。持久的、致命的战争，其前提是存在政治权威作用于个人的持续纪律。这种情况也许在大动物狩猎者中初见端倪，他们也是好战的群体。糟糕的季节带来饥荒；在受制于严重气候变化的地区，此时的人口就会降低到好年景可支持的密度之下。瘟疫在原始聚落中没有很大的影响，因为他们由小群组构成，相互之间没有太多联系。流行病是通过人口密集而发育和传播的，它们属于人类历史上晚得多的时代。人口的严格选择是起作用的，而其结果是留下充满活力的血统，他们通常身体健康，寿命超过自己的生育期，当然遭遇意外事故的除外。

在早期，不曾有过独居习性或流浪游居的迹象。据我们所知，人总是偏爱组成社区，并且在食物供给允许的程度上定居生活。我们可以做出这样的判断：当人的技能很低的时候，社区通常很小。除了海湾和河口的富饶采集场地以外，五六个或最多十一二个家庭能够在方便搜寻的距离内充分利用食物供给。我们可以估计，在充裕的环境条件下，大约一个城镇大小的面积（36 平方英里）会成为来自一个单独居住中心的这样一个群组开发利用的完整大小的单元。人在日常的必要任务中会明智地保存精力，不强迫自己行走令人筋疲力尽的距离去带回食物。半径 10 英里对获取经常性供给品来说是太远了，因为这会让人把一天大部分时间花在路上。居住中心位置的决定因素通常有几个：靠近水源；花费最小的努力、行走最短的距离便可收集日常所需的食物和木柴；最好有现成的防御恶劣天

气的遮蔽之处；而且还有容易汇聚在一起的小路。如果一个地点一年到头都能提供这些令人满意的条件，它会被人永久占
176 据；如果不能呢，营地就会发生季节性变动。人并不倾向于无必要地四处迁移，他只是在依赖一种移动的主食维生的情况下（例如猎杀成群动物）才有理由游居，这是一种晚期的发展，而不是早期的实践。在全世界，远古的炉灶和粪堆证明人的古代习惯是固定他的居住地，而不是四处流浪，降低自己的舒适和安康。很多个体贝丘记录了人在一个特定地点的居住延续了几千年，不论是否表明这个地点曾被持续占据。

如果人能够识别一个好的营地，并且只要住在那里不比搬家更麻烦就一直住下去，那么这个营地也会用来储藏供给、建立作坊、进行社交和政治活动、增添零星物件，因而越来越多的东西和联络会进一步使人依附这个地方。

偶尔，某一群组达成了学习中的一个新步骤，从而提高了经济潜能。发明了更好用的工具、更新颖的食物加工方式、更有效的储存方法，这些发明表现为新资源的开发、更大的食物存量，以及人口的增加。这种更高效利用土地的进步文化得以对相邻群组施加压力，后者未能取得同样的进步。由于那些相邻群组处于越来越不利的地位，他们逃避了来自强大群组的压力，撤退到不那么理想的地区。竞争劣势和人数较少，最终足以导致较弱、较落后的群组离开原地或被强者吸收，不论过程中是否涉及暴力。这样，一连串的拓殖过程可以不断取得文化上的每一个重要进步。一个群组越先进，它所在地区能够支持的人数就越多，各社区内可能发生的联系就越频繁，定居习惯也就越强大。

如果以上关于人口增长性质的观点是正确的，那么旧石器时代，或者说冰河时代及其后几千年时间，是人类永久性向全世界所有的可到达之处扩散的时期，“可到达之处”指的是一切没有被冰封的较大的陆块。在食物供给允许的各个地方，人口增长率很高。进一步的人口移动潮流开始从文化进步的中心向外扩展。生活安康，甚至仅仅是生存下去，都取决于有没有利用所在居住地的实际技能。生物种群的压力总是在增强，然后又因为领土扩张或技艺提高而趋于和缓，像现在这样。世界上没有位置容纳非理性的人群（前理性人），后者不使用自己的智力，活在幻觉中，放弃他们拥有的好东西。没有理由认为，原始人在荒野地带四处漂泊，为了某种费解的流浪冲动而舍弃老家换个新家。没有理由认为，满足人类需求的任何地区曾经 177
降低人口数量或者一直人口稀少。这些原始人是出类拔萃、精力旺盛的动物，逐渐扩充自己对外界的掌控。他们不是处于退却位置，在混乱和绝望中一蹶不振、垂死挣扎的剩余种群，像某些现代观点所称的原始人那样。我希望这些关于人口增长和永久居住的论点以同样的力度适用于新大陆；不论有多少可用的时间，都可以做很多事，达到获取食物能力的最大限度。

植被的改善

上面对古人类所发生事情的概述也意味着在更新世，植被经历了什么变化。如果人在地球上的散布很早开始并一直持续，那么他们对植物世界进行干预的时间和方式足以影响植物的演化。如果原始人的数量变得相当多，尤其是如果他们不断开发自己的居住地，那么必定发生过植被的累积改善。这也许是从前面几页中可以得出的最重要结论。如果人只是四处流浪的随意住客，他们之前的住地空出来直到另一群人偶然闯入，那么人类占据的效果就会很快抹掉，像风暴或其他自然灾害的痕迹一样。而另一方面，如果人的居住以持续性为特点，那么他们给当地植物在繁殖优势上带来的任何改变，不论多么轻微，终究会导致植物种群的重要变化。冰河时代被视为人类向世界范围扩张、对动植物的统治不断加强的时代，它同时也是一个人类进化与很多植物的进化相互依存的时代，正如奥克斯·埃姆斯（Oakes Ames）教授所说的那样。因此，我们说更新世的自然史在进化上很重要，不仅因为它是一个气候和造山应力异常强大的时代，而且因为在这个时代中，人越来越成为压迫和选择其他生物的施动者。

就人类文化的早期层面而言，没有必要假定人在有目的地
178 改变其手中的植被，然而他确实持续改善着植物综合体，其方向是增加植物对他的经济效用，根据新的环境机会重新塑造他的经济习性，并且如埃姆斯所言，或许还会因此影响了他自己的身体进化。接近本文所讨论的这一时期结束的时候，我认为，人可能已经开始了他在植物管理方面最初的有意识步骤。他干预植物世界的主要行为，我相信有以下这些：（1）居住营地是最强烈扰动植物的中心。在这里，人移除了大部分植被，给公共居住腾出空间。土地在人的持续踩踏下变硬了。（2）垃圾在营地附近堆积起来，有贝壳、骨头、植物食材、灰烬等，形成富含氮质、石灰、钾碱和磷酸盐的土壤。（3）在邻近社区的森林、树丛和灌木丛中，有用的木头、树皮和韧皮纤维被大量消

耗。树木被杀死，倒下的死枝干为社区提供燃料。或迟或早，这种杀死树木的做法从人的永久居住地延伸到相当远的距离。(4) 通路在原野上开辟了一条条踩踏的土地，沿着这些路径发生了无意间的播种和根植，这是人在搬运时不小心丢落的。(5) 挖掘可食用的块根和球茎不断扰动这些收获的土地，使土壤混合，给那些没有挖出来的根茎繁殖的机会。挖掘根茎实际上正是未经计划的耕耘。(6) 新近移居过来的人群常常碰巧携带了可以生长的种子。(7) 前面已经强调过，为协助采集和狩猎而生火是改变植被最有效的方法。它的效力取决于重复使用，也就是说取决于一个地区被持续占据。(8) 最终，保护树和灌木的实践受到重视并形成惯例。活着的原始族群依然多半会这样做，为此我们不应该忘记早期人类的有益行为方式，他们的生存全靠着在自己的经验范围内理智地做事。

生态效果包括引进并维持来自其他地方的物种，但最重要的结果在于人如何将某些植物置于不利于繁殖的境地，以便给其他植物增加机会。这样，植物组合发生了越来越大的改变或重新构建，导致特定植物区系中一些品种消失了。人的活动特别强烈地致力于减少地面阴影。每一棵死去又没有被同类树种代替的多叶树和灌木，都会为喜欢阳光的草本植物腾出空间。一点一点地，空地为喜阳植物打开了，因而迈出了第一步，如 179
我在其他文章中谈到的那样，其结果可能就是狩猎文化的大草原。[①]除了沙漠和多雨赤道的永久性潮湿地面、较高的山上和

① Carl O. Sauer, A Geographic Sketch of Early Man in America, Geographical Review, Vol. 34, 1944, pp. 529-573; 本书中第 197—245 页【原书页码】。

较高纬度地区，地球上大部分地区的植被在不同程度上都有被人类进行植物置换的印记，主要是火后演替。于是，在人类出现之前的植物区系中属于少数和局部的因素，得到了不断加强的机会，数量大大增加。

埃姆斯曾指出，大部分栽培植物以喜阳为特点。例外确实是少数，如咖啡和可可。作为果实或根茎被人利用的绝大多数野生植物，喜阳也是事实。通过逐渐打开阳光照耀的空地，人无意中为自己协助了食物的大大增加。后来他可能学会有意这么做了。无论是什么样的气候和地形，即便是沼泽和水塘，任何地方可供人类食用的植物通常都生长在阳光充足的居住地。我们成排的藩篱、道路两旁、荒废的田野，以及烧过的森林，都长满了各种各样的浆果、灌木和树木的果实，和大量结籽的一年生植物。野生植物给美国印第安人提供作为主食的籽实、块根、块茎和球茎，收获它们主要是在树林边缘和大草原上，或者是在阳光照耀的溪流、沼泽和水塘的边上。①在人类时代之前，这种植物栖息地比较有限，特别是在不干旱的气候下。河流和湖泊边缘允许阳光照到狭窄的条状地面上。果实被风吹落，

---

① O. P. 梅兹格（O. P. Medsger）在他的《可食用野生植物》（*Edible Wild Plants*, New York, 1939）一书中提供了一份有益的名录。从他的可食用根茎清单里，我选出以下这些：主要在湿地的有——慈姑（*Saggitaria*）、油莎草（*Cyperus esculentus*）、菖蒲（*Acorus*）、雏百合（*Quamasia*、*Camassia*）、马铃薯豆（*Apios tuberosa*）、香蒲（*Typha*）、天南星（*Peltandra*、*Calla*）；在大草原和树林边缘的有——百合（*Calochortus*）、苦根露薇（*Lewisia rediviva*）、食用补骨脂（*Psoralea esculenta*）、双果实（*Amphicarpa*）、cowas（*Lomatium geyeri*）、yampa（*Carum gairdneri*）、野马铃薯（*Ipomoea pandurata*）、食用缬草（*Valeriana edulis*）、菊芋（*Helianthus tuberosus*）、其他野生马铃薯（*Solanum fendleri* 和 *S. Jamesii*）。

给树林带来短暂的开阔空间。悬崖、陡坡、坍塌的河岸、洪水新近冲积的表面，都造成植物生长的舒适小空间，这些植物可能成为后来在平坦空地上繁衍的先锋。随着人类的到来，给多种气候下的喜阳草本植物增加了空间，特别是在具有一定的季 180
节性干燥状态的地面，这种地面对燃烧、砍伐和挖掘最为敏感。

更多的生态变化值得注意：（1）落叶和腐叶土层变薄了，加上雨水流失有所增加、雨水渗透有所减少，因而淋溶作用减少了一些，pH 值（酸碱度）可能增加了。由此推断，酸性土壤在某种程度上向中性土壤转变了。[①]（2）那些扩张型的野草植物获得了有利条件，其特点是自由播种，发芽时耐受力强，早期生长蓬勃茁壮。（3）发生了从长世代向短世代品种的转变，特别是一年生、两年生和多年生植物的数量大大增加。人们认为更新世是很多一年生品种发源的时期。很可能，人所造成的扰动是出现一大批新的、一年生品种的主要原因。翻腾过的土地、小路两旁和村庄四周，至今仍然常常看到像苋科、藜科、茄科和葫芦科植物，这些植物过去和现在都在喂养人类方面扮演着重要角色。而且当然了，无数草类和菊科品种也被认为起源于人类时代。（4）频繁扰动带块茎的植物多半会鼓励它们的繁殖，这一点任何曾经挖掘带块茎的向日葵、甘薯、莎草或大丽花的人都能证实。（5）当人在任何时候对某一品种的植物或树木施加保护，他就是在进行干预，以建立该品种在某一地方的统治地位。（6）废弃物堆给某些植物提供了专门

① 根深叶茂的大树和灌木被根部呈纤维状的草本植物和野草逐渐取代，继续帮助土壤酸度的转变。

的栖息地，这些植物的生长主要依赖含氮物质和从灰烬、骨头和贝壳中溶解的营养盐。

因此，植物演化过程也是得到人类帮助的。人所造成并保持下去的扰动，改变了植物存活机会，有利于偶然变种的植物。随着更多的变种能够自行繁殖，进一步多样化的后代产生了。(1) 影响生存周期（例如，一年生的习性）或发芽的基因突变，之前没有通过自然竞争稳定立足的，可能获取了繁殖优势。(2) 多倍化，特别是如果能带来籽粒或植物体积增加、生长更快或更茁壮的话，可能更容易存活。(3) 渗入杂交得益于从其他地方带来、偶然撒下的种子的帮助。如果人由于任
181 何地块或植物丛的果实、籽粒或根茎可口美味而给予它们任何保护，那就是对植物无意中的人为选择在起作用了。

于是，植物与人之间新的共生关系在发展。人口越增加，移动性或撤离一个地区的倾向越小，那么植被的长远改变就越显著。而且，带种子一年生植物越多布满新近腾出的空地，结果实的树和灌木越多包围这些空地，长根茎的植物越多被挖掘切分，那么也就有越来越多的植物食品供人使用。一个持续的循环就这样建立起来了。或许人类也是在为自己收获越来越高比例的植物食品，而与其他哺乳动物分享的部分就越来越少了。像在现代农业中一样，在早期的采集时代，从动物食品到植物食品的转变使每个单位地表产出更多的卡路里。随着人的习性变得更倾向于素食，他就能供养更多的同类。人在减少森林面积、收获种子、挖掘根茎、煮熟和存储食物方面的技能每一点进步，都能够将人口的上限提高，并且在大多数情况下，能够施加选择的压力而有利于对自己最有用的植物。

10. 热带美洲生态中的人类* 182

热带气候

为本文目的，“热带”指的是潮湿的低纬度地区，尽管不一定在所有季节都多雨；或者是指经典的热带地区，在大陆块东侧往极地方向底部变宽，西侧往赤道方向倾斜。我们在此关注的不是对于在何处划分气候界线的争议——通过那些规整的线条，地理现实被隐藏在数值系统的诡计后面，它常常还与同样骗人的植被区划掺和在一起。而我们所关注的就是这些低纬度地区，它们的天气由赤道低压气室决定，季节变换在北半球部分地区取决于季风效应。短白昼、昼夜温差和年低温期都不明显。降雨有季节性，很少例外；“雨总跟随大太阳”。向极地流动的空气是稳定的，并且可能有不小的信风或来自高纬度的大陆气流入侵。在所谓“夏季”到来的降雨主要是对流性的，因而即便在热带中心地区，早上（偶尔一连几天全天）天空都很晴朗。一年与另一年之间的天气变化是很小的。在全新世和更新世，低纬度地区很少受到气候长期变化的影响；如果说在任何地方我们可以想到气候稳定性的话，那么就一定是

---

* Man in the Ecology of Tropical America, Proceedings of the Ninth Pacific Science Congress, 1957, Vol. 20, 1958, pp. 105-110.

这里了。

一年到头的降雨、潮湿的空气、湿滑的地面，这些只限于热带的次要部分；新大陆的这种情况出现在安第斯山的坡顶，特别是在亚马孙流域一侧，位于热带低地上方高处的很长的条状云雾森林。在山的较低斜坡，有通常的每天日照和落雨的节奏，有晴朗干燥天气的时间段。亚马孙流域的大部分地区都有
183 明显的干燥时期，在干燥时期中可能有高地树木部分落叶和某种果实成熟的日子。气象学的总量和平均值就天气序列而言可能有误导性。“潮湿的热带”和“雨林”是过分简单化和被统计学扭曲的术语。

生态系统

各种生物分享同一个地理空间，这是生态学关注的事情。这种分享包含了太多种类的生物，以至于我们很少会想到整个生态，而是谨慎地倾向于降低它的复杂性，办法是建立起认识和关联的多个部分系统。比如，我们几乎完全不了解地下群体生态学，那是关于白蚁、蚯蚓、霉菌、细菌和其他土壤中的生物体，以及它们对地面上生物之关系的学问。“植物”和“动物”的生态学大部分各行其是，分开研究了。植被综合体和“区域”，被人们按照其构成实体的生长习性、丰富程度及显著程度予以标明。在这种从大体描述转变为具体解释的过程中，生物形态及因素的数量、多样性和可变性迷惑着我们的理解。我们在研究中运用了数值计算和统计学相关性、实验排除和对照等方法。然而，在这类量化检视和实验所能达到的范围

之外，还存在自然史和地球史上的——以及不再发生、不可逆转的时代现状中的——更重大事件和过程。

植物生态学家想到，要通过将植被直接与外部环境相联系来减少他们所面临问题的困难程度，这个外部环境的地理界线被看作由大气和土地的品质所决定。最全面的理论是，一个特定地点有多组植物落地生长（组合），一组接一组分成阶段，直到构成一个完全适应这个地点、从而稳定下来的最终集合体（顶极组合）。人们认为，这种顶极植被（climax vegetation）就当地气候而言，是被调整到或组合为最佳状态的。他们构建了相当高雅的模型，但是并没有考虑地球的变动状态，或者没有考虑自然史、文化史。在世界的任何地方，各种生物如何生活在一起，并经历进化演变，这是一个长期实际时间的历史问题，它不可能用一连串的阶段和气候高峰的调配来解释。

人的热带起源、散布和增长 184

在这个讨论中，我们把注意力放到人在热带世界动植物区系的位置问题上。以我们目前的知识水平，有一个争议是人类的摇篮是在热带亚洲还是热带非洲。也许还可以说，作为我们所承认的直接祖先的“人”，可能是亚洲和非洲两个来源的后裔，然后在更新世晚期和全新世里不断移居到新大陆。在旧世界热带地区，他那一类人从一开始就存在。在新大陆，他已经居住了几万年。（他何时进入新几内亚和澳大利亚还不清楚，但可能也是在更新世的类似时期。）他最早的家是不是坐落在热带雨林，这一点不能确定，不过有人根据在爪哇的发现认为是这样。无论如何，旧世界的广大低纬度地区产生了作为人类进化基础的原人（hominid）形式。我们习惯于认为，多雨的热带地区植被如此华而不实，使原始人在大森林里找不到什么东西维持生命；这是对的。然而，这个说法不对的地方在于，原始人并非不能为自己找到早期的舒适小空间，在那里他可以生存并增加人数和技能。因此，我不能同意保罗·韦斯特马科特·理查兹（Paul Westmacott Richards）教授颇有见地的生态研究，[1] 在那本书里他说："直到人类历史上最近的时期，人对热带雨林没有造成什么效果；大片地区完全无人居住，或者只是由食物采集族群居住，他们对植被的影响不大于在那里栖息的任何其他动物。"他在给热带雨林下定义时没有做出不同寻常的限制；他所说的印度-马来亚雨林从印度南部横跨马来亚和美拉尼西亚，非洲雨林从刚果中部直达几内亚海岸，而美洲雨林包括亚马孙盆地、圭亚那高原，以及加勒比海的中美洲和安的列斯群岛。

新大陆发现时的状况

在新大陆热带地区存在的原住民和他们的生活状况，与降雨和森林生长没有什么关系。哥伦布发现新大陆，除了委内瑞
185 拉的珍珠海岸以外，都是在更多雨的地带。海地岛被哥伦布详细夸赞为地上天堂，住着很多人，文化很有吸引力。在发现巴

---

① P. W. Richards, The Tropical Rain Forest（1952）. 引述的部分见第404页。

拿马海岸时，他谈到波托贝洛附近的这个国家说，“一切就像画出来的花园”，房子在上面密集散布着。从巴拿马东部到达连湾，再到锡努河，有很多农业人口，住在村庄和较大的镇子里。因为他们拥有很多加工的黄金，从达连来的西班牙人很快就大量涌入这一地区。达连是欧洲人在新大陆的第一个大陆城镇，这个原初西班牙城镇的建立是为了方便进入四面八方的许多印第安人居住地。土著人口很快被消灭了，而西班牙人放弃了达连，在太平洋一侧建立了巴拿马城镇。西班牙达连的所在地如今是在几乎无路可循、无人居住的森林中间，这片森林从波托贝洛一直延伸到超过了达连湾。

最早抵达亚马孙流域的弗朗西斯科·奥雷利亚纳（Francisco Orellana）一行发现了很多农业部落占据着很大的村庄。现在的考古正在亚马孙河沿岸发掘出一连串遗址，它们可能会把亚马孙河口马拉若岛的高度陶瓷艺术与安第斯文化联系到一起。

我们新大陆潮湿的热带地区，早在西班牙人到来之前很久就为当地人的移居而很仔细地勘察过了，并且养育了数以百万计的定居人口。除了在大山侧面的云雾森林，气候完全不是一个限制因素。环境的限制和现在一样，是在土壤方面：积水的低地，上亚马孙盆地经深度淋溶的宽广河间台地，砂石覆盖的巴西和圭亚那内陆山峦，亚诺斯山地的黏土层，铁矾土和红壤，特别是低地势的火成和变质的基岩。

我们的热带土地在多个地质时期里，很大程度上暴露于热带天气作用之中，很多地方的成土母质中原本缺少营养矿物质，某种程度上又没有足够的地势起伏来限制淋溶残渣的积累。这种贫瘠的地块也造成人烟稀少，而富饶之地就不是这样了。

美洲热带的现代定居区主要是对原住民占据的地盘进行再次移居，就像现在委内瑞拉发生的情况那样，再加上排水工程带来的扩张。考古和土壤勘测对古代和当今土地吸引力的发现是一致的。

186 水滨栖息地和原始水平的习性

不论未开发的热带森林对于最原始的族群来说有多么险恶严峻，水路还是闯入林中，很多条溪流穿过森林，开辟了日照通道，以此招致人类进入森林。湖畔和海岸也提供了空地。在很大程度上，各处的原始人都是亲水的造物；他们沿着水边迁入热带森林，靠水而居，在那里采集他们需要的所有东西。森林多高或多大都没什么关系，阳光照射的水道提供了宜人的环境；水道广泛分支，远远深入内地，通往分水岭的方向。总的来说，水滨栖息地有利于进步，因为那里既有陆生、也有水生的植物和动物，环境是多样化的。水滨的族群多半会一组组地过社会化生活，聚居的地点适合维生，不受洪水危害，也容易与其他群组联络。对这些族群经济地理的解读，要考虑这种水道延伸区域及其相邻陆地的生产力，考虑现在的军事行话称为“机动性”的问题，考虑被选为居住地点的吸引力。在这里，人类生态学必须从原始人所知道并利用的湖沼学开始。

如今在亚马孙河流域和圭亚那高原最边远的部分，可能还有其他地方，仍然存在着非常原始的采集人和狩猎人的残余者；他们完全不懂农业，有些情况下甚至不知道筏子或船。我们对这些人知之甚少。他们之所以幸存下来，可能是由于退却到最偏僻、最不吸引人的地区。其他部落可能只掌握陈旧的水上技能，例如徒手抓鱼（美国土话叫“graveling”）、用梭镖和弓箭射鱼，特别是使用杀鱼植物，这是一种广为传播、发展成熟的古代技术。一些这样的部落用轻木筏，但是不造船。一旦增加了船、绳索和渔网的使用，水上经济就变得精细复杂了。水边的地区对狩猎的回报特别丰厚。这里有水龟出来产卵；啮齿动物如大水豚在此生活，貘在此觅食；还有最多种类和最大数量的陆生动物，其种类和数量取决于水滨植被。在靠近水体及水体之中，人赖以为生的动物资源在数量和多样性两方面都绰绰有余。

人作为一种陆生造物，在热带森林边缘找到了自己的地 187
盘。沿着水路，由大自然提供并维持的森林边缘既好用又有回报，也给人带来合适的植物经济。森林上方的冠盖受到干扰，允许充裕的阳光抵达地面，在那里个头不高的植物得以成功生长。被排除在森林之外的灌木和草本植物以多种形态出现。新近沉淀下来的冲积物质、河岸内经常形成并改变的沙洲、站立不稳而倒在水流中的树木，所有这些令水平面或升或降的偶然事件维持了一个扰动区域，吸引着那些能够快速移居、快速繁衍的植物。这种植物提供给人的不仅是食物——水果、多肉的块茎、淀粉质的块根——还为其他用途提供了原料。在新大陆，瓜多竹（*Guadua*）、箭草（*Gynerium*）和其他巨型草类给人提供了相当于旧大陆竹子的大部分东西。除了真正的棕榈树以外，人也用 *Carludovicas* 来制作篮筐和垫子。天南星科植物产出块茎和果实（龟背竹属，*Monstera*）。蝎尾蕉属（*Heliconia*）植物的叶子用来包裹需要储存或搬运的东西，也为煮食提供包皮、为吃喝提供盘盏。这些植物和许多其他的灌木、爬藤或低习性树木，属于不稳定的森林边缘。

至于人工制品，原始热带森林族群也许可以说是拥有木器文化，那也包括藤条和棕榈。他们的武器从矛杆到尖器，都是木头和藤做的。韧皮纤维是绳索和衣服的原料。相当于绳子的东西是由叫做 *bejucos* 的木质藤本植物提供的。筏子和捕鱼浮板由轻木制成，例如 *Ochroma*。独木舟是用某些品种的树干巧妙碳化成形，例如木棉（*Ceiba*）、洋椿（*Cedrela*）和桃花心木（*Swietenia*）。由于石头和陶器多半完全没有使用或者使用得非常少，考古遗址可能都遗失了，除非通过一种异乎寻常的植被而被人认识。

栖息地的改变

即便是这些更原始的非农业族群，也不能被看作仅仅是他们所处森林环境中特定舒适小空间的消极占领者。由于他们的持续存在和活动，他们对抗着森林扩大了自己的空间。或早或晚，他们中的大多数在捕鱼、狩猎和采集之外增加了对土地的农业活动。（我并不暗示任何自发的、独立的农业发展和动植物驯化。）在我们热带地区的文化替代范围十分重大，以至于
188 幸存的非农业族群非常之少、每一族群也非常之小，而且只是在土壤条件极其不利（并非气候上受限）的地区被发现，那里的土壤要么是因过度淋溶或板结而不值得耕种，要么就是沼

泽地。人对陆地生态的持续干预已成惯例。而水中生物，虽然它们也被人利用，却很少被人改变。水生动物的严重消亡是随着欧洲人到来才发生的，之前我不知道出现过任何这类情况。我们推断那时候发生的是普通的捕食，而不是对水生资源的破坏。

人从非常远古的时期就存在于美洲大陆热带地区及其周边岛屿上了。由于这里的气候变化极小，除了后冰川期海平面上升而淹没的低地以外，人没有被迫放弃他领地中的任何部分。随着他所获技能的每一点增加，他的人数便增加了，因为这些技能都是为了更大程度地利用植物和动物。由于人的坚持、人数增加及采取积极行动，他给地区内动植物中其余的部分施加了越来越大的选择压力。他的行为使某些生物数量增加，或许还引进了某些生物，同时使另一些生物减少甚至消亡。一种无人生态，即像人一样在数量和力量上几乎不受抑制的生态，只是在无人存在的环境中才会是真实的。有些生物地理学或生态学从大地上排除了作为一个至关重要因素的人类，我对任何这样的学说已经越来越怀疑了。

定居和社会习性

勉强可称为村庄的居所是水边居住的特点。只要有可能，它的地点都是选在高于最高水位的地方。在新大陆热带，还有把房屋建造在一组高桩子上的有趣习惯，其分布需要研究。它的发源地可能是人们居住的广阔的洪泛平原，而这种风格被带到高地居所，如乔科人（Chocó）。另外在有些地方，人们住在群聚的树屋里，如在阿特拉托的洪积平原。建立村庄需要有一个下船的地方，能把船拖到岸边。溪流交汇和有多条急流的地方标志着永久性的天然优势，可以集中所需物品，控制支流经济区。一个定居的上好地点会持续享有优势，通常也会持续被人占据。人的本性喜欢定居，只有在必要时才搬来搬去；这种必要性过去和现在都是例外情况。被称为“家”的地方收获
189 额外的依恋之情，因为传统和仪式在那里扎根。栖息地的持久存在和对崇拜仪式的遵守是文化地形学（cultural topography）的重要主题之一，它回溯到遥远的古代。对大多数热带栖息地来说，凝聚在一起的永久定居是惯常做法；这种情形在新大陆和旧大陆看来是相同的，特别是在东南亚地区。

村庄是一个持续并不断扩大的生态扰动中心。清除出来的空地和垃圾堆生长了新的植物，两种地点的土壤是截然不同的。边缘地区经历了林地普遍存在的消损。当木质双子叶植物的外部传导组织被切断时它就可能死去，这个知识在林地居住者中间是自远古即拥有，而且可能是所有这样的人群都普遍知晓的。热带森林人群很少使用普通的纤维植物，但是大量重用树木的韧皮纤维，有的擀成毡子（“树皮布”），有的拧成绳线（特别是众多的桑科树木）；失去韧皮可能会杀死树木。同时，树胶和树脂也有各种用途，割皮收取汁液对树木的损害较小。摧毁和破坏树木韧皮的经验教训，人在很早时期就学到了。当农业被引进后，人砍掉或剥去一圈韧皮，以此杀死树木，让种植所需要的阳光照射进来。死树提供燃烧用的干木头，这是解决定居地木柴减少、燃料短缺的最简易办法。随着风暴打断死去的树枝并推倒树干，“靠环剥树皮杀死树木”逐

渐变成了“清除森林”。人对森林的掌控并不需要斧头；他要是想把树干做成独木舟或轻木筏，就用火来放倒树木，也用火来把树干截成理想的长度并塑造为成品的形状。

用火降低森林地位

人用以改变栖息地、使自己的习惯多样化的最强大工具是
火，我认为这个论断对所有气候区和所有文化都是正确的。在
家中灶火上，发展出煮熟食物的工艺和基本工业技术。在户
外，人学会了生火的各种方法，以方便他对植物区系和动物区
系的占用，从而也修改了两者，不论是偶然造成还是有意为
之。形成生态学家所称的次生演替或反射演替，这对人是有利
的。一个长满大树、完全成熟的森林，对人来说是一种处于最 190
无用状态的植被。除了木材，他从大树身上得不到什么好处。
与其他生活在地面上的生物一起，人的收获也限制在矮生的东
西，因而他的兴趣在于一种延缓或退化的“植物演替”。他发
起并保持生态扰动，逼迫原始森林后退。他不停不歇的努力是
为了掌控并管理生存环境，实行的方式是用较小而生长期较短
的植物取代那些大型植物，将森林边缘打开，转变为灌木和草
本植物，并越来越扩展森林中受扰动和被缩减的区域。做这一
切，他最轻易、最频繁使用的就是火，这样可以使收获动植物
变得更容易，也可以更好地管理土地、提高生产力。印第安人
用火的实践清楚表明，他们理解用火的目的和结果，不论这个
目的和结果是在农业、狩猎还是采集方面。森林消损和改变在
重大程度上是有意而为的。

人作为地区内动植物扰动者的有效性，或许从热带边缘到赤道地区就减弱了。新大陆驯化植物的起源主要指向热带外缘部分。可以推测，热带中心地区的农业是从附近雨旱季分明的地带拓展过来的。不过热带雨林并不抵抗农业族群的渗透和对植被的修改。这些人往往是最有效的攻击者。“冬天”旱季是亚马孙河和奥里诺科河流域、中美洲和西印度群岛中大部分地区的特征；在这段时间里大地表面及杂物变干了，火的作用很有效，并且会蔓延开来，直到被地形障碍阻断。甚至在无雨日子很少的亚马孙山区，也会在种植之前规律性地焚烧杂物。潮湿热带的薄皮树种隔绝性差，尤其是小树，因此会轻而易举地被火烧死。我需要重申的是，坚持不被人修改的自然植被几乎完全是限于土壤状况不利于人类干预的地方，而不是受气候因素的限制。

稀树草原的问题

离开赤道，雨季缩减了，让路给热带边缘的大旱季，这在气候上常常被描述为从湿热带气候转变为稀树草原气候。后者
191 的植被主要由更耐旱的植物种类组成，尽管作为雨林特征的树种可能依然存在。我们在此可以提出一个反对意见，即不应该把稀树草原气候与稀树草原植被等同起来。气候，从所有季节都降水过渡到有漫长而显著的旱季，这在传统上是由方便但非关键的降水数据来划定界线的。当西班牙人从海地和古巴的岛屿阿拉瓦克人（Arawaks）那里学到 *savanna*（稀树草原）这个词语的时候，它并没有气候方面的意义，也没有太清晰的植

被方面的意义。稀树草原首先是平原，大部分空旷长草，并不是没有树丛，常常散布着高大的棕榈树。在西印度群岛的稀树草原上，年降雨量在100到150厘米；但是在委内瑞拉和中美洲的稀树草原，一部分地区年降雨量可达西印度的两倍之多，其余地区却比西印度还少。奥里诺科河低地的广阔稀树草原包括从雨水稀缺到非常多雨的地区，要注意它们被称为 *llanos*（平原）。

关于稀树草原是气候所决定的热带草原这个推论，我认为是没有道理的。这些草原跨越非常不同的成土母质，由此发展成不同的土壤。在部分程度上（我认为是次要部分），它们可能是以土壤为基础；但如果是那样，它们也已经延伸到大大超越了原生的长草地块。这些草原的一个共性是，它们都是平原。另一个出自西印度群岛的同样古老的植被术语是 *arcabuco*，即带刺的灌木丛，多为豆科（Leguminosae），还有一个含义是高低起伏的地势。稀树草原和灌木丘陵，两者首先是在地势上形成对比，其次是上覆植物的差异。

对广阔的稀树草原来说，唯一能够满足所有条件的解释就是火——在旱季经常燃起、蔓延辽远平原的火。除了人们至今还在焚烧草原的一些地方，比如南美平原，其他地方的稀树草原已经丧失了多草的外观。在北方，在古巴、海地，以及在陆上向南深入尼加拉瓜，加勒比松树和关联的黄松林地构成了相当开阔的以草为床的松林。这些松林可能延伸到低海拔处，进入降雨量大的地区（如莫斯基托海岸）。对火的抵抗力——来自软木绝缘树皮、种子在土壤侵蚀所暴露出来的矿物质土中发芽、阳光充分照射土地，等等——给予旱生木本植物扩大范围的机会，这些植物或许主要源于北方。这一情形有点像美国南部海岸平原的黄松森林，在那里人们把受控制的燃烧应用到松林的维护和繁殖上面。

192 欧洲人征服带来的变化

欧洲人的到来造成早期的深远影响。具有定居务农习性的大量当地人口在一两代人的时间里锐减或消失了。这种崩溃大多发生在海岸低地，尤卡坦是个主要的例外。加勒比沿岸、韦拉克鲁斯低地，还有从巴拿马直到锡那罗亚高文化地区北部边界的太平洋低地，人口快速下降而几至消失。欧洲的家畜，牛、马和狗，散布在原来印第安人的田野上，新大陆成为主要是畜群的聚集之地，这些畜群最早是在海地和古巴饲养起来的。由于这些动物用粪便传播木本植物的种子，它们也成为损害自己生长区的帮凶。举个例子，西班牙人投诉说，在他们来到海地后仅仅一代人的时间里，岛上的养殖区被 *guayabales* 侵占，即番石榴属（*Psidium*）灌木丛，这种灌木丛如今还是广泛存在着。

各种各样的次生植被仍然可以帮助我们辨别史前的定居点。在墨西哥西海岸，我因而注意到在索诺拉的牧豆树（*Prosopis*）群体、更南边的金龟树（*Pithecollobium*）和面包树（*Brosimum*），以及大量的智利棕榈（*Attalea*? *Orbignya*），标志着曾经繁荣的社区。有些这样的考古显性性状在这些地区并不为人所知，除非是在古老的定居地点上。通过废墟周边糖胶树（*Archras zapote*）的密度，树胶猎人（Chicle hunters）很早就被称为玛雅考古的发现者。桃花心木（*Swietenia*）和热带雪松（*Cedrela*）很适合移植，它们可能在古老田野所处的位置上有最大面积的林地。蚁栖树（*Cecropias*）很快来到被遗弃的土地上，不久又慢慢隐退，还有可能像巴拿马草（*Carludovica*）、蝎尾蕉（*Heliconia*），和更缓慢的轻木属（*Ochroma*）、*Guazma* 属及各种金虎尾科（Malpighiaceceae）的树木；但是在田野被遗弃四百年后，某些树木和棕榈仍然标志着人类居住的遗址。其中一些是当地人非常看好并引进的树种，比如智利棕榈似乎就是这样，或者是受到当地人保护，如糖胶树。其余的树种，像桃花心木和热带雪松，可能是移植过来并在此扎根的。它们的持续存在或许突出表明了人类过去的活动范围。据我所知，旧大陆就没有显示这种人类占据突然消失的现象。

山坡的陡峭并不减少土著居民对它的开发；即便在今天，
小块耕地和玉米田依然出于人们的偏好而排列在陡峭的断裂地 193
势上，这绝对不只是因为缺少用来种植的土地，而常常是由于那里有更好的排水和通气。

结论

缺少水系、缺少起伏的地势，以及与之相连的缺少土地肥力，是对新大陆原住民的主要遏制因素。在这里，也许只有在这里，我们可以宣称广泛的原始植被幸存下来了，那是一种没有受到人类影响的植被。

在美洲热带的北边，我们曾用放射性碳测定，狩猎人群的存在超过了 38 000 年（这是目前年代测定的最大值），务农人群的存在有 8 000 年，伴随着年代不明的更早时期在热带驯化的植物——见理查德·S. 麦克尼什（Richard S. MacNeish）的《塔毛利帕斯》（*Tamaulipas*）。在整个人类时代，人作为采集者、猎手、渔民，都使用了火。作为农人，他至少在与旧大陆西部农人差不多的年代便坚实而广泛地立足此地了。作为热带的种植者和渔民，他的生活模式类似于东南亚的生活模式，只是没有湿地庄稼。在欧洲人发现新大陆的时候，新大陆的人在热带部分地区大量定居，这些地区当前渺无人烟，或者正在重新移民。在所谓原生森林里，坐落着相当先进的文化的遗址。同型同境群落体系和生态演替系列中的有些东西被我们忽略了。

第四部分

人类时代更久远的延伸

11. 美洲早期人类的地理概述*

人们不需要借口，便可以深究细查任何地方的人类历史中的任何一部分，如果这样做可以使我们对文化进程获得深入理解的话。的确，对人类各群体的研究被视为在类型和方法上与有机世界多样性的一般问题具有某种联系；以我们目前的知识水平，早期简单的人口比后来复杂且高度衍生的群体更适合作为研究对象。深思熟虑的人文地理学者非常关注远古时代和原始族群，这既不是偶然的也不是逃避现实之举。人的科学，即社会科学，不能拘泥于那个时代的政治力量和抱负，也不应当受那种力量和抱负的摆布。

主题和方法

本文的写作以某些前提作为开端：（1）人类的自然历史与文化历史是连在一起的；（2）任何人类群体的文化就是这个群体有组织的或习惯性的生活方式，它包括来自老辈人的习俗和技能、从邻近族群学到的东西，也许还有自己的发明；（3）如果一种文化是有生命力的，那它的各种特征综合体就

---

* A Geographic Sketch of Early Man in America, Geographical Review, Vol. 34, 1944, pp. 529-573. Copyright, 1944, by the American Geographical Society.

是一个功能上有效、美学上令人满意的解决办法，使这个群体得以生活在自己可支配的环境之中；（4）社会科学关注对文化起源、发展及灭亡过程的理解，以及社会组织的等级制度；（5）人文地理学的特别任务是，从这些社会组织和文化过程所在地点的方式和意义的角度来审视这些组织和过程。也就是说，人文地理学者给自己提出的问题是：为什么几种文化产生
198 于某一特定地点？为什么它们在某些特定地区传播？也许还有，为什么它们没有能够维持下去？

人类地理学（anthropogeography）的几个基本主题在这个讨论中是不言而喻的。弗里德里希·拉采尔已经表达了其中的大部分内容，但我在这里还是用自己的话重述一下：

一、一种特定的环境为一个特定的文化群体提供一组可确定的选择范围，但这组范围在同一地区中可能对另一个文化群体就是相当不同的。因此，一种环境，除非从居住其中的群体运作方面来表达，否则其特征是不可能被正确辨识的。一个被适当描述的群体对其环境选项的运用，是人类地理学的首要关注点。

二、环境可能会发生外部变化，从而改变了它的可利用性。这方面一个熟悉的主题是气候变化。

三、人可能因其居住而改变自然环境，这种改变可能是短暂的，也可能是不可逆转的。乔治·马什在1864年首次系统地探讨了这个主题，他将其描述为“被人类行为所修改的自然地理”。

四、在人类居住的广大范围中，只有很少的、每一个都不大的地区似乎充当过文化起源中心。其中有些只有一次获此殊

荣，另一些则多次成为文化创新的中心。这些著名场地是历史上至关重要的区域，它们涉及一些至今尚未被人充分理解的问题：关于面积、人口密度和居民多样化的重要意义，关于当地资源的种类和多样性，关于当地居民孤立于其他群体以及与其他群体交流的特征，等等。

五、与此相反的极端是文化幸存的地区，绝大多数是静止的，其中的族群按照自古以来的模式生活着。这样的地区多半处于偏远或与世隔绝的位置。

六、文化从一个地区（或群体、人口）向另一个地区（或群体、人口）的散布或传播，从现代地理学一开始就一直是人们的探究课题。乔治·蒙唐东（George Montandon）曾指出，是拉采尔领军的人类地理学打击了较早时期解释活力一致的文明发展有不同速率的人类学观点（“进化论的”或生态学的文化发展观念），他坚持将文化因素与地理分布相比较，从而否认发展阶段与环境之间的简单联结。①有意思的是，作为 199
环境研究者的人类地理学家很早就开始怀疑文化的平行阶段及平行发明的频率。当文化特征定义得足够清晰时，除了那些可能性明显有限的替代来源例子之外，绝大多数的特征是不太可能出自多重发明的。特别能表明传播观念的是那些并无明显派生关系的文化特征之间的联系。一个文化因素或文化系列的不一致性总会涉及其身份辨识问题，以及可能的传播问题。此处的问题与生物学上的共同起源还是平行变异的问题很相似。

---

① George Montandon, L'Ologénèse culturelle: Traité d'ethnologie culturelle (Paris, 1934), p. 26.

人的到来和冰河时代

除非人类起源于新大陆——这个理论几乎只有弗洛伦蒂诺·阿梅吉诺（Florentino Ameghino）一个人持有——否则第一批移民几乎肯定是从东北亚经白令海峡来到新大陆的，其他路径都基本不可能。从亚洲进入阿拉斯加没有什么问题：我们知道在更新世起始的时候，海平面稍低，或者是地面稍稍升高，把海峡变成了陆地桥梁，这种情况之后也可能再次发生。也许，海峡结冰时，那些能熬过北极冬天的人有可能越过它。西阿拉斯加是北极亚洲的地质离层。阿拉斯加的低地当时未受冰川作用影响，习惯于高纬度生活的任何人群都可以在那里居住。

如果人是在冰河时代之后很久才进入新大陆，那么他从阿拉斯加向东或向南行走是没有问题的。只有在大陆冰川仍然存在的时期，人离开阿拉斯加前往远方才会遇到困难。

与冰河时代同期的福尔瑟姆人。——有半个世纪之久，谨慎的人们克制住自己对美洲古人的好奇心。人类学界以及部分地质学界好斗的权威人士从19世纪80年代直到近几年为止，一致反对这种探索。马塞林·布列（Marcellin Boule）在1893年访问美国，那时候查尔斯·康拉德·阿博特（Charles Conrad Abbott）和弗雷德里克·沃德·帕特南（Frederic Ward Putnam）正在支持新泽西州特伦顿曾有过更新世人的主张，布列将这件事与早些时候法国院士“系统而往往是讽刺性地”

反对在法国发现旧石器时代遗迹一事相比。[1]柯克·布赖恩指
出，在新墨西哥州对福尔瑟姆人的发现打破这种保守成见之
前，拒绝承认新发现已经成为一种几乎是自动的做法，认为新 200
大陆在近代才有人居住的教条当时变得非常僵硬了。[2]

幸运的是，有能力、有地位、有勇气的调查人员结合在一起，使福尔瑟姆发现的正确性在 1927 年得以确立。以柯克·布赖恩及其同事们为主所做的时间顺序相关性研究告诉我们，[3] 福尔瑟姆人原始的及后来的地点显示在冰川或雨水的沉积物中。福尔瑟姆因此成为一系列惊人发现和重新评估的起点，这主要是由新一代研究者做的，他们把旧的“保守”立场置于不堪一击的境地，这种旧观点说新大陆是在较晚时期由简单、可识别的印第安人占据的。[4]

---

① Marcellin Boule, Les hommes fossils (Paris, 1921), chapter 1；以及在“特伦顿人”（Trenton Man）标题下。

② Kirk Bryan, Geology of the Folsom Deposits in New Mexico and Colorado, 载于 G. G. McCurdy, edit., Early Man, as Depicted by Leading Authorities at the International Symposium, The Academy of Natural Sciences, Philadelphia, March 1937 (Philadelphia, 1937), pp. 139-152。

③ 福尔瑟姆记录的主要参与者和解说者是史密森学会的 Frank H. H. Roberts, Jr.，特别参见他的 Developments in the Problem of the North American Paleo-Indian, 载于 Essays in Historical Anthropology of North America Published in Honor of John R. Swanton, Smithsonian Misc. Collections, Vol. 100, 1940, pp. 51-116；以及他的 Evidence for a Paleo-Indian in the New World, Acta Americana, Vol. 1, 1943, pp. 171-201。截至 1938 年的福尔瑟姆（和尤马）记录总结在：H. E. Fischel, Folsom and Yuma Culture Finds, American Antiquity, Vol. 4, 1938-1939, pp. 232-264。该期刊后面的几卷记述了后来的发现。

④ 《美洲古代》（*American Antiquity*）自 1935 年创刊以来，在友善的主编 W. C. McKern 和 1939 年以后的 Douglas S. Byers 领导下，提供了呈现有关远古人类之发现的公开论坛。

关于冰川期气候的性质。——因此，近几年人们认识到，必须要考虑原始的美洲开拓者与大陆冰川作用（至少是其最后阶段）的关系，从而引出了冰河时代的气候这个麻烦问题。恕我直言，冰川期气候学在很大程度上被忽视了。人们不断做出宽泛的设想，假定在冰层推进期气候严寒，而冰层退却时气候显著偏暖。

据我所知，没有一位美国考古学家考虑过乔治·辛普森（George Simpson）爵士的温和理论，这个理论产生于他在气候方面终生的出色实践，从南极洲到印度洋的季风地带，以及他在英国气象局的工作乃至局长职务。①这个理论的精髓显示在
201 下面的插图中：（1）地球受到的太阳辐射增加，导致大气环流增加，于是形成一层厚厚的“云毯”，并在条件合适的地方造成降水增加。特别是，在高纬度、高海拔地区降雪增加，这样就产生了冰川。（2）“由于太阳辐射进一步增加，冰块融化掉了，我们看到多云的天空和大量降水，但是没有冰块累

① 一个最近的非技术性陈述发表在：Sir George Simpson, Ice Ages, Nature, Vol. 141, 1938, pp. 591-598，重印于 Ann. Rept., Smithsonian Institution, for 1938 (Washington, 1939), pp. 289-302；他的完整陈述见：World Climate during the Quaternary Period, Quarterly Journal of the Royal Meteorol. Society, Vol. 60, 1934, pp. 425-478。动植物生态（包括与人类的关联）方面的参引，见辛普森的 The Climate during the Pleistocene Period, Proceedings of the Royal Society of Edinburgh, Vol. 50, 1929-1930, pp. 262-296；以及 Possible Causes of Change in Climate and their Limitations, Proceedings of the Linnean Society of London, Sess. 152, Part 2, 1939-1940, pp. 190-219。在 1925 年，C. E. 格伦斯基（C. E. Grunsky）作为即将退休的美国科学促进会会长，发表了关于温度增加造成冰川作用的理论：A Contribution to the Climatology of the Ice Age, Proceedings of the California Academy of Science, Ser. 4, Vol. 16, 1927-1928, pp. 53-85。

积。”（3）“当太阳辐射减少，情况便反转了，整个过程的次序颠倒进行。”

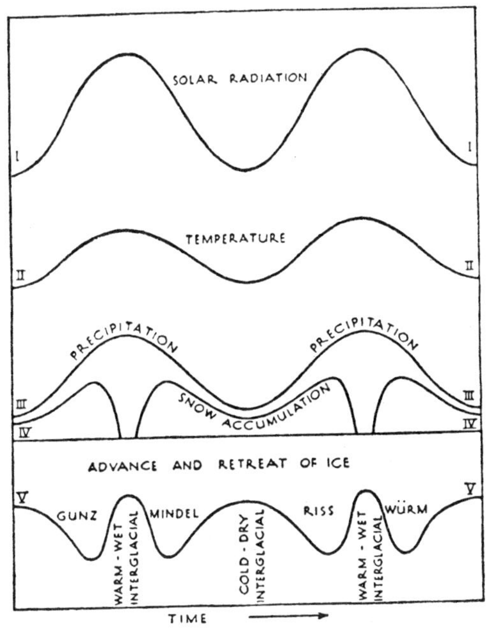

太阳辐射的两个周期对冰川化的影响。本图引自乔治·辛普森爵士："冰河时代"，《自然》，第141卷，1938年，图5，第597页。

须注意，继阿尔布雷克特·彭克（Albrecht Penck）和爱德华·布吕克纳（Eduard Brückner）之后，辛普森把冰河时代解释为由两对冰层推进所组成，中间被长长的去冰川化间隔时期分开。用我们的术语来表达，它们分别是“内布拉斯加-堪萨斯推进期”和“伊利诺伊-威斯康星推进期”，中间隔着“雅茅斯间冰期”（Yarmouth interglacial interval）。冰川化每一

202 对推进中的第一个（内布拉斯加和伊利诺伊）代表风暴度和降水增加，第二个（堪萨斯和威斯康星）则代表相反情况。大间冰期（雅茅斯）或许持续了更新世的三分之一时长，被认为又冷（至少在冬季）又干燥；而两个短间冰期（前堪萨斯，即阿夫顿间冰期，和前威斯康星，即桑加蒙间冰期）被认为是整个过程中湿度最大、气候最温和的时期。

因此，最近这个时期直到如今，很可能是一个类似雅茅斯的间冰期，气候以大陆极端天气为特征；与雅茅斯间冰期以来的情形相比，冬天更冷而夏天更热，美洲内陆上空的太阳辐射更大范围地降低了。还有证据表明，海岸山岭、内华达山脉和落基山脉在更新世晚期及其后经历了部分增长，因此西部山脉在阻断太平洋气流方面的有效性加强了。

威斯康星冰块的消失于是被解释为在清凉季节温度降低的情况下缺乏滋养的结果。辛普森和美国冰川学家互不相知，但他们用同样的方式了结这个最后的冰期，即认为冰层损耗是由于降水的缺失，而这种缺失源自冰块停滞不动、地面坑坑洼洼，以及新英格兰地区和五大湖周边地带的锅形冰碛。

在威斯康星时期的较早阶段，应该还有大量融化的雪水，沿着密西西比河顺流而下，但是接近这一时期的末尾，这种雪水就越来越少了。关于融化雪水的去向，我同意冰川历史学的旧观点（例如查尔斯·莱尔的说法），认为它沉积为密西西比河谷的黄土和类黄土大河床，由于风的作用而扩散得更远。既然河床因风形成，那它们就不是依赖干旱地区作为供应来源，而是靠着湖泊和从冰前沿流下来的溪水，水流冬天消失，露出干沙洲。更新世晚期最大的洪水、因而也是后来巨大的黄土地形成，其起始可能是作为伊利诺伊冰层推进的序曲并成为后者的一部分，在桑加蒙间冰期继续下去，在威斯康星冰层最盛期之后逐渐减少。一般而言，主要的黄土沉积应该是来自冰川洪水，而且应该是与冰川推进同时发生的。

冰壳南边，沿着大陆冰川的前缘有一个陆地带，在西部山峦之间及南边也有，这受制于大陆（冰盖）空气与热带（墨西哥湾和太平洋）空气相遇、有大量雨水，以及降雪在当年完全融化。这些是雨成的土地。雨水最大的时期应该与冰川最大的时期以及湿润的间冰期相当吻合。特别是，在辛普森的气 203
候学或任何其他气候学中，没有理由承认在威斯康星冰层走向衰弱时期有雨水推迟的状况，更不用说这一时期之后了。在干旱和半干旱的美国西南部，雨水形成的湖泊和沼泽随着北面冰川的退却而消失了。这个问题很重要，因为考古学家总想给美国西南部和山脉之间那些干涸的湖泊指定一些明显是在后冰川期的年代，而他们所说的年代相互之间有很大的不同。

在纬度较高地区，似乎冰川的时间顺序变得简单了，因为去掉了两个短间冰期。这里高地上的降雪很可能在整个太阳辐射最大期间继续超过融雪量。这样，内布拉斯加-堪萨斯就合并为同一个冰川阶段，伊利诺伊-威斯康星也与此相似，两个阶段之间留下唯一一个又长又寒冷的间冰期，相当于雅茅斯大间冰期。斯蒂芬·泰伯（Stephen Taber）收集的证据表明，在阿拉斯加、育空地区、不列颠哥伦比亚，以及西伯利亚的大部分地方，只有过两次冰川化。①这个事实可以解释阿拉斯加的“烂泥”，泰伯曾为非冰川的育空河谷和沿海低地的这个现象确立了原因：一个深度冻结时期（=雅茅斯?）后面紧跟着一个深度解冻的时期（=伊利诺伊-威斯康星?）。在阿拉斯加的关联性是笔者自己提出的，有些缺乏自信，因为我从未去过阿拉斯加。

辛普森讲述了一个在气象学上有效的一般机制。他重点关注的发展顺序是大陆冰盖中记录的主要事件。我希望自己在应用中没有违反他的论题。同时我也不认为他的理论在目前超过了一个实用假说的水平，这个假说合理使用了已知的大气环流机制，反对关于冰川、多雨和间冰期状况的任意性、动态上不合拍的概念。

欧洲的冰川历史比北美洲的简单些。在欧洲是一个中心——斯堪的纳维亚，将冰层向外扩散，其方式使得后续一连串的冰前沿保持相当一致的位置，主要的不同点只是冰面推进的半径长短。然而在北美洲，不同时期作为主导的有不同的发展中心和推进方向。一个很好的例证是威斯康星推进期的五个亚
204 阶段。第一个是艾奥瓦亚阶段，在这个亚阶段中一个西部（基韦廷）中心把一个强大的冰舌向南推进，直到密西西比河西边进入艾奥瓦地区。下一个亚阶段，原称“威斯康星早期”，现在叫塔兹韦尔，由一个远东（拉布拉多）中心将冰面

① Stephen Taber, Perennially Frozen Ground in Alaska: Its Origin and History, Bulletin Geol. Society of America, Vol. 54, 1943, pp. 1433-1548，特别见第1533—1539页。

主流推向西南，进入伊利诺伊中部。第三个中心在哈得孙湾附近，第四个主要是从一个基韦廷地区活跃起来的。最后一个是曼卡托晚期亚阶段，它再次从一个基韦廷（大奴湖?）中心向外扩张，推进到北、南达科他和蒙大拿，大体上覆盖了一个更靠西部的地带。在欧洲，海洋空气给沿海（斯堪的纳维亚）高地带来大雪，冰盖的增长和消失反映了降水与温度之间关系的简单变化。另一方面，在北美洲有额外的不确定力量参与，它们可能包括北大西洋西部的海冰变化、科迪勒拉造山运动对风暴路径的影响，甚至还可能包括极移现象。

两大洲之间最大的对比在于，新大陆特别形成的一连串长长的、伸向南方的冰舌，它们在起源中心和主要发展方向上大体互相独立，而欧洲是没有这种形成的。这个现象在某种意义上表达了北美内地“大陆度”（continentality）的变异程度，再加上孕育冰块的风暴路径的重要长缓变化。在这些亚阶段中，新大陆的冰川化力度与大西洋对面的旧大陆明显不同。因此，我们不能够从波罗的海或欧洲其他地方的冰川历史中把详细的气候相似之处照搬到北美洲这边来。

从阿拉斯加进来的过道。——人类可能通过一条过道从阿拉斯加的开阔低地来到美国的平原，但这条过道在哪里是不确定的，这件事可能发生在何时也不确定。回答这些问题要等待加拿大西部冰川系列的确定。从边境南边看过去，通过艾伯塔的一条晚期过道看来没有什么说服力，因为曼卡托晚期的冰面在美国大平原北部、多半还在大奴湖冰川中心漂移。我们需要了解在艾伯塔和育空地区的落基山脉以东平原的漂移细节才行。一条替代路线也许是穿过不列颠哥伦比亚和育空地区西部，那里的雨影条件可能有利于去冰川化或者防止冰川扩散。

北美内陆首批殖民者的到来。——福尔瑟姆人和尤马人
205（Yuma man）的遗迹明确指向狩猎文化。这样的民族移动性很强，可以追随狩猎动物群穿过阿拉斯加与美国之间可行的任何过道，只要营养丰富的植被很快重返不冻冰的地表。就福尔瑟姆人的情况来说，其遗迹发现以来，地点与冰川沉积及雨水沉积之间的联系使得下面这个问题变得尖锐：最早是在什么时候，加拿大的威斯康星冰层打开一个豁口，使移民们得以从那里挤进来呢？

要是我们对欧洲考古学一无所知，那么大概不会反对关于这些人至少能追溯到两万或两万五千年前的估计，就像柯克·布赖恩对科罗拉多的林登迈耶（Lindenmeier）遗址所做的估计那样。对这些数字感到吃惊的原因，部分在于人们的固有习惯是给新大陆设置很短的纪年，部分在于这些古代猎人表现出制造石器的高度技能，而这样的人在旧大陆来说会被称为属于先进的中石器时代（Mesolithic）。考古学家不愿意面对这个令人不安的想法，即新大陆有可能在和欧洲一样早的时期就引进了（或发展了?）某种技能；更使人烦恼的观点是，新大陆也许在文化史的某些部分还优先于西欧呢。

尤马人活到了后冰川时代开始后的很长时间，他们到来的时间看来不是什么困难的问题。①然而，近年来在内布拉斯加

① 对于非考古学专业的人来说，尤马这个名字很容易混淆。它来自科罗拉多州一个大平原县的名字，与尤马印第安人及尤马河完全无关。

的研究表示，尤马猎人的文化可能比迄今人们所承认的更早：①

一、在内布拉斯加西北部怀特河流域的洼地中，发现了深埋的火炉、木炭层和人工制品，其年代早于分层黏土（纹泥）的沉积。黏土暂时被解释为形成于一个湖泊，该湖泊被怀特河口附近沿着密苏里河而下的威斯康星晚期的冰舌拦截。如果这是正确的，那就是说从那时起，这些湖床的西头、接近落基山脚的地方被抹平了两千多英尺，它表示美国大平原和落基山脉意想不到地在后期大大增高，这可能对内陆平原气候的大陆性乃至冰川期的结束做出了可观的贡献。烧火的坑和人类占据的其他证据比这个怀特河上的湖 206
泊形成要早很多。到最近的报告发表时，分层黏土下面的发现还不能肯定确立为典型的尤马人工制品。因此，最早的人类痕迹层有可能属于尤马人之前的族群。

二、在内布拉斯加西部沙山的风蚀坑中，很多尤马（以及一些福尔瑟姆）遗迹被发现埋藏在老土层

① 近期的出版物是：A. L. Lugn, The Pleistocene Geology of Nebraska, Nebraska Geol. Survey, Ser. 2, No. 10, 1935, 特别见第 142—145 页和第 183 页；E. H. Barbour and C. B. Schultz, Palaeontologic and Geologic Considerations of Early Man in Nebraska, Nebraska State Museum, Bulletin, Vol. 1, No. 45, 1936；以及 Paul MacClintock, E. H. Barbour, C. B. Schultz, and A. L. Lugn, A Pleistocene Lake in the White River Valley, American Naturalist, Vol. 70, 1936, pp. 346-360。

> 的深度。它们包含已经灭绝的动物群体，可能相当于黄土地区的黄鼠属动物区（皮奥里间冰期?）。古代沙丘的时间段是很难破译的，但是在内布拉斯加的调查似乎在逐渐勾画出一条晚冰期历史的轮廓线。
>
> 三、斯科茨布拉夫野牛采石场挖掘出了人工制品，部分是尤马人的，伴随着无脊椎动物和脊椎动物的遗骸，这些动物遗骸被辨认为属于晚冰期。

内布拉斯加的调查者一致认为，尤马猎人是平原人，与落基山脉边界的福尔瑟姆人处于同时代。没有什么人怀疑尤马文化在福尔瑟姆文化消亡后依然存在了很长时间，而越来越强大的证据表明，尤马人的起始和福尔瑟姆一样早。尤马人以精致的叶片为风尚，人们常常将它与欧洲的梭鲁特刃片相比较，不过从艺术水平看，新大陆的匠人明显超越了旧大陆的同行。根据目前的记录，尤马人大大早于梭鲁特人。因此，尤马文化的起源令人大惑不解。

我们也必须考虑福尔瑟姆之前的狩猎人：

> 一、这种记录中有一篇说明福尔瑟姆文化初现端倪，它来自桑迪亚山洞的基础层面，在新墨西哥州阿尔伯克基东边的桑迪亚山中。①

---

① F. C. Hibben, Evidences of Early Occupation in Sandia Cave, New Mexico, and Other Sites in the Sandia-Manzano Region, Smithsonian Misc. Colls., Vol. 99, No. 23, 1941.

> 二、加利福尼亚州南部沙漠中已经消失的雨成湖泊（莫哈维洼地和平托洼地）岸边发现的投掷用尖器，其发展程度不如福尔瑟姆式样先进，因而有人认为它们属于福尔瑟姆之前的人类。厄恩斯特·安特夫斯（Ernst Antevs）对这些湖泊存在以来所发生的气候大变化做了很好的归纳，并指出这些人工制品“可能至少有一万五千年之久”。[①]这在当时听起来似乎是对人类之古老的大胆宣称，但我们今天看来反而不够，因为这个估计意味着加利福尼亚的多雨状况会延迟很长时间，而这在气候学上没有已知的根据。
>
> 三、得克萨斯州中西部地下很深的地方发现了一种狩猎文化的遗迹，据说比福尔瑟姆文化更原始，埃德温·布思·塞尔斯把它称为阿比林式的。这些遗存 207
> 物埋藏在比当今更湿润条件下形成的淤泥河床中——埃尔姆克里克（Elm Creek，意即“榆树溪”）——也许可以回溯到威斯康星晚期的时候。[②]

这些早期狩猎遗迹被发现的地点，现在都是半干旱或干旱的区域，但当年原始人占据时却是很湿润的。沉积物中的和生

① E. W. Campbell, Archaeological Problems in the Southern California Deserts, American Antiquity, Vol. 1, 1935-1936, pp. 295-300; Ernst Antevs, Climate and Early Man in North America, 载于 G. G. MacCurdy, edit., 前引书, pp. 125-132, 引文见第 128 页。

② E. B. Sayles, An Archaeological Survey of Texas, Medallion Papers, No. 17, 1935; M. M. Leighton, Geological Aspects of the Findings of Primitive Man near Abilene, Texas (Preliminary Report), 同上, No. 24, 1936。

物的证据都表明，它们属于一个明显的多雨期，而据我所知，假定在后冰川期还有这样的多雨期是没有气候学根据的。除了桑迪亚以外，其他地方还没有从地层学上确定为存在于福尔瑟姆之前的时段，但是这些遗存物的确很古老，那些尖器比福尔瑟姆的粗糙，好像预示了福尔瑟姆的样式。欧洲的考古没有发现任何类似于福尔瑟姆尖器的凹槽，因此人们认为，这可能是新大陆的一个发明，它是从之前较普通的尖器发展出来的，后者属于更早期、同样是西部的一种狩猎文化。[①]

对早期人类的另一些发现也提出了他们究竟有多古老的问题。哈罗德·斯特林·格拉德温（Harold Sterling Gladwin）指出古代非投掷用的和非刃片状的工具制造文化的所在地，那是在古代游猎人主要活动范围的南面和东面，因而他很有道理地认为，他们的地点更加深入新大陆内地，这说明他们比猎手更早存在。[②]这种遗存物缺乏像福尔瑟姆和尤马遗迹那样清晰可判断的特征，但肯定更原始，属于采集人而不是狩猎人——很难想象这样明显不好战的人们如何能够在遍布各处的彪悍游猎族群中挤出一条路，越过后者而在大陆内地安营扎寨。

一、这些早期的采集文化中最广为人知的是亚利

① 然而，弗兰克·希本对阿拉斯加（包括其西南部）福尔瑟姆文化的最新发现是，有强烈迹象表明福尔瑟姆文化是从一个不知名的亚细亚地区直接迁移过来的：Frank C. Hibben, Our Search for the Earliest Americans, Harper's Magazine, Vol. 189, 1944, pp. 139-147。

② H. S. Gladwin, The Significance of Early Cultures in Texas and Southeastern Arizona，载于 G. G. MacCurdy, edit.，前引书，pp. 133-138。

桑那州东南部半干旱的萨尔弗斯普林（Sulphur Spring，意即“硫磺泉”）文化（科奇斯一期），它是在明显的多雨条件下发展起来的，那里有一个以山核桃树镶边的湖泊。①这也许是美国西南部最古老的人类记录。

二、在得克萨斯州阿比林土壤系列的底部，有粗
糙的击打工具，同时有碎片和木炭；它们是在埋藏于 208
地下、深受风化作用的更新世（德斯特）淤泥的表面或内部发现的，比覆盖其上的（埃尔姆克里克）标准阿比林狩猎土系的泥沙要早得多。莫里斯·摩根·莱顿（Morris Morgan Leighton）根据合理的证据，有意将这种更久远的淤泥划归更新世之内，可能要一直回溯到桑加蒙（前威斯康星）间冰期的较晚阶段。就我们目前对美洲古人的知识而言，这个估计可能过于大胆了。

三、密歇根州的埃默森·弗兰克·格林曼（Emerson Frank Greenman）报告说，在安大略省基拉尼附近的冰川期阿尔贡金湖一处老湖滩上，发现了非常原始（类似勒瓦娄哇式）的人工制品，那地方比现在的湖面高出297英尺。②这些工具被水磨损，这一事实表示，它们的年代或多或少地早于它们所在的湖

---

① E. B. Sayles and Ernst Antevs, The Cochise Culture, Medallion Papers, No. 29, 1941.

② E. F. Greenman. An Early Industry on a Raised Beach near Killarney, Ontario, American Antiquity, Vol. 8, 1942-1943, pp. 260-265.

> 滩，尽管格林曼把这个特征当作它们与湖滩同时并存的证据。无论如何，这些古老人工制品的出现只能理解为，在不迟于冰川期阿尔贡金湖的时代，湖边是有人居住的。①

对我这个旁观者来说，这派学者似乎最终赢得了这场斗争，它始于19世纪80年代关于新泽西州特伦顿是否存在更新世人的辩论。对阿博特和帕特南的质疑被澄清了。人们不能再否认更新世人，唯一的问题是他的名号在美洲可以追溯到多么久远，而这个问题是不能借助欧洲的记录来解决的。一个科奇斯一期人（Cochise I man）或明尼苏达人（Minnesota man）的颅骨能够纳入“现代美洲印第安人的范围内”，这难道有什么关系吗？印第安人的“范围”已经被一再延伸，以至于能够包含新大陆任何智人的骨骼。这一点我们在后面还会谈到。

---

① 明尼苏达人既不能归类于狩猎文化，也不属于采集文化。遗骨旁边只有一把刀子和一个来自墨西哥湾岸边的贝壳装饰品。人们确定发现的地点正是原位置，因而它的年代要早于冰冻的阿加西湖。关于明尼苏达人的报告受到攻击的时候，文章作者们邀请重要的冰川学家自己去查看那个地点。乔治·F. 凯（George F. Kay）和莫里斯·M. 莱顿做了联合考察；柯克·布赖恩和保罗·麦克林托克（Paul MacClintock）也一起参观了那个地点，但不是和另外两位同时去的。两组裁判分别写出了报告：George F. Kay and Morris M. Leighton, Glacial Notes on the Occurrence of "Minnesota Man," Journal of Geology, Vol. 46, 1938, pp. 268-278, and Kirk Bryan and Paul MacClintock, What is Implied by "Disturbance" at the Site of Minnesota Man?, 同上，pp. 179-192。这两篇报告是公正有理地做出总结的典范；它们完全认可发现者的诚意，以及该发现的有效性和对发现的解释。

更新世哺乳动物的灭绝

在更新世的开端，美国西部平原养育着多种多样的大型哺
乳动物群，有地懒、大海狸、乳齿象、马、貘、骆驼和狼，在 209
加利福尼亚还有鹿。到了堪萨斯时期，旧大陆动物大量移居，入侵到新大陆中部，主要以大象、牛和鹿科的物种为代表。正是在那个时期，猛犸、大野牛、麝牛和大驼鹿（麋鹿）开始漫步在北美内陆。熊似乎进来得比较慢，可能直到雅茅斯间冰期才逐渐立足于此地。[①]

到更新世中期，亚洲与北美洲之间有了动物的反向移居，美国的平原和河谷密集居住着历史上最多种多样的大型动物。总体来看，这些动物比它们现在的个头更大，有些还大出很多。同时，西部山区被山羊和山地绵羊占据，它们也是起源于旧大陆的。

这个新的、更高级哺乳动物的大群体轻易而和谐地融入当地，丰富了原有的动物品种，而不是消灭或取代它们；这是美洲更新世的特征。后来直到进入人类时代之前，由各种动物组成的这幅巨大画卷也只经历过微小的、正常的演化所带来的改观。这些动物都承受住了接替更新世的时代特有的温度和降水的变化。一般而言，它们似乎过得很好，数量和种类都增加了。

---

① E. H. Barbour and C. B. Schultz, Pleistocene and Post-Glacial Mammals of Nebraska，载于 G. G. MacCurdy, edit.，前引书，pp. 185-192。

早期人类住地上已绝种的哺乳动物残骸。——早期美洲猎人的营地正在为我们提供越来越多关于人类与更新世哺乳动物之间关系的记录，而这些哺乳动物如今全都灭绝了。发现了大批它们被杀害后留下的残骸，例如在得克萨斯州的利普斯科姆野牛采石场。①开裂的、烧焦的骨头见证了它们被吃掉的方式，有些动物的骨骼里还存留有投掷的尖器。最常见的是已经绝种的野牛残骸（现代的野牛与古代猎人是否有关联还有待证实），其次常见的可能是猛犸。地懒、大海狸、乳齿象、骆驼、马、貘、穴熊、麝牛，在人类居住地都有记录，特别是在福尔瑟姆人居住的地方，但是还包括尤马人的地方，以及可能是福尔瑟姆之前的一些狩猎文化地区。

210 古代猎人和古代哺乳动物好像是一起离开这个场景的。那些动物，我们知道是灭绝了；而猎人们可能漂泊到北美平原的外面，与新大陆其他地方的人口及文化逐渐融合到一起了。现在我们很难做出猜测。人们描述，在那之后的很长时间里，那些平原是无人居住的。长时间的空旷无人大概只是一种想象，但我们确实知道，在原有的猎物消失时，关于原来猎人的记录也随之停止了。也许，猎人的消失是因为他们所习惯的猎物消失了。

疾病或气候变化是灭绝的原因吗？——更新世大型哺乳动物灭绝的原因，有人说是疾病、气候变化，以及死在人类手

---

① C. B. Schultz, Some Artifact Sites of Early Man in the Great Plains and Adjacent Areas, American Antiquity, Vol. 8, 1942-1943, pp. 242-249；提及的内容见第244—248页。

上，还有人猜测是这些动物的寿数已尽，自然消亡了。被疾病消灭是最不可能的原因，因为这意味着存在某种动物流行病，其毒性并非一视同仁：它肯定攻击了很多科（families）甚至一些目（orders）的哺乳动物，而攻击方式非常不可思议，看来只把那些大型品种挑出来消灭掉，不管它们属于哪一科。此外，即便最恶毒的流行病也不会获得成功（除了在一些非常密集的人口中），最终的规律是恢复健康，而不是灭绝。

这些动物在气候变化期间消亡，这个说法没什么问题。根据辛普森的论断，加上更新世造山运动的证据，动物灭绝发生在内陆和山脉间平原上降水减少，以及冬夏对比增强的时期。西部山脉间洼地的某些部分和西南部的某些部分变得过于干旱，不再适于这些动物居住，这一点我们是承认的。然而，这个原因造成的动物生命丧失，必然与冰川退却、北部平原复苏的效果相互抵消了。而且，降水和冰层融化的减少还会缩小密西西比河谷中洪水泛滥和水浸地块的面积。总体上，随着冰河时代结束，我们本应看到可居住地区面积有净增加才对。无论如何，气候变化是缓慢而不是突发的，给动物们留出了充分的移居以便适应的时间，除非它们拒绝移动。即便在这种情况下，也应当只有更加偏南和偏西的群体才会经受气候危机，其余地方的动物反而应当受益于活动范围的扩大。还有一点要记住，这些动物以前也经历过至少同等大小的气候变化，却没有受到损失，何况其中有些变化（例如冰层推进）还必定造成它们居住空间的明显缩减呢。

早期人类的狩猎武器。——动物灭绝的问题中只有两点是非常清楚的：首先，消亡的都是那些庞大、笨拙的动物；其 211

次，增加的新因素就是狩猎的人类。这些新大陆的“老猎人”是捕食者，他们的残骸也显示了这一点；对当时的动物群体来说，我们已知的唯一新增因素就是他们，而他们使用的工具是用来宰杀或收拾被杀动物的。然而，对这个解释有一种合理的反对意见，指出当时人太少也太弱，不可能用考古学家找到的那些工具消灭大动物群。还有一种反对意见也有一定道理，认为大型哺乳动物不是慢慢损耗、直到近期才终结的。①不过，我们不应当过分强调它们消失的速度快，其中似乎经过了成千上万个年头。

“老猎人”的人工制品以刃片和投掷用的尖器为突出特征；福尔瑟姆人和尤马人的石器技术达到令人惊讶的完美程度。石头制成的刃片如此精致、尖器如此悉心设计，都是十分罕见的。尽管如此，这些高级物件看来是用于完成宰杀或肢解被杀动物，而不是用于捕获大型猎物这个最主要的步骤。例如尤马人的刃片，有人认为是刀子或匕首，不是投掷用的器物。而且，看来这些猎人并没有使用弓或狗。他们有可能用过带绳索的石锤，但这也说明不了什么，因为即便用了也是只适合于较小的猎物。关于是否使用过投矛器，人们看法各异。遗址上没有发现这种器具，所看到的尖器作为矛的话似乎太重了。而且，投矛器在欧洲直到马格达林时期才有记载，如果说它在大洋此岸更早出现，那是会被人侧目而视的。梭镖投射器（atlatl），据我所知正是一种投射器，它加速推进一个轻型的

---

① L. C. Eiseley, Archaeological Observations on the Problem of Post-Glacial Extinction, American Antiquity, Vol. 8, 1942-1943, pp. 209-217.

杆，杆头上绑着一个尖利的飞镖，在猎捕小动物时相当精准。塔拉斯坎人专门用这种东西偷袭水鸟。根据描述，古代狩猎人手中的尖器似乎更像是一种标枪，用全身的力气推出去，或者是一种用来捅扎的长矛。无论如何，这种东西击倒野牛或猛犸的能力是相当不足的，因为野牛浑身是毛，古代的品种比现代的大很多，猛犸更是有很厚的皮。因此，上述这些武器都解释不了狩猎的方式。这些古代猎人尽管没有厉害的武器，却仍然成功地击败了那些个头大、皮毛厚实的动物群。

有组织的团队狩猎。——以上原因迫使我们转向考古记录 212
之外的解释，寻求组织上和策略上的原因。认为猎手们是以组织起来的团队方式，在领头人或首领的领导下运作，这种看法应该没有什么人反对。这在狩猎民族的民族学中是一个非常熟悉的特征，特别是在狩猎对象是群居大型动物的地方，因而成为一种司空见惯的事情，被包含到社会组织的基本分类之中，就像我们说“父系社会”、“父权制度”这些词语一样。狩猎不再被看作单个猎手自行发起追击单个动物的行为，而是一个团队在事先安排的策略计划下，有分工、有预谋方向的事业。猎人的计谋是尽量把动物引入圈套（例如大坑），或者是把它们驱赶到筋疲力尽、自行了断，以及削弱动物大群的士气。没有发现像欧洲奥瑞纳（Aurignacian）文化期①以来为人所知的那种陷阱。最后，靠击打器具将大野牛或猛犸驱赶出森林，应该不是什么有效的方法。

火攻策略。——还有一种可怕武器，能用来吓唬、伤害最

① 指法国旧石器时代前期。——译者注

强壮的动物，并摧毁它们的意志，这就是火。在缺乏有力量的武器，也不能骑马狩猎的情况下，我们发现火攻是猎取大型动物的主要方法。只有在植被稀疏（例如沙漠）和地表永远潮湿的地方，这种方法才没有什么效果。现代印第安人仍然以此作为一个基本的狩猎方式。在自然条件允许，又有猎人出现的地方，新大陆习惯性、系统化地使用火攻。一个合理的推测是，这种方式是最早期的大型动物狩猎者带来的。考古学证据很难确立，但我不知道有任何其他理由可以解释，这些遗址上为什么会那么经常地出现大个头、强壮、受保护的哺乳动物的骨头。看来，单纯用火攻便可以把这样的动物捕获、弄残，乃至消灭它们的肉体，使它们的数量减少。这些动物的大量存在对它们本身不利：既跑不快也跑不远，躲不开向它们急速推进的火线。

北美洲的内陆平原是使用火攻的理想地点。特别是美国大平原，它当年是大型哺乳动物的主要栖息地，在春天有个旱季，秋天也有个短一点的旱季，同时一年中任何时间都可能出现一段干旱。今天的气候特点如此，古代毫无疑问也是这样。覆盖地面的草地在全年都有很高的可燃性。干旱天气常常伴随
213 着相当大的干风，且刮得十分稳定，好多天都不改变风向。在这种平原的原始条件下，只要火一着起来，便会借助风势，可能扫荡辽阔平坦的河间地带，直到它遇到沿着河流的地面断裂而受阻。靠平原养活的笨重动物群，很可能被一条火线困住，到不了河谷的庇护地；或者它们会惊慌失措，跑向河谷时要么拥堵在又深又窄、坡度很陡的谷地边缘，要么从包围河谷的悬崖上坠落。无论在哪种情况下，靠火攻的猎人只需给那些受伤

致残的动物致命一击就行了。这样杀死的动物远远超过猎人们的需求，一个地方有大量完整动物骨骼堆积的现象说明了这一点。利普斯科姆野牛采石场的情形特别有说服力。

火攻的主要间接后果。——火攻能充分解释后更新世时代大型哺乳动物灭绝的原因，那是远在明确无误的印第安各族群出现之前。（1）火攻摧毁的动物数量比猎人们需要使用的数量大得多。（2）火攻对大型动物的伤害尤甚，这些动物与小型的哺乳动物相比，初期密集度小、繁殖率低。（3）火攻特别被用来对付群居的动物，肯定破坏了兽群的社会组织。这是动物社会学里的一个问题，可能还是个重要的问题。（4）火攻肯定造成动物性别比例的不平衡，因为孕育或哺乳幼崽的母兽以及那些幼崽，会受到最严重的损害。持续的性别比例失衡会带来极大的累积效果。（5）烧毁一群动物的食物链迫使它们去侵占另一群动物的地盘，这对两者都造成伤害。（6）对地表的多次焚烧改变了植被构成，对于习惯了某些植物的动物来说，这种改变可能降低植物支撑动物群体的能力。（7）大型食草动物相对其他动物来说变得更弱，而像狼这样的食肉动物数量应该会增加，因为受伤的群居动物比以前多了。观察表明，对植被和地表的扰乱会大大增加啮齿动物的数量，而它们又会以更大的优势与大型食草动物相争。

对共生平衡的破坏和对植被地表的持续扰乱可能足以消灭一个动物种群了。这似乎正是美国内陆平原上所发生的事情——在一段相当长的时期内，古代猎人对动物群体的某些组成部分持续蓄意施加压力。大型动物群体变得越弱，它们走向
灭绝的命运就越发确定无疑。最后的垮掉可能相对迅速，但损 214

耗经历了漫长的时期。尤马人看到了这个过程的终结阶段，但它的起始可能是福尔瑟姆之前的人类造成的。说整个跨度长达几千年也许显得夸张，因为按年代排列的遗址只有不多的几个。然而，从福尔瑟姆之前的人类到尤马人结束的时期是非常漫长的。在美国许多地方表土中发现的原始投掷用材料实际上可能非常古老，只是那些遗址中的绝大多数都没有留下明确的记录。

在欧洲和亚洲的平原上发生的事情与此相似，时间方面也没有太大差异。梭鲁特猎人（人们认为他们来自亚洲内陆）对欧洲大型动物的灭绝起到了主要作用。[①]梭鲁特人的刃片与尤马人的刃片非常相似，这成为不少猜测的基础。欧亚大陆最巨大而笨拙的动物首先消失了，例如猛犸和河马。大象、各种牛、马、骆驼从它们原来生存的大部分地盘上消失，特别是从那些每年有干燥季节的开阔平原上消失了。它们幸存的边缘地区更具有旧大陆（而不是新大陆）的特点，即高纬度和低纬度的潮湿森林、沙漠，以及狩猎民族似乎尚未深入的偏远角落。

更新世的哺乳动物从旧大陆迁移到新大陆，在新大陆散布了多远？在新大陆经历了什么样的演化发展？这些我们并不清楚。野牛和猛犸在北美大陆分布相当广泛，但主要是居住在落基山脉以东的平原上。正是在这里，它们吸引猎人们集中到

---

① J. G. D. Clark, New World Origins, Antiquity, Vol. 14, 1940, pp. 117-137. 克拉克在评论大型动物易受人类活动影响时，给出一个近期的例子，他引述 E. W. Bovill 的话，说罗马的竞技活动影响了北非的洪积时期动物。

来；也正是在这里，它们迎来了自身灭亡的命运。兽群逐渐缩小，但它们仍然留在自己习惯的栖息地。无论是生物平衡和兽群心理的何种原因把这些动物的主要数量及形式置于拓殖时期的平原上，它们在衰减的年代都不会产生迁徙的冲动。濒死的物种大概是不会去移居的。①

草原的扩张 215

草原在生态和构成方面有很多不同的种类，以至于我们只能把草原简单归纳为：草本植物（特别是草）的生长取代木本植被的地区。木本因素的消失也许是解决草原起源问题的总关键。

人们普遍认为，抑制木本植物的主因是气候性的。干旱地区不是草原，特别潮湿的地区也不是草原，除非是沼泽和湿草场。在干湿程度两个极端之间的中间地带分布着广袤的草原。在这里我们要区分潮湿与半干旱草原、热带与温带草原。我们习惯于谈论“干草原气候”（steppe climate）和“稀树草原气候”（savanna climate），从而意味着，降雨减少到潮湿气候下

---

① L. C. Eiseley, Did the Folsom Bison Survive in Canada?, Scientific Monthly, Vol. 56, 1943, pp. 468-472. 艾斯利在这篇文章中提请读者注意加拿大林地野牛，因为早期自然科学家认为，这种野牛与我们的美国大草原野牛相比，显示出与福尔瑟姆人的野牛有更接近的亲缘关系。这说明可能在冰川消失不久之后，野牛在加拿大北部落户，近年幸存的北方品种或许是与早期的平原野牛相关联。反之，我们的现代平原野牛可能是一支很小的南方变异品种，其起源不明，在史前时代中期移居到消失的野牛族群空出来的平原上。还有一点可以补充：说更新世的动物品种与现代哺乳动物同类，这个观点从遗传基因上分析不一定站得住脚。

限之外，并且有清晰表明的干燥季节出现，正是草地条件产生的原因。至于湿草地，像美国的中西部大草原和阿根廷的无树草原，没有旱季和雨季的强烈对比，但重点是那里有偶然的干旱或两场降雨之间的间歇：看来是一种强制性的建造。一般而言，干燥时期被认为是有利于草地形成的。

气候学上对草原的描述完全不能令人满意。它从一种草原的存在出发，去寻求一套大体上是限定性的气候数值。因此，很典型的事例是，当人们为“稀树草原气候”选择好降雨和气温数值，却发现这些数值也适用于灌木丛覆盖的地区。对“干草原气候”来说也是一样。于是我们承认，选择出来的综合气候数值并非在任何地方都是由同样的植被条件复制出来的，承认这一点就把上述因果关系置于可疑的境地了。气候性
216 草原的前提是，假定不同地区的不同气候因素排除了非草本植被，使草成为占主导地位的植被。这个前提需要我们重新审视。

草类的演化：所谓的第三纪大草原。——草类在形态上极其多种多样，地理分布非常广阔，这是地球历史上的一个新近发展。[1]假定草类起源于温暖湿润的树林，多半在热带，人们认为它们是在第三纪（Tertiary）[2] 入侵了较为寒冷干燥的地区，那个时期的气候主要是在增加其大陆性。当时兴起了新的植物形态，特别是在阳光充沛、雨量稀少的栖息地大获成功。已知的最早期非原始、非喜湿草类来自第三纪的美国大平原。

---

① J. W. Bews, The World's Grasses (London and New York, 1929).

② 距今6500万年至260万年前。——译者注

马克西姆·孔拉多维奇·伊莱亚斯（Maxim Konradovich Elias）在这里发现了数量可观的第三纪草类，草籽外壳还保留着。这些都属于早中新世（Lower Miocene）的一个品种，但在晚中新世（Upper Miocene），特别是在上新世（Pliocene）奥加拉拉蓄水层形成期，它们产生了显著的分支系统发育系列。化石的形式主要是针茅族，它们的现代亲属以针状或矛状草形而广为人知。在上新世，似乎还有一些黍属品种。到了上新世晚期，针茅属草类逐渐从高地平原上消失了。①伊莱亚斯所做的研究表明，在比我们此前所知的更早时期（上第三纪），至少一个草种族发生了演化，以及草类向一种涉及极端气候的生态环境迁移。然而，我看不出来这些古植物学测定能证明在美国大平原存在一个广阔的第三纪草原。②

美国大平原是在第三纪由向东冲刷落基山脉浮土的水流造就的。较粗糙的颗粒留在河道里，较细腻的泥土在发水时广泛散布到正在填积起来的平原上。大面积的辫状水系占主导地位，水流通道经常发生变化。由于河水溢出和降雨，在低洼的河间地形成临时性水塘。那时候主要是填积的时代，河谷下切是特殊情况。火山灰落到地面，河口沙洲上的沙丘不时被风吹 217
走。如果想找一个现代的相似地形，我们不应该去看现在这样的美国大平原，而应该参考南美洲的大查科地区，那里的水道

① M. K. Elias, Tertiary Prairie Grasses and Other Herbs from the High Plains, Geol. Society of America, Special Papers No. 41, 1942.

② 例见 R. W. Chaney and M. K. Elias, Late Tertiary Floras from the High Plains, 载于 Contributions to Palaeontology: Miocene and Pliocene Floras of Western North America, Carnegie Institution, Publ. No. 476, 1938, pp. 1-46。

不稳定，位于地表上面而不是深入地下，平原上既没有高地也没有河谷。古代的美国大平原很可能不仅吸收了落在它范围内的大部分降水，而且在夏季还得到西边山上流淌下来的融雪和雨水浇灌。如今，山上流到大平原的水都进入了深陷高地表面之下的河谷，而在第三纪是没有高地平原与低地河谷之分界的。那时候的平原地表就是一个宽广的山麓扇形，发洪水时散布一片片的淤泥、沙子、砾石，每一层很快就会被新的一层掩埋了。

这种积极造地状态下的地表不具备必要的稳定性去发展顶极植被或形成深厚土壤。它宽泛地对所有能够生根，并在纷扰和变化的环境中占有优势的植物开放。上新世晚期填积的地表在发展一个喜阳的草质植物群中起到重要的作用。针茅属草类总的来说是很好的先驱者，它们的根扎得深，有紧密聚成一团的习惯，身上的芒刺会粘在过往动物的皮毛上。正像这种草在南北美洲的现代品种一样，它们在当时也可能生根在裸露的地表，以及新近生成的淤泥滩地、沙洲和砾石河岸。它们伴随着其他侵占性植物，有草本的也有木本的。在美国大平原的第三纪地层中，朴树的种子比草籽壳更多，这两种遗留物都十分适合以化石形式保存下来。从它们的存在并不能做出生态学推断，除了证明当时这两种植物都有很多，而且它们都是很好的植物先驱。

有人认为当时木本植物生长在洪积平原上，草类覆盖的是河间地，这种说法似乎是将现今的状况无端转移到一个不同的历史时期了。第三纪的某些树木，例如三角叶杨、柳树、悬铃木、白蜡和桴叶槭，都曾与水道普遍联系在一起。但是除了朴

树以外，还有许多灌木和小型树木，它们如今成为得克萨斯州灌木丛林地区和墨西哥北部山地的特色树种：丝兰、带刺的山
榄和皂荚、柿树、无患子、熊果、棕榈和胭脂栎。[①]这些不是 218
需要冲积河谷保护的中生植物，而是能够在动荡的、无成熟土壤的地表条件下，在不规则、不确定的湿度中自行生长的灌木。

美国大平原的第三纪植物记录像地貌学一样，指向一种类似大查科或者得克萨斯和杜兰戈的灌木丛林地区的状况，在那里一排排的走廊林沿着河道生长，但大部分地区是灌木、丛生禾草和快熟草本植物的混合植被。

我们也不能假设，大平原第三纪马匹新品种（其牙齿适合嚼碎硬植物）的发展说明灌木和草类的混合形态被无灌木的干草原取代了。它最多只能显示，动物中有一部分专门开始利用越来越丰富的草本植物群。没有人否认第三纪时期草类及其他草本植物的积极演化。动物中的许多老旧品种不具备这种本事而很难食草为生，它们仍然构成动物群体的大多数，其中包括那些旧谱系的非高冠牙马。

已知的地表性质和动植物化石都不能支持所谓第三纪大草原的存在。

内陆平原的更新世植被。——美国大平原的更新世记录很少显示植物的遗存。到那时，大平原已经不再是落基山脉的填积山麓，而是被河流切割，这些河水流过平原，形成一系列更新世和全新世的河流阶地。在大平原北部，填积让位于侵蚀，

---

① 后面三种是根据 Herbert L. Mason 的口头讲述。

而得克萨斯平原仍然在聚集沉积物。（人们认为勃朗阶岩层属于第三纪，可能迟至阿夫顿间冰期。①）

更新世沉积物大部分限于从冰舌流下来或吹出来的物质。然而，动物记录我们是可以看到的，尤其好用的是一个位置重要的地区，即内布拉斯加西部的记录。②来自更新世最早期（前堪萨斯时期）的哺乳动物包括地懒、乳齿象、大型马、大
219 骆驼、大海狸、麝鼠和棉尾兔，这些动物更适合林地环境而不是草原环境。堪萨斯冰层推进伴随着亚洲动物的大批涌入：六七种不同的猛犸、好几种大野牛、大驼鹿、麝牛，总体上它们都是林地社会的成员。在雅茅斯间冰期（前面说过它是气候大陆性增加的时期），有好几种地懒、大熊、西貒、剑齿虎，以及很多种啮齿动物。在后桑加蒙（即威斯康星）时期，黄鼠栖息地产生了地松鼠、囊颊鼠、三种猛犸、西貒、大骆驼和古风野牛。从这些动物中的任何一个群体都不会推测出依赖草地的生存方式。对那些较大型动物来说，不言而喻的是它们主要吃树叶和树枝，而不是吃地上的草。

从现代植物系可以看出，在更新世发生了草本植物的活跃演化，特别是一年生的品种。我们不知道在这个演化过程中，趋于严峻的气候和冰河时代一系列阶段新形成的地表是否将木本植物置于比一年生或多年生草本植物更为不利的地位。对地表的不断干扰可能是当时哺乳动物栖息地的一个特点。大型食

① P. O. McGrew, Early Pleistocene (Blancan) Fauna from Nebraska, Chicago Natural History Museum, Geol. Series, Vol. 9, No. 2, 1944.

② E. H. Barbour and C. B, Schultz, 前引书。

草动物在地面上践踏、休憩、打滚，无疑会给植被施加压力，以至于在许多地方，杂草植物更容易发展。拱土和打洞的动物可能加剧了这种压力。长命的多年生植物处于越来越紧张的状态，我们可以假设这是缓慢走向共生的一部分，但是就整个更新世而言，没有证据表明大片草原取代了灌木–草地和林地的综合体。地质学和古生物学资料基本上不支持全新世之前有宽广草原的理论。

晚近时期草原取代混合植被。——按照我们目前对早期历史的了解程度，大片草原似乎是很晚才形成的，明显在人类时代开始相当一段时间之后。我们能不能从草类本身的演化中寻找它很晚爆发的解释呢？是不是这种演化产生的形态构造出一种新的、排他的植物社会——草原，它有能力夺取并维持此前在形态和生理上更加多样化的植被组成呢？

我不清楚顶极植被在植物多样化降低的情况下是如何发展起来的，除非是由于阴影极度强化。因此，对于草类如何能够从一个较老的、更多样化的植被那里抢占大片地盘，我不知道 220
有什么令人满意的解释。有匍匐茎的草类是最具侵占性的，然而这种草在自然草原上并没有处于支配地位。形成草皮的草常常能阻止其他植物在草皮里生根，但是草皮受损时这种保护就被破坏了，而草皮受损是经常发生的事情。看来，草皮覆盖地表是晚近时期在已经形成的草原上出现的。它很可能需要相当规模的动物吃草现象，据此选择出能耐受啃咬和践踏的草类品种（即野牛草皮）。即便我们承认食草动物和啮齿动物曾帮助散布草籽、改变地表以适合杂草植被这个说法，但我们还是未能对草原的形成做出解释，尤其是对草原的巨大面积做出解释。

人类因素。——因此，看来我们必须考虑新的生态因素——人类。占据地球表面大部分的“自然植被”一直以来就受到人的持续破坏，而人的行为一向针对大型植物，正像他针对大型动物一样。在全新世时代，人类的地理施动力没有达到的只是大陆块的一些偏远零星地带。欧洲大陆上人的作用力可以上溯到整个更新世时期。对我们西半球来说，在更新世结束前有人类活动的迹象，也就是说，至少有两万或两万五千年。如果像得克萨斯和西南部其他地方出土的证据得到确认的话，我们就可以认为时间跨度长达四万年或六万年了。（此处参考关于福尔瑟姆之前的采集人和后威斯康星之前时期从阿拉斯加到内陆过道的论述。）

所有的早期人类都使用火，采集人偶然使用，而大动物的狩猎者如我此前所言，是作为一个主要的、了不起的狩猎工具来使用的。因此，我回到美国西部拓荒者的老观点，即大草原是由火造成的。时间、动力、机会和武器都得到了说明。难道还有更好的解释吗？

草原占据平原地区。——对草原位置的一般描述是说它们占据既不完全干旱又不是持续潮湿的平原地区。在满足这些条件的地方，一定能找到草原。在平原下面有陡峭斜坡的地方，草地通常会明显避开那些高低不平的地势，后者生长着灌木、各种树和草本植物。高地平原与切断它的河谷之间的断面越尖
221 锐，植被的过渡地带就越狭窄。河谷底部比高地平原更适合中生植物的生长，但河谷边缘的斜坡上并非如此；不过这些河谷两侧一般都支持木本和草本植物，即便在不稳定或新形成的表面和干旱的南方环境下也是这样。在山麓高出平原的地方，草

地的上缘往往是不规则地延伸到山坡上；山坡割裂的情势越复杂，向上延伸就越困难，延伸高度也就越低了。草原总的来说与宽敞平滑的地表是一同存在的。[①]

火是平原上的生态作用力。——草原的形成需要一个反抗长命的多年生植物的过程。这些植物与草和其他草本植物相比，繁殖能力或对其地上部分不断遭受危害的抗拒能力较差。对木本植物的这种消除或压制是平原地表的特点，但在不规则的地形上就没有什么效力了。这方面我们肯定知晓的唯一广泛作用力是周期性发生的燃烧。

生态学家们承认火对某些草原的形成及边界扩展的影响，但他们同时假定在生态演替中草原的顶极状态和草原的不同阶段。因此，约翰·威廉·比尤斯（John William Bews）说道：

> [形态学上] 相对原始种类的草原，例如高地稀树大草原和许多温和的草场，已经大体上取代了森林。火的作用在维持草类的至高地位方面是相当重要的，尤其是在热带地区。在这种情况下，自然植物演替是从草原到森林。在 [形态学上] 更先进种类的草原，其气候状态是不允许封闭式森林发展的，但亚热带的开阔地区有一片片林地散布在草原上，生长在相对适宜的位置，而在更加开阔的地区，草原上散布着一棵棵或一丛丛树木，形成园林式的景色。然后这

① C. O. Sauer, Geography of the Pennyroyal, Kentucky Geol. Survey, Ser. 6, Vol. 25. 1927, p. 128；本书中第 28 页【原书页码】。

> 种类型又让位于大面积纯粹的草原，上面要么没有树，要么只在小溪和河边有一些树。至于草本身，我们没有必要去区分是有树草原还是无树草原的类型，因为在两种情况下草原的组成成分大体上都是相同的。①

这位迷惑的地理学家发现，气候无法将草本植物地区从木本植物地区区分开来。他评论道，这种区分与地形的改变相匹
222 配。与占据平滑的干草原和稀树草原同样的草，在相邻的矮树丛、灌木丛和起伏的丘陵地照样适应。潮湿的大草原和草场上的草，也正是毗连的林地中的草。既然如此，为什么生态学家把一种潮湿草原标定为向森林过渡的一个阶段，而另一种说成是取代了森林呢？在这两种情况下，丘陵地都可能与相邻的平原拥有同样的草本植被，但丘陵地同时还有各种林木和矮树丛。在这两种情况下，平原上的土壤和湿度都要比大部分丘陵地表的土壤和湿度更加有益于多样性的中生植物。那我们又一次提问，既然同样的草本元素在平原让位于山丘的地方进入更复杂的生物集合体，为什么生态学家通常将半干旱的草原视为顶极构造呢？

顶极植被的发展通常是沿着这样的方向：相互的包容性和适应性增加，从而达到最大限度的植物及习性多样化，包括特定气候所允许的最大限度的生长范围。那么，使植物区系贫乏、不包容多样生长习性，这样的特质如何能让所谓的顶极状

① J. W. Bews，前引书，p. 292。

态解释得通呢？园林式景观在生态上是稳定的、还是说它们只是林地退却时的遗留物呢？世界上的伟大草原是不是近期发展的产物，它们是否有可能主要是由火的作用（经常、持续、反复发生，特别针对长命的木本多年生植物）而形成的呢？已经建立的生态体系解释不清为什么单纯的草本植物集合体总是与最平缓的地形联系在一起，只要地面有或长或短的干燥时期。

自然之火与人为焚烧。——人们常常假定在大自然中，起火是个普遍现象。关于阿根廷无树草原“烧熟的土地”（*tierra cocida*）的讨论几乎持续了一个世纪。烧焦的，甚至熔凝的土块或斑点出现在草原底土的各个层面中。多数研究者认为这种东西是当地泥土焚烧的结果，其中有些人说是人为造成的，另一些人说是自然起火。[①]贝利·威利斯（Bailey Willis）简单看 223
待这个问题，他认为“任何火情，无论是来源于自发燃烧、闪电击中还是其他与人无关的自然现象，都会造成在有利条件下焚烧大地的效果”，并且提到“达科他和蒙大拿的山地……箍绕着的红黏土被褐煤床自燃的火焰烧成瓦片的强度，其中没有人为因素”。[②]然而自然起源的火不能这样轻易地一言蔽之。如果大自然中自发起火，那是一种稀有而高度局部性的现象，

---

① Bailey Willis, Tierra Cocida; Scoriae [with notes by Aleš Hrdlička], 载于 Aleš Hrdlička and others, Early Man in South America, Bureau of American Ethnology, Bulletin 52, 1912, pp. 45-53, 附有书目。亦见 Oscar Schmieder, The Pampa—A Natural or Culturally Induced Grassland?, Univ. of California Publs. in Geography, Vol. 2, No. 8, 1927。

② Bailey Willis, 前引书, pp. 48, 49。关于所报告的这个情形，希望能有具体资料。

取决于不稳定碳氢化合物的聚集。实际发生的情形需要按照时间地点记录下来，而不是做权威式的推断。

除了在活跃火山地区，闪电无疑是自然火情的主要原因。这种火情在夏天加利福尼亚州的内华达山脉并不少见。据美国森林管理局报告，在西部几个州每年平均发生大约四千起闪电引发的火灾，通常规模较小。这种火是山区的现象，可能是干雷暴造成的，或者是干旱气候之后、雨量很小的雷暴带来的。它们往往起源于干燥物质的大量聚集，尤其是当死去的针叶树突出直立在布满干杂物的地面上。缓慢燃烧的死树可能点燃下面的杂物，这些杂物在一场短暂的夏季暴风雨之后很快就变干了。引起火情的雷暴在中纬度内陆山区的夏季是特别典型的。但即便在非常容易起火的地区，也没有听说闪电引起的燃烧会永久性、方向性地改变生态。这种火情是否消灭了易燃针叶树的任何品种，或造成超出非常局部、短暂的森林清除之外的效果，是十分可疑的。在美国自然起火数量最多的地区，森林和灌木丛仍然占支配地位。

对平原地区来说，我没有看到过任何文献记载闪电引起大火。平原的气象学机制不像西部山区那样适于起火，因为过去和现在都缺少死去的易燃树脂质针叶树，这种软木的重要性在于保持火种，直到地面变干。没有证据表明引火的闪电曾在适当时机以足够的频率袭击任何平原，以至于烧光了木本植物元素。

总而言之，我们掌握的关于大型草原的资料太少，做科学观察的时间跨度太短，因而不能对草原的起源持武断态度。我们在此收集的证据显示，草原在植物地理上是个晚近的特色，

它们可能是在人类占据时期才发展起来的，它们可能主要由火 224
而形成，而火的起因可能是人为的。植物生态学对人类能够实施的植被方向性改变考虑得太少了。特别是农业社会前的人类，他们在这方面的能力可能被低估了，其部分原因是他们存在的时间被低估了，但尤其是因为我们很少注意到，火作为一种狩猎工具对当时的人类是多么重要。

人类散布的路径

在冰河时代，阿拉斯加低地似乎一直都是亚北极区动植物可栖息的地方。随着大陆冰盖消失、北极美洲的现代轮廓成形，来自阿拉斯加的植物和动物沿着北极海边缘向东移居。这看来也是爱斯基摩人祖先所走的路径，他们向东从白令海分散到格陵兰，向南沿着哈得孙湾和拉布拉多海岸行进，在那里可能与向北迁移的印第安文化有部分融合。①原始爱斯基摩文化的先进海洋捕猎特性使得人类远程占领地球极北方的说法令人疑惑。

西北海岸在早期走不通。——早期移民向南漂泊，所走的不会是太平洋沿岸。这条路只有熟练的航行者才能通过。雪地和冰川，缺少食物、一直延伸到水边的茂密森林，还有布满错综复杂的峡湾和山峦的海岸，这一切使得沿着海岸或接近海边

---

① Diamond Jenness, The Problem of the Eskimo, 载于 Diamond Jenness, edit., The American Aborigines, published for presentation at the Fifth Pacific Science Congress, Canada, 1933 (Toronto, 1933) pp. 371-396。

225

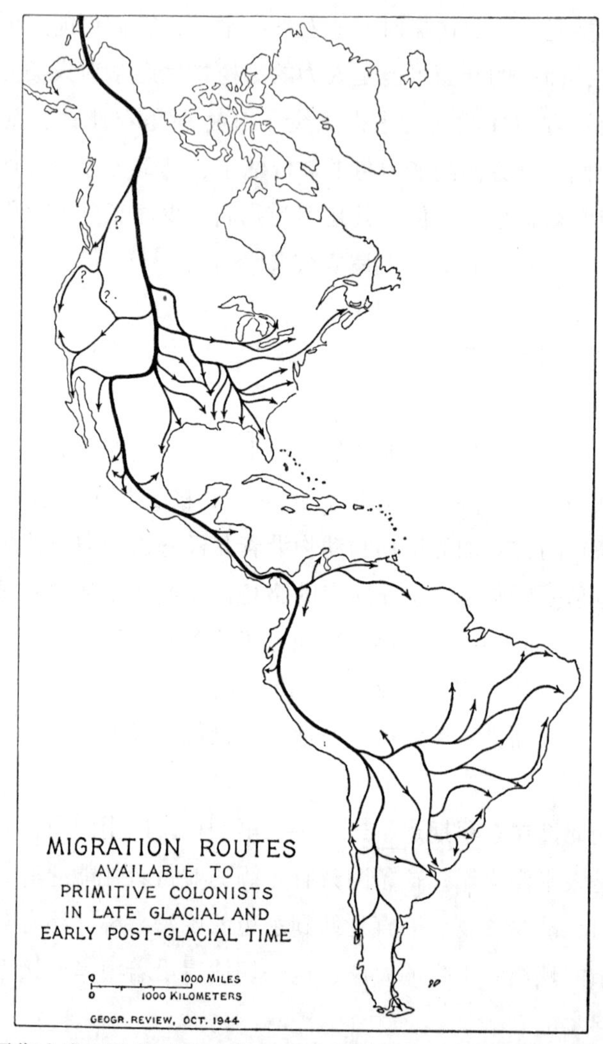

美洲早期人类（冰川时代晚期和后冰川时代早期）可行的移居路径。（作为绘制此图基础的地图是美国地理学会的《南北美洲简略地图》，1∶50 000 000。）

行走都是不可能的。阿拉斯加南部的沿海地区和不列颠哥伦比亚的沿海地区，只能养育一个懂得如何到处走动、打鱼和在海上捕猎的民族。我们推断，这是整个新大陆的重要地区中最后才被人类占领的部分，除了内陆出来的路径可能把一些移民带到海岸。

我们仍然不知道，连接阿拉斯加与美国内陆的最早期过道究竟是沿着落基山脉东边山脚而行呢，还是一条穿过落基山脉和海岸山岭之间的山间通路。如果这条路穿越不列颠哥伦比亚 226
内陆向南展开，弗雷泽河和哥伦比亚河的横断河谷多半提供了前往太平洋的通道，时间比前往北方河段的通道更早。对这两个河谷和对皮吉特海峡的考古勘查依然有待进行。

沿着落基山前向南散布。——20 世纪 20 年代和 30 年代的工作显示，早期移民的一条长长带状区域沿着落基山脉的东部基座，从加拿大南部延伸到新墨西哥地区。根据现有的证据，这是早期人类散布的中轴线。有迹象显示，他们可能利用怀俄明豁口抵达大盐湖，继而抵达亚利桑那的拉斯维加斯地区。（在这个问题上，我们可以回想前面谈到的，怀特河纹泥显示当年落基山脉高度较低的可能性。）接近落基山前的南端，有一个分支西向而行，这可以由科奇斯、莫哈维和平托的遗址勾勒出来，说明在降雨状况仍然保证科罗拉多河下游两边沙漠适宜通行的时候，有几群人通过这些地带漂泊到太平洋海岸离墨西哥边境北边不远的地方。当然，这就意味着在加利福尼亚海岸区域应该会发现早期人类的遗迹。如果说那时候的人住在莫哈维沙漠的洼地中，没有到达沙漠之外全年盛产丰富多样食物的海岸山岭和河谷，这种情形是不太可能的。加利福尼亚考古学的简短编年记载早就应该修订一下了。

散布到大西洋海岸。——落基山脉向东的水系经过长长的一系列通道汇入密西西比河。沿着每一条小河，都有帮助迁移的食物、水、燃料和住处。在明尼苏达和安大略的发现显示，人类紧紧跟随退却的威斯康星冰线，向东扩散了很远。不需要想象大陆冰层边缘是荒漠或苔原。我们中纬度的无论什么植物，在冰线退却时定会是向前挺进的良好先锋。我们甚至可以想象，覆盖在破碎冰块上的大地残骸，长满了生气勃勃、多种多样的植被。

明尼苏达人显示出密西西比河上游与墨西哥湾之间的交换联系。从东部人工制品对美国大平原的福尔瑟姆和尤马遗址的密切关系上，可以推测早期大型动物狩猎人沿着密西西比河而下，再沿俄亥俄河谷而上，进入南方深处。

227　从最早的时候起，在圣路易斯地区汇聚的水道一定是把这地方搞成土著的交叉路口了。这里有各种各样对原始人有用的资源。在密苏里河下游，原始人首先发现了温度适中的林地上丰富的动植物：在洪积平原和黄土高地上一丛丛的坚果树，包括核桃、山核桃、山胡桃；有多种橡树，有些结着甜橡实；还有葡萄、黑樱桃、柿子和番木瓜；有弗吉尼亚鹿、负鼠、火鸡、鹌鹑和山鹬。迁徙的水鸟秋天飞到这里聚集，春天再分散飞回北方的繁殖地。水边的陡岸和欧扎克丘陵提供无尽的优质燧石，适合做工具，而盐渍地标志着页岩层的露头部分。小溪和河流陡岸切入抵抗力大小不一的古生代地层，形成舒适的小港湾和悬岩遮蔽处，抵挡冬季的寒风。密苏里的原始人记录应该延伸一下。

从美国大平原向南的路径。——对落基山脉南部和美国大平原来说，克洛维斯和桑迪亚是已知的早期中心。得克萨斯各河流上的台地遗址，例如阿比林遗址，标志着人类向墨西哥湾散布或达到了墨西哥湾。这里的栖息条件有足够强大的吸引力，未来的考古工作很可能会证明人类通过低地河谷向海岸泻湖分散。它们是否曾沿着墨西哥湾向南行进则不得而知。关于美国南边，我们还是只有很少的诱人信息：在尼加拉瓜的马那瓜附近深埋的火山灰层里面，有赤脚人和大野牛的痕迹。[①]

当墨西哥边境北面（以及奇瓦瓦西北部）以降雨充沛的状况为主的时候，干草原和沙漠气候带多多少少向南推移了。也可能那时候比现在更干燥。不论墨西哥东西海岸是否适宜作为通路或生存之地，沿着所谓西马德雷山脉的东侧倒的确是一条通向南方的舒适过道。这里的熟悉植被包括较低海拔的牧豆树及其同类，以及较高海拔的橡树和果松。在向南迁移的过程中，人类逐渐习惯了新的热带植物区系，这种植物占据着东西海岸，并延伸到内陆无数炎热的深峡谷之中。在到达热带雨林 228
之前，人类没有遇到严重的障碍或需要重新组织生活方式。

进入南美洲。——我们不知道热带雨林是否（以及在何处）阻碍了人类向南行进。如果人类直到气候的现代模式确立才进入南美洲，那么当然了，他们必须经过巴拿马湾东边和南边最难以逾越的雨林才行。穿越这片雨林最窄的地方也要走

---

① Reports on the work of F. B. Richardson, Carnegie Institution Year Book No. 40, 1940-1941 (Washington, 1941), pp. 300-302, 以及同上, No. 41, 1941-1942 (1942), pp. 269-271。

至少二百英里，中间还有阿特拉托河谷的溪流、沼泽和泻湖造成的多重障碍。那些说人类在晚近时期几乎徒手、不善使船而进入南美洲的学者，并没有解决他们如何跨过这些水流和森林的障碍，如何在摸索前行时维持生命的问题。我们所知的历史上住在乔科的印第安人，以及更大程度上住在达连湾和圣米格尔湾的印第安人，是优秀的船民并对热带森林环境驾轻就熟。没有人能想象南美洲的首批移民具备这种技能；的确，目前在南美洲居住着很多部落，他们是不会知道如何越过这样的障碍的。

另一方面，如果我们可以换个角度思考，认为人类首次进入南美洲是在中纬度的冰川和降雨条件仍然占支配地位的更早时期，那么达连湾一带就可能存在着不同的气候状况了。大西洋“马纬度”（horse-latitude）① 高压带朝赤道方向的轻微移动，也会将稀树草原气候或多或少向南和向西推移。哥伦比亚北部稀树草原气候当前的边界向西南偏离 2°，就会把路径轻松地清理出来。这不只是个一厢情愿的想象，尽管我没听说有人写过关于那个地区全新世和更新世晚期沉积物和动物的观察报告：（1）这个机制是合理的；（2）我们知道有很多植物和一些动物在更新世时期在南北美洲之间迁移，而它们是没有能力穿越热带雨林的。从美国半干旱的西南部到阿根廷和智利，草类、灌木和一年生草本植物中的许多品种都要求一条在更新世某一时期或其晚期雨量不大的过道。类似条件同样适用于一些哺乳动物。真正的马和鹿似乎是在更新世早期之后进入南美

① 指南北纬 30°附近的副热带无风带。——译者注

洲，而贫齿动物和地懒应该是在更新世晚期从南美洲来到北方的。[1]虽然这些迁移中有很多（即便不是全部）都是在人类被 229
认为进入当地之前就已经完成，但它们的确可以说明，在更新世后半期存在一条可通行的少雨气候的过道。如果这条过道是由于赤道与高纬度地区之间空气流通增加而打开，那它应该是在整个威斯康星冰川作用期间都存在，但不会持续到更晚时期。因此，这个论据不支持原始人在晚近时期才进入达连-乔科地区的说法。

贯通南美洲的路径。——从考卡山谷开始，等待移居者的便是一片友善而多样化的土地。一组路径向东，从委内瑞拉安第斯山脉侧面绕过，从岔路进垭入奥里诺科河平原。这些路径中有一些应该延伸到了北部圭亚那高原，这个高原与雨林是不搭界的。

从考卡山谷向南的通路在安第斯山脉之中，我判断它深入玻利维亚境内。这条安第斯山内的道路是从安第斯山脉两侧无法通行的特征推断出来的。早期原始人恐怕不可能利用秘鲁沙漠。（我们所知的沙漠上最原始、最早的遗迹来自塔尔塔尔附近接近沙漠南端的地方，这大概不是个巧合。）安第斯山东侧是更令人畏惧的障碍，几乎一直到亚马孙流域的最南部都难以逾越，因为较高海拔有枝丫纠缠的云雾森林，较低的山峦有热带森林。然而，在圣克鲁斯-德拉谢拉一带，宜人的山谷和开阔的温带植被从玻利维亚内陆延伸到东边的平原。从那里开始，亚马孙森林南边的整个巴西地区都是可以自由通行的。向

---

① P. O. McGrew，前引书，p. 43。

南还有大查科的狩猎和果实采集之地，它并入了阿根廷的大草原。玻利维亚的南部高原逐渐降低高度，融入阿根廷西部的 *chañar* 和 *algarrobo* 干草原，进一步的路径通过安第斯山西部达到阿塔卡马沙漠南面的智利海岸。因此，玻利维亚被看作向整个南美洲南部和巴西大部分地区移居的一个集散中心。

我们迄今还没有办法估计南美洲最早的移民是何时到来的。有人非常主观地猜测，人类从美国内陆缓慢南进，迟至几
230 千年之前才到达巴塔哥尼亚。我们只知道，正如在北美洲一样，人类在南美的多种大型食草动物灭绝时是存在的，并且一些考古遗址（例如米纳斯吉拉斯湖区）年代早于重要的地形变化，而这些地形变化可能延续了很长的时期。达连地区的气候学问题也不支持人类很晚才到达那里的说法。因此我认为，主张人类向南美洲的推进大大延迟是没有什么理由的。

大西洋和太平洋海岸的对比。——早期移居的主要路径是从阿拉斯加向南，经过北美洲和南美洲的内陆，最终到达火地岛。大西洋沿岸几乎所有的地方都是宜居和可以进入的，但早期的人是从西部沿着长长的分支小道过来，形成一系列相互分离的移居终点。这些终点地区一般显示为保守族群的半岛，它们是拉布拉多和纽芬兰、阿卡迪亚、佛罗里达、圭亚那高原，以及巴西东北部。另一方面，太平洋海岸相当大的部分对那些属于最简单、最早期文化的人们来说，是不可通行和不宜进入的。它的高纬度地区被陡峭峡湾和难缠的雨林占据；在秘鲁和智利有世界上最长的沙漠海岸，北半球加利福尼亚湾沿岸也有类似但较小的沙漠海岸；巴拿马地峡与厄瓜多尔海岸之间是极为繁茂的热带雨林。因此，太平洋沿岸早期有吸引力的地方很

少，其中最主要的是墨西哥北部与巴拿马之间的西海岸，那里一定有过积极的移居活动，应该会发掘出原始时期的遗物。除此之外，加利福尼亚海岸（包括俄勒冈）和智利也是太平洋沿线的早期诱人栖息地。既然这些地方提供了早期移民比较容易进入的居住环境，关于它们的原始记录应该不会是一片空白的。

从人种特征的分布推测年代

关于新大陆在晚近时期才有人居住的理论与移居者属于蒙古人种的学说结合在一起，这种学说认为印第安人是迁移过来的东北亚人中肤色近乎赤褐色的一支，他们占据着新大陆爱斯基摩湖以南的地方。对这个观念来说，时间点是至关重要的。移民发生的年代越早，谈论蒙古人或者印第安人就越没有道理。自从福尔瑟姆遗址被发现以来，人们承认它有一万到一万五千年之久，因为新大陆人与冰川和雨水沉积的联系可能支持这个时间跨度。于是上述学说又有了一个修正的版本，即 231
“一种基本上是现代的印第安人大约在 15000 年前来到新大陆”。[①]这个版本将“现代印第安人”概念不和谐地引入一个古老人种；其他地方像这样远古时期的“现代人种”，只是偶然

① Frank H. H. Roberts, Developments in the Problem of the North American Paleo-Indian，前引书，p. 107；F. M. Setzler, Archaeological Exploration of the United States, 1930-1942, Acta Americana, Vol. 1, 1943, pp. 206-220，提及的内容见第 211—212 页。必须指出，这个观点源自美国，见后面段落中对德卡特勒法热（De Quatrefages）和德尼凯（Deniker）的引述。

有人提到过例如欧洲的克鲁马努人和尚瑟拉德人这类原型。

印第安人种的特征。——关于美洲土著大体上是统一的这种理论产生时，我们还没有获得表明新大陆人类定居时间以及显示其体质类型多样性（将在后面讨论）的现代证据。维持这种理论就是把它变成一个尺寸单一的盒子，将任何原住民的身躯或骨骼都用特征平均值这个方法强行塞进盒子里去，而实际上个体与平均值之间存在大量差异。因此，阿莱什·赫尔德利奇卡（Aleš Hrdlička）把考古发现的印第安人正常头骨中最小的大脑容量描述为与猿人相当，而最大的超过了世界上其他地方所报告的绝大多数正常头骨的容量。颅骨的形状从圆形到很长，拱度从低到高；面部有的圆有的窄长，有的平坦有的像鹰一样；个头有的矮小有的很高；甚至肤色也有很大差别。[①]这种高度“差异化”的性质或基础是什么，在遗传学上仍然不清楚，而且人们似乎认为它并不重要。

考古挖掘出的残骸材料越来越多地指向一种普遍性：与现代印第安族群中的绝大多数不同，古人的头颅较长。一百年前从米纳斯吉拉斯找到的圣湖颅骨是这一串发现的开端。北美洲的数据由托马斯·戴尔·斯图尔德（Thomas Dale Steward）做了很好的总结。[②]他认定为圆头颅型的唯一较老群组是红赭石人（Red Ocher people），他们是伊利诺伊州继黑沙人（Black Sands people）之后的群组。除了这个例外，从多雨期的科奇

---

① Aleš Hrdlička, Normal Micro- and Macrocephaly, Amer. Journal of Physical Anthropology, Vol. 25, 1939, pp. 1-91，提及的内容见第 82 页。

② T. D. Stewart, Some Historical Implications of Physical Anthropology in North America，载于 Essays ... in Honor of John R. Swanton，前引书，pp. 15-50。

斯一期人和冰川期的明尼苏达人，到霍普韦尔人和“编筐人”，这长长的时期都是长头颅型的记录。这些人似乎包含了几个不同的人种特征：（1）身材矮小，颅骨拱度低，以明尼 232
苏达人、怀俄明洞穴中发现的遗迹和加利福尼亚奥克格罗夫人的颅骨为代表；（2）身材纤细，颅骨拱度高，即“编筐人”的类型，散布范围最广泛。我或许还可以加上一条：（3）四肢修长的高个子，例如来自加利福尼亚洛迪附近萨克拉门托山谷的较早期的族群。福尔瑟姆和尤马狩猎人的遗骨还没有被确定。在南美洲的不少地方发现了非常古老的长头颅型人，这些地方包括米纳斯吉拉斯的孔芬斯（当然还有圣湖）、厄瓜多尔的普宁，以及秘鲁、阿根廷大草原和巴塔哥尼亚。如果头颅形状真的具有人们认为它能显示的遗传持续性，那么我们在这里便面对一个谜语，即新大陆居住地的遗留物中没有圆头颅型人的痕迹，似乎直到公元纪年到来时才有圆头人出现。

让·德卡特勒法热（Jean de Quatrefages）在圣湖人的基础上设定了一个单独的人种；约瑟夫·德尼凯（Joseph Deniker）认为他们的后代足够强壮地幸存至今，并且把现代印第安人区分为四个亚种，每一个都有不同的头型特征，每一个也都有自己的地理中心。他把这些主要的亚种称为北美人、中美人、南美人和巴塔哥尼亚人。德尼凯所做的细分在欧洲和拉丁美洲学者的最新身体分类中依然存在，他们总的来说最看重的是活着的当地人形态学特征的不同地理分布问题。

与德尼凯的论述同时，威廉·泽拜纳·里普利（William Zebina Ripley）设计的划时代颅骨指数世界地图引起人们的关注：长头颅型占据着特定地区（巴西东部、加利福尼亚湾一带、上加利福尼亚、北美东北部），而离这些中心越远，短头颅型的人群就越多。

在1919年，格里菲思·泰勒（Griffith Taylor）也利用颅骨指数做出一个关于人种演化的大胆设想，他推断那些位于大陆块外围地区的长颅族群是最古老的人种，他们被后来的圆颅族群排挤到更边远的角落。[①] 1923年，罗兰·B. 狄克逊（Roland B. Dixon）发表了《人的种族史》（*The Racial History of Man*），引起很多讨论。书中的主要观点与泰勒一致，指出："不同体质类型人的一系列移居潮流……其方式总的来说就是，长头颅型（他们可能是更久远的）族群被发现主要分布
233 在大陆边缘沿线。"[②]假如狄克逊换一个说法，说他们"被发现在人类散布可行的各早期路径远端地带"，那就能避免像爱斯基摩人起源这类错误，也会应用到生物地理学中一个熟悉的散布原则了。狄克逊的种族分类不仅由头颅形状确定，还取决于颅骨拱度和面部特征，特别是鼻子的特点。

这些研究是由一些关注世界范围种族问题的学者做出的，赢得了广大的读者群对当代种群分布之历史含义的兴趣。最近，欧内斯特·A. 胡顿（Earnest A. Hooton）、布鲁诺·奥特金（Bruno Oetteking）、埃贡·冯艾克施泰特（Egon von Eickstedt）和何塞·因贝略尼（José Imbelloni）强调了美洲人身体

---

① Griffith Taylor, Climatic Cycles and Evolution, Geographical Review, Vol. 8, 1919, pp. 289-328. 两年后，泰勒又展示了一个更加详尽的逐次移民潮图示：The Evolution and Distribution of Race, Culture, and Language，同上，Vol. 11, 1921, pp. 54-119。

② Roland Burrage Dixon, The Racial History of Man, p. 404.

特征的地理位置意味着不同的发源地。

由于调查者及他们可得到的材料不同，这些研究所选取的特征名目或多或少有些差异，然而通过所有的特征都能看到一个可识别的模式，即边缘的较老世系围绕着一个后来者的中心。普遍原则是，按照形态构造辨别和分类的当代及近代人口，其分布应能根据地理位置指明逐次移民的顺序。有人提出反对意见，认为对构成体质类型的特征选择太主观，还有人不同意对地理模式所做的解释。我们可以说，在动植物种类系统史中，凡是不能或没有使用基因精密工具的地方，人们正是完全按照这种性质的方式来寻找和利用形态学特征的。

我们在此重印因贝略尼的南北美洲种族分布地图，作为质化形态学的一个新近修正版本。①它是一个试探性的种系图，可以用来简略说明原住民中更古老、更原始的组成部分似乎是什么样子的。

一、Fuegids（“火人”）的名字取自火地岛南端的雅甘人。②因贝略尼认为这种类型还延伸到巴塔哥

① 原载于 José Imbelloni, Tabla classificatoria de los Indios: Regiones biológicas y grupos raciales humanos de América, Physis, Vol. 12, 1936-1938, pp. 229-249. 他在最近的一篇文章里陈述了自己的观点：The Peopling of America, Acta Americana, Vol. 1, 1943, pp. 309-330。

② O. Menghin, Weltgeschichte der Steinzeit (Wien, 1931), pp. 578, 594. 门金在他们身上看到“原形态”的人种之一；他把他们列为世界上的三个祖先种族之一，即 Yamanoids，从这个祖先引出大欧亚系列民族。当然，这里假设在亚洲有一个祖先领地，它的一个分支早期移居新大陆，其中一小部分人在南美洲的最远端幸存下来。

234

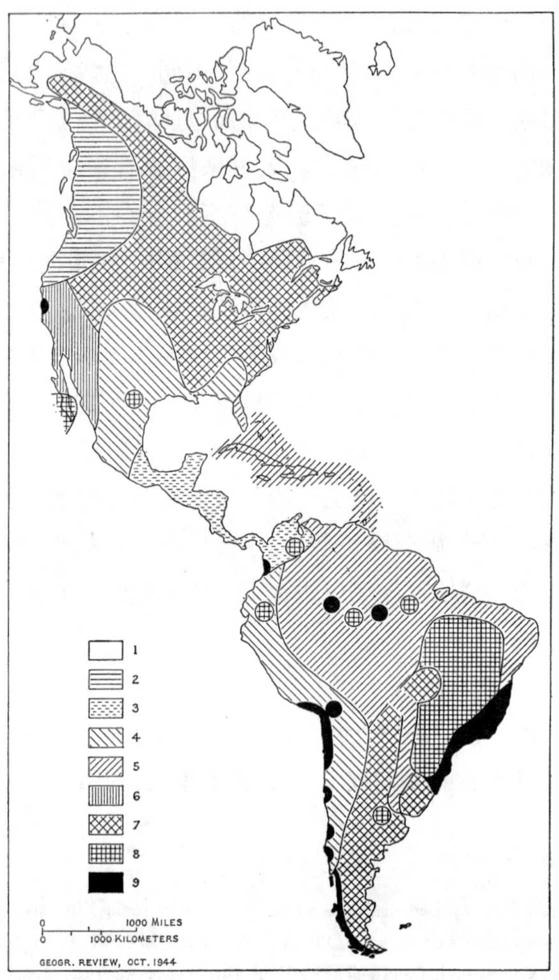

南北美洲种族分布地图，以因贝略尼的地图为基础（309 页注①）。图 例：1. Subarctids；2. Columbids；3. Isthmids；4. Pueblo-Andids；5. Amazonids；6. Sonorids；7. 北美的 Planids 和南美的 Pampids；8. Laguids；9. Fuegids。

尼亚西部（例如乔诺人）、阿塔卡马岸边的尚戈人，235
以及玻利维亚高原的乌拉人中间。在东岸，他提到现存的博托库多人和沿海贝丘（*sambaquis*）已经消失的族群。在北方，他指出他们存在于莫蒂隆部落、瓜希拉部落，以及佩里哈山和圣玛尔塔山里的其他部落。这种类型被看作新大陆最原始、最古老的种族元素；个头不大，中等的长头颅，颅骨低，通常有厚重的眉弓。人们认为这些原始人一点一点地被排挤到南美洲最偏远、最不宜居住的角落。我还可以提出一种可能，即他们的远古模样体现在北美洲的明尼苏达人、怀俄明洞穴人和奥克格罗夫人身上。

二、在到来时间和原始性方面的下一个种类是Laguids（“湖人”），名字取自圣湖（Lagoa Santa）的遗迹。这是一种瘦小苗条的人，有长型的头部和颅骨。他们中间的幸存元素被认为特别存在于巴西的塔普亚部落。根据考古结果，下加利福尼亚半岛最南端的长颅人属于这个群组。我们可以猜测，美国的“编筐人”类型也应该包含在内。

三、另一些较长型头颅的人种是Pampids（“草原人”）、Planids（“平原人”）和Sonorids（“索诺拉人”）。他们比中等身材高出许多，在巴塔哥尼亚达到非常高的个头，以至于引起巨人族的早期传说。他们一般是大头、高颧骨。

四、Amazonids（“亚马孙人”）有中等到较小的身材，他们部分保存了长头颅型的特征，可能是更早期向新大陆移居者后代的混合模糊类型。

我们以地理分布和可能的考古学先后次序为基础，归纳出的形态学论题可能会是这样的：（1）一个原生的小个子种族占据了新大陆（福尔瑟姆之前?），逐渐被驱赶到作为南美洲最后防线的地点：火地岛、亚马孙避难地、瓜希拉的“死胡同”；他们现在已经几乎灭绝了。（2）第二波是身材匀称苗条、颅骨长而高的族群（也在福尔瑟姆之前?），他们留下遗迹的地方有下加利福尼亚、美国西南部和中南部多处、巴西高原和南美无树草原各地。他们之中的幸存者生活在巴西高原的部落中，也许还有加利福尼亚（尤基人?）。（3）其后开始了高个子、强壮长头型人的推进，可能有几个不同的族群。南美无树草原印第安人及他们的众多邻居、加利福尼亚湾附近的卡西塔人和其他部落、美国大平原印第安人、东部林地印第安
236 人，这些人身上都带有这种祖先的标记。他们的栖息地可不是避难处，他们的狩猎才能也令人惊异。这些部族包含了大地，多数激烈反抗白人征服的原住民。

这些形态特征及其地理排列如果是正确的话，就勾画出了新大陆在蒙古人之前、印第安人之前人类移居的先后顺序。我不认为谈论“原始印第安人”会对我们理解这个问题有任何帮助，就像我们把中国的一切史前遗迹都称为“原始中国人”一样没有意义。印第安种族，假如我们一定要这样划分的话，应该是通过各个族群不断混合，并且与旧大陆渐行渐远而逐步形成的一个人种。我们需要关注的是印第安化的过程，而不是为一个原初的“印第安种族”去辩解。因此，人体测量学和

质化形态学必须与更多的实地观察结合起来，才能研究从基因意义上定义的人口。①

关于血型。——在基因概念发展起来之前，体质人类学有非常详尽的描述机制。根据许多测量数据编制的身体特征以什么方式遗传，这一点我们并不知道；这些方式可能涉及适应性选择，所谓相同的形态也可能是平行变异。人种的量化体系受到西奥多修斯·G. 多布然斯基（Theodosius G. Dobzhansky）的批评：②

> 种族的概念作为一个特征平均值体系，在逻辑上意味着连续的而不是微粒的种质学说。这样一种概念显然过时了，无法对人口中起作用的因果元素提供什么深刻见解。虽然只有较少的人体特性遗传因子基础为人所知，但看来追踪这些少数特征的分布会比大量测量数据告诉我们更多有关“种族”的知识。而且，我们不能继续忽视隐藏的遗传因子的可变异性。……既然这种可变异性由隐性基因组成，那么只有其中一部分，通常只是很小的一部分，会显现在表型之中。

① 举例来看，一个极其重要的地区是索诺拉，那里有广为人知的人体测量数据。根据我的经验，这些数据除了关于塞里人的以外，都是几乎没有意义的。在每一个前部落或语言组别内部，村与村之间、山谷与山谷之间都有惊人的体质差异。例如，没有一种有意义的皮马人或亚基人的平均值；而按照人口单位做成身体特征和形态类型的图示却可能大有帮助。

② T. G. Dobzhansky, Genetics and the Origin of Species, ed. 2 (New York, 1941), pp. 358-361, and p. 79.

我们必须研究基因的地理，而不是平均表型的地理。在对
237 此做出说明的时候，多布然斯基称赞了威廉·C. 博伊德（William C. Boyd）的工作。下面几段便主要是以博伊德的著述为基础的。①

O 血型在美洲印第安人中非常普遍，以至于有一种错误观点开始流行，说纯粹的印第安人只属于这个血型。在新大陆，有几十个部落受到测试，O 血型个人所占百分比超过旧大陆的任何地方。他们包括从下马更些河谷的卢谢部落直到火地岛的奥纳部落，覆盖了原始移居轴线的整个长度。南北美洲的许多印第安群组完全属于 O 型，除了后来有白人或黑人的混血。在爱斯基摩人和旧大陆任何地方似乎都没有这种情形。旧大陆记录上比例最高的群组是一些沙漠贝都因人和科普特人。北部和东部亚洲被人说成印第安人的摇篮，但这里的 O 型比例并

---

① 博伊德把血型作为人类世系（特别是美洲世系）的种族系统史基因机制，他是这方面最积极的研究者和倡导者。关于基因在种族问题上所起的作用，下列论文构成入门的最主要系列：L. C. Wyman and W. C. Boyd, Human Blood Groups and Anthropology, American Anthropologist, Vol. 37（N. S.）, 1935, pp. 181-200；同作者，Blood Group Determinations of Prehistoric American Indians，同上，Vol. 39（N. S.）, 1937, pp. 583-592；W. C. Boyd and L. G. Boyd, Blood Grouping Tests on 300 Mummies, Journal of Immunology, Vol. 32, 1937, pp. 307-319；W. C. Boyd, Blood Groups, Tabulae Biologicae, Vol. 17, 1939, pp. 113-240（包括到 1938 年已知的全世界血型鉴定表格）；同作者，Blood Groups of American Indians, American Journal of Physical Anthropology, Vol. 25, 1939, pp. 215-235（比前一文中更近期的美洲印第安人血型鉴定表格）；同作者，Critique of Methods of Classifying Mankind，同上，Vol. 27, 1940, pp. 333-364（这是作为一般入门的最新、最好的文章，并包含截至 1940 年的参考书目）；A. S. Wiener, Evolution of the Human Blood Group Factors, American Naturalist, Vol. 77, 1943, pp. 199-204（它将调研状态更新至今）。

不高；实际上，在朝鲜、西藏和山东，以及在日本的阿伊努人中间，这个血型的数值是非常低的。

完全没有 A 血型的人口只在新大陆发现过，而且在这里也只存在于一些南美洲印第安群组，特别是在阿根廷、巴拉圭和秘鲁。另一方面，很少有人注意到这样一个发现，即全世界 A 血型已知的最高百分比是在血族（Blood）、乌足族（Blackfoot）和皮根族（Piegan）印第安人中。还有，加拿大的海狸族（Beaver）、奴族（Slave）和斯托尼族（Stoney），蒙大拿州的扁头族（Flathead），怀俄明州的肖肖尼族（Shoshone），以及西南部的纳瓦霍族（Navaho），这些印第安人中的 A 型数值
如此之高，因而不可能用白人混血来解释。同样很难把原因归 238
于白人混血的是北部的克里人、多格里布人和钦西安人，西南部的霍皮人和大量里奥奇科河普韦布洛人，还有索克人、福克斯人和米克马克人，以及东部林地的其他印第安人。（博伊德还在西南部“编筐人”的干尸中测定，20 个里面有 3 个属于 A 血型。）从这些新近获得的数据中可以归纳出，有一个引人注目的老北美 A 血型中心，在落基山脉的前缘沿线和后面，向南直到纳瓦霍人和普韦布洛人部落，同时向东通过东部林地到达大西洋海岸，向西在皮吉特海峡附近到达太平洋海岸。在南美洲，超过可能由混血带来的 A 型看来存在于阿根廷北部的一些部落中。

B 血型在印第安人的记录中是缺失或者非常稀有的，存在的数值很可能是由近代的混血生育所造成。然而，在南美洲有三个地区不能用这个原因去说明：

一、从智利中部到火地岛一带需要仔细研究，不光是对印第安人，而且对混血的智利人也是如此。(a) 最新知识告诉我们，雅甘人是全世界远远超过其他族群的最纯粹的B血型人。(b) 已知的阿劳卡尼亚人血型分布中，B型就西班牙人混血因素而言显得高了一些，特别是考虑到智利巴斯克血统的重要地位。阿劳卡尼亚人过去越过安第斯山脉移居到智利时，数量超过了那里的原有人口，B型有可能源自一个较老的、被掩盖的世系。(c) 我们见到的关于混血智利人的唯一报告所包含的B型频率之高，没有理由归因于西班牙人或其他欧洲人祖先。如果这个报告是正确的，那就是说印第安人中间必定保留了一个B型数值特别高的种类。

二、在秘鲁高原的混合人口中，出现了明显超过西班牙人祖先可能造成的B血型人数。而且，博伊德发现了六具属于B型和两具属于AB型的秘鲁人干尸。

三、世界上已知的B型第三最高数值是巴西内陆的卡拉亚人 (Carayá)，这是一个非常原始的部落，也是巴西唯一有血型检测报告的族群。

在印第安人中很少做过MN血型系统的观察。然而他们之中M型一向非常之高，而旧大陆人口多为N型。叙利亚的鲁瓦拉贝都因人是我们所知道的与印第安人MN血型分布相似的唯一旧大陆族群。

血型与移居。——这些基因控制的生物化学差异是有关人类遗传的最根本的东西。它们的地理分布，尽管调查资料仍然不多，但也足以表明新大陆土著人口比旧世界各大陆的血统混 239
合要少得多。纯粹的或大占优势的 O 血型人口仅仅存在于新大陆。已知比例最高的 A 型和 B 型，以及 M 型群体也是在新大陆人口中发现的。就最低数值而言，除了在澳大利亚和大洋洲许多族群中没有 B 型以外，旧大陆没有像新大陆这样以某些血型的极小比例为特点。新大陆中单一血型和两种血型的群体占支配地位，而大多数欧亚和非洲人口中都是所有血型同时存在的。

很可能，向新大陆的基础性移居过程（爱斯基摩人除外）起始于旧大陆的原生家园，那时候人类的初始血统还没有混合起来；新大陆的世系之间比旧世界各大陆的世系之间维持了更远的分隔距离。新大陆作为一个整体，在很长时间内孤立于旧大陆，并且在内部也保持着互相孤立的状态。因此，看来美洲的土著有可能基本上属于非常古老的种族。在美洲，我们比世界上任何其他地方都更适合谈论血统纯正的族群。既然如此，他们怎么可能源于由各种血统混杂而成的蒙古人种呢？

美洲的血型分布可以解析为移居的先后顺序问题。南美洲偏远地区 B 血型的存在值得注意，它可能意味着 B 型人是从白令海沿着长长通道来到美洲的最早移民，后来通过陆路被排挤到世界上最偏远的角落。（东南亚可能是 B 型的摇篮，从印度支那东至望加锡海峡都有比较高的 B 型——望加锡很可能是更新世的大陆边框；往东北方向，阿伊努人的 B 型数值也相当高。）还有一些迹象指出，A 型人是 O 型人之前的移民：

（1）在阿根廷北部一些地区，A 型超过了西班牙人混血带来的影响，这可能意味着南美洲平原上的一些早期狩猎人属于这个世系。（2）在北美洲的广大 A 型区域有一种远古的样貌，表现为阿尔贡金部落和加拿大边远森林及西部山区住民中有强大的 A 型，并且可以追踪到 O 型人切入 A 型大群的路径：从马更些河畔百分之百 O 型的卢谢部落开始，穿过美国大平原的高比例 O 型部落，向南直到墨西哥湾。

但是这些推测还有待证明，我们需要的是更多的调查研
240 究，就像最近在加拿大所做的那样。美国太平洋海岸有很多不同的部落，但大部分地区还是未知地带，包括加利福尼亚州。在西南部的普韦布洛人与阿根廷的印第安人之间，样本数量太少，除了知道存在大量 O 型人以外，得不出任何其他结论。

一般来说，我们也缺乏基因意义上真正的“人口”确认。服兵役者、重罪犯、印第安学校的学生、市场上聚集的人群，这些人的身体状况记录可能有很大的误导性。基因专家所说的“人口”与社会科学家所说的“社区”是密切相关的术语，在对此绘制所需的重要图表时，应该尽最大可能在更多地方进行血液普查。获得大量合计数目并不重要（这会陷入平均值和范围概述的老错误），关键是要收集尽量多的稳定混血人口之尽量详细的分布状况。还需要考虑社区的历史背景。强迫性的移居和族群混合在历史上多次实行，印加古国（*mitimaes* 和 *yanaconas* 制度，派遣土著移居守卫要塞）、西班牙（*congregación* 和 *reducción*，即人口的聚集与降低政策）和葡萄牙（保利斯塔的突袭）都曾这样做。历史文献常常可以找到，错误的解释应该能够避免。博伊德分析了从血型百分比中查出

混血的可能性。而且，他和蓬佩奥·本杰明·坎德拉（Pompeo Benjamin Candela）还开了个好头，检测人体残骸和风干的组织。人类基因的故事正在一步步展现出来，也许它最终还能发现种族外部表现的某种模式呢。[①]

土著文化的根源。——新大陆文化的发展仍然被人从进化论或环境决定论的角度做出一般解释。例如，内尔斯·克里斯蒂安·纳尔逊（Nels Christian Nelson）说："原住民与他们各自非常不同种类的环境之间做出如此完全的调整……以至于产生了不少于 23 个相互区别的考古文化中心，其中有一些非常复杂和强大，甚至到今天还在运转。"[②]这里的主要调查方式不是关于不同的文化产品和文化态度是否由各种各样的殖民者带入了新大陆，而是最初的殖民化之后发生的文化演变在方向和程度上有什么不同。与只有一个初始种族的理论相近的学说 241
是，有一个初始的、虽然弱小但是基本的文化，唯一明显的例外是爱斯基摩人，或许还有西北海岸的某些人。

这个论题有明显的弱点。如果后来的发展都来源于一个共同的世系和一个基本的初始文化，那就必须解释巨大的文化多样性是怎样产生的——有人坚信美洲历史很短，那么如何能在比旧大陆少得多的时间内达成这种文化多样性呢？初始的世系必然得分裂成两部分，其一是一些非常进步的族群，其余的则

① P. B. Candela, The Introduction of Blood-Group B into Europe, Human Biology, Vol. 14, 1942, pp. 413-443. 这篇文章提出了一个论题：短头颅型的蒙古人在中古时期将 B 血型带到欧洲。

② N. C. Nelson, The Antiquity of Man in the Light of Archaeology, 载于 Diamond Jenness, edit.，前引书，pp. 85-130；提及的内容见第 96 页。

是几乎什么都没学到、什么都发明不出来的族群。这也许可以用环境的优劣来解释，然而在环境与文化之间还有许许多多明显的不一致。墨西哥东北部和得克萨斯南部从资源和位置来看非常适合文化发展，但这里的地盘无论好坏都被各种粗野人群占据，西班牙人统称他们为奇奇梅克人。巴西高原和海岸有很多地方适合文化发展，但仍然保持原始状态，除了后来被图皮人（Tupi）所占领的地盘。而且，清晰的文化差异存在于相邻族群之间，表现出鲜明的对比。这些情况不能简单解释为一个群组后来扩张，取代另一个较弱的群组。在美国西南部，在加利福尼亚和墨西哥西北部，文化形式和水准上的差别不可能完全归结到互相接触太晚或者环境方面哪个更具备比较优势。文化的结构不同；把这种差别说成是文化发展的不同阶段等于什么都没说。这个论题不得不退守到解释不清的说辞：某些族群会产生平行发明，另一些族群则因太愚笨而做不出来也学不会。最后一点，它没有注意到新大陆错综复杂的文化地理模式，其中原始人位于边缘地带。

新大陆一个又一个的殖民潮看来经历了好几千年。在这边没有明显的障碍，这种状况可能持续到爱斯基摩人在整个阿拉斯加稳定立足的时候。不同的血型和体质类型似乎表明，殖民者有非常不同的祖先，起初大概来自亚洲的不同部分，可能从东南部直到西南部都有。因此，多样的原始文化体系应该也被带到了新大陆，这在某种程度上仍然应该可以追根溯源，无论后世对早期文化因素的借鉴和损毁造成了多大的改变。比较民
242 族学这个领域里，在数据、表达之差异、解释之分歧等方面还有无数的空白。最有希望的突破口存在于那些抽象的（因而

是非适应性的）文化表现之中，具体而言是社会组织、宗教信仰、自然哲学、语言等，其中每一种可能都有一个传播散布的重要地理布局或图表。

语言分布。——以语言为例，任何语言都依赖于起源和发展的孤立性，其运作给这种语言的使用者提供了一种文化粘合剂，同时充当着保存本族独特性的隔离机制（除了在本族扩张征服较弱相邻群体的情况下）。有意思的是，不仅美洲非爱斯基摩人与旧大陆语言之间的联系没有得到确认，而且与旧世界各大陆相对照，新大陆有很多看起来互不相关的语言。[①]人们付出了不少努力研究各种印第安语言，但在减少新大陆语系数目方面没有得到多大成功。肯定会有更多的关联被人找到，然而同样明显的是印第安语言有极大的多样性。毋庸置疑，这些现象支持的论点是古代新大陆的隔绝状况，不同族群不仅是来自旧大陆的不同人口，而且在新大陆内部也是互相分离的。新大陆的整个语言镶嵌地图不利于新大陆文化由整体单一起源进化而来的观念，它维护的主张是长时期的系列移民潮，这个过程留下了多种语言的积淀。

南美洲被认为是整个“人居世界”（*oikoumene*）的远端半岛，它的语言分布特别有趣。在这个南方大陆上，原始部落（此处指较早的移居者）在语言上孤立于更先进的相邻部落。我们前面提到作为移居先后次序标准的尽头位置，在南端是雅

① 泛美地理和历史研究所（墨西哥城）在 1937 年出版了复制的克里克贝格（Krickeberg）的南美语言地图和希门尼斯·莫雷诺（Jiménez Moreno）的北美语言地图。

甘语和相邻的西巴塔哥尼亚语言，在巴西东部是杰斯语（Gês）和独立的卡拉亚语和波罗罗语，在阿塔卡马海岸是尚戈语，在结束于亚马孙河北边的东北通道可能是加勒比语。从火地岛向北到大查科地区有一系列语言群组，它们可能标志着狩猎人早期进犯的一系列短线：奥纳语和德卫尔彻语、普埃尔切语和克伦第语、“阿劳卡尼亚语”、恰卢亚语，以及瓜伊库鲁语。再往北有不计其数的小语种，它们的所在地被看作次要
243 的位置，即早期族群的遗民被后来者驱赶到热带森林、沼泽、云雾森林、高山荒原等避难地和山寨。属于这个组别的人群有乌鲁族、乔族（Choo）、大查科的各个部落；还有很多未分类的人群在亚马孙河中上游及奥里诺科洼地，这些地方构成被阿拉瓦克人和加勒比人抢走的大片土地上孤立的飞地。

北美洲的语言没有这样关于文化隶属或文明水平的隐含意义。米斯基托人属于奇布查语，拉坎东人说的是玛雅语。在犹他-阿兹特克语系内，文化从最原始的到最先进的都有。甚至在这个语系中的纳瓦语分支里，文明程度大概也包括游居的萨卡特克人和住在市镇的阿兹特克人。最极端的例子是皮马人，他们说的是单一的、几乎毫无二致的语言，但其中的一部分人连农业都很不熟悉，而另一部分，即下皮马人，却生活在复杂的市镇文化中。这个问题不属于本文讨论的主旨。

太平洋沿岸，从加利福尼亚州中部向北穿过俄勒冈州，就像高加索地区一样是一幅语言镶嵌的拼图，这个地区内的两个小世系被解释为最早的群体：最孤立最古老的尤基人，和稍后的佩纽蒂人（Penutian）。加利福尼亚-俄勒冈海岸看来是尽头末路的例证，被各次移居潮流一再使用。另一个这样的例子可

能是密西西比河三角洲一带的突尼卡-阿塔卡帕-奇蒂马查语群。最后，大阿尔贡金世系很可能是新大陆东北部几乎最早的占有者。当然，新大陆这部分中最远的岬角属于神秘的贝奥图克世系，他们是最早的进入这里的人。

物质文化。——关于物质文化，地图重复了此前追溯的一般分布模式。南美洲保存着比北美洲更大的原始性。无论是南美还是北美，最简单、最古旧的状况都存在于移居通道的尽头地区（主要位置）和不宜居住的中间地带（次要位置）。①前
者的文化状况又一次由以下族群所显示：雅甘人及其西巴塔哥 244
尼亚相邻部族、巴西高原的部落、下加利福尼亚的佩里库人和瓜伊库鲁人、加利福尼亚的尤基人和佩纽蒂人，以及纽芬兰的贝奥图克人。这些是研究古代文化的传统地区，传播论的倡导者在他们各族之间以及他们与旧大陆最原始的族群之间做了很多比较。所有这些被推论为原生的群组都在不同程度上学会了比他们的一般形态更先进的某些技能，但是总的来说，他们在技艺及语言和习俗方面仍然是非常保守和原始的。虽然他们未必都能回溯到一个“原始文化”（*Urkultur*），但他们主要都是以简单的日常采集维生，只具备很差的狩猎技能，靠的是偷袭和耐心等待，而不是高超本领、组织办法或武器。制造石器的技巧和设计无一例外都很初级。武器很简单：棍子、长矛、投棒，可能还有弹弓，后来在一些地方有了简单的弓箭，这种借

① 约翰·M. 库珀（Father John M. Cooper）将这两个位置称为“外部边缘”和“内部边缘”：Temporal Sequence and the Marginal Cultures, The Catholic University of America, Anthropological Series No. 10, 1941。我在完成本文草稿后才注意到这篇渊博智慧的研究成果。

鉴的东西他们用起来不太熟练。这些部落中有的不掌握水上运输手段，另一些知道怎样把灯芯草和芦苇编成筏子，而雅甘人及其西邻凿出了独木舟（是不是从其他族群学来的呢?）。他们用树皮和兽皮造容器；编筐的本领非常先进，并代表着他们最高级的手艺。(雅甘人和加利福尼亚一带的族群用盘绕的方式编筐，这和旧大陆的塔斯马尼亚人一样。）这些人的衣服很随意，或者根本没有衣服。住的是灌木盖的单坡顶棚屋或圆形棚屋，有的用弯曲木杆制成边框。(阿劳卡尼亚人由几种文化组合而成，其中一部分很原始；他们至今还盖这种圆棚子，称为 *rucas*。）我们设想这些现代原始人中有第一批移居者的后代，也就是说他们的祖先是在福尔瑟姆狩猎人之前来到这里的，这大概不是一个毫无道理的猜测。

热带以南的南美洲平原布满了狩猎部落，他们有马匹之前的事情我们知之甚少。智利中北部发现了精良的史前刃片(尤马类型的?)，这似乎暗示美国大平原早期狩猎人的亲属在遥远的南方再现。同样可能有重要意义的一件事是，阿尔贡金式的软皮平底鞋到南方只在巴塔哥尼亚各部落那里看到。南美无树草原和巴塔哥尼亚的狩猎人并不只是环境原因造就的。他们的河谷土地适于耕种，他们的北方相邻部落是优秀的农夫，而他们无从追忆的古老习惯使他们以狩猎为生，这可能说明他们来到此地的时间是多么久远。显然，他们比原始的采集者先
245 进，但落后于安第斯山区和亚马孙流域的农耕人，他们所占据的南美大陆这部分是我们认为会看到中期移居潮沉积下来的地方。

在美国，福尔瑟姆人和尤马人连同大型哺乳动物一起消

失，这个现象一直得到戏剧化的强调，但在此之后或多或少存在一段空白，直到“编筐人”和霍普韦尔人及类似族群开始耕种土地。然而，在早期狩猎人与早期农耕人两个时期之间，很多文化事项或者被引入新大陆，或者被发明出来了。早期狩猎人可能没有梭镖投射器，也没有证据表明他们有狗，而且他们肯定没有弓箭或战斧。所有的磨制石头工具都比他们的时代更晚，各种独木舟和永久房屋大概也是这样。从早期狩猎人到早期农耕人之间有引人注目的文化发展，这需要很长的时间。判断早期狩猎者的标志是大刃片和带凹槽的尖器，这些在弓箭和斧头为人所知后就变得过时了。为什么福尔瑟姆人和尤马人不应该仅仅并入那些带来新工具和犬类的后来狩猎者，或者将捕猎的更佳新方法接收过来呢？

新大陆的远端角落是人类远古时期的博物馆，虽然凌乱但很真实。在这里，当代人口中保存了身体和文化的共同原始特征，通过这些特征可以追踪那些起始于冰河时代、从阿拉斯加入口向南散布的一次次殖民潮流。

246 12. 最后一次冰川消融期的环境和文化*

冰川消融期与后冰川期

在人类的史前史中，我们习惯于区分冰川期和后冰川期，似乎这是一个共同参考点。实际上，这给我们自己带来很大的迷乱，因为冰川期的结束在各个地方非常不同，而且选择什么事件作为结束，在不同的研究者中间并没有一个共识。一个重要的局部事件可以成为当地历史中令人满意的基准线，但在任何普遍性的年代表中却没有资格占一席之地。在斯堪的纳维亚半岛，斯滕·德吉尔（Sten De Geer）建议用一个距今 9 000 年前的日期作为后冰川期的开始，这个日期在半岛之外也得到广泛应用。然而这个日期（如果是正确的话）只是标志着斯堪的纳维亚高地上的冰盖分裂成两个大块，即所谓的冰盖“两分”。它对斯堪的纳维亚的历史分期来说可能是个方便的里程碑，但即便在当地也有其他研究者倾向于用其他更早的事件来代表后冰川期的开始，何况冰盖两分在斯堪的纳维亚的自然史上也不是一个至关重要的转折点。对某地某人合适的地方日期，由于不知道资料的有效性局限于当地，很可能成为其他

* Environment and Culture during the Last Deglaciation, Proceedings of the American Philosophical Society, Vol. 92, 1948, pp. 65-77.

地方其他人的错误日期。①

然而，地球历史中有两个晚近的时间点，被认为足够短 247
暂、重要且具有普遍性，能够充当时间基准线。第一个是最后一次主要冰层推进之后的大消融开始的时候，② 第二个是这个大消融结束的时候。前者我们在此承认的说法是发生在35 000年前，后者在大约 7 000 年前。这两个估算我们后面还会讨论。

这个时期内有普遍的冰川减损，并且据我们所知没有广泛的冰层再推进。其间冰面退却曾有过暂停（多半是短暂、小面积的），也有过一次偶然的局部推进，但中纬度和中海拔地区的冰块持续地在世界范围内萎缩，这个普遍记录是没有遇到什么相反事件的，它一直持续到冰面边缘退却到与今天没有太大差别的高纬度、高海拔位置上。这次消融的开端、中间和结尾都是同一个过程的组成部分，与普遍的气候变化联系在一起。

本文内容限于最后的冰川高峰之后、主要冰层退却结束之前的时期，这个时期我们估计或多或少超过了 25 000 年。在这一期间发生了被称为中石器时代的文化变革；巨大的环境改

---

① Richard Foster Flint, Glacial Geology and the Pleistocene Epoch (New York, 1947), pp. 205-208，清楚地讨论了更新世与全新世之间的分界。这部有材料、有见地的专著，加上以下各书，成为冰河时代及其后时期的当前知识概述：Frederick E. Zeuner, The Pleistocene Period (London, 1945)；同作者，Dating the Past (London, 1947)；Carl Troll, edit., Diluvial-Geologie und Klima, Geologische Rundschau, Vol. 34, 1944, Klimaheft, pp. 305-776。

② R. J. Russell, Quaternary Geology of Louisiana, Bulletin of the Geological Society of America, Vol. 51, 1940, pp. 1199-1234；提及的内容见第 1201 页。

变和文化改变正好同时发生，被看作是有联系的。

冰川消融的地壳均衡记录

在北美洲和欧洲，第四冰川期（北美的威斯康星冰期）的最大扩张是这个阶段的早期：在欧洲是瓦尔特和魏克瑟尔-勃兰登堡（?）亚阶段，在北美东部是艾奥瓦和塔兹韦尔亚阶段，在西部山区可能是塔霍亚阶段。后来有一个主要的冰层再推进：在北欧是法兰克福-波森和波美拉尼亚两个亚阶段，在五大湖一带是凯里亚阶段，在美国西部是泰奥加亚阶段。①北半球的时间对应性是推测的，但是第四冰川期的总体部署在三个地区都有足够相似的模式，表示存在着关联性。

后来的事件看起来属于冰川消融的时期：

248 一、在美国东部的最近一个冰川亚阶段现在称为曼卡托亚阶段，人们估计它在 25 000 年前。按照现在的解释，从明尼阿波利斯向东到安大略湖，它主要是在衰退，就像斯堪的纳维亚的冰碛一样。但是向西而行，在长而窄的得梅因冰舌区有一个迟来得令人奇怪的冰川爆发，这是冰川历史中最费解的特例之一。得梅因凸角从当时的大陆冰面边缘向南伸出很远，对此

---

① 我同一般的解释有分歧，我认为西部的泰奥加可以和东部的凯里归于同期，而不是与曼卡托一起归类。本文后面有说明。

还没有找到合适的解释。[①]凯里亚阶段最为人熟知的是排列在密歇根湖南端附近的瓦尔帕莱索冰碛，这个亚阶段被视为最后的冰川高峰，而曼卡托亚阶段就属于冰川消融的时期了。本文所用的年代表标明在附图中。

得梅因凸角的存在很难构成足够的理由来把西部最近的（泰奥加）山岳冰川认定为属于曼卡托那个时期，像一般人所做的那样。在西部山区，向南一直延伸到亚利桑那州的圣弗朗西斯科山区，有两个可能的威斯康星亚阶段得到广泛承认，即塔霍和泰奥加。[②]风化作用造成的差异证实，塔霍比泰奥加要早很多。这两个亚阶段的出现范围非常广泛，说明两者都属于冰川状况总体延展的时代，因此后一个可能与北美东部的凯里亚阶段相关联，而与曼卡托亚阶段没有关系。

二、关于冰川衰退的一个更稳妥的指引在于，大陆冰川此前覆盖地区的地壳均衡隆起（isostatic upwarping）。[③] 大陆冰盖

---

① 关于曼卡托晚期冰川活动，还需要有更多的认识，特别是对南北达科他州和加拿大的草原省份。从我们所掌握的数据很难重构当地的气候条件。如果我对曼卡托晚期情形理解正确的话，那就是说从五大湖到大西洋沿岸的东北巨大冰体正在被削薄并强力推回，但是在西北平原上，一个比较薄而短的冰缘被短暂地重新激发起来了。跨越艾伯塔、萨斯喀彻温和明尼苏达的冬季“保温罩”大力通过，使湿润而比较温暖的大西洋空气深入进来，从而在这些地方造成雪堆积累。得梅因和格兰茨堡冰碛舌的侧面图像和平面轮廓说明这种空气是从东面进来的。在曼卡托最后的冰川活动中，大气循环模式在我看来，大西洋的空气运动和海洋环流似乎开始接近当代的状况，而不是近似在西南部启动冰川大消融和多雨期结束时的状况。

② R. P. Sharp, Multiple Pleistocene Glaciation on San Francisco Mountain, Arizona, Journal of Geology, Vol. 50, 1942, pp. 481-503.

③ “地壳均衡”这一地质学理论是指地球岩石圈与软流圈之间的重力平衡。——译者注

249

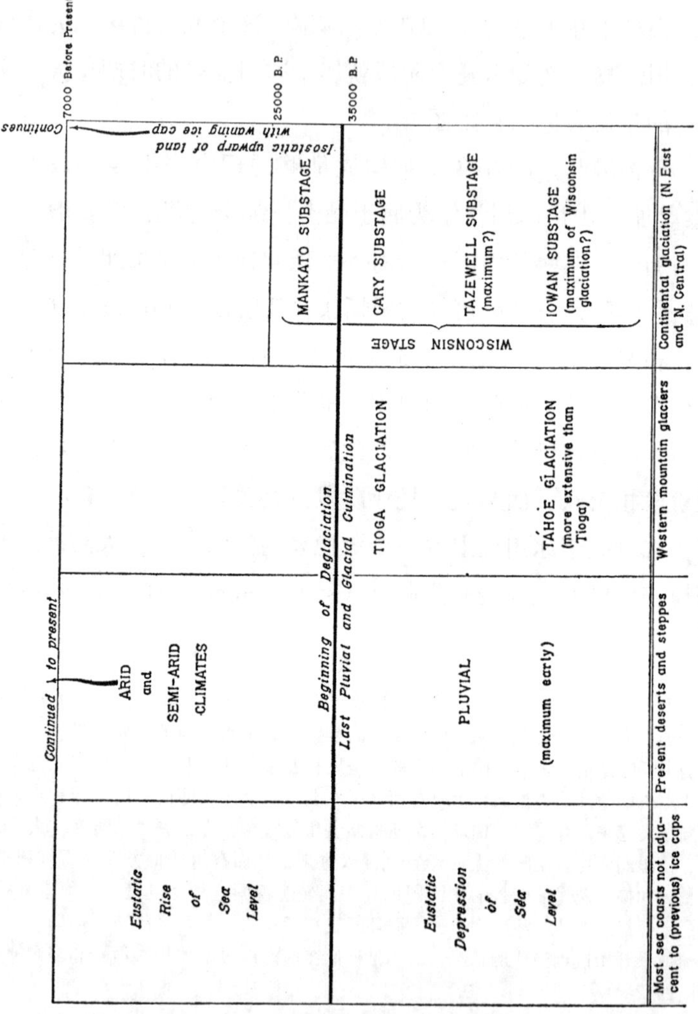

美国更新世晚期图解

的形成压迫了下面的岩床，冰盖缩小后，紧接着是它此前掩埋 250
的大地重新抬升，地壳隆起的体量与移开的冰体重量或厚度成正比。冰川消融和地壳均衡隆起同向而行，地壳的补偿发生在冰块融化之后，因此斯堪的纳维亚北部和加拿大的地壳上行至今仍在继续之中。

地壳均衡变化主要显示于冰川晚期和后冰川期的岸边线变形。在欧洲北部，地壳隆起的南方边界是沿着从拉多加湖穿过波罗的海南部和布里斯托尔湾的一条线。在北美，追踪到无地壳变动的“枢纽线”从纽芬兰和新斯科舍海岸经长岛海峡，越过伊利湖和密歇根湖，到达北达科他州。[①]这条枢纽线除得梅因冰舌区外，都在凯里后的冰碛南边。古代五大湖弯曲的岸边线表明，地壳隆起开始于“曼卡托亚阶段早期。当时五大湖区域几乎一半已经被解除了冰川的负担”。[②]从冰封的惠特尔西湖开始，一个接一个的冰缘湖泊在曼卡托期间以及其后时期变得弯曲，从而记录了逐步的主要冰川消融。不仅冰前沿在后退，而且整个冰体也大大缩减。因此很明显，大陆冰盖在曼卡托时期，总的来看是在全面损毁的过程中，冰川历史事件中决定性的转折点是在这个亚阶段之前（而不是之后）来临的。正因为如此，我将冰川消融期的起始认定为距今大约 35 000 年前，给一般说法加上一万年，代表从凯里到曼卡托亚阶段的时间跨度，当然这个猜测不一定很准确。欧洲北部的地壳均衡历史看来与美洲同步。

---

① Richard Foster Flint，前引书，pp. 418-421。

② 同上，p. 423。

晚冰川期和多雨期的气候

大气环流，这架由太阳辐射和地球自转所维持的热气机，形成了基本上是永久性的纬度气候模式，它只能在大气环流的可变限度所允许的范围内发生变化。为人所知的环流最严重变
251 化发生在冰川时期。然而当时气候的异动并不涉及更替成一个不同的机制，也不需要消除空气团中按地区分布的任何气室。①

本文并非要考虑冰川化的成因，而只是研究晚期冰川消融之前及其起始时的自然条件。增长中的大陆冰原被认为朝赤道方向逼迫温带风暴路径，从而扭曲了正常的气候模式。因此，据解释，一条不稳定气流带存在于大陆冰前沿，在这里冷气团和暖气团互相推挤混合，造成频繁的降水和大量云团。在冰前沿的沿线及后面，那些纷扰的空气带来更多的落雪，而它的前面也增加了降水和阴云。冰前沿继续将风暴带推向它的前方，从而本身也向前推进，直至来到一个融冰与积雪相平衡的纬度。

这样一个效果不足以解释在远离冰前沿的地方和在通常不利于降雨的地理位置上何以有多雨气候。这种多雨气候盛行于

---

① Sir George Simpson, Possible Causes of Change in Climate and their Limitations, Proceedings of the Linnean Society of London, 152nd Session, 1939-1940, pp. 190-219. 这篇文章包含对米卢廷·米兰科维奇（Milutin Milankovitch）关于热气流变化论点的强烈批评，这个论点当前在欧洲冰川地质学和那些对“绝对”年代表感兴趣的考古学家中间十分流行。

山间盆地以及西南部直至（并跨越）墨西哥边界的地区，而位于明尼苏达和萨斯喀彻温、甚至艾奥瓦的冰前沿不太可能是它们的主要原因。

在整个干旱和半干旱的美国西部、西南部和相邻的墨西哥地区，证据表明曾有一个明显更湿润的时期，我们所说的“多雨期”就是指这个时段。西南部的莫哈维和亚利桑那沙漠有众多的干湖床，这些在当年都是淡水湖和沼泽地，还有现在很少有水的河流、现在干燥的岩洞，岩洞深处有钟乳石，下面有已绝种动物的残骸。举例来看，亚利桑那州西南部帕帕戈沙漠中间的本塔纳洞穴，深入其中发现了地懒、野牛、马、貘和人的遗骨。在当前呈现严酷沙漠环境的地方，那时候却是大型食草哺乳动物的觅食之处，那些动物品种已经不复存在，它们赖以生存的植被也与今天完全不同。人类猎杀它们，并且在现已消失的湖边、泉边和溪边安营扎寨。①

在多雨期记录中发现人的痕迹使人们开始缩短了对它的时 252
间估计。虽然多雨状况依然被承认是冰川作用的蔓延效果，但现在的时兴说法是，这个多雨期一定持续到“后冰川时代”开始后很久，因此很可能给多雨期的人类遗址指定一个一万年或稍长些的年龄。对多雨期年份的修正完全是因为发现了人的存在。然而在我看来，修正关于西南部人类年龄的观点，比重新解释西南部自然史以适应对新大陆古人年代的先入之见要更恰当。假定的多雨状况延迟依然没有证据支持，也没有得到原

① 近来的概述见 F. H. H. Roberts, Jr., The New World Paleo-Indian, Annual Report, Smithsonian Institution, 1944, pp. 403-433。

则上的解释；它是一个陷入困境的结论，唯一目的便是迁就关于美国史前史的传统观点。

关于多雨期问题，被忽略的较低纬度，即墨西哥的情形可以给我们更多资讯。奇瓦瓦西北部的洼地过去有一系列又大又深的淡水湖，它们在大小和历史方面或许可以和拉洪坦湖媲美，尽管没有冰川注入。在下加利福尼亚可畏的沙漠中心，发现了好几个干涸的小湖床，其所在高度达 2 000 英尺以上，也没有山上流水的灌注。它们的自然和文化特征很接近莫哈维沙漠中干涸湖泊的历史。位于北纬 29°20′的查帕拉干湖现在是在这个半岛最荒凉的部分，缺乏人所需要的最低限度的水和食物或饲料。它周边包围的是两层或多层的湖滨线和基座，过去还有一个出口。我们迄今只有侦查一下的机会，但我们知道当时确有大量的人类占据痕迹，在较低和较高的湖面水位都有，不同层面的文化有所不同。在古代湖滨上面和后边有不少人类骸骨，说明这里曾有规模相当大、历时相当长的营地。居住在这里的是狩猎人和食物研磨者，后来的文化范围暂且被认为等同于莫哈维沙漠的平托–吉普瑟姆文化。①

现在下加利福尼亚的沙漠是毗邻太平洋上空的副热带高压造成的效果。假如像某些人所说的那样，冰川作用期间的大气环流使压力气室收窄，那么那时候沙漠就会仍然存在于下加利福尼亚中部，像现在一样。如果冰川作用涉及把下降的空气往赤道方向大力推开，那么我们又会面临新的困难，即如何解释杜兰戈和墨西哥峡谷的多雨期湖泊洼地呢？

---

①　这是威廉·马西（William Massey）的试探性结论。

看来这些副热带高压在多雨期就不再活动了，至少就北美 253
大陆块来说是这样。导致墨西哥北部、美国西南部和山脉间大盆地湿度显著增加的空气肯定是来自热带海洋，尤其是来自太平洋，这种起源南方的更自由的入侵似乎要求大大削弱的“马纬度”① 气室。多雨期的问题远远大于大陆冰原的任何副作用。冰川气候和多雨气候是以前的大气环流在不同位置上的表现，热带边缘的这个机制在行为上与当前有关键性区别。

在这个晚近时期，高山屏障的变化是微不足道的。可能存在跨越白令海峡的陆地障碍，它会阻止北冰洋的冷水注入北太平洋并在某种程度上影响海洋温度，但是单凭这一点似乎不足以大大减少副热带高压。

现代气候起始于副热带高压的现今位置和维度，结果是西部和南部变得干燥，北部和高山区冰川消融。冰川消融需要很长时间来移除大陆冰块，而气候变干则是紧跟在大气环流改变之后。如果我们的想法是对的，即气候力量的转折发生在冰川活动的凯里亚阶段结束之际，那我们就可以建议，美国西部和墨西哥的大部分沙漠和干草原是在那个时候固定成形的。南方的气候改变并没有“延迟”，而应该是最早发生的。多雨期的整个记录在美国考古学中被置于太晚的时期了。它应该是在冰川消融之前，而且很可能填充了从艾奥瓦到凯里的整个威斯康星阶段。

---

① 指南北纬 30°附近的副热带无风带。——译者注

海平面的全球上升

冰川消融恢复了大量的水，注入海里造成了明显的海平面上升。这个晚期的海进（海浸）有时被称为富兰德里安海浸，它是世界性的，因为海水全球相连。它在局部地区可能被火山现象或地壳变形所抵消，或者范围扩大，后者发生在以前压在冰下的地壳均衡隆起超过海面上升幅度的地方。观察到的数据
254 显示，海平面至少上升了 250 英尺。[①]近期为密西西比河委员会所做的研究指出，墨西哥湾上升了 400 至 450 英尺。[②]

这次海进缩减了海岸平原的宽度，把其中一些变成了浅海，例如北海、南中国海和爪哇海，还把一些大陆半岛变成了岛屿，例如大不列颠、苏门答腊、爪哇和婆罗洲。50 英寻等深线[③]大体勾勒出冰川消融刚开始时的海岸线位置。大地让位给海洋的最大损失应该是在以下几个地方：东南亚与澳大利亚之间、北美大西洋沿海从纽芬兰海岸到尼加拉瓜的莫斯基托海岸，以及南大西洋从里约热内卢到巴塔哥尼亚。靠下游的河道被淹没，形成河口湾和海湾，原来平滑的海岸线被越来越不规则的海岸线取代了。

海进的过程尽管既不统一又不太持续，看来却是从冰川消

---

① R. F. Flint，前引书，pp. 444-448；F. E. Zeuner，Dating the Past，前引书，pp. 128-129。

② H. N. Fisk，Geological Investigation of the Alluvial Valley of the Lower Mississippi River（Mississippi River Commission，U. S. War Department，Corps of Engineers，1944），p. 68.

③ 50 英寻合 91. 44 米。——译者注

融开始直到距今约 7 000 年前都处于支配地位。然后，在布利特和塞尔南德（Blytt and Sernander）气候分期中的大西洋阶段，现代海平面在欧洲西北部接近形成了。[①]从那以后，有过简短的、局部的波动，但没有公认的全面趋向。根据推断，冰川的总体退却在那时候停止了，留下来的冰盖主要缩减到南极洲、格陵兰和东北加拿大，就像现在这样。从这个海平面接近稳定的年代，开始呈现海岸线目前的详细地貌，切割出海崖，打造起泻湖上的岬角、现代海滩和沙洲，并形成今天的盐沼。

气候和植被的变化

前面提出了一个论点：主要的气候变化开启了（因而早于）冰川化时期。在冰川消融的较早时期——“仙女木期”（Dryas time），寒冷的冰川边缘状况在北欧普遍存在，正如融冻泥流土、苔原植被和动物遗迹所显示的那样。然而那些纬度是亚北极区或接近亚北极区。在北美没有发现这种冰川边缘效果，可能是由于缺乏完整研究，但也可能是因为北美的冰川延伸到比欧洲更低的纬度上。五大湖附近曼卡托时期的几个人居 255
遗址表明，人类生活在靠近冰层边缘的地方，如安大略基拉尼附近的阿尔贡金湖滩、明尼苏达西部的布朗斯瓦利和佩利肯拉皮兹。[②]显然，他们在冰面后退时向上搬迁，并没有经历气候

① F. E. Zeuner, Dating the Past, 前引书, pp. 92-98, 340。

② C. O. Sauer, A Geographic Sketch of Early Man in America, Geographical Review, Vol. 34, 1944, pp. 529-573, 提及的内容见第 539 页；本书中第 197—245 页【原书页码】，提及的内容见第 208 页。

困境或食物供应匮乏。还有一点或许也很重要：无论是北美还是欧洲，都没有与冰川消融相联系或与最后一次冰川化的最后阶段相联系的黄土沉积。

这个时期的气候主要是从泥炭层的变化解读出来的，譬如通过花粉分析。对北欧而言，可以确定植物演替有一个一贯的趋势，而我们美洲的后冰川期气候学没有那么先进的平行研究。①我们似乎可以确定所谓“气候适宜期”（Climate Optimum）的存在，那是某些植物达到比现在更高的纬度和海拔的一个时期。在欧洲，这涉及十几个或更多的物种，包括橡树和榛树，结论是那时候比现在更温暖，可能夏天温度更高，或者春天来得更早些，也许两者都有。对这个适宜条件的时间有不同的估计，从德国南部的公元前 8000 年到瑞典南部的公元前 4500 年，甚至在丹麦和新英格兰迟至公元前 1000 年。②有一些时间上的差异，尤其是丹麦与瑞典的年代矛盾，可能是观测的错误造成的。

泥炭研究主要是关于最后一次冰川消融期暴露出地表的沼泽地，这些沼泽地后来被一波又一波迁入的植物所占据。把每一次生态变化都与气候变化相联系是不正确的，大多数生态变化记录可以解释为适合当地情形的正常植物演替。桦树和柳树是较高纬度上最优秀的先驱，针叶树跟随而来，并逐渐被混合的阔叶树所取代。较肥沃的矿质土最快速地发展出一种更丰

① 最近的论述是 H. P. Hanson, Postglacial Forest Succession, Climate, and Chronology in the Pacific Northwest, Transactions of the American Philosophical Society, Vol. 37, 1947, pp. 1-130。

② F. E. Zeuner, Dating the Past, 前引书, pp. 67-68。

富、更大型的土壤–生物复合体，而沙土和湿地则更长期地维持着那些对环境不那么严苛的植物品种。逐步扩大的水系渐渐改善了土壤中的通风和腐殖质形成。因此，保存在泥炭花粉中的植物演替主要是反映了在土壤变更、物种间竞争和物种互相让步方面的差异。

植物记录支持在冰川消融期间有一个“干热期”的看法，256
其时在那些纬度上具有“大陆性”特点，云层和湿度减少，夏天适度温热。没有确切证据表明在冰川消融期存在任何普遍的气候改变，整个期间可能都维持那种开启了冰川消融期的气象结构。“气候适宜期”可能只是记载了在土壤和群落生态上延迟获得的顶极植被，这是在冰川消融期接近结束时才获得的。然而它可能反映了高、中纬度地区生长期和温度的和缓增加。

后来，或许是在本文所涉及的时段之后，在欧洲西北部和美洲东北部和西北部发生了植物生长条件的某种恶化。夏天温度降低了，这可能是由于更多的“海洋性”条件出现。当然，还可能关乎冰川消融过程走向终结，北冰洋的水更自由地进入大西洋和太平洋。不过这些都发生在本文所讨论的时段之后了。

总之，对冰川大消融时期，我们不需要推断持续的或普遍的气候调节。终结了最后冰川高峰的气象变迁可能就足以解释后来直到气候适宜期结束时的气候状况了，尽管我们不能排除微小的温度上升。

环境的变化

对人类来说，冰原衰退的时代给全世界带来巨大而迅速的环境变迁，在大多数地方提供了更大的机会，但在某些地区降低了生存的可能性：

一、根据本文表达的观点，如今的沙漠和干草原地区在冰川消融期开始的时候就已经存在。除了在冲积地块，中生植物都让位于耐旱植物。多数大型野兽已经从干旱地带消失了，猎人也随着它们不见了。无特定习俗的原始采集人坚持下来，但他们的栖息地受到限制，因为能取水的地方更少了。这些栖息地遗址一般来说都是现在也能找到水的地方。也许发生过文化退步，但更可能的是由严苛的人群进行了文化和种族的替代。

257 二、冰原衰退在较高纬度显露出几百万平方英里的土地，这些土地立即成为可供人类移居的地方。没有发现无植被的间隔时期，在美国也没有发现苔原状况。冰碛和冰蚀的地表呈现了很多湖泊、池塘和沼泽，它们很快便迎来了水生和半水生动物。随着大北方繁育地和夏季喂食地的扩大，全球的冬天迁徙水鸟数量大大增长了。这种增长在较低纬度表现为，在候鸟迁徙沿线和越冬场地，狩猎和诱捕的机会改善了。北方林地、湿草原和沼泽地成为主要大型野兽的生长区（野牛、鹿、驼鹿、麋鹿、麝牛），补偿了干旱地带生长区的损失。

三、浅层大陆边缘的海进现象使海岸平原上的动物拥挤在一起了。对原始人来说，沿岸的吸引力改善了，这或许不仅补偿了平原面积的减少，而且带来更大的实惠。海平面越上升，海岸线就越蜿蜒而多样。长度增加的海岸线能够容纳更多居民，他们可以靠捡拾搁浅海产品维生。河谷被淹没，增加了潮差，高潮与低潮之间的垂直距离加大，这对收集食物来说是最有价值的。海水侵蚀了地势中度（甚至只是轻度）起伏的土地，给海底和海滨增加了多样性；多岩石的陆架、砾石、沙土和泥滩都能引来独特的有用动物。而且，平静的内陆水体形成，为早期的航行试验营造了有利环境。

四、冲积河谷的长度和宽度都增加了，把旧时的侵蚀河谷两侧和支脉掩埋起来，正如密西西比河及其下游支流由文献充分记载的那样。在这个时期，凡有河流注入海洋的地方都经历了洪积平原的重大增长，因而也增加了蜿蜒曲折的河流和牛轭湖（后来逐渐被沉淀物和有机物填充），以及天然防洪堤和死水沼泽。防洪堤和毗邻洪积平原的较高陆地提供了居住地，但在冲积来临时会需要搬迁。

洪积平原的湿地部分被植物占据，其中很多对人类非常有用：有产生甘蔗、芦苇、美味嫩芽和籽实的多年生草本植物；有灯芯草和莎草，莎草中有一些品种（例如 *Cyperus* 和 *Eleocharis*）会形成可食用的块茎；还有海芋、鸢尾、美人蕉和睡莲各科的许多品种能结出多汁的块根、肉茎或籽实。在亚洲南部，淡水沼泽边缘的西米椰子和白藤棕榈有重要地位。排水好的冲击地块是植物生长的最佳场地，在这里发现了最为多样化 258
的中生植物品种，包括温暖地区的薯蓣属（*Dioscorea*）、木薯属（*Manihot*）、竹芋属（*Maranta*）和番薯属（*Ipomoea*）的品种，它们把淀粉储存在地下的块茎或块根之中。

一个新世界就这样成形了，它发展出我们今天所知的自然地理。这一时期对于有进取心和冒险精神的人类来说是机会最大的时期之一。纬度较高的地区开放了，可供人拓展。温和地带的河谷吸引人的智慧才能。最重要的是，这是一个罕见的有利时机，让人试验出来在近水生活，尤其是在淡水江河湖泊沿岸生活的可能性。

冰川消融期新大陆的人类

本文提出的时间和事件顺序与美国考古学界的观点不同，他们依据的前提是人类进入新大陆是在“后冰川”时期，而且他们倾向于把任何早期遗址都置于距今 10 000 到 15 000 年之间，那大约是加拿大西北部可能开通一条冰退后的过道接受亚洲移民的最早时期。反对这种观点的证据说明多雨期人类遗址真正属于旧石器时代，在冰川消融期之前，其中一些可能属于早期威斯康星阶段。这些多雨期遗址在已知的北美人类记录中占多数，我们不在此处讨论，因为它们早于本文所探讨的时期。

曼卡托时期的遗址与明尼苏达到安大略的冰退期湖泊相关联，它们的年代是在冰川消融期之内的，但对于后冰川期从亚洲经陆路移居来说还是太早了。我们认为曼卡托时期的人是旧石器时代人群的追随者，它们的祖先在最后的冰川期住在美洲的其他地方。在埃尔姆克里克-纽金特范围内的得克萨斯阿比林遗迹，多半也是美洲旧石器时期的一个推迟的延续。我感到可以接受的观点是，威斯康星冰期退却时，为不早于 15 000 年前的亚洲步行移居者打开了一条陆地通道；但是我不能同意关于这种陆路移居属于极度推迟的远古文化这个意见。

在陆地通道打开之后，当时已在横扫旧大陆、被称为“中石器时代”的文化大变动也来到新大陆。考古发现的新文化因素和它们在地层中的位置都说明，这种中石器文化可能存 259
在于加利福尼亚中央谷地的早期文化之中，[①] 并存在于亚利桑那州科奇斯文化的圣佩德罗阶段、甚至可能是奇里卡瓦阶段。[②]如果当时有移居者掌握用船技能，那他们随时可能利用西北海岸的路径行进。

中石器时代考古记录

在欧洲，最后的冰川期依次见证了奥瑞纳、梭鲁特和马格达林文化的兴起和衰落。随着冰川消融期开始，马格达林文化逐渐衰退了，新模式从北非和近东传入，预告了中石器时代生活的来临。旧石器时代晚期大型野兽的狩猎者、石头刃具的匠人，以及多半是强烈男性化的群居团体，这些留下来一些遗产给中石器时代的习俗，但后者主要起源于其他地方，而且具有非常不同的文化分布状况。

我们不必把旧时的狩猎人群当作后来种植人群的明显祖

---

① Jeremiah B. Lillard, R. F. Heizer, and Franklin Fenenga, An Introduction to the Archeology of Central California, Sacramento Junior College, Anthropological Bulletin 2, 1939.

② E. B. Sayles and Ernst Antevs, The Cochise Culture, Medallion Papers, No. 29, 1941; E. B. Sayles, The San Simon Branch, Excavations at Cave Creek and in the San Simon Valley, I. Material Culture, 同上, No. 34, 1945。这两位作者的解释有很大的不同。

先，但我们的确在中石器时代的记录中寻找农业的最早期背景。人们仍然认为（但没有证据），狩猎者因为人数增加而猎物减少，就变成了农人。旧石器时代晚期的一种证据——维纳斯小雕像——乍看上去很有说服力。这些小雕像被解释为生育繁殖的偶像，名为“大地母亲”，据说是某种原始德墨忒耳（proto-Demeter）。[①] 对女性线条的大力夸张是这些雕像的特点，但这很可能只不过是男人性欲的表现，或者最多是动物形象和洞穴壁画的婚配对应物，它们被认为对获取想要的东西给予神奇的帮助。

（在新大陆，多雨期的食物研磨人或许代表着与后来的高文化之间的联系。很可能，墨西哥玉米研磨的磨盘直接源自那些从俄克拉荷马到加利福尼亚最古老遗址中找到的磨石。古老研磨文化的年代、内容和意义仍然有待认真的比较研究。很少听说旧大陆有类似的文化。）

260 中石器时代的存在得到承认，是在旧石器时代和新石器时代成为确立概念的很长时间以后了。慢慢地，旧石器与新石器两代之间的所谓“缺漏”被部分弥补起来了，主要是在欧洲及其周边，但是中石器时代的记录比起它之前和之后的时代还是相当薄弱。我想，中石器时代资料的贫乏也可能与它的文化完全处于冰川消融期这一事实有关系。

一、在整个中石器时代，海平面都在上升。当时人群居住的沿岸低地被掩埋在海面之下了，人类的记录只是通过罕有的机会才得以找回，例如北海多格浅滩马格勒莫瑟（Maglemose）

① 德墨忒耳是希腊神话中的谷物丰收女神。——译者注

人工制品被挖掘出来。我们对欧洲中石器时代认知中的主要部分在很大程度上来自北欧，那里陆地的地壳均衡隆起超过了海平面的上升。海平面上升伴随着对河谷冲积的增加，于是低地居住地继续被掩埋。这样的情势是此前时代的反转，那时候的台地居住点是一个显著特征。认可中石器时代的遗址一般来说很困难：它们在低地被埋藏在看不见的地方；它们通常不会出现在台地，除非是地壳均衡变化；它们的年代在冰川起源的大多数沉积物之后；而且，它们如果出现在高地又很可能被忽视，因为它们在地文学上没有特点。

二、多雨湿润地区变得干燥，随之而来的是猎物消失、籽实和根茎收获亏欠，从而在干旱内陆和低中纬度及亚热带的陆块西部，大大减少了人群的居住。广泛分散的人群占据不见了，取而代之的是沿着永久或季节性水域边缘的少数居住点。

三、制造石片的技能在旧石器时代晚期发展到最高点，并具有很容易辨认的形式。中石器时代人的技艺转往其他方向，他们的石头作品数量没有那么大，制作比较粗糙，也不太容易辨别。杀戮大型野兽成为偶然的事情，使用重型投掷物、大刀和匕首的机会就少了。反之，中石器时代的人常常使用会腐烂的植物材料。

在北欧，中石器时代遗址的年代很容易辨认，因为地壳均衡现象提供了一个时间表；而其他地方如地中海附近，单个文化的绝对位置甚至相对位置都是不确定的。北欧遗址的时间较晚，那里的严寒地区中显然有中石器文化发展主流的某些不重 261
要、不完全的延伸，其中附有部分更古老的北方（马格达林）文化。很可能，欧洲的中石器时代主要是外来的，新观念

（也许还有新族群）来自南方和东南方。从近东地区普遍吸收不足为奇，而终极的家园可能处于更靠东边的地方。我们目前拥有的只不过是一个移民遥远边缘的记录，其中的环境是不利于一个完整文化综合体进入的。

旧大陆中石器时代引人注目的革新有：（1）缩小了大部分石头制品的尺寸，特别是有了所谓“细石器”；（2）普遍使用弓箭，也许弓箭的起源更早，但在这个时代变得广泛流行，这大概与细石器相关；（3）出现各种各样的打渔装置，包括鱼叉的大幅改进和鱼钩、坠子、鱼漂的产生；（4）使用船只；（5）一种新的石斧，可能是做木工活的工具；（6）在近东的赛比利亚人中出现了研磨厚板，多半在早期；（7）通过研磨来精心打造石器，制成类似面包圈的形状或打眼的“狼牙棒头”（这个名称显示考古学家心里总想着战争概念），以及有磨刃的圆柱石斧；（8）从近东和克里米亚到葡萄牙和波罗的海的中石器时代遗址中，发现了驯化狗的残骸；（9）晚期有陶器制造。

关于中石器时代的文化综合体

我们对中石器时代还没有看得十分清楚，还不能把它像之前和之后的时代那样描述出来。它具有一种间隔期的性质，晚于人类史前史中一个伟大的文化综合体，而早于另一个这样的综合体。通过持续不断的考古学研究，这个间隔期在远离我们的一端获得了比原来指定给它的更长的时段，即起始早于过去的估计。考古证据还没有证实中石器时代相当于整个冰川消融期。我也并不想声称一个巨大的环境改变必然造成巨大的文化变更。然而，无需费力想象便可看出，这一时期中有着许多试验性安排，并最终成为新石器时代的完整序幕。这些发展经历了很长时间，除非发明创造在类型和速率上突然变得跟以前完全不同。假如我们承认这样一种可能性，即中石器时代可能涵盖冰川消融期的大部分或全部时段，那么这也许会帮助我们考 262
察这一时代的历史。它需要非常长的时期——对这一点的意识可以说主要是基于到新石器时代的记录开始时，植物和动物在人类手中发生了什么样的变化。①

中石器时代记录的贫乏可能是一个永久性的特征。地球历史中的事件奇怪转折，或许把人类在这一时期中的历史对我们永远隐瞒起来了，这种隐瞒更甚于它前后相邻时期的人类史。我们从后一时期的记录得知，人类在中石器时代肯定做出了很大成就，因而充分利用我们手头拥有的线索是没有什么不妥的。

旧石器时代晚期的狩猎生活传统在某种程度上渗透到中石器文化，譬如马格达林文化对阿奇利奥-塔德努瓦文化（Azilio-Tardenoisian）的影响，但是中石器文化的根源却应该到更为久远的时期中寻找，那就是旧石器时代的核心或手斧文化，在旧大陆西方被称为阿舍利文化和米科奇文化（Micoquian）。这些通常被解释为由林地人群所塑造，他们喜欢潮湿温和的气候，很可能起源于亚洲季风地带。他们奋力投身于开

① Oakes Ames, Economic Annuals and Human Cultures (Cambridge, Massachusetts, 1939)，全书各处，特别是最后一章，pp. 119-143。

拓植物资源，以满足对食物、纤维、树皮和木头的需要。很多实用的植物知识可能都应该归功于他们，有一个趋势也是从他们而起，那就是，在技能和环境允许的情况下，尽量采取定居、不迁徙的生活方式。[①]在欧洲，较古老的林地人群在相当大的程度上被旧石器时代晚期的狩猎人群压倒了，但是他们在较低纬度地区的后代就没有受到这样的干扰。

接受欧洲中石器时代（那是我们所掌握的大部分资料）的次要性质以及这一时代与来自温和气候的更早期手斧文化之间的联系，那么我们已知的显性特征——细石器、弓箭、打渔装置、船只、石锛石斧、研磨厚板、陶器、驯化的狗——便足以组成一幅拼图，使我们可以对中石器文化的性质、发源地和年代大胆做出一个初步的假设。这些特定的特征并非截然分开，而是互相补充的；它们在新近形成的环境背景下并与这种环境结合在一起，的确是合情合理的。

很可能，当我们对旧石器时代晚期有了比欧洲记录所提供
263 的更为多样化的知识之后（欧洲记录主要关乎平原和洞穴的狩猎人），我们就能更清楚地看到，中石器时代兴起的根源来自一个更遥远的古代：

一、驯化的狗几乎是中石器时代遗址的标志化石，然而它很可能源自更早以前。澳洲野犬可能是在孤立中幸存下来的旧石器文化的一部分；这种动物肯定是被人带到那里的。旧石器时代晚期沉积物中关于狗的报告有疑点，这些疑点可以通过新

---

① C. O. Sauer. Early Relations of Man to Plants, Geographical Review, Vol. 37, 1947, pp. 1-25；本书中第155—181页【原书页码】。

发现或重新研究得到解释。在我看来比较肯定的是，狗起初并不属于流动的狩猎人群，它的驯化大概不是偶然事件，而是一个一次性实施的困难步骤。我认为只有大体上定居的人口才能做到。

二、那些从现有族群大胆重新构建文化综合体历史分支的学者们（这个工作值得冒险），把轻木筏归于旧石器时代中期的一种文化。树皮舟是后来发明的，但如果澳大利亚文化综合体被正确解释为旧石器时代晚期遗存的话，那么树皮舟的发明大概还是在旧石器时代。

三、用毒药毒鱼的特征可能也产生于类似的古老年代，这个做法在世界上很多地方最简单、最古老的部落中发现过。它同样在澳大利亚广泛存在，并且被加利福尼亚相对更原始的部落实行，而较先进的部落就不这样做；对亚马孙河上游的具有极其古老特色的萨贝拉（Ssabela）部落来说，这是捕鱼的唯一方式。[①]毒鱼技术的文化历史重要性需要我们认真研究。它可能是古人在加工麻类的过程中发现的，一般做法是浸开植物的某些部分，如根或茎，把浸碎的部分撒进鱼塘。这样使用的植物在很大程度上也被用来获取纤维，有些被编入绳和网中以增加强度，例如东南亚的鱼藤（*Derris*）、合欢（*Albizzia*）、柿树（*Diospyros*）、瑞香（*Daphne*）和玉蕊（*Barringtonia*）等属种。[②]利用纤维可能是初始的用途，但在制作过程中观察到鱼

① Günther Tessmann, Die Indianer nordost-Perus (Hamburg, 1930), p. 300.

② I. H. Burkill, Dictionary of the Economic Products of the Malay Peninsula, 2 vols. (London, 1935)，见以上各属种名称的词条。

类会被弄得晕过去。试验显示人吃这些鱼是安全的，于是这种毒鱼的方法被采纳，这个知识也传播到其他人群那里去了。

以上是一些说明中石器时代的进步可能拥有更古老根源的迹象。

264 关于进步渔人的假设

中石器时代的考古所得和遗址显示人被吸引到水滨，这与此前时期是大相径庭的。人的注意力从陆地狩猎转移到捕鱼和其他水滨及水上经济。其实从我们可以追溯人类的最早时期起，水滨就支撑着人类群组的生存，但那时他们只是相当保守的采集者，到最后一次冰川期就基本上失去踪影了。随着冰川消融和随之而来的海岸淹没、河谷泛洪，一种新环境通过一系列文化发明、改进和重组而转变成新的机会。按照这个观点，开创中石器文化变革的先锋是进步的捕鱼人，他们还同时启动了动植物驯化的基本步骤。

在这一时期，鱼叉大大改进并变得多种多样了，鱼钩出现了，因此我们知道强力抗水性的船缆肯定也已经做出来了。在波罗的海地区发现了渔网，还有树皮浮漂和石头坠子。船只制造也在进行了。这一时期广泛使用的简单弓箭是一种短距离内的精准武器，适于静态捕猎水鸟和小型水生哺乳动物，以及在浅水塘里射鱼。这种弓箭对大型野兽和与人战斗没有多大作用。较老旧的“手斧”在这一时期中发展成石楔、石锛和石斧，石斧最后有了磨刃。这些工具的重量、形状和大小说明它们是用于挖掘和砍劈，而不是用来打仗的。所谓石头狼牙棒或石头环可能是被滑入挖掘棒，就像智利中部历史上所做的那样。因此，它们应该是锹铲的前身。出于我们自身的军事传统，人们倾向于把很多东西解释为战斗武器，但这一时期的文化发展其实是更加偏重和平技艺的。

作为新文化发源场所的人群居住地被认为是在海湾、湖泊和河流的边缘，新文化的发展不仅占据了水边，也逐渐统治了相邻的陆地部分。陆地植物与水生物同样重要，文化进步取决于对这两种资源越来越大的支配权。对文化发展来说，海边的居住地不像淡水畔的居住地那么有利。欧洲中石器时代最落后的文化是阿斯图里亚“海滩打圈人”（Asturian strandloopers），
这个名称是戈登·蔡尔德（Gordon Childe）给取的。有些巴西 265
的沿海贝丘应该也属于这一时期。现在世界各地仍然有一些原始族群是海滩游民，住在虾蟹鱼类丰富的海边，他们的文化构成几乎是旧石器时代中期的。开放的海岸提供适度的维生物资，但似乎总是在阻挠原始的发明才能。而且，非冲积的海岸土地在经济作物的多样性方面低于平均水平，很少这类地区能够养育驯化植物。另一方面，淡水和冲积土壤的确为文化进步提供了必要的背景，这种文化进步到新石器时代开始时得以实现。

中石器时代伟大发展最有可能的家园要到亚洲季风地带寻找，大约是从印度到南部中国的地方。认为亚洲东南部是文化起源中心的看法是基于以下几点：（1）这个地区在早期起到人类摇篮和文化摇篮的作用；（2）假设所需的居住地条件在印度、印度支那和中国南方各地能够得到很好的满足；（3）内陆山峦屏障提供保护，防止游猎族群攻击；（4）这个地区

的位置最有利于涉及喜水的文化散布；（5）很多各种各样的早期驯化植物，以及可能是最早的驯化动物都起源于这个地区。如果可以认定狗和猪的驯化在东南亚，那么上述看法就有非常强的说服力。

在早期优势方面，与亚洲季风地带最具可比性的是加勒比海和墨西哥湾附近的地区，但中石器时代所涉及的时间似乎太早，那时候不可能在新大陆开创一个伟大文化中心。亚洲西南部也不被考虑为关键起始时期的家园，主要是因为我不认为它所贡献的物品（例如小粒谷物和其他一年生植物，以及较大的驯化动物）属于通向农业的时间顺序中较早的阶段。由于当代气候在当时已经生效，那里的干旱与目前关于基本文化综合体的假设是不相符合的。

266 在亚洲东南部，无论是更原始的山民还是较高文化族群，都拥有可能源自古代捕鱼文化综合体的多项制度。这一地区出产的社会组织及礼仪特征被无数文化传播论的拥护者征引，认为这些显示了后来广泛散布到世界各地的早期文化纽带，经济方面在捕鱼、用船和种植上的一些特殊才能得到公认。

东南亚人综合利用植物的特性，将捕鱼和种植联系在一起，这似乎起源于可能比中石器时代还要早的古代普通做法，即压碎或浸泡植物的某些部分，并清洗它们。开始的时候可能只是为了分离和沤渍纤维去做弓线和网绳，后来偶然发现可以用来把鱼毒晕，如前面所述。这里也是制作树皮布和飞镖毒药的中心，两者的工艺都与加工纤维和鱼毒的过程有很多共同之处。世界上任何其他地方都没有对毒药如此熟悉并将其用于如此多种多样的目的。毒药主要取自植物的茎或根，其中许多都是重要的纤维来源。可怕的“见血封喉”，即箭毒木（*Antiaris toxicaria*），是飞镖毒物中效力最大的成分，但同时也是制作树皮布的主要原料之一。面包果树的属种木菠萝（*Artocarpus*）“对丛林部落来说是制造树皮布的无价之宝”；[①] 它也为渔网和鱼线提供纤维，有些品种还被用来制造飞镖毒物。买麻藤属（*Gnetum*）各品种的种子提供食物，茎能制成强壮柔韧的纤维，还能提取鱼毒和飞镖毒物。

多种天南星科植物的块茎或茎秆是辛辣或有毒的，但它们成为重要的淀粉食物来源。它们需要刮削或研磨，并在煮烤前反复漂洗。海芋（*Alocasias*），特别是其中的“滴水观音”（*A. macrorhiza*），过去主要是为其含淀粉的茎秆而使用、培育的（现在仍然如此）。芋头（*Colocasias*）的野生、未改善形态有很大的刺激性，除非磨碎、漂洗再做熟，这个特性可能就是把芋头做成芋泥团的最初原因。产生了重要的栽培品种的块茎毒性天南星科植物是疣柄魔芋（*Amorphophallus campanulatus*）和花魔芋（*A. konjac*）。薯蓣（*Dioscorea*）的处理大概也一样，有一种至今仍在利用的白薯莨（*D. hispida*）毒性很强。两种栽培姜，卡萨蒙纳姜（*Zingiber cassumunar*）和红球姜（*Z. zerumet*），有记载用作箭头毒物。

亚洲季风区更潮湿的部分生长人类历史上很重要的各种无毒可食用块茎，通常在做熟前要磨成粗粉。有一些长在水里或水边，例如水车前（*Ottelia arismoides*）、慈姑（*Sagittaria sagittata*）、菖蒲（*Acorus calamus*）、油莎草-香附子组合（*Cyperus*

---

① Burkill，前引书，Vol. 1，p. 248。

esculentus-tuberosus rotundus complex），以及莲花（*Nelumbium nelumbo*），或许是齿叶睡莲（*Nymphaea lotus*）。所有这些都是
267 栽培植物，世界上其他地方很少有把水生植物作为食物来栽培的例子。

最后，还有一种从茎秆获取淀粉食物的方法是粉碎或捶打茎秆，然后通过漂洗把淀粉分离出来。这种制作西米的方法主要局限于亚洲季风地带，是远古时期的特征。某些苏铁类和棕榈类植物就这样开发出来了，无论是野生的还是被弄到村里栽培的，包括拳叶苏铁和苏铁树（*Cycas circinalis* and *revoluta*）、桄榔（*Arenga pinnata*）、粉枣椰和岩枣椰（*Phoenix farinifera* and *rupicola*）、斐济西谷椰（*Coelococcus* spp.），以及几种西谷椰树（*Metroxylon laeve*，*rumphii*，and *sagu*）。从这些和其他含糖棕榈树干中发酵出棕榈酒大概是一个附带的特征。

粉碎、捶打、漂洗并去除渣滓的植物加工方式通行于整个亚洲东南部，它似乎把获取并强化纤维、制造渔猎和药用的毒物、准备食物（包括凝固西米）这几种运作结合在一起，成为一个文化综合体。这种相互关联的系列技能得以产生，当然受到当地存在合适植物的助力，但看来更是源于淡水渔人这个特定群体中的求知好奇心所引导的趋向。

房屋和村庄的永久化

本文将不会进一步探讨驯化的过程。我认为这个过程，无论其起源是否独特，都是由以上简述的文化所实行的，主要发生在冰川消融的时期。看来，进步的淡水捕鱼人群最终成为最

早期的种植者，即文化圈（*Kulturkreis*）体系中的早期种植者（*Altpflanzer*）。

这种人的生活完全是定居式的；他们不需要到处迁徙，因为一个好的捕鱼地点一年到头都是如此。水上的收成是持续的，尽管不同季节的水产可能有区别。陆地同样随着季节产出合宜的果实。水上和陆地都不存在那种迫使人们迁居觅食的季节差异。房屋是永久性的，用木头或茎秆做边框，盖上茎秆或树皮，建造者就是那些造船的人，他们会熟练使用锛和斧，也能开动脑筋把木头和茎秆做成需要的形状。主张“文化区”之说的学者将长方形、有边框和山墙的房屋起源归功于这样一 268
种文化，并强调作为起居室、仓库和工具间结合体的房屋十分宽敞；他们的这个说法大概是没错的。船舶运输可以轻易地把远处的材料运到一个永久基地集结成形。物品的积累使生活变得富足、舒适了。既然不需要惦记哪天搬家，人们也就不再限制自己收集并储藏物品；只要能增加舒适度，就可以无限期地添加个人财产。

有了水上运行的能力，形成村庄一起居住就变得大有益处，譬如在河流交汇处或湍流附近、在湖泊尽头或隘口。聚居社区可以拥有多种多样的才能，并且有机会交流不同的想法。联合意味着观念或学识的传播，一种发明能够成为整个群组的实践。人们可以乘船访问其他定居点，各种想法在能够来往的范围内迅速传播。这些社区有闲暇在优越的环境里进行试验并互相学习，他们只需保持一定方向上的好奇心，便可从捕鱼推进到种地。既然他们的兴趣在很大程度上趋向于植物加工（如上所述），于是人口和经验的增加使得理解和使用植物资源成为越来越值得去做的事情。

我想，种植者一定是完全定居的人群。我不能接受一种广泛散播的观点，即流浪人群可能种下庄稼再继续游荡，然后回来收获粮食。首先，我不认为在走向农业的早期步骤中已经有了收获庄稼的固定季节，那时候的注意力主要放在一年中任何时候都要有方便就手的某些植物，也不一定是食物。对原始农业的守旧观点仍然是基于我们自身作为在田地里种植粮食的农夫这个历史，但是根据我们掌握的证据，这并不是人类走向农业所采取的最早步骤。再者，众所周知，我们所了解的原始人群不会也不敢留下自己种植的庄稼不加看管。事实上，种下的庄稼必须不断看管，防止飞禽走兽爬虫前来破坏，这样的破坏几乎从栽种的第一天就可能发生。当然，有一种部分保护措施是种植一些有毒作物，但人类的毒药也许正是某种动物的食品呢。人类把有毒植物加工为食物的偏好，说不定与捕食植物的兽类不吃这些东西有点关系。然而，如果一种植物无人看管，那么只有当地所有的动物都不吃它，它才会有机会幸存下来。
269 种植人群中的男人们可能离开那个地方去捕鱼或打猎，但是女人和孩子必须留下来保护庄稼。这种清出空地、看守以防野兽的做法，的确是一个文明社会的到访者在看到原始农业或园艺社区时得到的最初印象之一，除非这个社区是在远离陆地的海岛上。古今农人们都知道，人的食物供应增加，也同等增加了对各种动物的吸引力，这些动物都是与人争食的。关于原始人随意播撒种子、任其自生自灭的说法是一种虚构，它是一个更大虚构的一部分，后者说饥饿的游猎人决定通过播撒种子和捕捉一群野生动物来增加食物、应对人数增长，这个说法是无根据的。

结论

本文重构历史的前提是，不存在文化阶段的普遍性演替。也没有从渔人到农人的普遍性进化转变。然而，我只是在定居的淡水捕鱼社区中发现有重大影响的品质，这些品质孕育了新石器时代的生活方式。文化的巨变或许只是由一个地区开启，它多半是在亚洲东南部。通过开发相互关联的技能来改变生活方式，是人类历史上最伟大的改变之一，它需要人们向着同一个方向进行不间断的、长期不懈的智力活动。因此，我倾向于文化传播论，而不是独立的平行发明之说。环境方面，无论是和煦宜人还是残暴严酷，其自身都不会带来文化进步。时间本身也不会造成大范围的社会演化。在生物进化与文化发展之间有某种相似性：高度孤立会在早期阻止前进的步伐，而太容易进入一个地区则会使它暴露在每一种入侵势力的扫荡之下，没有机会发展异常的和新奇的形式。人类学识的家园需要免受全世界侵扰的一定程度保护，但同时又要有与外界交流的选择权。它们还需要在自己的环境中有充足而多样的资源，因而善于动脑筋的人可以利用这些资源，从容不迫地进行试验和思考。散落各处的人类学识的里程碑，是为数不多的特别人群在有利于发现和传播思想的特别地点，在适宜的时间建立起来的。

冰川大消融时期位于文化创新曲线中的陡峭上升部分。我们现在已经知道，可能与我们有同样智力的我们自己这个种类

270 的人，早在旧石器时代中期就存在了，几十万年间在各处添加了非常缓慢的知识增长。最后的冰川期，或者说旧石器时代晚期，见证了引人注目的知识加速增长。在中石器时代，创新的比率相当快速地增加，那是人类最进步分支的文化青春焕发的光辉岁月。这个进步是在哪里、如何取得的仍然模糊不清，但多个线索指向住在较低纬度有林木的河畔，处于老的采集人与后来的种植人之间的一种杰出的中间文化。

13. 冰河时代的结束及其证人*

当前，人们对回溯到冰河时代的历史越来越感兴趣。自然科学已经发展出检视人类沉积物和自然沉积物的更新、更准确的手段，包括测定其年代的方法。特别是，地球物理学家和海洋学家已经开始调查并比较跨越几万年的时段中海床和陆地表面发生的事件，使用的主要方法是测量所含碳元素的放射性活度衰减。①因此，我们对大陆冰盖最后衰退的时间和方式，以及大陆冰盖与北半球大气环流和海洋环流的联系，正在获得一个经修正的、更有条理的观点。②关于地质时代这个有趣瞬间中人类目击证人的存在及其状况的一些事实，如今已经在新的年代表里很好地定位，吸引我们关注北半球人类史前史上同期发生的多种事件。

---

* The End of the Ice Age and Its Witnesses, Geographical Review, Vol. 47, 1957, pp. 29-43.

① W. F. Libby, Radiocarbon Dating (2nd edit., Chicago, 1955). 随着新的资料被发现并得到解释，《科学与美洲古代》（*Science and American Antiquity*）报告了更多的年代。

② Maurice Ewing and W. L. Donn, A Theory of Ice Ages, Science, Vol. 123, 1956, pp. 1061-1066. 这篇文章包含一个关于海床和海洋环流近年调查的参考书目。

时段：距今 12 000 年至 10 000 年前

我们习惯于通过大冰盖从中纬度地区消失，来将更新世（或者说冰河时代）与全新世区别开来。对美国来说，冰河时
272 代被认为结束于美国境内最后的冰壳融化之时（曼卡托亚阶段），在这个时期形成了我们当今的五大湖。①现在看来，我们有可能重新构建距今 12 000 年至 10 000 年前这一期间美国自然地理的大体轮廓。同一时期的北欧有可用的类似数据。关于欧洲和北美洲大陆，我们已经对当时的情况有了足够的了解，可以就本文这个不够确切的标题所隐含的内容作出暂时的、部分的解说。虽然人们有很好的理由相信，我们今天生活在一个间冰期的阶段，② 但我们还是把现在称为“后冰川时代”的一部分，把大陆冰盖上一次的推进称为“最后的冰川期”。

从 12 000 年至 10 000 年前的这个时间跨度至关重要，首先表明这一点的是威斯康星州东北部图克里克斯（Two Creeks，意即“两溪”）考古遗址的年代，即距今大约 11 500 年前，这个年代现在已经广为人知。在这里，一座森林被上升的冰川湖淹没，然后又被推进的曼卡托冰块覆盖。③美国和欧洲稳步增加的放射性碳年代测定，支持并补充了这一时期的自然和文化记录。这样的年代测定越多，它们就越清晰地表明，

---

① R. F. Flint, Glacial Geology and the Pleistocene Epoch (New York, 1947, 4th printing, 1953)，以及在多种科学期刊上的后续报道。

② Ewing and Donn，前引书。

③ Flint，前引书，pp. 251 和 255。

这是自然地理中最后一次重大变化的时期。陆地数据近年来已被从洋底获取的数据强化。从波罗的海岸边，横跨大西洋，沿着曼卡托漂移路线的边缘，从落基山脉到美国大盆地，我们有了这个历史片段的重要的新阐述。

“结束”时期的自然地理

冰河时代的这个“结束”时期的自然地理，可以粗略地勾画如下：

一、北美内陆最后的冰层推进，其发生时间比我们过去所想的要晚很多。我们曾以为它是 25 000 年或更长时间之前的事情，但现在必须接受，它只有大约 11 000 年之久。曼卡托冰层向南推进得最远，形成一条长长的冰舌，跨过明尼苏达中南部和艾奥瓦北部，直达得梅因附近。另一条冰舌包裹着格林贝和密歇根下半岛的北端。第三条穿过北、南达科他，延伸到 273
扬克顿的密苏里河边。在扬克顿西面和北面的冰缘和密苏里河的河道平行，与河谷有些距离。通过阿尔塔蒙特冰碛及其延续部分，这个冰前沿被追溯到加拿大，越过艾伯塔的埃德蒙顿，来到它的东边。①对北美内陆的这个渗透，其程度之深入和年代之晚近都令人吃惊；它比欧洲冰盖最大范围的纬度低了大约 10°，而且欧洲冰盖到达那个纬度的年代要早得多。根据我们

① “Glacial Map of North America,” 2 sheets，1：4 555 000，Geol. Soc. of America Special Papers No. 66，Part 1. 曼卡托冰层的西侧界限来自 R. F. 弗林特（R. F. Flint）。

现在的理解，曼卡托推进期是很短的。有理由相信，它冰层不太厚，跟随前一个亚阶段（凯里），其间没有重大的冰川消融，但它是一个多少更偏西的置换推进。

二、美国大盆地及其周边山脉（推测后者是在更大程度上），在曼卡托时期经历了更多的冬季降雪和更少的夏季水分蒸发。对那些在冰川期拉洪坦湖和邦纳维尔湖最后阶段由浪涛切割形成的悬岩所做的放射性碳年代测定，表明它们存在于同一个时期，而且记录了人类占据的痕迹。可以认为，在湖面水位下降到低于悬岩所在高度之后不久，这些石头遮蔽处就被人占据了。出自内华达州拉洪坦洼地的两个考古遗迹是干涸的温尼马卡湖上方的“鱼骨洞”（Fishbone Cave）和拉夫洛克附近的伦纳德悬岩（Leonard Rockshelter）。在邦纳维尔洼地，斯坦斯伯里的湖面水位就是在犹他州文多弗附近的丹杰洞（Danger Cave，意即“危险洞”）人类居住基地的高度。“鱼骨洞”距今10 900年至11 555年，丹杰洞距今大约12 000年；[①] 丹杰洞基座的年代是距今11 150年至11 450年。[②]这些年代首次确切地表明，美国大盆地的多雨期晚期温和状况和相邻山区的冰川作用，都是与内陆平原曼卡托冰期同时发生的。

三、有人认为，北美的曼卡托亚阶段与最后一次欧洲冰层推进在时间上是一致的，那次欧洲冰川作用在波罗的海南边建

---

① Phil Orr, Pleistocene Man in Fishbone Cave, Nevada State Museum Dept. of Anthropol. Bull. 2, 1956.

② J. D. Jennings, Danger Cave: A Progress Summary, El Palacio, Vol. 60, 1953, pp. 179-213.

立起波美拉尼亚冰碛。然而，现在我们识别出曼卡托属于一个 274
较晚的时段，是在波罗的海北边冰前沿衰退性停顿的时候，它们的标记是瑞典的斯堪尼亚冰碛和芬兰的萨尔保冰碛，以及构成斯堪的纳维亚东南部和南部的波罗的冰湖。这是两个寒冷气候仙女木期（Dryas）植物系的时代，中间隔着较为温暖的阿勒略（Allerød）间冰段。人们长久而详细地研究了这一时期的冰盖位置、水成沉积物和沼泽花粉，欧洲的放射性碳年代测定也与冰川学家和植物学家的大量独立研究结果相符合。因此，欧洲波美拉尼亚亚阶段的最后推进不可能迟于我们曼卡托之前的凯里亚阶段推进。

四、从大西洋洋底提取的岩心起初被解释为记录了海洋温度的稳定上升，它开始于 16 500 年前，中间被 12 000 年至 10 000年前的一段温和冷却时期打断，然后又重新变暖。①然而，莫里斯·尤因（Maurice Ewing）和威廉·L·唐（William L. Donn）② 近年来根据从大西洋和墨西哥湾所取的岩心得出新的结论（其中部分利用了未发表过的数据）：在墨西哥湾，“沉积物除了对 11 000 年前的气候变化，没有提供任何其他气候变化的证据”。总体而言，他们认为，“11 000 年前是大西洋最近一次重大温度变化的年代，也标志着威斯康星冰川阶段

① Cesare Emiliani, Notes on Absolute Chronology of Human Evolution, Science, Vol. 123, 1956, pp. 924-926.

② Ewing and Donn，前引书，p. 1062。

的结束”。①

五、弗朗西斯·帕克·谢泼德（Francis Parker Shepard）和汉斯·爱德华·苏斯（Hans Eduard Suess）② 估计，11 000 年前的海平面比现在要低 100 码左右，而除了 7000 年或 8000 年前可能有一个暂时停顿以外，海平面一直是在上升的（只是近期上升较慢），“没有任何迹象表明后冰川时代的海平面高于当前水平”。

六、我们关于最后的冰川时代中气候的观念必须要修正了。曼卡托冰层推进与欧洲的最后一次主要冰层推进并不同步。曼卡托的“效应”在北美内陆平原的西北部比较极端，这个地区通常降水量和湿度都不大。这一亚阶段将近结束时，继海洋温度稳定低下的长时期之后，这个温度开始上升了。因此，过去占据主流地位的肯定是大气环流的一个不同模式，这
275 个模式在曼卡托时期结束时似乎相当突然地被我们今天上空的大气环流模式取代了。是什么样的气团运动，能把潮湿的海洋空气运到遥远北方和大陆中心，以便给冰盖和西部山区送去降雪，并且减少美国大平原和大盆地上空的水分蒸发呢？

尤因和唐③提出了一个引人入胜的冰河时代新理论，它摆脱了太阳辐射变化和其他地球以外的原因，而是表示，在冰河

---

① 关于支持约 11，000 年前大西洋温度开始上升的洋底岩心最新数据，见 D. B. Ericson and others，Late-Pleistocene Climates and Deep-Sea Sediments，Science，Vol. 121，1956，pp. 385-389。

② F. P. Shepard and H. E. Suess，Rate of Postglacial Rise of Sea Level，Science，Vol. 123，1956，pp. 1082-1083.

③ Ewing and Donn，前引书。引述的部分见第 1062 页和 1066 页。

时代开始时，北极从北太平洋迁移到北冰洋，进入“对冰川气候的发展非常有利的位置”，由此，“通过北冰洋表面冰封和无冰状态的交替”，造成了冰河时代的各个阶段。整个更新世，大陆冰盖的主要发展都是与北大西洋相邻而行的。两位作者认为，更新世中重大的海洋温度变化主要限于大西洋和北冰洋。他们下结论说，“海洋表层的温度，而不是外部条件，调节了陆地的气候”，并且“在大西洋和北冰洋的海水上层，温暖与寒冷状况之间相当突然地彼此交替出现”。“当北冰洋冰封时，大西洋表面温度上升，大陆冰川衰退；当北冰洋冰块消融，大西洋表面温度下降，大陆冰川扩展。”这个理论是基于海洋深处取得的洋底岩心所提供的证据，也是基于冰川作用和冰川消融造成的海平面升降对北冰洋与大西洋之间表面海水交换所产生的效应。据推测，一个冰川阶段中的大气环流，围绕着没有冰封的北冰洋上空有一个主要的低压区域。对旧理论的新近修正建立在新近得到的数据资料之上，值得我们特别仔细地研究。地球物理学家和海洋学家很可能在相当一段时间内，会继续为我们对这些远古状况的理解做出重要的贡献。

旧石器时代的人和文化

对于地球历史上这个关键转折时刻的人类证人，我们知道些什么呢？对于那些住在冰盖边缘附近的人，那些住在冰崖拦截出来、充满融冰的湖边的人，那些住在被来自融冰的夏季洪 276
水膨胀的河流旁、利用着当年的植被、猎杀着现已消失的野兽的人，我们有多少了解呢？从文化的角度看，这是旧石器时代晚期的最后部分。我们使用“旧石器时代”这个方便的术语，因为没有其他普遍接受的名词，不过从当时的生活方式和人来看，已经和旧石器时代较早期有很大的不同了。在欧洲和北美洲，旧石器时代晚期是大野兽猎人的时代。这些狩猎者为我们所知，主要是通过他们用来杀死和加工猎物的巧妙制作的武器，如刃片和尖器，这些武器用燧石做成，也有用骨头和鹿角做的。从狩猎者的身体判断，当时的人毫无疑问是现代人，即智人（*Homo sapiens*），而无需加上任何限定语。

“旧石器时代”这个术语起源于欧洲，无阻碍地适用于整个旧世界。它指的是具有一个已知时间位置的某些种类和水平的文化，在此之后就被其他的方式和技能所取代，或者是转变为其他的方式和技能了。到目前为止，“旧石器时代晚期”在新大陆还没有被接受到经常使用的程度，尽管我们早就知道，公认的美洲较早期考古在不易损坏的遗址中，包含旧石器时代样貌的人工制品。这个术语从新大陆被排除出去是因为老旧的学说相信，在本半球出现的一切有关人类的东西必定明显地属于后冰川时代，因而要晚于旧石器时代。

关于新大陆在后冰川时代才被人居住的学说

关于人是在后冰川时代才进入新大陆的理论，起始于半个多世纪之前，源头是当年流行的有关“真人”（又名智人，或现存的人类）年代及其与冰河时代关系的观点。那时候，人们认为真人是随着欧洲的克鲁马努人及其同时代人而首次出现在世界上，也就是说，他们拥有的是奥瑞纳文化和其他一些取代了尼安德特人的穆斯特（Mousterian）技艺的文化（这个陈述有些简单化，但是并没有歪曲此观点）。于是人们考虑，真人的首次出现发生在非常接近最后一次冰川期结束的时候（第四冰川期，或者说是维尔姆阶段的最后时期）。既然人必须从旧大陆迁移到新大陆，那似乎就有理由说，他不可能在后冰川时代到来之前出现在新大陆。而且，当时被视为智人前身 277
的尼安德特人，始终没有在美洲发现。因此，不能宣称新大陆人类的年龄早于后冰川时代，而说他出现于后冰川时代是有把握的。当我还是个年轻学生时，托马斯·克劳德·钱伯林（Thomas Chrowder Chamberlin）和罗林·D. 索尔兹伯里（Rollin D. Salisbury）这样的著名教授都是这样教我的，他们的人类学观念来自阿莱什·赫尔德利奇卡和威廉·亨利·霍姆斯（William Henry Holmes）。

然而，后来的研究表明，克鲁马努人及其关联族群、奥瑞纳文化和查特佩戎（Chatelperronian）文化，在欧洲出现的时间要回溯到很久之前，现在我们认为是在第四冰川期（即维尔姆一期和二期之间的时段，这个时段按我们不一定可靠的估算，是在美洲的艾奥瓦与塔兹韦尔冰川阶段之间的皮奥里亚间冰期）。不论我们对当前放射性碳测定能够达到的限度之外的任何绝对年代表仍然有多么不确定，欧洲尼安德特人之后的人类年代跨度都会是后冰川时代的好几倍之长。这样，上述第一个反对意见就不攻自破了。

再者，关于智人晚于尼安德特人出现的经典命题在今天已经没有多大的意义，因为如丰德谢瓦德人（Fontechevade man）和斯旺斯科姆人这样的智人类型的遗骸已经被发现，他们都早于任何已知的真正尼安德特人的遗骸。旧说在前后顺序上不成立，关于智人是从尼安德特祖先进化而来的理论同样失去了可能性。我们在此关注的事情并不超出这样一个概念，即认为人类是在很晚以后才进入新大陆的所有原始根据都已变得站不住脚。既然那些理由均已失效，那么继续反对旧大陆与新大陆史前史因素及源头的可比性，大概就只有偏见在作怪了。

因此我认为，是时候停下来，不再将美洲早期拓殖者称为“古印第安人”了。这个称呼是那个无道理学说的又一个派生物，支持它的无非是对“印第安人”一词的轻率使用。美洲的原生族群也像欧洲和亚洲的原生族群一样，不应该以当前生存着的种族的名称去识别。

在这里，我们不涉及新大陆初始的人类居住年代问题。它远远早于距今 12 000 年至 10 000 年前的曼卡托亚阶段和仙女木期，而我们只打算就这一特定时期做一个文化比较。[1]由于欧洲在当时仍然拥有旧石器文化，看来把美洲（或者说新大陆）的同时期文化称为“旧石器文化”是合适的。

278 欧洲旧石器时代晚期

在欧洲，仙女木–波罗的冰湖时期是旧石器晚期文化的最后时段。欧洲大部分地区的人是晚期的马格达林狩猎人，他们在塑造精雕细琢的石头刃片和尖器方面不像他们的前辈那样老

---

① 关于这些发展，《美洲古代》（*American Antiquity*）发表了及时而充分的多份报告。

练，但是会以多种形式巧妙使用骨头和鹿角，例如做成鱼叉。在欧洲西南部，人在某种程度上利用悬岩作为遮蔽处，但他们主要还是分散很广地露天居住，排列在平原上追逐大野兽群。最近又有一种北海低地的狩猎文化为人所知，它被人以汉堡命名。在比较温和的阿勒略间冰段之后，汉堡人后面跟着的是一个相似的族群，这就是新仙女木期（Younger Dryas）的阿伦斯堡人。两个族群都是高度移动的狩猎人，随季节搬迁。人们认为，两个族群都依赖驯鹿，把驯鹿当作几乎是唯一的猎物，追随着这种在北海和波罗的海平原上啃食苔原样植被的动物。现在我们知道，马格达林人、汉堡人和阿伦斯堡人除了旧式武器以外，还使用弓和箭，并且住在宽大的帐篷里。汉堡人和阿伦斯堡人“不知从何处而来”，[①] 有人认为是来自东方。他们是最后的旧石器时代人，具有最后的旧石器时代习俗。在新仙女木期之后，中石器时代的作风开始传播，人不再围绕大型猎物来组织其经济和生活方式了。

北美洲旧石器时代晚期

关于人是在后冰川时代才进入新大陆的学说长期占统治地位，否则，我们对北美洲这一时期的知识会更加丰富。每当有人宣布一项关于古人类的新发现，总是有另一些人提出反对意见，认为它不可能。年复一年，新证据被人打上不合格或不充

---

① A. Rust, Die jüngere Altsteinzeit, in Historia Mundi, Vol. 1 (Bern, 1952), pp. 288-317. 在该卷最后有一个概要的年代表格。

分的印记而拒绝接受。早年间的很多发现已经不复存在、无法
279 重新检视了，但有一些遗址还是可以重新研究的。态度的改变始于1926年在新墨西哥州的福尔瑟姆发现了一种已经绝种的野牛，是被人猎杀的。丹佛博物馆考察遗址的人员采取了一切必要步骤来证实这个联系。之后，柯克·布赖恩确立了科罗拉多州林登迈耶一个福尔瑟姆文化遗址的年代是冰河时代晚期。随着岁月流逝，对早期人类发现的速率逐年增加。从福尔瑟姆开始到如今，主要是泛密苏里西部和美国西南部的博物馆所属人员在推进找回早期人类及其文化的工作。①

显然，到威斯康星冰川阶段结束的时候，在北美洲存在着引人注目的一系列文化差异。随着调查的继续，所发现的多样性稳步增加。我希望提出来的是，我们现在可以辨识出三种主要的文化，每一种都以生态为基础。我并不是认为，这些人是在我们所述的时段中发源于或被引入美洲，也不是说他们在这一时段结束时就消失了；我只是指出，他们是曼卡托冰川期的同时代人，因而是我们最后的旧石器时代居民。

古野牛猎人

最广为人知的，并且可能是最大、分布最广的族群是专门

---

① 以下这本书给出了直到1949年知识增长的一个很好的总结：H. M. Wormington, Ancient Man in North America, Denver Museum of Nat. Hist. Popular Ser. No. 4, 3rd edit., 1949。沃明顿女士是丹佛博物馆的考古学主任。亦见 E. H. Sellards, Early Man in America (Texas Memorial Museum, Austin, 1952)。塞拉兹博士在这个领域以令人钦佩的坚持性工作了最长时间，他着重阐述了自己作为地质学和古生物学研究者所调查的遗址。

的大野兽狩猎者。伊莱亚斯·霍华德·塞拉兹（Elias Howard Sellards）很高兴地给他们取名为“野牛猎人”，以区别于比他更早的“大象猎人”。野牛这种大型、灭绝了的物种，几乎像驯鹿对于北欧旧石器晚期人那样，当时是北美最重要的生存必需品。其他现已绝种的大动物也不时被捕获，但从来没有被当作一个基本资源。我们知道的古野牛猎人的地盘主要在美国大平原，那里的野牛就像历史上的大平原野牛那样，似乎是成群结队聚集在一起的。狩猎者随着猎物迁移，主要住宿在露天的流动营地，正如美国大平原历史上的游猎部落一样。那里没有苔原或苔原样的自然状况。全年都有野草和枝叶可供动物食用，尽管在冬天由于冰雪和寒气，野草和枝叶的数量会减少。

得到最详细描述的文化被称为“福尔瑟姆综合体”，可以 280
通过带凹槽、造型优雅、边缘锋利的福尔瑟姆尖器和刃片来识别。古野牛猎人中的其他群组运用多少有些不同的技术制作刃片和尖器，结果产生了其他形式（例如月桂叶状）。后面这些人工制品现在在技术上称为平行剥片尖器，[①] 包括几个有特定名称的类型，不过非专业人士还是将它们统称为“尤马”式（这是科罗拉多一处遗迹的地名）。具尤马特征的一个特别引人注目的遗址被塞拉兹[②]和同伴在得克萨斯州的普莱恩维尤发掘出来，它位于布拉索斯河源头，在那里发现了大约一百具已绝种的野牛残骸，身上带有飞镖或矛尖（?）和牛皮（?）刮刀。几个野牛狩猎族群在制作尖器和刃片方面获得的技能，比

① Wormington，前引书。

② Sellards，前引书，pp. 60-68。

世界上任何地方的石头工具都强，最后的工序以加压剥片的特殊技术为特征。

福尔瑟姆和尤马式的尖器和刃片在美国很多地方发现过，还出现在墨西哥、加拿大和阿拉斯加，大多数没有确定年代，不过可以推测它们来自相似的年代和文化。这些遗迹中的大部分可能属于古野牛猎人活跃兴旺的任何时期。在这种狩猎者占据高地平原的同时，不太可能不去居住在东部林地。从五大湖南边到墨西哥湾，当时的土地为包括早期野牛在内的大大小小的食草动物提供了美味饲料。如果说东部比西部的野草少一些，但是会有更多的枝叶可以食用，也不会缺水。虽然水坑不像在较干旱地区那样吸引动物聚集（并因此成为猎人营地），但可舔食的咸土起到了同样的作用；有些咸土地，例如在肯塔基州，拓荒者在早期注意到两边排列着动物骨床，但那些骨床现在已经毁掉了。我们关于东部早期人类的零星知识还没有进入编年的模式，但是很难想象，人在西部居住的任何时期中，没有同样自由自在地生活在东部，向北直达冰川边缘。

古编筐人文化

281 我们从美国大盆地得知一种不同的文化综合体，它目前还没有合适的名称和描述。就我们所讨论的特定时段而言，故事开始于马克·哈林顿（Mark Harrington）在内华达州拉斯维加斯附近对吉普瑟姆洞穴的挖掘。①洞穴曾被人占据，那时候这

① 沃明顿和塞拉兹都对此作了概述。

个地区生活着地懒、骆驼和马。发现了很有特色的飞镖尖器及其涂胶的矛杆。特别有意思的是封在石笋里的一个篮筐。它的位置受到质疑，因为在它被发现的时候，人们认为它的年代太早，当时不可能有这种技术。对人类占据时期内的地懒粪便所做的放射性碳测定显示，其年代为距今 10 750 年和10 092年。

在俄勒冈州东南部，卢瑟·克雷斯曼（Luther Cressman）在罗克堡洞穴的火山灰下面找到了草鞋、篮筐，还有钻木取火器和飞镖投掷器的几个部分。放射性碳测定表明其距今 9188 年和 8916 年。[①]在挖掘犹他州文多弗附近的丹杰洞时，杰西·戴维·詹宁斯（Jesse David Jennings）发现了四个炉灶，它们的使用是在这个洞穴恰恰勉强高于邦纳维尔湖的斯坦斯伯里水平面的时期。[②]位于最下面的早期文化地层被认定为距今约 11 300年。在紧挨着它上面的文化地层中（距今 9300 年），发现了两个盘绕编结的篮筐。

最新发现是菲尔·奥尔（Phil Orr）[③] 在内华达州西部干涸的温尼马卡湖上方的“鱼骨洞”做出的。这个被风浪侵蚀的凹室有着距今 11 555 年和 10 900 年的出自早期文化岩层的物质。大量刺柏残木和土拨鼠骸骨证明当时的气候条件较凉、较湿润，原有的湖泊也证明了这一点。幸运的是，后来居民的灶火并没有毁坏上述更早年代、位于下层的居住地中某一部分的有机物质。奥尔在这里发现了双股绳索、有鹈鹕皮和一块方

① 沃明顿和塞拉兹都对此作了概述。
② Jennings，前引书。
③ Orr，前引书。

结细网的埋葬地、藤条篮筐碎片、精细编结的盘绕篮筐碎片，以及有经纬线的垫子。这些物件展示在奥尔的报告中，它们表现出相当优越的技能水平。奥尔说：“假如鱼骨洞是一个没有易腐烂物品的露天遗址，那我们只能发现几个粗陋刮刀、一些碎裂和烧焦的骆驼和马的骸骨，而我们大概就会把它描述为一个‘简单文化’了。”

这些美国大盆地的居住地给我们提供了关于绳索、垫子、篮筐和草鞋的世界上最早记录，这些工艺品以前被认为是更晚
282 的中石器时代的发明。的确，沙漠洞穴提供了保存易腐烂物品的罕见条件，但这样一份物品清单很难说适合于大野兽的游居狩猎者。大盆地的人找到悬岩作为居所，部分位于现已消失的湖畔。他们的才能指向利用植物纤维，而不是处理动物生皮和收拾皮革。罗网和各种水禽残骸显示，水中的鸟类是被网子捕捉的，看来这样捕鱼也很有可能。一种显著不同文化的最初略图在此处浮现，它或许预示着以利用植物材料和水生资源为基础的定居生活方式。我们可以暂时将这种综合体称为“古编筐人文化”。

古研磨人文化

第三种主要文化看来是在旧石器时代晚期存在于美国的，其特征是磨石或碾石。在一片可移动的厚石板上，用一块手磨石（*mano*）揉搓或挤压食物，这种工艺在旧大陆只是到了中石器时代才为人熟知。我们可以把这种人称为“古研磨人”。

第一个认识到这种文化有多么古老的人是圣巴巴拉自然史

博物馆的戴维·罗杰斯。[①]罗杰斯将圣巴巴拉海岸的这种早期居民叫作“奥克格罗夫人”。他找到了好几个村庄遗址，它们总是位于露天空地，在山顶和高地上，通常以橡树林为标记。[②] 每一个村庄“由五到二十座半地下、土墙的棚户组成，圆形，直径为 13 至 15 英尺”，其中有“充填坚硬而结实的灰渣和黏土地面，一个炉灶占据中心位置”。这些遗址地面的硬化确有标记：它在长期的风吹雨打下形成一个钙结层（*caliche*）或硬质地层。研磨基石和手磨石被风化作用部分瓦解或大部分瓦解了。罗杰斯的著作没有得到应有的关注，或许是因为在它完成的时候，人们还没有认真对待加利福尼亚存在早期人类这个事实。这本书仍然是一部引人注目的先锋研究成果，这个研究如今已经不能完全重复，因为郊区的开发破坏了那些遗址。罗杰斯当时只能通过表面变化和风化作用造成的变化来估计遗址的年代。奥尔是他在博物馆的继任者，也是最熟悉圣巴巴拉海峡的人，他最近写道：“与目前文献所载相反， 283
我们有很好的理由认为，大陆奥克格罗夫遗址的年代一直回溯到威斯康星时期。”[③]

詹宁斯在丹杰洞也发现了研磨石器，他惊叹道：“这平面磨石和依赖籽粒维生的方式，最初会是美洲人在 10 000 年前

---

① D. B. Rogers, Prehistoric Man of the Santa Barbara Coast (Santa Barbara Museum of Natural History, Santa Barbara, California, 1929).

② 奥克格罗夫（Oak Grove）的意思就是“橡树林”。——译者注

③ Phil C. Orr, Radiocarbon Dates from Santa Rosa Island, I, Santa Barbara Museum of Nat. Hist. Dept. of Anthropol. Bull. No. 2, 1956, p. 1.

的发明吗?”[①]在这里，研磨和编制篮筐可能是一起发生的。

在亚利桑那州东南部，科奇斯洼地中最早的（萨尔弗斯普林）考古地盘以大研磨石板和小手磨石为特征，被认为基本上是一种植物/果实采集的经济。的确，对此处的放射性碳测定显示其年代只有距今7756年和6210年，但是我对这个结果有所怀疑。伴随这个地盘的动物群体是多样的，明显属于更新世，并且根据切斯特·斯托克（Chester Stock）的说法，其中包括帝王猛犸（*Archidiskodon*）。[②]植物遗迹同样记录了较为清凉和潮湿的气候，例如当时有山核桃树。我不明白，一个属于更新世多雨期气候的动植物区系，在这种气候条件在北边和东边都结束很长时间之后，怎么可能苟延残喘地进入现在干旱炎热的亚利桑那州南部的低洼盆地呢？这个遗址位于宽广、偶有洪水的洼地低处。因此，我们必须考虑碳样本被年代较晚的样本污染的可能性。

从加利福尼亚山谷到委内瑞拉，天然的研磨石板和手磨石广泛出现在较早的考古遗址，而通常不会在较晚时期的遗址中看到。毫无疑问，分布甚广的粗细研磨文化很早便存在于我们的古迹系列中；而且，它回溯到曼卡托时期甚至更早的时候也是很有可能的。

---

① Jennings，前引书，p. 205。亦见J. D. Jennings and Edward Norbeck, Great Basin Prehistory: A Review, Amer. Antiquity, Vol. 21, 1955-1956, pp. 1-11。

② E. B. Sayles and Ernst Antevs, The Cochise Culture, Medallion Papers No. 29, Globe, Arizona, 1941, p. 64.

旧大陆与新大陆之间的文化异同

在这一时期，旧大陆与新大陆之间的文化相似之处很少，而对比却很强烈。在欧洲，弓箭已经成为主要武器，使用弓箭的是北方平原上住帐篷的驯鹿狩猎者；在西南部，围绕比利牛 284
斯山脉，马格达林人岩洞艺术的惊人创造力仍然活跃着。然而在大洋此岸，我们不知道（也看不到可能存在）任何这一类的事物。在这里，技艺无比精湛的长矛、飞镖投掷器、切割刃片，延续了更早的欧洲武器传统。弓箭的使用看来是在较晚时期才为人所知的；人们认为，弓箭引入新大陆的年代较迟，可能跟带进来犬类的人群相关联。新大陆也没有关于帐篷的早期记录。但是到曼卡托时期结束的时候，美洲已经有善于制作绳索、罗网和篮筐的族群，而这些技艺在欧洲是在后来才有报告的。另外，美洲很可能同时拥有研磨文化，用以加工橡实、小籽粒，或许还有坚果；这似乎意味着，女人们已经学会了烘焙淀粉食物。

对“古野牛猎人”及其同类来说，这里很早以前就有其先辈，即塞拉兹所说的“大象猎人”。这些早期猎手靠那些灭绝了的更远古时期的大型野兽维生。看来，他们的武器和工具很可能为福尔瑟姆和尤马的尖器和刃片提供了作为源头的模型。常常有人注意到欧洲梭鲁特和格拉维特（Gravettian）刃片文化与美洲刃片文化的相似之处，但是两者之间的年代差距未免太大了。然而，欧洲文化现在被认为存在于过去两万年之内，这比归结到美洲桑迪亚文化和克洛维斯文化的年代要晚，后两者中的任何一个都可能是福尔瑟姆和尤马文化的祖先。这几种具有相似技术的刃片类型，很可能出自一个共同的先辈。关于欧洲，艾尔弗雷德·拉斯特（Alfred Rust）说："旧石器时代的某时某地，必定有人从更老旧的形式中开发出一种剥片技术，造成了刃片形状。对此我们可以说，这不是发生在我们迄今所研究的欧洲地区，以及近东和非洲。"①会不会有这样一个共同家园坐落在亚洲内陆或北方一些未经冰川化的部分，把旁系分支输送到欧洲西部和北美内陆呢？它显然不会是通过连续传播而做到的。而两个大陆几乎同时出现这些东西，也降低了其各自独立发明出这种相似技术和形式的可能性。

美洲原生的制绳人和编筐人的背景，以及研磨人的背景，依然是神秘莫测的，解开这些谜团多半要等到我们对其他可能
285 更早期的石器时代遗址有更多了解之后了，这些遗址会包含没有投掷用尖器的粗陋石头制品。

新大陆文化的来源

上面的议论意味着，曼卡托时期以及紧挨着它前面和后面的时段，对亚洲移居者进入美洲内陆是不利的。例如，弓和箭（以及狗）在新大陆很晚出现，这说明来自亚洲的交通中断了很长时间。

曼卡托冰层在西部平原朝着加拿大落基山脉推进了很远。没有迹象表明在它之前有任何重要的冰川消融过程。人们过去

① Rust，前引书，p. 292。

认为，晚期威斯康星冰川阶段包括曼卡托和凯里这两次冰层推进。现在仍然有理由考虑，它们不过是同一个亚阶段的两个时段。我们对两者的认知几乎仅仅是从它们的南部边缘获得的，这些边缘也只告诉我们，凯里最远推进到五大湖附近，不久后就发生了更偏西、朝向密苏里河的曼卡托切入。据我们所知，两者之间没有被主要的冰川衰退打断。为数很少的放射性碳年代测定表明，凯里推进的年代不超过距今几千年之久。沿着加拿大落基山脉东边基座的无冰走廊更像是比晚期威斯康星的年代要早。不论这条通道存在于威斯康星阶段中的哪一个时期（如果它的确存在的话），它也只会对那些能够在北极大陆极寒气候下生活的族群开放，就像在从未冰川化的育空河流域和加拿大西部平原上那样。

因此，人是如何进入新大陆的问题依然难以回答。阿拉斯加在大部分时间可以从西伯利亚北极低地进入，条件是要有能为自己准备食物挨过北极冬季的猎人。阿拉斯加的大低地，甚至上育空河流域的大部分高地，在所有的冰川阶段都保持了非冰川化，这是因为冬季温度低、降雪少的缘故。对阿拉斯加野生动物的一份近期研究[①]显示，较大型野兽（特别是驯鹿）在冬季存活，取决于有没有驯鹿地衣，后者不生长在泥岩沼泽或湿苔原，而主要生长在山脊的干苔原上或云杉森林的边缘。对 286
驼鹿来说，冬天能吃到柳树、白杨和桦树的枝条是最重要的。如果我们把这种生存条件的时间倒推上去，那么看来不管是哪

① A. S. Leopold and F. F. Darling, Wildlife in Alaska: An Ecological Reconnaissance（New York, 1953）.

一种大动物，关键的冬季居住地仍然是位于平原上方，在水系较好的山脚下，或者在分裂并有流水的平原上其他地方，这些都发生在海平面远远低于后来的时候。早在冰川时代的阿拉斯加气候大概会对人类居住者提出严苛的要求，正如现在这样。

人要是有足够的行船和捕鱼技能，就可以绕过加拿大的冰川障碍向南迁移到太平洋沿岸。阿拉斯加面对太平洋的岸边恐怕是不可能的，因为风浪汹涌，天气昏暗。然而，谨慎耐寒的渔人可能会跟随大群的鲑鱼及其他溯河产卵的鱼群沿育空河而上，深入加拿大内陆。假如他们走得太远，偶然间可能有一条像怀特霍斯山口（Whitehorse Pass，意即“白马关”）那样的无冰路径提供向南的道口，直到不列颠哥伦比亚内陆通道的峡湾和航路。不过我们并不知道那时候的人是否具有必要的技能。

一个极北区的命题现在又复苏了，即认为人可能曾居住在“超越北风”的北冰洋岸边。这是由詹姆斯·路易斯·吉丁斯（James Louis Giddings）的北极研究向尤因和唐提出的。①根据这一假说，北冰洋在各冰川阶段是没有结冰的，它的边缘地带在冰川期可能住人。因此，在阿拉斯加偶然发现的尤马斜角和福尔瑟姆尖器可能具有真正的重要意义。可能还会发现各种零星证据，共同构成冰河时代的人分布在北冰洋沿岸各处的古老传说。当然，调查会遇到很多困难，居住地遗址已被泥流作用和地下冰的形成所扰乱，海岸线也被地壳均衡运动和海面升降

① J. L. Giddings, Jr., Early Man in the Arctic, Scientific American, Vol. 190, 1954, pp. 82-88.

这两种力量造成的位移所改变。然而，我们可以承认北冰洋沿岸容留过冰河时代人类的可能性。在这种情况下，北冰洋岸边的居住者可能通过向东前往大西洋的早期路径进入美洲。这的确可能是个夸大其词的说法，但向着这个目标探索的一切说法恐怕都有夸张成分。

简单而老旧的观点是，人一直在新大陆门边等待，直到最后的冰壳消失才迈过这道门槛，这个说法现在已经被证明是错 287
误的了。迄今为止，对人类遗迹和冰河时代自然状况的知识最新发展还没有揭示出人是怎样、何时、几次从旧大陆进入新大陆的。但是冰河时代的最后时期只不过是新大陆被人居住过程中需要考虑的一个中间章节。

288

14. 火与早期人类*

人类之古老

对最近的地质时代，“更新世”、“冰河时代”和“人类时代”这几个术语被松散地互换使用；如果我们现在仍然生活在一个间冰期阶段（如学者们提出的那样），那么这个地质时代就是一直延续到今天。人们认为，这一时期的开端以高山上和高纬度地区冰川化的初起为标志，为此在第一阶段，阿尔卑斯山地的术语金茨（Günz）冰川阶段在欧洲开始使用；在北美，内布拉斯加这个名称用在了被认为与金茨时间相应的冰川阶段。随着人们对先前事件的更多了解，这样的“第一个冰川阶段”方便标签变得越来越令人不满。地质年代表因而受到新的审视，人类何时出现也需要进一步的关注。需要考虑的问题有两个：地质时标的修正，和人类究竟有多么古老的证据。

一个“上新世-更新世过渡时期”（Plio-Pleistocene transition）曾被相当广泛地接受，但是在1948年，国际地质学大会决定把这个时间段指派给更新世。于是，以前归类到上新世最后阶段的维拉弗朗-卡拉布里亚（Villafranchian-Calabrian）系

---

* Fire and Early Man, Paideuma: Mitteilungen zur Kulturkunde, Vol. 7, 1961, pp. 399-407.

列，现在成为早更新世（Lower Pleistocene），而旧式称呼的早更新世现在变成了中更新世（Middle Pleistocene）。如果人们更喜欢用分界线而不是用过渡区的话，那么对地质年代表的修正是合理的。较为重要的动物区系变化，不论是陆地还是海洋，都不是发生在传统上所说的更新世及其“第一次冰川化”开始的时候，而是在此前很久。这些生命形态的变化被认为与气候条件向更新世模式的转变相连。而且，在金茨阶段之前的阿尔卑斯山脉就已经有冰川作用，多半还是反复出现的；从落
基山脉看来也是如此。海底阶地标志着间冰时期的高海平面阶 289
段，在地中海沿岸被首次如此识别及命名，但在这些阶地之前还有更高层面的相似阶地，后者无法被归入旧定义下的更新世序列。因此，人们有很好的理由要把最后一个地质时期的起始点提前到更早的地质时间，实际上是把更新世的时长大约增加了一倍。不幸的是，我们现在有两套系统同时使用，有些人遵循新系统，另一些人则坚持旧的用法，而且也许两边都没有明说他们究竟在使用哪一种历法。

长期以来被普遍接受的估计是，从金茨或内布拉斯加冰川期开始时到现在大约是 100 万年。这是一个有根据的猜测，主要是基于对冰川物质及表面在其先后顺序或起源上区分性的风化和侵蚀，这或许最清楚地表现在一连串北美大陆冰盖所覆盖的地区中。哈罗德·菲斯克（Harold Fisk）对密西西比河谷下游反复发生的切割（冰期）和冲积（间冰期）所做的经典研究得出了相似的年代表，这个研究结果得到理查德·乔尔·拉塞尔（Richard Joel Russell）的同意。米卢廷·米兰科维奇试图计算更新世（始于金茨阶段）的各阶段时长，他把逝去的

时间缩短到大约60万年。这个以天文学为基础的系统已经并且仍然得到广泛接受，尤其是在考古学家之间，但是气候学家对此不太认可。后来还有人提出进一步缩短这个时间跨度的建议。

地球物理学方法现在被用来确认绝对年龄。对上述时间段来说，这些方法中最先进的是通过测定钾同位素向氩同位素的转化率，这是加州大学伯克利分校地质系在 J. F. 埃文登（J. F. Evernden）和 G. H. 柯蒂斯（G. H. Curtis）指导下开发出来的。①按照这个方法，他们在坦噶尼喀奥杜瓦伊峡谷的火山凝灰岩采样，并发现其第一层（Bed I）的年代为175万年前；这一地区最近在考古方面非常有名，被认为曾是维拉弗朗阶动物区系的栖息地。这是与原始人类的残骸［东非人（Zinjanthropus）］和文化［奥杜韦（Olduwan）］有关的最早年代，而且和以前所认为的年代差距非常之大。②

用钾氩法测定并为我们所关注的其他更新世年代有以下这些：（a）火山凝灰岩覆盖加利福尼亚毕晓普地区的内华达山脉，年代在90万到120万年前。不能判断这是不是大陆内布拉斯加阶段的山区对应物。（b）从爪哇特里尼尔岩层提供的样本（爪哇人）显示其年代为大约50万年前。（c）意大利彼

① 其原则和方法在下文中描述：Garniss H. Curtis, A Clock for the Ages：Potassium-Argon, National Geographic Magazine, Vol. 120, 1961, pp. 590-592。

② 宣布在下文中：L. S. B. Leakey, J. F. Evernden, and G. H. Curtis, Age of Bed I, Olduvai Gorge, Tanganyika, Nature, Vol. 191, 1961, pp. 478-479。有一篇普及性的报道：L. S. B. Leakey, Exploring 1 750 000 Years into Man's Past, National Geographic Magazine, Vol. 120, 1961, pp. 564-589。

得拉托雷的舍利（Chellean）文化[1]的层面，年代在 42 万到 44 万年前。[2]

钾氩程序是合格的，其结果与一系列引人注目的分析相 290
符，例如对北美西部整个第三纪的分析。在重新采样以消除污染和失真来源之后，对结果还会有所修正。

这种新的对时间的物理测量法倾向于确认这样一个观点：冰河时代（按照旧式术语）覆盖了 100 万年，现在通过将维拉弗朗时期包含进来而将整个时长增加了一倍。物理测量法确认了东非人类残骸和文化的高年龄，因而也凸显了早期文化发展是多么缓慢。爪哇人的年代，如果采样有效的话，那么似乎与泰晤士河流域更高度进化、更先进的斯旺斯科姆人年代差不多，后者在明德尔–里斯间冰期的位置是确定的。

越来越多的证据表明，冰河时代和早期人类的短年代表看来已将变得站不住脚了。考古学界面临着大大修正早期人类事件历法的任务。

结识火山之火

非洲是人类摇篮，对这一点不再有什么争议了。甚至在路易斯·利基（Louis S. B. Leakey）博士发现东非人或描述奥杜韦文化之前，东非就已经为人类起源问题受到优先关注了。

---

① 现称阿布维利（Abbevillian）文化。——译者注

② 经柯蒂斯博士允许，引自提交会议的论文：Evernden and Curtis，Present Status of Potassium-Argon Dating，International Association for Quaternary Research，6th Conference，Warsaw，1961。

在考古记录中，锹和镐证明了东非的优越位置，它为那些后来变成人的灵长类地面动物准备了合适的多样化环境，成为人从那里开始向彼此相连的三大洲远方扩散的中心。

291 奥杜瓦伊峡谷位于坦噶尼喀的火山高地，那里给我们提供了年代为最早的人类栖息地。年代得以确定，是由于大量遍布居住地的火山凝灰岩覆盖了这个地方。奥杜瓦伊的居民住在直接面对活跃火山现象的地方，火山爆发把他们的存在和活动牢固地标记在一座原始的庞贝城。

东非仍然是一片火山之地，在人类记录开始的时候更是如此。裂谷沿着断层下沉，这些断层十分活跃，频繁的火山活动伴随着地壳运动。在下沉的地壳板块上，通过火山岩流岩屑管道堵塞，湖泊渐渐形成了。穿过古代台地的最长洼地从尼亚萨湖一路向北，直到到厄立特里亚的红海；另一路洼地包含坦噶尼喀湖和艾伯特湖，延伸到尼罗河。陆地形态和水体经历着生成、改变或摧毁。断层作用和火山锥的形成增加了地形起伏。老高原的成熟土壤和表面在相当程度上被一层层火山灰、火山渣或熔岩覆盖了。老水道被阻断，新水道产生了。错综复杂、形态多变、有大有小的地块代替了先前的简单地形。

这样的年轻火山活动具有多样化的微观环境，在土壤方面和气候方面都是如此。由破碎的熔岩或火山弹组成的一片熔岩区属于构造细密的生态模式。火山灰渣层在储存和释放水的能力上差别很大。温泉和冷泉及其矿物含量和水池周围的沉积物，使水文环境呈现多样化。多种自然形态和品质的群集给不同寻常的动植物系列提供了有吸引力的栖息地。缺乏特别技能的原始采集者能够捡拾、挖掘、翻转石头，找到多样而大量的食物。

火山爆发可以消灭一个地区的生命，但是也以先驱植被为生命打开新鲜的供给源，因为火烧演替带来自由撒种、快速发育、在阳光下茁壮成长的一年生和多年生植物，以及植物灰烬导致的迅速施肥。新植被又吸引了新动物群进入并增多，得益于丰富的籽实、叶子和枝芽。昆虫、蜥蜴、鸟类、小型哺乳动物甚至反刍动物可能都因此受惠。例如在加利福尼亚，众所周知的是严重焚烧之后，啮齿动物和鹿的数量迅速增加。可以推断，这些临时的火烧花园和饲料基地必定帮助了附近的早期人类居民觅食成功。

火山爆发以高温和窒息杀死生物。较小、较慢的动物可以躲在地下寻求安全，较大、较快的可以逃走。大火之后，被焚烧的地块提供了动物尸体让人捡拾和挖出，或许还有在地下烤熟的植物根茎。这样大规模收获的机会也为人提供了尝试烧熟的肉和皮、植物淀粉和蛋白味道的最早体验。杂食的人类消化道，就像人所保有的非特定功能的手部一样，对原始人类进化的方向（及成功）是根本性的。拒绝有营养的食物在原始经济和社会中不会发生，即便在远古时代也是这样。而且，原始的觅食以腐肉为主，几乎不考虑肉的状态。从这种天然大火中 292
慌乱逃跑的动物可能被重物打倒，尤其是年幼、体弱和有残疾的动物。

非洲的记录显示，非常早期的人生活在有火的环境下，火在他周围燃烧起来或者被雨水浇灭。灾难偶然会压倒他，但也使他获得维持生计的补偿。可能有突发的和常见的危险，这也许会帮助刺激他的智慧，提高他的注意力，甚至可能会起到选择人种的作用。无论如何，危险没有使人放弃居住在这样的地方。经年累月，火山之地一直吸引着人类来占领。

水滨发源？

在陆地生活和觅食的灵长类动物在什么样的生态小环境中能够发展成人类，对这个问题的解释各不相同。一个流行的老生常谈是说这种刚刚出现的或早期的人类在热带稀树草原（一般认为是平原）游荡，觅食对象主要是肉，从而被描述为具有食肉习惯。因此，这种成见偏向于早期人类具有流动性，他们组织起来成群结伙，在很大程度上依赖男性的参与及其高超技能来提供食物，以及占统治地位的男性作为领导。以这种方式，后来生活在特殊栖息地的狩猎社会模式在时间上被回溯到人类社会尚未充分发育的开端。我一直不赞同对原生社会的这样一种解释，而是认为：母性供给的基础、家庭、定居倾向，以及选择附近有可饮用水和持久充足食物的居住地，这一
293 切结合起来意味着，水滨栖息地为人类提供了最初的生态小环境。①

如果我们根据现有知识，接受东非为人类摇篮，那么有两个很吸引人的选择：邻近的印度洋海岸和内陆高地的湖泊。奥杜瓦伊峡谷的第一层是水滨的居住地，那里的鱼和青蛙残骸表

① Carl O. Sauer, Seashore—Primitive Home of Man?, Proceedings of the American Philosophical Society, Vol. 106, 1962, pp. 41-47；本书中第300—312页【原书页码】。

明了这一点。在高地的裂谷中和裂谷外，当时可以发现像今天这样的湖泊以及较小的湖泊。不过按照我的判断，东边的海岸对人类进化和文化开端是更加有利的。海洋在每天和所有季节都提供多种多样的充足食物，以及可以作为永久居住地的选择。海边有唾手可得的砾石、卵石、贝壳和风干木材，可以直接使用和制造成工具。海岸以每日和每月的潮汐节奏来规范人的活动。观察月相与潮汐的联系，人类应该是首次超越单调的热带昼夜交替，懂得了时间的有序流逝。我认为，热带海边为人类及其文化的起源提供了最佳位置；从那里，有一些人的早期后代一路走到内陆高地的湖边，他们在这些湖边发现了与海边相似但较为有限的生活资料。他们在内陆遇到了在海边几乎不知道的雨季和旱季。在这些较高海拔的地区，他们也在某种程度上经历了夜间寒冷的不适。

对火的获取

旧观点认为，对火的使用紧接着工具和语言的出现，很早便发展起来，这个看法近来受到考古记录的强烈挑战。反对意见说，像奥杜瓦伊峡谷那样的早期遗址并没有显示使用火的证据。普遍承认的最早期人类用火的遗迹是北京人居住的周口店，年代不能确定，但也许是第二（明德尔-里斯）间冰期。
据推断，此后有很长一段人没有用火的间隔时期，只是到了维 294
尔姆冰川期初起时或初起之前，才由尼安德特人和丰德谢瓦德人启动了持续而经常性的用火。因此，卡尔顿·库恩（Carleton Coon）激烈争论道，火最初是在寒冷气候中取暖用的，例如北京人的用法，直到很久以后才用来烧熟食物。[1]如果我们试着把这个过程放在它经过的时间段中，那就是175万年前（已用钾氩法测定）有过不曾用火的东非人及其制造的石器，大约50万年前北京人成为用火取暖的先驱，到了大约15万年前才开始用火加工食物。

考古采取的样本太小、太局部化，以至于不能接受一个或几个地点作为开始期的标志。我们迄今所知的比穆斯特更古老的遗址仍然非常之少，这些都是存在而不是开端；记录中易腐烂物品的缺失也不能解释为遗址中没有易腐烂物品。木炭和灰烬从露天遗址中丢失了。悬岩遮蔽处损坏了。已知的极少数真正古老的人类居住遗址，其存留要归功于一些非同寻常的保护因素。偶尔发现的古代遗址很可能只是原始地点的一个剩余小部分。

关于火在早期的使用情况是有争议的：普罗米修斯南方古猿（*Australopithecus prometheus*），也称为火猿，住在非洲南部的石灰岩遮蔽处，那里有一些火的证据。在东英吉利海岸的红岩（Red Crag），争论的目标不是火的存在（这个大家都承认），而是这些物件究竟是真正的原始石器，亦或这些石头是由自然力量塑造而成。当里德·莫伊尔（Reid Moir）提出他的发现，即在英国的人类出现于不列颠岛第一次冰川化初起时或初起之前，那时候的学界意见偏向于反对这种可能性。现在也许是时候重新讨论这个“原始石器问题”了。火的存在被人们太轻易地搪塞过去，并且在太多情况下，被说成是天然起

---

① Carleton S. Coon, The Story of Man (1954), pp. 60-63.

火意外地横扫一个地点，通常认为是闪电造成的。对这个问题妄下结论是因为没有考虑当地气候条件是否可能造成燃烧，也不懂得雷击对石头和土地会产生或不会产生什么影响。缺乏用火的证据被解释为当时的人不知道火的使用；火的存在被解释为出于自然起源而不值一提。

在坦噶尼喀，原始人对火山之火很熟悉，这一点是毫无疑问的。可以推测，对东非长长的一片火山之地来说也是如此。
当人迁移向北进入地中海东部、向东进入东南亚时，他又一次 295
生活在充满剧烈火山活动的环境中。他很早便大体习惯了与这种生境的特质和需求共存并加以利用。他小心地在火焰边缘巡查，击倒正在逃跑的生物；他搜寻焚烧过的地段，收获伤亡的生物；他注视着烧毁的一切如何被新生命替换补充。从观察火的效果到使用火，这一步是必定会迈出的。对火的了解很充分了；注意变成了探究，进而导致了试验。可能要经过一段时间，或许是很长时间，才有人拾起一截燃烧的木头，把它拿到另一个地方点起火来。可能要经过更长的时间，才有人把火带回家中并养起来。无论如何，这样的事的确发生了，好奇心得到了成功的回报。试验后面跟着模仿，行动带来了理想的效果，一种新的生活方式开始了。人打破了之前禁锢他的环境限制。从此以后，他可以在天冷时取暖，可以用火吓跑食肉的大动物、把小动物驱赶到火中烧死，还可以用火烧熟食物。我们用男性代词“他”来统称人类，但这个伟大创新及其精心维护主要是由女性来完成的，女性在家中管理炉灶、提供食物。早期捕获的火来自炙热的地球深处；普罗米修斯是之后才到来的，他来的太晚了，所以只能是一个浪漫的神话了。

进入寒冷地带

我们不应该过高估计当前气候与过去更新世气候之间的差异。我们生活在一个气候区域强烈对比的时代，这种对比或许远比当前与我们称为更新世的大部分时期的对比更加极端。说
296 不定我们现在仍然处于更新世气候状态下；如果是这样的话，那我们现在就是一个间冰阶段。在当前语境下，我们关注的是热与冷，而不是湿或干的问题。

关于冰河时代气候变化的复杂性和不确定性，我们除了指出这些不能用“冰川期寒冷，间冰期温暖”来解决之外，并不需要在这里关注。几个大陆在纬度、范围、地形和海拔高度方面，当年和现今差不多。最后一点需要限定一下：在有冰盖之前和在间冰阶段，海平面很高。热带以外的纬度地区经历了季节性的寒冷长夜和低日照。亚洲大陆的内陆冬季寒冷而夏季炎热，多半在印度洋北部维持着季风环流。从来没有冬季的地区，在位置上或范围上当年与现今没有很大不同。

人作为唯一赤裸无皮毛的灵长类动物，如果不获得御寒保护，就很难从他起源的宜人气候区向外迁移。在低纬度地区，一起挤在一个天然遮蔽处下面可能足以抵御夜间的寒气（热带许多地方的夜晚确实相当冷）；而进入有寒冷季节的区域则需要衣服或火来取暖。火，人在家乡就知道，还可以带着火走。用动物皮毛遮体，却很难说是向两极或山地迁移过程中的第一步或决定性的一步。皮毛必须柔软才能穿在身上，这需要适当处理，而不仅仅是初步的技能。那些容易获取的小动物皮

毛，需要拼接在一起才能使用，这就要用到其他技能，譬如缝纫、编结、针织。在我们看来更像是，人在穿衣之前，先学会了把动物脂肪涂抹在身上，以保护身体、防止热量损失。然而这也需要利用热力才能做到。

在欧洲，除了那些拥有火的人以外，我认为是不可能向温和的地中海沿岸之外拓展的。北京后面洞穴里的居民——北京人，他们度过艰难漫长的冬天，那时的气候大概不会比今天的严峻程度低。除非他们向北迁移时带着火，否则几乎不可能走那么远。人向非洲、欧洲和亚洲的偏远地方扩散，当这件事发生的时候，他的文化遗物只包含种类很少、粗制滥造的工具。他在这么早期、这么宽广的范围内逾越了寒冷的障碍，这意味着他在很早便拥有了火。发现取火的各种方法是在很久以后了。当时人所携带的火种被认为来自他早年家园的火山之火。

小结

人文地理学家所关注的是辨识人类事件在哪里发生，并从它们的定位中发现意义。附着在这个地点（*Standort*）问题上的有移民问题、人的散布、观念（包括技能）的传播等。艾尔弗雷德·赫特纳（Alfred Hettner）称之为“地球上的文化路程”（Gang der Kultur über die Erde）。

人及其作品对地球的占据可以引导我们回顾人的开端，直
到我们能够看到的最遥远而模糊的过去。人类的摇篮看来越来 297
越像是在非洲：现存的和成为化石的灵长类动物指向这样一个
起源地，已知的最古老原始人类残骸也是如此。人的出现

(*Menschwerdung*)所要求的环境范围很窄,比许多灵长类动物都要窄:要有地面栖息地,对寒冷的暴露程度低,蒸发量高并有经常性的饮水,而且由于小孩对母亲的长期依赖而造成流动性低。最后,所需要的地理位置必须具有向外通往旧大陆不同部分的合适通道。在所有的方面,东非提供了优越的位置,这一点后来得到奥杜瓦伊记录的支持。

在人类起源方面,可以推论出水滨的栖息地,它极其适宜人的生物进化和文化开端。这个特别的生态小环境,据我们所知,并没有被任何其他灵长类动物占据。在东非有两种可用的水滨居住地:印度洋沿岸和内陆高原的湖泊地区。我的另一篇文章《海滨——人的原始家园?》(Seashore—Primitive Home of Man?)探讨了前者,而内陆湖泊区在本文中论及。海滨可能在食物、工具材料和刺激社会生活方面提供了更大优势。附近的湖泊地区是我们所知的最早居住地,它使自己的居民最早熟悉了火,这种火起源于火山。它也充当了通往刚果河水系的通道,以及通往南大西洋、尼罗河和地中海沿岸的走廊。

目前流行的最早期人类模型,是由男性领导者控制的一群人自由流浪,生活在一个初级的狩猎社会里;然而我们在此重构的模型并不是这样,而是显示在水滨栖息地的原生采集食物的生活方式,主要的生计提供者是女人,而人类社会趋势从一开始就指向定居和家族式的生活。

对火的首次使用要归功于借用火山活动引发的火种,地点在东非的火山高地。关于火很早便进入人类文化之形成的旧观点因此得到重申,不论使用火的先后顺序是为了安全保护、取暖、收获食物、烧熟食物还是塑造工具。人携带火种,便可以

开始拓展到气候上超越其生态范围的土地。考古记录显示他曾生存在季节性寒冷的地方，这被解释为他是拥有火的。由于拥 298
有了火，他能够进入新的环境，安全地开始走上支配并改变世界之路，使自然世界变成文化世界。

附录：闪电之火

本节所述是基于这样一个推断，即火山之火能够解释人对火的使用。天然火唯一的另一个可靠来源是闪电。自燃有时被说成是另一个来源，但它并不重要。我不知道自然界积累起来的有机物质在腐烂过程中可以产生自燃所需的热量，也不知道矿物质的风化作用（例如有人提出的黄铁矿氧化）能够达到这样的效果。

"雷暴代表大气对流的一种狂暴而壮观的形式。在它的形成方式中，似乎是一片积云发疯了。随之而来的是电闪雷鸣，通常还有阵阵狂风、大雨，偶尔会有冰雹。"①我们在这里的兴趣点是从云到地的放电、雷击，它在大部分地区都伴有倾盆大雨，因而不会燃烧植被。在美国东部，许多活着的树上可以看到雷击伤痕，一些死去的树木也留下雷击劈开的树干。其他地方很少有同等严重而频繁的大雷雨，而且没有带来火灾。

没有狂暴的大气对流就不会形成雷暴，因此在寒冷地区和有稳定海洋空气流入的陆地上是没有雷暴的。这样的地区大体

---

① H. R. Byers and R. R. Branham, The Thunderstorm: Report of the Thunderstorm Project (Washington, 1949), p. 17.

包括新旧大陆的温带西海岸。在多山地势，发生雷击的频率大大增加。某些山区以造成燃烧的干雷暴闻名。这种情况常常出现在美国西部内陆干旱和半干旱地区山地的温暖季节中。这里地面和空气加热的巨大差异，以及地形和暴露程度上的强烈对比，造成局部狂暴的湍流对流，它可能引发对干燥地表的雷击，并且很少或没有伴随的降雨。我们不知道原始人能否进入这些常常遭受雷击起火的地区。

世上流传的闪电与火之间的联系，实际上主要来源于作为
文明结果的偶然事件，并且被夸大其词了。文明人用各种方式
299 储备干燃料，一垛垛干草、谷秸，一堆堆大小木头，存放在房
屋、棚舍、谷仓屋檐下。他们建立的塔楼、尖顶、立柱、三角
屋顶，甚至生长在空地上的树木，都成为吸引和传导放电的诱
发点和突出物。他们在近代又为各种目的架设了电线。关于闪
电引起燃烧的报告并没有对文化诱导的火和真正的天然火作出
区分。

我们不能断言原始人从来没有在任何地方见过闪电之火。如果他见过，那也是在非常特殊的环境中，这种情况并没有鼓励他待在附近，看一看能用这个火来做点什么。我们也不能借助于一个未知且不太可能的说法，即古代雷暴在地理位置和性质上与现今不同，来解释普罗米修斯式的火种获取。我们确切了解的是，已知的最早文化存在于对火山之火的熟悉经验中。我认为，人就是这样学会了对火的管理，并且从那里携带着火种散布到世界各地。

15. 海滨——人的原始家园？[*] 300

人类之古老

自从雷蒙德·阿瑟·达特（Raymond Arthur Dart）教授在1925年发现最早的南方古猿（Australopithecine）残骸以来，非洲已经成为研究人类起源的首要之地。查尔斯·达尔文（Charles Darwin）的预言——非洲是灵长类进化的中心，并且可能是“人类的出生地”——在美国哲学学会和芝加哥大学最近的达尔文一百周年纪念活动中得到关注。除了在南部非洲的数量和种类越来越多的发现之外，又加上来自东非肯尼亚和坦噶尼喀的其他发现，这主要归功于路易斯·利基博士。在坦噶尼喀的奥杜瓦伊峡谷，发现了非常早期、非常原始的人类居住地，称为奥杜韦，以及与之关联的维拉弗朗阶动物区系。1959年夏天，利基夫妇在一处奥杜韦营地遗址发现了其中一个居住者的头骨和胫骨，他被命名为“鲍氏东非人”（*Zinjanthropus boisei*），并被承认为人类血统中的一个主要环节。

在美国哲学学会的达尔文一百周年纪念会上，威尔弗里德·勒格罗·克拉克（Wilfrid LeGros Clark）爵士应邀做关于

---

* Seashore—Primitive Home of Man?, Proceedings of the American Philosophical Society, Vol. 106, 1962, pp. 41-47.

人类进化的报告。[①]他的报告非常成功，这表现在随后不久关于“东非人”的宣告确认并扩展了他在费城的演讲。第二年在芝加哥大学达尔文一百周年的纪念活动中，利基博士发表了他的一致性版本《人属的起源》（*The Origin of the Genus Homo*），把东非人和奥杜韦文化置于总体的背景之中。[②]

301 一种新近开发的对地质时间绝对定年的方法，使我们有可能确认东非人和奥杜韦文化的年龄。这是用加州大学伯克利分校地质系 J. F. 埃文登和 G. H. 柯蒂斯的钾氩法测定的。与奥杜瓦伊峡谷的奥杜韦遗址相关的火山凝灰岩层提供了必要的材料。第一批结果发表在 1961 年 7 月 29 日的《自然》（*Nature*）杂志上，它基于来自三个原始人类遗址的七个样本，得出的年龄是在 157 万年到 189 万年之间。“不可避免的结论是，奥杜韦文化与维拉弗朗阶动物区系在时间上处于同期，两者的年代都在大约 175 万年前。”[③]一种独立于动物群落的、客观的绝对时间测量，就这样第一次应用于遥远的人类古代。

在这里我要说一下更新世时间术语的不一致用法问题。更新世时代（或者说冰河时代）长期以来被认为起始于“第一次冰川阶段”（在欧洲是金茨，在美国是内布拉斯加），尽管我们都知道有些较小的冰川阶段要早于这个所谓的“第一

---

① Wilfrid E. LeGros Clark, The Crucial Evidence for Human Evolution, Proceedings of the American Philosophical Society, Vol. 103, 1959, pp. 159-172.

② L. S. B. Leakey, The Origin of the Genus Homo, 收录于 Sol Tax (edit.), Evolution after Darwin, Vol. 2 (Chicago, 1960), pp. 17-32。

③ L. S. B. Leakey, J. F. Evernden, and G. H. Curtis, Age of Bed I, Olduvai Gorge, Tanganyika, Nature, Vol. 191, 1961, pp. 478-479.

次”，而且气候、动物群和植被在此前一段时间里已经在向更新世状态的方向改变了。古生物学家尤其不满意将“第一次”之前的这段时间（陆地动物区系是维拉弗朗阶，海洋生物是卡拉布里亚阶）归入晚上新世（Upper Pliocene）。在伦敦召开的国际地质学大会接受了一项决议，即维拉弗朗时期应该被认为属于早更新世。因此，更新世时期的新定义包含了至少两倍于旧定义下的时间跨度。利基博士按照修正过的用法，将东非人和奥杜韦文化归类到早更新世。有些人没有听说过伦敦决议，也有些人不同意这个决议，对他们来说应该以旧定义为准，那么奥杜韦文化是在晚上新世。既然早、中、晚更新世这些名称目前有两套不同的用法，而这对不同的人意味着不同的东西，因此我们还是需要给出更具体的阶段术语。

非洲的证据从比较解剖学上支持了早先关于人的血统和类人猿血统的推论，即两者现在及一直以来都是种类不同的。东非人作为原人没有受到挑战，南方古猿也最终通过了资格测
试。[①]与猿和猴子的手相对比，人类的手始终是非特定功能的， 302
它被誉为在人的进化中扮演了重要角色，“有能力建造一个只适合于他的世界：文化世界” ［约瑟夫·卡林（Joseph Kälin）］。只有人靠着长而直的双腿直立行走，前肢变短成为手臂，不再负担移动和支撑身体的任务。这种从灵长类祖先分

---

① 勒格罗·克拉克（LeGros Clark）是人类进化研究的仲裁者和参与者，例见他撰写的 Fossil Evidence for Human Evolution（Chicago，1955）和 Antecedents of Man（Chicago，1960）。约瑟夫·卡林（Joseph Kälin）的文章强调人类器官的进化在整体上的重要意义，重点是在中部欧洲所做的研究：Die ältesten Menschenrechte und ihre stammesgeschichtliche Deutung，Historia Mundi，Vol. 1，1952，pp. 33-98。

离，成为脚掌着地的跖行双足动物，被认为是在很早时候产生的。对于大脑的大小，人们现在不再那么重视、认为它标志着人类开端的门槛了。语言能力倒是从解剖学方面并在文化遗迹中得到关注。身体变化和习惯的先后顺序成为一条漫漫长路上的可见标志，这条路使人类从生物的世界走向文化的世界。

早期环境

现在看来很明显，不仅是传统意义上的整个冰河时代，而且加上在它之前一个额外的、可能更长的时间跨度（包括维拉弗朗阶在内的延展的更新世），都参与了文化的起源。这些过去时代的自然环境大体上是模糊不清的，包括气候、陆地和海洋植被，以及在较小程度上的动物形态。

非洲大陆作为一个古老而坚硬的陆块，除了东非裂谷及其边缘的火山活动以外，受晚期地壳形变的影响比世界上多数地区要小。这个地质上的年轻区域现在被证明是早期的、也许还是原初的人类中心，后来也继续对人有特别的吸引力。非洲大部分地区在地表、土壤和水系方面都很古老，它的第三纪地图和现在很相像。除了地中海沿岸，其他海岸的位置和特点也没有发生多大变化。

在气候方面，非洲由于位置而一直属于热带和亚热带。当时的大气环流多半和现在一样运行，有赤道环带的上升空气和两极方向的下降空气。气候区域位移相当严重，它以某种方式与较高纬度的冰川阶段和间冰阶段的交替相关联。过去的多雨
303 期和干旱期如何纳入较高纬度冰川期和间冰期的模式之中，这

一点还需要进一步研究。

我们可以怀疑，不论是多雨的热带地区还是其干旱的边缘，在人类存在的任何时候是否曾被消除。雨林、稀树草原和沙漠的特性被深深铭刻在多种形态的现存非洲动植物区系中。我们看到植物界对季节性或普遍性干旱的长期选择性适应，例如大戟科和景天科植物、含羞草属和百合属植物，都有多种多样的旱生非洲种类。

据推断，200 万年前的非洲季节进程在很大程度上和现在一样，降雨在同一时间到来（虽然在特定地区内可能多一些或少一些），低纬度区域的气温也与如今无大差异。植物的覆盖面或许更大、更多样化，旱生形态不那么明显，部分原因在于土壤那时候没有这么老化，也没有经受这么严重的淋溶、压实，还有部分原因是人类的累积压力还没有开始起效。我接受非洲生态学家的结论：草地的稀树草原是继发的，它来源于林地稀树草原，后者的组成部分更多样，很大程度上是由人类砍伐森林造成的。

生态小环境

各种灵长类动物可以根据其各自适当的栖息地来描述；就早期人类而言，学界对此却没有共识，最常见的说法是认为人当时生活在稀树草原的平原地区，但这是一个最不可能的栖息地了。人并非专事捕食，他既不会飞也不善隐藏，既不太强壮也不太快捷。他白天视力不错，但在夜晚总是避免四处移动。他不是一个森林生物；他缺少抵御寒冷或荆棘的皮毛；他用力时和在干燥空气中大汗淋漓，因而不能住得离水太远。他似乎不拒绝任何有营养的食物，他的消化范围比多数生物都要大。对他移动性的限制将在下面讨论。

水滨位置看来是人最早生活的地方。这里有水喝，而他是需要经常喝水的。这里也有最集中、最多样的动植物生命，在
304 陆地、水边和水里。“水滨栖息地”应该是用于人类原始生态的最全面的术语，不论是河边、湖边还是海边。这种湖边和河边的地点在东非内陆可以找到，例如著名的奥杜瓦伊营地。另一个可供使用的水滨开端是在海边。阿利斯特·哈迪（Alister Hardy）爵士最近提出，人的进化可以归结于一个更为水生的过往，譬如在热带水域中寻找食物。从岸边进入浅水地带，从蹚水到游泳和潜水，这些步骤被哈迪教授用来解释人类身体的某些特征，例如他身体的对称性、挺直优雅的姿势、身上毛发失去而头上毛发变长、皮下脂肪的分布，以及流线型的发束。①

一个奇怪的事实是，看来没有任何其他灵长类动物会去海边生活，尽管某些亚洲猕猴的确到海边寻找螃蟹和其他贝虾食物，而且还会游泳。多数灵长类动物似乎不在水里觅食，有些完全不会游泳。

会不会是由于住在海边，我们的生理系统建立了自己对碘和盐的特殊需要、从不饱和脂肪中获取的明显利益，以及摄入高蛋白的倾向呢？

---

① Alister Hardy, Was Man More Aquatic in the Past?, New Scientist, Vol. 7, 1960, pp. 642-645. 后续的通讯在同一卷第 889 页。

我们还不能确定，人类谱系是在淡水边获得成功并转而占领海岸呢，还是与此方向相反。内陆的奥杜韦文化遗址离印度洋不太远。奥杜瓦伊峡谷中有着年代最早、或许是已知最为古老的人类居住遗迹，但是用利基的话来说，它是“成熟的石器时代文化”，可能起源于别的地方。

早期海岸遗址

更新世的事件在海岸由一系列海面升降造成的阶地记录下来，每一阶地以某个地中海类型的地点命名。其中最早、最高的一个叫西西里阶，名义上说是位于当前海平面之上大约 300 英尺，形成于所谓“第一次”（或称金茨）冰川阶段之前的很长一段世界洋面高企时期。因此它在年代上大致对应维拉弗朗阶段。这种高而古老的海洋平面在新旧大陆比较稳定的海洋边缘广泛存在，通常要比现在的海面高出 300 至 400 英尺。比起较年轻、较低的阶地，它更多地经受风化和侵蚀，但由于它是在很长很高的海平面时期形成，它非比寻常地宽阔而连续，它 305
的遗迹在许多海岸都可以发现。

古老的西西里阶表面遭到了后来海浪侵蚀的切割和修剪、沟壑的断裂、表土的冲刷，所有这一切都大大降低了人类居住遗迹保存下来的机会。这些阶地除了少数几个地方以外，也没有成为人们认真研究的对象。即便如此，仍然有西西里时期海边人类生活的记录，主要来自非洲，并延伸到葡萄牙南部。①

在摩洛哥的卡萨布兰卡附近，在一处西西里时期的海滩发掘出加工过的卵石和几个粗糙的手斧（阿布维利双面斧），它们后来曾被西西里海磨损。在海滩后面和紧挨着它的上方，是一个广阔的“拥有几百件人工制品的车间和居住地”，被认定属于克拉克托-阿布维利（Clacto-Abbevillian）文化。②在葡萄牙的马戈伊托，一块强铁胶结的西西里阶海滩包含了大量原始加工的卵石和偶然出现的一个手斧。就好望角的斯泰伦博斯一带，亨利·爱德华·步日耶（Henri Édouard Breuil）向1947年的泛非大会报告了在高于海面约400英尺处发现的沉重、粗略制成的工具，并指出这些工具曾被海浪磨损。

西西里阶海岸的工具由海浪冲刷的圆石或卵石制成，其大小和形状适合握在手中。它们的一端经过比较熟练地击打处理，形成切割边缘。它们在设计形式上有足够的差别，因而我们根据对使用方式的推断，称其中一些为切割器，另一些为手斧。从卵石上打落的薄片也制成了切割工具。加工的石头组合被称为“卵石文化”，尽管那些人工制品尺寸不小。遗址中还包含大量碎石，那是早期工具制造者车间里的废料。正如步日耶所说的，这些遗址是人居住的地方，而不是偶然的营地。

---

① H. Breuil and R. Lantier, Les Hommes de la Pierre Ancienne (Paris, 1959), pp. 130-131. H. E. P. Breuil, Raised Marine Beaches Round the African Continent and Their Relation to Stone Age Cultures, 载于 L. S. B. Leakey, edit., Proceedings of the Panafrican Congress on Prehistory, 1947 (1952), pp. 91-93。A. Ruhlmann, Prehistoric Morocco, 同上书, pp. 140-146。

② 纳维尔（Neuville）和鲁尔曼（Ruhlmann）在卡萨布兰卡的发现，概述于 Breuil and Lantier, 前引书。

原生经济

原始经济依赖于采集任何能吃或能用的东西。然而，这并不意味着这种原始水平的食物采集属于自由流浪习惯，像当前 306
某些史前模型所假设的那样。①考古学证据正好相反，供给的逻辑也和考古结果一样。从一开始，人就需要最大限度地降低汇集成本，以便花费最小的努力获取所需之物，并且能持续下去。有没有可饮用的水是决定居住地的首要考虑因素，今天依然如此；足够的食物是第二个因素。在现代，发现食物采集者主要是在食物和水稀缺及不确定的干旱地区，在那里他们凭借对何时何地可以找到食物和水的精深知识得以生存。澳大利亚土著居民尽量待在原地不动。加利福尼亚当地人也属于采集经济，他们中间包括相当定居式的部落，拥有永久占据、终年不缺食物和水的村庄；另一些部落随季节性收获而移动，在他们特定的几处居住地转来转去。早期人类的进步方向不是散漫而不确定地分布四方，而是找到具备最大优势的地区、最高最持续产出的土地，那正是有可能定居并增加人口的位置。流动性不是原始的特征，而要么是专门的经济模式（例如大野兽狩猎或牛群游牧）的结果，要么是因为面对更强大群组施加的压力而必须让开。

① R. J. Braidwood, Levels in Prehistory: A Model for the Consideration of the Evidence, 收录于 Sol Tax (edit.), Evolution after Darwin, Vol. 2 (Chicago, 1960), pp. 146-148。

除了人以外，其他灵长类动物的食物习性主要、甚至完全是素食的。据推测，人在早期就养成了强烈的食肉习惯。奥杜瓦伊的远古营地遗址中，有老鼠、青蛙、蜥蜴、鸟、鱼、蛇、龟的骨头，还有小猪、羚羊和鸵鸟的骨头，[1] 这包括所有能用手抓住或用棍棒打下来的生物。原始食物采集者，正如他们一直还在做的那样，用手、棍棒和挖坑来抓捕小动物，对付较大型动物则通过清理尸体和击倒那些有病、受伤和年幼的猎物。这种初步的捕食仍然应该被视为杂食性觅食的一部分，而并不表示人类已经开始了向狩猎发展的生活方式，也不是说这将在总体上成为人类社会的下一个阶段。随着时间的推移，食物采集者中有些人的确变成了猎手，但另一些人从来没有做出这种改变，而是仍然基本上依赖采集，或者转入相当不同的文化方向。原始人缺乏社会组织、计谋、有效武器，甚至缺乏那种训练自己进入狩猎生活领域的特别环境。在穆斯特时期之前，人
307 工制品太不专门化，不能被用作狩猎武器。到了穆斯特时期，现在看来，整整十分之九的人类时代跨度已经过去了。诚然，在旧石器时代晚期的尖器和刃片之前就存在一些器具，它们除其他用途外，也可以用于肢解、剥皮或杀死动物，但这一事实并不能使我们确立更早的狩猎社会。

一个基本的社会？

不论是通过明示的还是隐含的表达，学界有一个流传甚广

① Leakey, The Origin of the Genus Homo, pp. 17-32.

的假定，即人类从一个普遍采集的阶段进入普遍狩猎的阶段。狩猎几乎完全是男性的活动。在狩猎基础上组织起来的社会通常会是男性主导的社会，并且向着更大流动性的方向发展。有人为了支持狩猎阶段的说法，尝试引入一种类人猿模式，其中的早期原始人被认为生活在一名首要男性领导下的团队或群体中。从已知的人类进化来看，这个类人猿模式是有缺陷的，也是离题甚远的。考古学证据并不支持人类早期或普遍性进入狩猎阶段的演替。存活下来的（或者说我们对其具有历史知识的）是那种更简单、更古朴的社会形态，它们不符合这样一种普遍性的模式。人类血统的行为学是否指出，有一个人类社会由此成形的单一初始方向呢？

灵长类动物的社会模式表现出不同种类和不同程度的雄性主导地位，但没有显示雄性提供食物的责任。猴子的特征不是公猴对小猴及其母亲的依恋和照顾，倒是公猴抢夺食物。在类人猿中，存在的家庭纽带也很少延伸到父亲给孩子寻找食物或给以照顾。灵长类动物的行为没有表明男性是人类社会的创建者。人类分支采取的新方向反而是来自母亲对孩子的关系。

在其进化的过程中，人类血统开始进入一个新的繁育实验。较高等灵长类的妊娠期时长一直保持差不多，但人类婴儿出生时在发育上比较落后。他完全依赖母亲照料的时间比任何其他动物的幼崽都要长得多，为自己获得谋生能力也比动物幼崽要慢得多。婴儿必须抱在母亲怀里，因为他不懂怎样抓住支撑物；他学会爬行和走路得以四处移动，也比动物慢得多。人 308
类的哺乳期最长，在现代原始人中可能长达两到三年。断了奶的幼儿仍然需要喂食。

只要母亲生了孩子，而且在过了这段时间之后，她都必须喂养和照看孩子。她日常觅食的时候要抱着或带着孩子，大一些的孩子跟她学习什么东西能吃和怎样获取。她发现了经济地理学的第一条硬性法则，即距离的成本。学会使用工具——挖掘棒、小石头、棍子——对她来说有比别人更大的必要性。

当女人和孩子们在近距离内梳理这个地区时，男人们可能会漫游远方，而不关心那些受抚养的人。某个男人受某种亲和感情激发，可能会带着食物等东西回来，正如我们在猿类的行为记录中看到的那样。对成年男人来说，（他的）女人能施加的最诱人影响就是食宿，但他是最不可能被这种条件吸引而变得依恋（他的）家庭的人。他接受父亲身份后，开始分担家庭责任。因此，人类被认为始于母性家庭，然后变成双性，而不是产生于一个由最强壮、最刚健、最好斗的男性所主导的居无定所的混杂队伍。

持久的家庭（我认为是基于母性的）将人类与所有其他灵长类动物的习性分开了。虽然我们不能说亲和力和情感应该完全用生物学来解释，但的确是有这样的基础来维持家庭纽带的连续性。人的童年时期是最长的，大概在人性开始显现的年代中变得更长了。在整个童年岁月，母亲和孩子之间的关系得到维持和发展，到一定的时候，这种依恋延伸到父母双亲及自己的兄弟姐妹身上。人类独特的姗姗来迟的青春期和交配也有利于大家庭的形成，因为全家人一直住在一起。家庭纽带扩展并复杂化了，这个纽带在年青一代配对后就放松了，但是不会断开。只有人类才生活在对血缘关系始终知悉的情况下，因而进入一种自己独有的社会进程。对亲属关系的认识，在我们所知的整个人类社会中是恒久不变的，并且我们推断，它对人类社会起源有着根本的重要性。可以说，亲属系统在更原始的社会里最为复杂，它表明血亲关系的古老纽带，不论是真实的还是想象的。

就像其他生产不会动的幼崽的动物一样（人类情况是极端），母亲关注着选择一个好场地来存放和庇护后代。悬岩遮蔽处最适合充当早期的家，它能遮风挡雨，夜间防冷，白天避热。屋顶几乎是人类居所的必备条件。一个优越的庇护处同时 309
也起到瞭望台的作用，能警戒意外并观察天上地下其他生物寻找食物的动静。好的生活地点需要唾手可得的饮用水和在附近容易觅食。家庭主妇不远行，只在必要的范围内活动。最好的居住位置容易获得充裕而多样的供给，在供给的可得性方面受季节影响最小，并且能得到自然补充。这些优势越多，生活方式就越倾向定居，住在一起的人数就越多，休闲空间就越大，社会进步的前景也就越光明。

作为最佳栖息地的海滨

人们认为，人类的发源地和最早家园是在内陆地区，这是有可能的。然而，对海洋的发现，无论发生在何时，都给人类提供了超越任何内陆地点的生存之道。

因此我们的假设是，人类的进化之路由于走向海洋而与灵长类动物的普通进程分道扬镳。对人类的开端，没有任何其他环境像海洋那样有吸引力。海洋，尤其是潮汐海岸，呈现了进食、定居、增加人口和学习技能的最佳机会。它提供了多样而充裕的供给，源源不断，取之不尽。它促进了人工技巧的发展。它给了人类适宜的生态小环境，在这里动物行为学可以变成人类文化。

对原始食物采集人来说，就像对现代自然主义者来说一样，海洋边界的回报是十分丰厚的。在高潮和低潮之间，对人有用的各种生物大量聚集，供人自由拿取。这些生物在不同地方各有不同，取决于海底的构成（沙子、淤泥或岩石）、海水的品质和运动，以及水面上的每日暴露程度。海洋哺乳动物和鱼类偶尔会搁浅。在温暖的海洋，海龟会爬上沙滩产卵。从后海滩到海蚀崖，不同而多样的动植物群生产出可食用的嫩芽、水果、禽蛋和雏鸟。浅海还有另一些生物的汇聚。

海岸上的居住者因而将注意力投向海滨沿线、海滨后面的陆地，但也转向海滨前面的海洋。生活在温暖或温和水边的人无论多么原始，一般都是游泳好手和优秀潜水员。早年访问塔
310 斯马尼亚的欧洲海员对当地土著游泳和潜水的本领印象深刻，特别是从海底打捞贝壳类海产。住在加利福尼亚湾附近的当地人是北美最原始的居民之一，他们包括大陆上的塞里人，以及下加利福尼亚半岛的佩里库人、瓜伊库拉人（Guaicura）和科奇米人（Cochimi）。所有这些族群都非常擅长游泳和潜水。有些人被西班牙人雇来潜水寻找珍珠牡蛎（珠母贝属），潜水时他们用石头增加自身重量。佩里库人还能在潜水时叉鱼。沿着加利福尼亚湾，年代不详的又大又深的垃圾坑一路伸展，里面含有数量众多的贝壳，它们属于只有潜水才能得到的种类。

在游泳和潜水中没有性别的特权或偏好。男女两性在水中具有同等的能力、耐力和表现，它们可以平等地参加采集工作

和水下运动。西班牙人刚到热带新大陆时，看到男女老少都下水的当地习惯，感到惊讶和不太赞同。可以认为，娱乐和经济活动的结合吸引了原始男性加入从海洋获取食物的行列，这远远早于他们在陆地上成为类似猎人的年代，而且这种参与有助于双性家庭的建立。在这种生活方式下，男女两性在训练年轻人时差别最小，在获取食物方面也有最大程度的共同参与。

海滨，特别是热带海滨，提供最多种多样的东西，任人捡拾、摆弄、尝试使用。有些贝壳的形状本身就已经可以充当容器、勺子，或用来切割、劈砍和打孔，还可以挂在身上作为装饰。海龟壳、坚韧的海滩藤和海藻条、在咸海水中浸泡过的浮木，这些在发现时就是可用的。

海滨储备着待人操控的物品，它们是在人工制品出现之前由大自然所准备的工具。选中某一个贝壳或一块卵石，而不是另一个或另一块，这就是对这个东西是否适合心中目的做出决定。把它处理一下以便更好地服务于某一特定功能，这就是将其变成人工制品，意在发挥更大的效用。随着改进的形态被保留和复制（这是普遍接受的模式），进入技术的第一步便已经迈出去了。

今天在海滩上玩耍的儿童会捡起一片贝壳并扔掉另一片，运用视觉形象功能，心里想着能用它来做什么。我们仍然喜欢去海滩搜寻东西，暂时回归原始的行为和心情。当所有的大地
都充满了人和机器的时候，或许人类最后的需要和仪式就像在 311
开端时一样，会是下去体验海洋吧。

海滨的圆石和卵石是形状最适合人使用的石头。河流对石头只做了粗略而断断续续的塑形和整理工作；而大海的浪涛、

涡流和潮汐不断地滚动、塑造、移动和整理这些石头，使它们变得圆润光滑，这在河流里是很少见到的。最能抵抗磨损和冲击的最坚硬、最顽强的石头存留下来并堆积在海滩上。位于陡崖岬角之间的海滩是提供预选为能用的石头的最好来源，它们的大小方便使用，形状为圆形或长方形，质地和硬度持久耐用。前面说过，最早的人工制品被称为卵石文化，直接或间接地源自沿海地区。

对原始居住者有最大吸引力的是高海岸，那里的岬角与低凹入海滩交替存在。一个接一个的悬崖和沙滩，含有从大小不等的卵石到沙子和淤泥，呈现最多样的地表和物资，在海平面以上和以下都是如此。这里有最广泛的动植物种类和栖息地。沿着这些差别颇大的海岸可以找到悬岩遮蔽处，它们处于被海洋和气候所形成或破坏的过程中。印度洋最像是人类占据最早的海洋；从非洲到巽他群岛，它在很大程度上展示了海岸线的这种诱人表现。

在海边可以选择很好的居住地，在那里一切需要的东西都触手可及，而且一年到头都有，不需要由于季节性短缺或消耗而搬迁。定居而有闲暇的生活是可能的。一些家庭可以聚集在一个有吸引力的地点周围，互相帮助，保持联系。人类社会可能就是在这里通过共同利益而开始的，不是由一个好斗领头人的统治造成的。我们可以推断人类社会是建立在一个和平的基础上，而并非基于组织和权力的行使。

早期人类的散布，最容易的路径是沿着海岸行进。前面的海岸呈现出熟悉的食物和栖息地。海洋中和海岸上的生物对当地气候的依赖性最小。沙漠海岸不像邻近的陆地沙漠那样贫瘠。如果有沙漠海岸的话（这种海岸很可能是有的），仍然可以找到饮用水。地下水，无论重力作用使它的运动多么缓慢而轻微，都会在海岸的一些地方渗出，至少在退潮时是这样。(加利福尼亚湾的沙漠海岸因此在过去和现在都是可居住的。)早期人类通过热带和亚热带纬度地区向海边扩散很少遇到障 312
碍，也不太会受到气候和内陆动植物群长期变化的影响。即便当他们到达冬季寒冷的区域，食物供给与内陆相比也是变动较少，或者受季节限制较小。

后来，沿海地区的居民变成了文化上的落后者。可以认为，他们的生活方式很早就满足了他们的需要，海洋物资丰厚的早期吸引力成为后来的遏制因素。举例来说，捕鱼设备和技术以及船只的发明，几乎都不可能在面向大海的岸边发生。然而，对于长长的人类早期来说，海洋为技术和社会的开端提供了最大的优势。人类的水滨起源是最有可能的，不论是在淡水还是咸水的旁边。温暖的潮汐海洋的发现给新出现的人类带来一个学习、增加人口和向沿海及内陆扩散的机会。海岸还给人类提供了从一个大陆散布到另一个大陆的最佳路径。

第五部分

理论探讨

16. 景观形态学*

关于地理的本质，多种多样的观点仍然常见。“地理学”这一标签，就像“历史学”一样，并没有令人信服地指出学科所包含的实际内容。既然地理学家们对这个学科持有不同意见，我们便有必要通过反复下定义来寻求共识，以建立一个普遍适用的立场。在美国，学者们已经提出了一系列相当一致的观点，它们特别是通过能够反映并塑造我国地理学意见的美国地理学家协会历届主席致辞而推进的。这些观点很清晰并为人熟知，我在这里毋庸赘述。[①]而欧洲的地理学界，看来正在发展一种与美国有些不同的方针。各个方面都在展开意义重大的活动，这或许是在一定程度上受到反智主义趋势的影响。总而言之，地理学的一个活力震荡已经开始了。因此，为了试图构建一个在某种程度上既能阐释目标本质，又能说明系统方法问题的实用假说，对地理学领域进行再次审视可能是合适的，其间我们尤其要把国外当前的学术观点铭记于心。

---

* The Morphology of Landscape, University of California Publications in Geography, Vol. 2, No. 2, pp. 19-54, 1925 (Reprinted 1938).

① 特别是下列演说，它们突出地表达了学界主导观点：W. M. Davis, An Inductive Study of the Content of Geography, Bull. Amer. Geogr. Soc., Vol. 38, 1906, pp. 67-84; N. M. Fenneman, The Circumference of Geography, Annals Assoc. Amer. Geographers, Vol. 9, 1919, pp. 3-12; H. H. Barrows, Geography as Human Ecology, 同上，Vol. 13, 1923, pp. 1-14。

地理学的领域

科学中的现象学视角。——所有的科学都可以视为现象学
316 (phenomenology)，[1] 在这里我们用“科学”一词来指获取知识的组织过程，而不是把它用在表示物质法则统一体的一般限定意义上。每个知识领域都以其所宣称的对某组现象的全情投入为特征，并根据它们的关系来识别和整理这些现象。随着对事实之间联系的知识不断增加，这些事实被组合起来；人们对这些联系的关注便代表着科学方法的获得。“一个事实，当人认识它的范围和品质时，就是首次对它确定；当人把它放在它自身的关系网中审视时，就是真正理解它了。由此可以推断，预定的探究模式，以及一个厘清各现象之间关系的系统之创建，在科学中是十分必要的。……倘若每个单门科学接受自己领域‘照原样’的现实之部分，而不去追问它在总体自然场景中的位置，那它作为一门特殊学科就是朴素的（naïve）；然而在这些限度之内，这门科学至关重要地向前发展，因为它承担了确定现象之间联系及其秩序的职能。”[2]根据上述对知识基础的界定，我们关注的首先是那些构成地理学所占据的“现实之部分”的各种现象，其次是确定这些现象之间联系的方法。

---

① Hermann Graf Keyserling, Prolegomena zur Naturphilosophie (München, 1910), p. 11.

② 同上，pp. 8, 11。

地理学作为“被朴素给予的现实之部分”。——学者们对地理学内容的分歧如此巨大，以至于三个完全不同的探究领域通常被定名为地理学：（1）将地球作为自然过程的媒介来研究，或者是宇宙学（cosmology）这门科学中的地球物理学（geophysics）部分；（2）对受制于其自然环境的生命形态的研究，或者是生物物理学（biophysics）中涉及趋向性（tropisms）的那一部分；（3）对地球的区域或栖息地差异的研究，或者是分布学（chorology）。在这三个领域中，有现象上的部分一致性，但关系方面的一致性几乎没有。我们可以在三者中进行选择，而这三者无法被整合到一个学科之中。

重大的知识领域得以存在，是因为人们普遍承认这些领域关乎现象中的重大类别。是人类的经验，而非专家的探究，造就了知识的初步细分。植物学是对植物的研究，地质学是对岩石的研究，因为事实中的这些类别对一切注意观察自然的智力来说都是显而易见的。同理，地域或景观是地理学的研究领域，因为地理学是一个被朴素给予、又十分重要的“现实之部分”，而不是一套老练复杂的理论。地理学承担了地域研究的责任，因为大家对这个主题都感到好奇。每一个学童都知道地理课提供有关不同国家的信息，仅仅这个事实就足以证明这 317
样一个定义的有效性了。

没有其他学科能够抢占地域研究这个领域。别的学者，例如历史学家和地质学家，可能关注到地域现象，但在这种情况下，他们公开承认是在运用地理事实来为自己的目的服务。假如有人要在地理学名义下建立一个不同的学科，人们对地域研究的兴趣也不会因此被消灭。这个学科在其名称被创造出来之前早已存在了很长时间。分布学意义上的地理文献起始于最早期英雄故事和神话中的片段，它们生动地描述了人对地方的感觉以及人与自然的竞争。地理知识的最精确表达包含在作为远古标志的地图之中。希腊人在“地理”这个名称尚未使用之前很久，就以诸如航行记、周记、游记等名义书写地理报告。不过，现在的名称“地理”使用虽晚，也已经有两千多年的历史了。大量地理文章出现在最早的印刷图书中。探险是激动人心的地理观测；各大地理学会都恰如其分地将荣誉地位赋予探险家。“这里和到处”（Hic et ubique）是地理学永远高举的标识。大众对事物分布的兴趣无处不在且经久不衰，而地理学宣称在这个领域享有优先权，这就是关于地理学通俗定义的论点可以依赖的证据。

因此，我们可以满足于这个学科用来做名字的希腊单词所含有的简单意义，它最恰当的解释就是地域知识。德国人把这个词译为 *Landschaftskunde* 或 *Länderkunde*，意为景观科学或大地科学；而德语中的另一个术语——*Erdkunde*，意为普遍通用的“地球科学”，则很快就被德国人抛弃不用了。

> 关于一门普通地球科学的思想是不可能实现的；地理只有作为分布学才能划为一门独立科学，也就是说，它是关于地球表面不同部分的多样表现的知识。它首先是对大地的研究；普通地理学并不是普通地球科学，相反，它以地球的普遍属性和过程为预设条件，或者接受其他科学对这些属性和过程的结论；就它本身的作用而言，它致力的方向是这些属性和过程

的多样地域表现。[1]

由于学界倾向于将地理学解释为综合性的地域知识，而不是普通地球科学，整个地理学的传统是协调一致的。

地域现象的相互依存。——即便是新近的其他地理学派的拥护者，多半也不会否认关于地理学科这样一个观点的正当地 318
位，但是他们认为这个被朴素给予的事实综合体不足以建立一门科学，或者最多只能将它视为一个编纂碎片化证据的附属科目，最终要在一般地球物理学或生物物理学系统中找到一席之地。此后，双方的争论从现象的内容转向现象之间联系的性质上。我们坚决主张地理学的地位是一门科学，它基于分布学关系的重要现实，将整个领域建立在景观上。构成一个地域的各现象不是简单混合，而是彼此关联，或者说是相互依存。发现这个地域方面“现象的联系及其秩序”是一项科学任务，而且按照我们的观点，它是地理学应该全力履行的唯一任务——这个观点只有在地域的非现实性被证明时才失去意义。在这件事上，资料前后一致或不一致的问题并不影响我们得出有序结论的能力，因为既然这些资料是我们在这个地区发现的，那么它们之间特有的关联本身就是一致性的一种表达。毋庸置疑，时间因素在地理事实的关联中是存在的，因而地理事实在很大程度上是不重复出现的。然而，时间特性只是在非常有限的狭义上将地理事实置于科学探究的范围之外，因为时间作为一个

---

① Alfred Hettner, Methodische Zeit- und Streitfragen, Geogr. Ztschr., Vol. 29, 1923, pp. 37-59. 引述的部分见第 37 页。

因素在许多科学领域中都享有公认的地位，而不仅是某些可辨识的因果关系中一个简单的术语。

分布关系进入科学体系的历史发展。——旧时的地理学很少被批评所困扰。它是无条理、甚至琐碎的描述，而不是批判性的。想从这种文献中找出“一个厘清各现象之间关系的系统”，你会在大部分情况下徒劳无功。即便如此，我们还是不能一言以蔽之，说它们的内容都是偶然或任意的。在某种程度上，这些文献呈现了地域现象相互依存造成地域现实的概念，这一点读过希罗多德（Herodotus）或波利比乌斯（Polybius）的人都知道。古希腊人的《历史》（*Historia*）对时间的感觉模糊不清，却有着对地域关系相当高明的理解，代表了地理学绝对不容蔑视的开端。[①]一般经典地理学（而不是后来被有些人解释为地理学的宇宙学），无论在多大程度上被地球物理学、大地测量学和地质学等含义添枝加叶，它首先强调的还是地域描述，对地域各事实的相互关系做出经常性的观察。以斯特雷
319 波（Strabo）为首的最高学派绝不是完全朴素的，它坚决拒绝除了作为分布学以外任何其他的地理学定义，其中明确地排除了宇宙论哲学。

地理大发现时期，在大量旅行交往中，特别是在当时的多种宇宙志（cosmography）著作里，一种真诚的、但无批判性的地理学达到了最高发展阶段。那时候，不断增加的关于各个

---

① Alexander von Humboldt, Kosmos, Vol. 1 (Stuttgart & Tübingen, 1845), pp. 64-65：“在古典时代，最早期的历史学家很少试图将这两者区分开来：一是对大地的描写，二是对所描写地区内发生事件的叙述。在很长时间里，自然地理和历史似乎很有吸引力地混合在一起。”

国家的事实资讯被带到西方世界，使西方人对迅速扩展的大视野兴趣盎然。面对这样一个关于世界不同部分的新鲜资讯洪流，很多人尝试对它们做系统化规整，但结果往往是奇形怪状而并不成功。动态地理学系统只有在探险狂热渐渐平息之后才应该诞生，这一点不足为奇。然而对我们来说，比起古典时代，这一时期的地理思想甚至更难判断。亨利·尤尔（Henry Yule）爵士帮助我们较好地理解了当时一些学者的地理才智。在众多宇宙志作者中，至少伯恩哈杜斯·瓦伦纽斯（Bernhardus Varenius）被赋予比一名编纂者更高的地位。在知识综合上非常重大的一步肯定是在这时候迈出的，这就是制图学（cartography）发展成一个真正的分布学科目。只有通过对地理资料的大量分类和概括，才能把探险所得的零散而浩瀚的地理资料整合成地理上令人满意的地图，这样的地图正是这一时段后期的特色。时至今日，许多17、18世纪的地图在某些方面是伟大的纪念碑。不论从那时起测量的精确度如何提升，我们在很多情况下依然保留了这一时期所绘地图中确切表达的分布学内容，这正是"测量时代"（Age of Surveys）[①] 的开端。"重现地球表面形式的每一幅地图，都可以说是一种形态学（morphology）的表现。"[②]不仅就自然形态，而且对景观的文化表达来说，这些地图代表了高度成功并且我们仍在使用的一系列解决方式。假如没有这样一种对地理事实的初步综合，下一

---

① Oscar Peschel, *Zeitalter der Messungen*: Geschichte der Erdkunde bis anf A. v. Humboldt und Carl Ritter (München, 1865), pp. 404-694.

② Albrecht Penck, Morphologie der Erdoberfläche, Vol. 1 (Stuttgart, 1894), p. 2.

个时期的工作就不可能开展。

在19世纪，宇宙学观点与分布学观点之间的争论变得愈
320 发激烈，地理学的形势十分可疑。理性主义和实证主义支配着地理研究者的工作。环境论成为主导学说，并贯穿了整个世纪。神法让位于自然法；就地理学而言，查理-路易·孟德斯鸠（Charles-Louis de Secondat Montesquieu）和亨利·托马斯·巴克尔（Henry Thomas Buckle）是最重要的倡导者。由于自然法权力无限，缓慢收集整理地域现象对因果论的热心信奉者来说就成为太乏味的任务。地域综合体被大大简化，方法是选择特定属性，例如气候、地形或水系，并把它们作为原因或结果进行检验。当这些事实中的每一个种类被看作最终产品时，它可以相当完美地回溯到自然法则。而当地球的自然属性被看作施动者时（例如特别是孟德斯鸠所论述的气候），这些属性就成为充分阐释有机生命的本性及分布的原则了。这两种情况中不论是哪一种，地域关联性的复杂现实都被牺牲在唯物主义宇宙学的严厉教条之下，其中尤为突出的是美国的地文学（physiography）和人类地理学（anthropogeography）。大约二十年前，一位美国最著名的地理学家采纳的观点是，“进入地理关系的无机或有机元素，其本身都没有完全的地理特性；只有当其中的两个或更多元素在因果关系中结合在一起，且因果链条中至少有一个有机元素和一个无机元素的时候，它们才获得这种地理特性。……任何声称，如果包含地球上某些无机元素（起控制作用）与某些有机存在的元素（起响应作用）之间的一个合理关系，那它就是具有地理特性的声称。”他说，的确，在这个因果关系中有着“我在地理学中能够找到的，即

便不是唯一的也是最为确定的统一原则”。[①]“原因”是一个自信而诱人的词语，那正是因果关系地理学春风得意的日子。有些地理研究者认为这个学科不应承诺一套僵化的确定性公式，他们明显没有得到“时代精神”（*Zeitgeist*）的赞同。

后来，法国的保罗·维达尔·白兰士（Paul Vidal de la Blache），德国的艾尔弗雷德·赫特纳、西格弗里德·帕萨尔格（Siegfried Passarge）和诺伯特·克雷布斯（Norbert Krebs），还有其他人，越来越多地重新主张作为分布关系的地理学经典传统。可以说，在特殊的、本质上是自然科目的学说大大流行一个时期之后，我们正在向地理学的永久性任务回归，这一重新调整导致了当前地理领域内容的探究活动。

地理学目标概述。——地理学的任务被构想为：建立一个包含景观现象学的批判性系统，目的是全方位、全色彩地把握多样的地球场景。维达尔·白兰士间接陈述了这个观点，警告 321
人们不要认为“地球是‘人在上面开展活动的场地’，而不去思考这个场地本身也是活态的”。[②]它把人类作品作为场景不可分割的一部分包含在内。这个观点来自希罗多德，而不是米利都的泰勒斯（Thales of Miletus）。现代地理学正是最古老地理学的现代表达。

在景观中共存的物体存在于相互关系之中。我们坚信，这些物体构成一个整体的现实，它不是通过分开考虑其各个组成部分来表达的；地域有形式、结构和功能，因而在系统中有自

① W. M. Davis，前引书，pp. 73，71。

② P. Vidal de la Blache, Principes de géographie humaine（Paris, 1922）, p. 6.

己的位置；而且地域是会发展、变化并完善的。假如没有这个关于地域现实和关系的观点，那就只剩下特别的科目，而不是我们普遍理解的地理学了。这个情况与历史学相似，后者可以分开研究经济、政府、社会等各方面，但这样做的结果，它就不是历史学了。

景观的内容

景观的定义。——“景观”（landscape）这个术语被提议用来表示地理的单元概念，以描述事实之间独有的地理关联。在某种意义上与它相当的术语还有“地区”（area）[①] 和“区域”（region）。当然，地区是个普通名词，并非专门的地理术语。区域，至少对一些地理研究者来说，隐含着一种数量级的意思。景观是德国地理学者大量使用的术语在英语中的对应词，两者严格地具有相同意义：大地的形状，其中的成形过程绝不能认为就是简单的物理过程。因此，它可以被定义为：由不同自然和文化形态的独特关联所构成的一个地区。[②]

地理中的事实是地方事实，它们之间的关联产生了景观的概念。与此相似，历史中的事实是时间事实，它们之间的关联产生了时期的概念。景观按定义，必然具有一个以可识别的构造、范围以及与其他景观的属种关系为基础的身份，其构造、

---

① Area 亦根据上下文译为“地域”。——译者注

② J. Sölch, Die Auffassung der “natürlichen Grenzen” in der wissenschaftlichen Geographie (Innsbruck, 1924)，书中提议用“Chore”这一术语来表明同样的观念。

范围和属种关系构成一个全面的系统。景观的结构和功能是由 322
组成它的所有互相依赖的形态所确定的。因此，景观被认为在某种意义上具有有机的性质。我们可以认同汉斯·布伦奇利（Hans Bluntschli）的说法，除非人们“学会把地区看作一个有机单元，在大地与生命相互关系的意义上理解它们”，否则就没有完全理解一个地区的本性。[①]看来，在详尽讨论之前先对这个观点做一介绍是有益的，因为它与地文学家关于物理过程的单元概念非常不同，也与拉采尔学派人类地理学家关于环境影响的单元概念非常不同。冰川侵蚀的机制、能量的气候相关性、地区栖息地的形式内容，是三件不同的事情。

景观有通用的含义。——在本文所用的意义上，景观并非简简单单只是一个观察者所看到的实际景象。地理上的景观是源自对个别景象的观察而作出的概括。贝内代托·克罗斯（Benedetto Croce）说过，“描述景观的地理研究者与景观画家的任务是相同的”，[②] 但是这句话的效力很有限。地理研究者可以将个别景象作为一个类型或一个类型的变种来描述，但是他心里始终想着通用意义，并且通过比较而朝这个方向前行。

对地球景观的有序呈现是一项艰巨的事业。要从无尽的多样化入手，选出显著而相互关联的特点，以便确立景观的特性，并将其置于一个体系之中。然而，在生物世界的意义上是不存在通用品质的。每一个景观都有自己的个性和与其他景观

---

① Hans Bluntschli, Die Amazonasniederung als harmonischer Organismus, Geogr. Ztschr., Vol. 27, 1921, pp. 49-68.

② 被引用在 Paul Barth, Die Philosophie der Geschichte als Soziologie, 2nd ed., Part 1 (Leipzig, 1915), p. 10。

的关系，组成景观的每一种形态也是这样。没有一处山谷与任何其他山谷完全相像，也没有一座城市是另一座城市的翻版。在这些特质保持毫无关联的程度上，无法对它们进行系统化处理，也无法把它们看作我们称之为科学的条理化知识。“没有一种科学可以停留在仅仅是感知的水平上。……所谓描述性自然科学，动物学和植物学，并不满足于关注单一事物，而是把自己提升到种、属、科、目、纲、门的概念上。”①“不存在个案研究的科学，就是说不存在那种只是照原样描述个体的科学。地理学在以前就是个案型的，但很长时间以来在努力成为律则型的，而且没有任何地理研究者会把它强留在先前的层面
323 上。”②不论人们对自然法，或者对律则性、普遍性或因果性的关系持何种观点，给景观下一个单一、无组织、无关联的定义都是没有科学价值的。

内容选择中的个人判断因素。——诚然，在景观通用特点的选择上，地理研究者的指南只能是自己的判断：景观是否为典型的，即是否重复出现？景观是否排列为一个模式或者具有结构特性？这个景观是否在景观一般系列中准确隶属于一个特定组别？克罗斯反对历史学是一门科学的说法，理由是历史没有逻辑标准：“标准就是选择本身，它像每一种经济艺术一样，以人们对实际情况的知识为条件。这种选择无疑是凭智力进行的，但不是应用一个哲学标准，而且只能靠自身来证明自己的合理性。为此原因，我们才会谈到饱学之士的精细机敏、

① 同上，p. 11。

② 同上，p. 39。

明察秋毫或直觉过人。”①类似的反对意见有时候也会针对地理是否有资格称为科学而提出，因为地理无法建立完整、严格、合乎逻辑的控制因素，于是必定要依赖研究者的选择。实际上，地理研究者对于他观察中所包含的材料，一直都在行使自由选择权，但他也一直在就这些材料之间的关系作出推断。他的方法可能不完善，却是建立在归纳法的基础之上；他处理先后顺序问题，尽管他不一定把这种顺序看作简单的因果关系。

如果我们考虑某一特定类型的景观，例如北欧的荒野，我们可能会写下这样的笔记：

> 天空阴暗，通常是局部多云，天际线不明显，即便站在高处也很少能看清楚超过 6 英里的距离。高地和缓而不规则地起伏，慢慢下降到宽阔平坦的盆地。没有长的斜坡，也没有匀称的地表图形。河道很短，水流清澈并带淡褐色，常年不断。小溪消失于没有清晰边界的不规则沼泽地。粗糙的野草和灯芯草沿着水体形成镶边的窄条。高地被欧石楠、荆豆和欧洲蕨覆盖。有大量刺柏丛，特别是在比较陡峭干旱的山坡上。大车痕迹蜿蜒在长长的山脊，车辙中暴露出松动的沙子，偶尔会在沙子下面看到锈色的基岩。一小群 324
> 一小群的绵羊散落在广袤的大地上。几乎没有任何值

① Benedetto Croce, History, Its Theory and Practice (New York, 1921), pp. 109-110. 这个陈述适用于那种仅仅以“使过去复活”为目标的历史。然而还有一种现象学历史，它可能发现相关联的各种形式及其表达。

> 得注意的人工建筑，也没有田地或其他围起来的地块。唯一的建筑物是羊圈，两两之间一般相距几英里，坐落在方便的大车路线交叉处。

这个报告不是个别场景的描写，而是对一般特色的概述。与其他类型景观的参照是通过暗示来介绍的，同时也注意到了这个景观中各种形态元素之间的关系。事物的选择是基于“对实际情况的知识”，其中不乏对这些形态元素进行综合的尝试。这些事物的重要意义是一个由个人判断所确定的问题。客观标准只能部分代替个人选择，例如通过地图的定量表征。即便如此，对个人因素施加的控制也只能是有限的，因为在选择以哪些特质为代表的时候，仍然是个人因素在起作用。我们能够预期的只能是，通过对“预定的探究模式”达成共识来降低个人因素，而这个模式必须是合乎逻辑的。

地区特征的广泛性。——景观的内容比它的可见组成部分总和要少一些。景观的身份首先是由形态是否显而易见而确定，正如下面这个陈述所隐约透露的：“正确地表现地球表面形态、土壤、地表可见的岩石堆、植被和水体、海岸和海洋、地域中看到的动物群，以及人类文化的表征，这就是地理探究的目标。”①这里标明的事项之所以被选中，是因为作者的经验显示了它们在数量和关系上的重要意义。分布学观点必定要承认现象的地域广泛程度的重要性，这是分布学

---

① Siegfried Passarge, Die Grundlagen der Landschaftskunde, Vol. 1 (Hamburg, 1919), p. 1.

观点中内在的特质。这里存在着地理学与地文学之间的一个重大对比。上文描述的荒野景观特征主要由沙子、沼泽和欧石楠的优势地位所确定。关于挪威的最重要地理事实，除了它的位置以外，可能就是它地表的五分之四都是贫瘠的高地，既不生长森林也无法维持羊群，这个自然条件的重要意义完全是由于它的广泛性。

作为内容确定之基础的生境价值。——对景观内容的个人判断还取决于兴趣所在。在地球对人的价值或用途的意义上，325
地理学明显是人类中心主义的。我们对地域场景中与我们人类有关的部分感兴趣，因为我们是它的一部分、和它一起生活、受它的限制，并且改变它。因此，我们会特别选择那些对我们有用，或可能对我们有用的景观特质。地域特征中有些对于研究地球历史的地质学家很重要，但是无关乎人对地域的关系，这样的特征我们就放弃了。景观的自然特质是那些有生境价值(habitat value)[1] 的特质，这价值不论是当前的还是潜在的。

自然景观与文化景观。——“人文地理学并不把自己置于一个排除人类因素的地理学之对立面；后者这样的地理学除了在自成一体的少数专家心目中以外，根本就不存在。”[2]把一个景观看作似乎在其中没有生命，这是个强制的抽取，所有的优良地理传统都会认为这是一种“绝技”。因为我们感兴趣的主要是“从母性自然景观怀抱中绽放出原始活力的各种文化，

① Habitat 亦根据上下文译为“栖息地”。——译者注

② P. Vidal de la Blache，前引书，p. 3。

每一种都在其整个生存过程中与这个景观紧紧联系在一起”[1]，所以地理学以景观中自然元素和文化元素相结合的现实为基础。于是，我们在那些对人有重要意义的地域自然特质和人对地域的利用形式中，在自然背景的事实和人类文化的事实中，发现景观的内容。克雷布斯对这个原则做了有价值的讨论，文章题目是《自然景观与文化景观》（Natur-und Kulturlandschaft）。[2]

关于景观内容的前半部分，我们可以用“立地”（site）[3]这一名称，它在植物生态学中已经成为确定的术语。森林立地不只是一片森林所在的地方；按照完整的解释，这个名称是从森林生长角度对这个地方的品质表达，通常是指占据场地的特定森林关联。在这个意义上，自然的地域就是人在这个地域内
326 掌握的所有自然资源的总和。人没有力量增添自然资源；他可以“发展”自然资源，部分地忽视自然资源，或者通过开发利用而使自然资源减少。

景观的后半部分被视为一个双边单元，是景观的文化表征。对于文化的思考，有一个严格的地理方式，这就是把它看

---

① Oswald Spengler, Der Untergang des Abendlandes; Umrisse einer Morphologie der Weltgeschichte, Vol. 1 (München, 1920, p. 28. 这句话原文如下：Kulturen die mit urweltlicher Kraft aus dem Schosse einer mütterlichen Landschaft, an die jede von ihnen im ganzen Verlauf ihres Daseins streng gebunden ist, erblühen。

② Norbert Krebs, Natur-und Kulturlandschaft, Ztschr. d. Gesellch. f. Erdk. zu Berlin, 1923, pp. 81-95. 提及的内容见第83页。文章指出，地理学的内容是“地区（*Raum*）本身及其表面、线和点，其形态、周边和内容。当我们不仅考虑地区本身，而且还考虑它与其他地区的相对位置时，它与纯粹的地区（areal，即面积）科学——几何学之间的关系就变得更加亲密了。”

③ Site 亦根据上下文译为“场地”。——译者注

作人的作品在地域上留下的印记。我们可以认为人们是在一个地区内相互关联并且与这个地区相关联，正如我们可以把他们看作按血统或按传统相关联的群组一样。在前一种情况下，我们是把文化当作一个地理表征来思考，它是由作为地理现象学一部分的各种形态构成的。按照这个观点，景观的双重性是没有容身之处的。

形态学方法的应用

归纳的形式。——系统化地组织景观内容，从压制关于景观的一些先验式理论着手进行。把现象集结整顿，成为融入结构中的形态，并且对如此组织起来的资料进行比较研究，就构成形态学的综合方法，这是一个特别的经验主义方法。形态学依赖下列假定：（1）存在一个有机或半有机性质的单元，也就是一个必须包含某些组成部分的结构，这些组成元素在本文中称为“形态”（forms）[①]；（2）承认形态在不同结构中，由于功能等效而带来相似性，那么这样的形态就是“异体同形”(homologous)；（3）结构元素可以被置于系列之中，特别是按照发展的先后次序，从初始阶段直到最终的或完成的阶段。形态学研究不一定在生物学意义上肯定一种有机体，比如像赫伯特·斯宾塞（Herbert Spencer）的社会学研究那样，而只是肯定相互关联的有组织的单元概念。这个有机类比并没有在任何方面服从于生物发生率，但它在社会学探究的各个领域被证明

① Form 亦根据上下文译为“形式”。——译者注

为非常之有用。这是一个实用的工具，其真实性或许受到质疑，但尽管如此，它依然引导出越来越多的正确结论。①

“形态学”这个术语源自歌德（Goethe），表明了他对现代科学的贡献。我们回想一下，歌德对大自然深感兴趣，并以
327 人们认知有限为憾，因而转向生物学和地质学研究。他相信对人类知识来说，世上有“可知的和不可知的”事物，并下结论说：“不必去追寻超越现象的东西；现象本身就是学问（*Lehre*）。”②这样便开启了他的形态研究，特别是形态的异体同形。他的科学探究方法以明确的哲学立场为基础。

因此，如果形态学方法对那些急于得出重大结论的学者来说显得太低调，那我们不妨指出，这种方法正是建立在刻意抑制对知识下断言的基础上。它是一个纯粹的证据式系统，对证据的含义并无先入之见，而是只预设最低限度的假说，也就是说只关注结构组织的现实性。形态学方法是客观的、不受价值观左右，或者说基本如此，因而它有能力取得越来越重大的成果。

对社会研究的应用。——形态学方法不仅是生物科学的入门，而且在社会学各领域的重要性稳步增长。在生物学中，它是对有机形态及其结构的研究，或者说是对生物体系总架构的研究。在社会学领域里，运用形态学方法对现象不断地进行综合，取得最大成功的学科或许就是人类学了。这门科学值得大

---

① Hans Vaihinger, Die Philosophie des Als Ob, 7th ed.（Leipzig, 1922），全书各处。作者在这部书中提出“好像”（as if）的假定。

② Goethes sämtliche Werke，Jubiläumsausgabe，Vol. 39（Stuttgart & Berlin［1902］），p. 72。

声宣扬研究者的光荣业绩，他们有耐心、有技能，通过对各种形态——从人群的服装、居所和工具等具体材料，到他们的语言和习俗——做出分类，以现象学方式处理社会制度的研究，从而一步步辨识出各种文化的复杂结构。奥斯瓦尔德·斯彭格勒（Oswald Spengler）的精彩且广受争议的历史学著作绝对是这种方法在人文领域最炫技的应用。不考虑其中的直觉主义因素，这部书实际上是应用于历史学的比较形态学，其第二卷的标题正是如此。作者描述了那些他认为是组成伟大历史结构的形态，对它们做出不同时期“异体同形”的比较，并追溯它们的发展阶段。不论作者的大胆分析在多大程度上超越了他自己的和我们的认知范围，他的确显示了历史形态学的可能性，或者是在除历史理性主义因果规则之外的科学基础上进行历史研究的可能性。[①]

将形态学引入地理学及其后果。——卡尔·李特尔（Carl 328
Ritter）将形态学方法和名称首次正式引入地理学；他对地理学的复兴最终取得成功，并非在于他所推崇的唯心主义宇宙学，而是因为他毕竟为比较区域研究打下基础。在此之后，也许由于要做的事情太多，形态学研究很快就被缩减到只关注大地的表面形态。奥古斯特·格里泽巴赫（August Grisebach）

---

① Oswald Spengler，前引书。作为文化周期的数学-哲学论著、巴克尔的完全对立面，这部书特别重要，因此每一个地理研究者都应当知道它，不论自己对斯彭格勒的神秘主义持什么立场。关于历史学结构，至少还有三种类似的观点，看来是彼此独立提出的：Flinders Petrie，Revolutions of Civilization（London and New York，1911）；Henry Adams，The Rule of Phase in History，收录于 The Degradation of the Democratic Dogma（New York，1919）；以及 Leo Frobenius，Paideuma：Umrisse einer Kultur-und Seelenlehre（München，1921）。

的经典定义“形态学系统通过关注形态间的关系，表明了它们出身的模糊不清”[1]，应用于地理学领域带来严重后果。将形态限制在地形上，以及对这些形态起源的兴趣，很快就在奥斯卡·佩舍尔（Oskar Peschel）、费迪南德·冯李希霍芬（Ferdinand von Richthofen）和加斯顿-奥维德·德拉诺埃（Gaston-Ovide de la Noë）的带领下，建立起名称为地貌学（geomorphology）的起源探究。[2]开始时它只是依赖对地表形态朴素的描述性分类，例如像阿尔布雷克特·彭克（Albrecht Penck）的《地球表面的形态学》（*Morphologie der Erdoberfläche*）那样，是分布学性质的形态学，但它的趋势是越来越多地转向以形成过程为基础的分类，以及将这些形态追溯到越来越远古的形态上去。研究大地形态起源的历史学家也开始越来越深入地涉足地质学领域。发展到最后的一步是，这些专家中有些人几乎全然忘记了实际的大地形态，而致力于建构由个别物理过程演绎出来的理论形态。于是，地理学目标几乎完全受挫，这样的地貌学成为全面地球科学的一个单独分支。

这个自成一体的“发生形态学”（genetic morphology）不可避免地在具有分布学意识的地理研究者中引起负面反应，这不是因为前者的工作不够仔细，也不是因为这种工作没有发展成有价值的知识领域，而是因为它变得让人无法识别为地理学

---

① August Grisebach, Die Vegetation der Erde nach ihrer klimatischen Anordnung, Vol. 1 (Leipzig, 1884), p. 10.

② Albrecht Penck，前引书，pp. 5-6。

了。[1]遗憾的是，一个非常专门化的科目被冠以一个非常普遍性的名称。出于对这个名称的误解，结果造成了一种倾向，即忽视形态学方法的多种可能性。维达尔·白兰士或许比任何人 329
都更早地意识到这一情况，他把形态学重新置于正确的位置。从他的学派产生了一些区域性专论，这些著述比以前任何作品都更加充分地表述了景观的完整形式内容和结构关系，并在文化景观中发现了有机地域的最高表征。例如在这些研究中，人的地位及人的作品明确地被视为景观中最后的也是最重要的因素和形态。

把形态学定义中的地理学目标歪曲为地形形态的因果关系研究，其出现源自以下考虑：（1）地形只是自然景观的一个类别，并且一般来说不是最重要的类别；它几乎从来没有提供一个文化形态的完整基础。（2）一个地形形态的起源模式与它的功能重要性之间没有必然的关系，而后者恰恰是地理学最直接关注的事情。（3）地形形态的纯粹发生形态学研究会遇到一个不可避免的困难，即地球上大部分实际地形特征都出自非常混杂的起源。在当前形态的背后，有着过程的关联、先前或远古的形态，以及几乎不可捉摸的时代表征。因此，至少在当前，发生形态学分离出那些让位于因果关系分析的形态元素。在选择那些能够读出起源的地形事实时，它忽视了一些、甚至许多地形特征，因此在分布学意义上，它把景观中即便是这一部分的结构综合也给放弃了。

在最近对地形形态的研究热潮中，气候学家被挤到一个比

---

① Alfred Hettner，前引书，pp. 41-46。

较模糊的位置。然而他们大部分人逃脱了在地理学上无结果的对纯粹起源方法的追求。气候学（climatology）一直是现象学性质的，而不是发生学研究。气候学研究者尽管对气候条件的起源知之甚少，却将气候的各项事实依照它们在地理上的重要性做了概述，令人十分钦佩。特别是弗拉迪米尔·科本（Wladimir Köppen）对气候综合的一系列尝试，精心地开发对生物有重要意义的价值，很好地限制起源性解释，在这一代人中对地理形态学做出了即便不是首要的贡献，也是最重要的贡献之一。尽管如此，学派组合的力量却非常强大，因而很少有不存疑问的人把这种气候综合称为地理形态学中的一个根本部分。反对形态学一词的误用不只是个简单的命名法问题；这种误用是我们已经滑进去并限制了我们路径的车辙。或许如今地
330 理学中的某些志趣分歧可以归咎到学界对下面这一点未能认识，即这个学科中的所有事实都应该由一个全面的系统来组织，唯有通过这个系统才能确定这些事实之间的关系。

准备中的系统化描述

形态学研究的第一步。——历史上，“地理学始于描述和记录，这里指的是作为一种系统化的研究。由此前行迈向……起源关系，即形态学”。[①]地理学研究现在仍然是这样开始。描述所观察到的事实，要遵循某些代表着材料初步分类的预定次序。这种系统化描述是为了形态关系的目的，并且真正是形态

---

① Norbert Krebs，前引书，p. 81。

综合的开端。因此，系统化描述与形态学的区别完全不是原则上的，而是在于前者的批判水平较低；两者的关系可以说类似于生物分类学与生物形态学之间的关系。

描述性术语。——地理描述面临的问题与生物分类学不同，其主要区别在于有没有可用的术语。有关地域的事实在极大程度上受到大众观察，以至于其大部分内容不需要新的术语。罗林·索尔兹伯里认为，景观的各种形态一般都已经得到了可用的通俗名称，从这些通俗用语出发便可编纂整理，而无需创造新名词。我们基本上是以这种方式建立起一份形态术语一览表，它从许多地区和许多不同语言中得到充实丰富。还有更多的词汇有待于引进地理学文献中。这些术语除了用在地表方面，还大量应用于土壤、水系和气候形态上。同样，通俗词语也用来命名许多植被群落，还为我们提供了大量文化形态术语，其中多数尚未得到利用。通俗术语往往是某种形态重要性的可靠凭证，对通俗术语的采纳就意味着这一点。这种名称可以用于单一的形态组成部分，例如林中空地、山间小湖、黄土等；也可以用于大小不等的形态群落，例如荒野、干草原、山麓地带等。它们还可以是标明单元景观的专有名词，例如法国大部分地方使用的区域名称。这种通俗命名法富含起源方面的意义，但它具有明确的分布学判断，因而它并非从形态的成因出发，而是来自一个通用的概括，也就是说，它来自形态的相似之处和对比之处。

如果说系统化描述对地理学不可或缺，那我们仍然非常需 331
要扩大自己的描述词汇。与其他科学相比，地理学描述性术语的贫乏是令人吃惊的。造成这一状况的原因可能是，个案研究的传统带来互不相关的描述，以及对过程研究的偏爱贬低了形态真正多样性的价值。

预定的描述系统。——将描述缩减归入一个系统，这个做法在很大程度上受到地理研究者的反对，而他们也不是毫无道理。一旦这样做，地理研究者就要在系统的限度内为他所从事的任何地域研究负起责任；否则他可以自由漫游、自由选取和自由离去。我们在这里所说的并不是作为一种艺术的地理。作为一门科学，地理学必须接受严格管制其数据资料的一切可行方式。无论那种个人主义的、印象派的现象选取有多么优秀，它只能满足艺术需要，而不是科学的必需品。地貌学研究，尤其是威廉·莫里斯·戴维斯（William Morris Davis）学派的地貌学研究，或许代表了一种最坚决的努力，他们以对观察范围和方法的严格限制来反对观察中不受控制的选择自由。不同的观察活动，只有在其涉及的事实种类方面存在一个合理共识的情况下，人们才能就观察所得进行比较。当我们试图利用现有文献对区域研究作广泛综合的时候，立刻就会陷入困境，因为这些材料不能彼此契合组成整体。关于人类对自然景观的破坏这个最重要的主题，我们很难有所发现，因为缺乏充足的参考点。对土壤侵蚀，观察者中有些人系统化地注意到了，有些人偶尔看到，还有一些人可能完全未予理会。地理学要想成为系统性的而不是个人化的学科，就必须对观察的事项达成越来越大的共识。特别是，这应当意味着在采集田野调查笔记的时候遵循一个通用的描述方案。[1]

一个通用的描述方案，目的是为地域事实做概括性编目，而在此阶段并不从假设的起源和联系出发前行，最近由帕萨尔格以“描述性景观科学”（*Beschreibende Landschaftskunde*）之名提出建议。[2]这是自冯李希霍芬的《探险者指南》（*Führer für* 332
Forschungsreisende）以来，对这个题目的首次全面论述；冯李希霍芬的著作写于地貌学最盛行的时期即将到来的时候。[3]帕萨尔格的作品有些粗糙，或许过度图解示意式，但依然是整个地理学描述事项上迄今最为充分的考量。它明示的目的是“首先确定事实，并努力对地区内重要的、可见的事实做出正确表述，而不试图去解释或猜测”。[4]这个方案规定：

> 对组成景观的现象进行系统性观察。其方式与主题写作中收集材料的手法 chria 非常相似。[5] 它帮助我们看到的东西尽量多、错过的东西尽量少，而且还有进一步的优点，就是让所有的观察所得都是有序的。倘若早期地理学家熟悉景观系统化观察的方法，就不可能在冯李希霍芬发现这个事实之前都注意不到

---

① Carl O. Sauer, The Survey Method in Geography and Its Objectives, Annals Assoc. Amer. Geographers, Vol. 14, 1924, pp. 17-33.

② Siegfried Passarge，前引书；第一卷中有作为小标题的这个表述。

③ Ferdinand von Richthofen, Führer für Forschungsreisende (Berlin, 1886).

④ Siegfried Passarge，前引书，p. vi。

⑤ Chria 或 chreia 是源自古希腊的一种文体，收集并简短介绍历史名人的言论。——译者注

热带残余土壤呈红色的特征。[①]

帕萨尔格编写了一个涵盖景观所有形态类别的详尽的笔记明细表，从大气效应开始，到栖息形式结束。从这些类别出发，他继续进行形态群落的描述性分类，纳入更大的地域术语。关于这个方案的进一步阐述，我建议读者阅读这里所说的著作，它值得我们认真考虑。

作者帕萨尔格在其他地方把他的系统应用到与“解释性”地域描述相对比的“纯粹的”地域描述上，例如他对卡拉哈里沙漠盐碱干草原上的奥卡万戈河谷的归纳。[②]大家多半会承认，他成功地带给读者令人满意的地域构成画面。

人们可能会注意到，帕萨尔格的所谓纯粹描述性程序实际上是以地域研究的丰富经验为基础，通过这些经验而形成了对景观重要组成部分的判断。这些真正是通过形态学知识而确立的，尽管分类并非按照起源，而多半是基于朴素的通用形态。帕萨尔格设计的大容量捕捞网，虽然他否认有任何解释的意图，在现实中却是一个由经验之手塑造的工具，这双经验之手能够抓住区域形态学中可能需要的一切，同时把解释工作留待整体材料经分类整理之后再做。

---

① 同上，p. 5。

② 同上作者，Die Steppen-Flusstalung des Okawango im Trockenwald-Sandfeld der Nordkalahari，Mitt. d. Geogr. Gesellsch. Hamburg，Vol. 32，1919，pp. 1-40。

景观的形态及其结构 333

自然景观与文化景观的区分。——除非我们不仅从景观的空间关系，也从它的时间关系上看问题，否则就无法形成一个景观的概念。这个概念在不断地发展，或者在不断地解体和更替。它在这个意义上是对历史价值的真正理解，这种理解导致地貌学家将当前的自然景观回溯上去，连结到它的地质起源，并从那里一步步导出当前景观。然而，在分布学意义上，人对一个地区的改造和为人所用的攫取具有最突出的重要性。这个地区开始有人的活动之前是以一套形态事实为代表，而人所引进的形态则是另外一套。以人为参照，我们可以把前者称为原生的、自然的景观。总体而言，这种景观在世界上很多地方都不复存在了，但是对它的重构和理解是正规形态学的第一部分。如果我们说，地理学在人被引进地域场景的时刻就与地质学分道扬镳，这个概括是不是过于宽泛了呢？根据这个观点，之前的事件严格属于地质学领域，地理学对这些事件的历史处理只不过是一种描述性手法，必要时被用来澄清对栖息地有重要意义的自然形态之间的关系。

人的所作所为表现在文化景观之中。可能存在涉及一系列不同文化的一系列这样的景观，其中的每一个都发源于自然景观，而人宣示了自己作为改变景观的独特施动者在自然界中的地位。具有特别重要性的是我们称为“文明”的文化发展顶点。而且文化景观常常会经历变化，要么是由于文化的发展，要么是由于文化的更替。衡量变化的基准线是这个景观的天然状况。对形态作出自然与文化的区分，是确定人类活动的地域重要性及特征的必要基础。在全球（但不一定是宇宙）意义上，地理学于是成为地球历史中最近的（或者称为人类的）篇章之一部分，它关注的是人对地域场景造成的区别。

自然景观：地球构造学基础。——在下面这些关于自然景观的分节中，隐含这样一个区分：一是对特征起源的历史探究，二是将这些特征严格按照形态学来组织成一个形态群组，
334 这对地域文化表征有根本的重要性。我们在原则上只关注后者，而将前者仅仅当作描述性的方便做法。

自然景观的形态首先涉及所有那些在某种重要程度上决定了地表形态的地壳材料。地理学家从地质学家那里借用了有关外部岩石圈在组成、结构和质量等方面的重要差异的知识。由于地质学研究的是这些材料的历史，它设计了以构造的演替为基础的分类，并按照时期来分组。地理学家对构造本身不感兴趣，但他关注地质学中更为原始的阶段，称为地球构造学（geognosy），后者考虑材料的种类和位置，而不是其历史演替。如果一个地质构造的名称把岩性差异、结构差异和质量差异都归并到一个术语之下，那它在地理学上可能没有意义。地球构造学状况为地质学数据资料向地理学价值转化提供了一个基础。地理学家有兴趣了解，景观的地基是石灰岩还是砂岩，岩石是大块的还是夹层的，它们是被节理所破裂还是受到地表呈现的其他结构条件影响，等等。这些事项可能对我们理解地形、土壤、水系和矿物分布具有重大意义。

把地球构造学数据资料应用于地理学研究，这在某种意义上是惯常做法，因为地域研究若没有对地下材料的了解则很难

实行。然而要想找到对地下材料在地表上表现的最充分分析，多半需要回头去查看较早的美国和英国地质学家的工作，例如约翰·韦斯利·鲍威尔（John Wesley Powell）、克拉伦斯·爱德华·达顿（Clarence Edward Dutton）、格罗夫·卡尔·吉尔伯特、纳撒尼尔·索思盖特·谢勒和阿奇博尔德·盖基（Archibald Geikie）。当然，总体而言，触及这种问题的地质学文献卷帙浩繁，但通常是由较次要、非正式的事项组成，因为景观并非地质学家感兴趣的中心领域。对关键的地球构造特性的正式分析，以及将这些特性综合成为地域概述，这些都还没有得到学界的大量关注。从地理学的观点看，充分可比较的数据资料仍然不足。卡尔·萨珀（Karl Sapper）近来尝试以最简洁的形式把地质形态对各种气候下景观的关系做一个全面考量，从而启发了整个区域地理学科。[①]

帕萨尔格虽然是个严格的方法论者，但并没有忽略对岩石 335
特征及条件的地理影响仔细审查，并且在深入的地域研究中应用了如下观察所得（此处略有调整）：[②]

物理抵抗力

柔软，易受侵蚀的构造

中等抵抗力的岩石

严重破裂的（*zerklüftet*）

① Karl Sapper, Geologischer Bau und Landschaftsbild (Braunschweig, 1917).

② Siegfried Passarge, Physiologische Morphologie, Mitt. d. Geogr. Gesellsch. Hamburg, Vol. 26, 1912, pp. 133-337.

中等程度破裂的

很少破裂的

高抵抗力的岩石

同上

化学抵抗力和可溶性

易溶解的

高渗透性的

中等程度渗透性的

相对不可渗透的

中等易受溶解和化学蚀变的

同上

抗溶解的

在后来的一项研究中，他又加上了岩石明显易蠕变（*fluktionsfähig*）的特征。①还从来没有人针对美国的情况，从抵抗力等效的角度对地质条件做过解释。大概只有在总体相似的气候条件限度内才有可能这样做。我们有大量所谓地文区域的分类（其标准的界定很含糊），但是没有真正在地球构造学上的地域分类，而唯有后者与地形表征、气候分区一起，才有资格提供所有地理形态学的基础地图。

自然景观：气候基础。——将自然景观各形态连结成一个系统的第二个、也是更重要的环节是气候。我们可以很有信心

① 同上作者，Morphologie des Messtischblattes Stadtremsa，同上刊，Vol. 28，1914，pp. 1-221。

地说，自然景观之间的相似性和对比性在很大程度上主要是一个气候问题。我们还可以更进一步断言，在某一特定气候下，一个特殊的景观迟早会发展起来，在许多情况下气候最终会抵消地球构造的因素。

地文学，尤其是在文字上，大多忽略了这个事实，或者把这个事实压制到如此之低的程度，以至于我们只有在它的字里
行间才能勉强读出这个意思。没有把地文过程中的气候总和看 336
作在不同地区极为不同，这可能是因为对不同气候区经验不足，以及对演绎这种思维方法的偏爱。多数地文学研究是在有充分降水的中纬度地带进行的，有一种倾向是按照标准化气候环境来理解那些施动力。甚至对一组现象（例如水系形态）的赏识，常常会导致把标准化的地文过程及其结果的图解式表述应用于新英格兰和墨西哥湾各州，应用于大西洋沿岸和太平洋沿岸，更不用说还有沙漠、热带地区和北极边缘，从而过度地被当成惯例。

但是，如果我们从气候的地域多样性入手，那么立刻就会考虑热气和冷气的昼夜性和季节性渗透差异，降水在数量、形式、密度和季节分布上的不同地域表现，风这个随地区变化的因素，以及更重要的是气温、降水、干燥气候和风组合在一起的诸多种可能性。总之，我们着重强调在塑造土壤、水系和地表特征中的气候条件总体。比起深入追寻一个很少在任何较大范围的地域形态中有个别表现的、单一过程的机制来说，在地理学上远为更重要的是从个别气候区的角度确立对自然景观形态的综合。

气候与景观的和谐没有得到地文学各学派的充分发展，却

已经成为自然意义上地理形态学的基石。在美国，这一概念的出现主要来源于对西部干旱和半干旱地区的研究，尽管这些研究并没有使人们立即领悟到，每一种气候都意味着一组特殊大地形态的存在。在土壤的形态学形式类别中，气候因素首先在俄罗斯学者手上被充分发现，并且被他们用作土壤分类的首要基础，① 其方式比应用于地形学（topography）形态的更为彻底。②在柯蒂斯·弗莱彻·马伯特（Curtis Fletcher Marbut）的指导下，气候系统已成为美国土壤局工作的基础，这样就准备好了按照气候区域对自然景观进行普遍综合的依据。③最近，
337 帕萨尔格利用科本的气候分类，在这个基础上采纳了一个全面的方法论。④

气候对景观的关系在部分上是通过植被表达出来的，植被遏制或改变气候的力量。因此我们不仅需要认识到一个地区是否存在或缺失植被覆盖，还要注意介入气候外力与地球材料之间，并且作用于地球材料之上的是什么类型的植被覆盖。

自然景观形态学的图解表述。——我们现在可以尝试用一个关于自然形态学性质的示意图，来表达景观、其组成形态、

① K. Glinka, Die Typen der Bodenbildung, ihre Klassifikation und geographische Verbreitung (Berlin, 1914)；修改并扩展：E. Ramann, Bodenbildung und Bodeneinteilung (System der Böden) (Berlin, 1918)。

② 关于沙漠形态，有以下综合：Johannes Walther, Das Gesetz der Wüstenbildung in Gegenwart und Vorzeit (Berlin, 1900)。

③ 萨珀做得很精彩：Karl Sapper，前引书；但以下著作也非常强调这一点：W. M. Davis and G. Braun, Grundzüge der Physiogeographie, 2nd ed., Vol. 2, Morphologie (Leipzig u. Berlin, 1915)，尤其是书中最后几章。

④ Siegfried Passarge, Grundlagen der Landschaftskunde, Vols. 2, 3 (Berlin, 1921, 1922).

时间和连结的原因因素之间的关系：

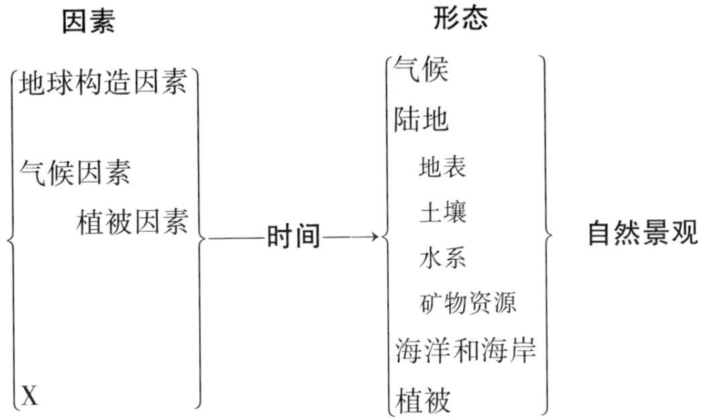

我们要了解的事项是自然景观。我们通过其形态的总体来了解它。这些形态被认为并非各自独立存在（例如像土壤专家看待土壤那样），而是存在于彼此的关系之中，存在于它们在景观内的位置之中，每一种景观都是形态价值的明确组合。在这些形态背后的是时间和原因。首要的起源连结纽带是气候因素和地球构造因素，前者一般来说占支配地位，并直接或者通过植被来发挥作用。“X”因素是一个实用的“以及”，代表那种总是不均衡的剩余零星因素。这些因素被列出的理由是作为一个连结形态的工具，而不是作为探究的终端。它们导向自然景观的概念，后者又导向文化景观。景观的特征还取决于它在时间线上的位置。至于这条时间线是有固定长度还是无限之长，对我们地理研究者来说并不重要。当然，在某种程度上，顶极景观的概念是有用的，它指的是那种在特定的起作用因素下，穷尽了自生发展各种可能性的景观。通过时间媒介，338
这些因素作用于形态上成为因果关系是十分有限的，因为时间

本身就是一个很大的因素。我们感兴趣的是功能，而不是宇宙统一体的确认。就一切分布学目的而言，这个图解的重点在右边，而时间和因素只起到解释性描述的作用。

关于自然景观的这个主张涉及对自然地理学位置的再次肯定，它当然不是作为地文学，也不是作为通常定义的地貌学，而是作为自然形态学，从地质学和地文学中自由汲取某些研究结果，用以建立一个作为生境综合体的自然景观观点。这种自然地理学是对我们的目标——全面分布学探究的恰当入门介绍。

自然景观的形态：气候。——在景观的自然结构中，气候是最重要的一条。在上面的示意图中，气候出现在“形态”那一列的首位，同时又被列为整个形态类别背后的主要“因素”。作为一种形态，气候是一个地域表征，是地域中大气特性的总和。气候学就是在这个意义上研究它的。在美国的文献中，通过沃尔特·S. 托尔（Walter S. Tower）在索尔兹伯里、巴罗斯（Barrows）和托尔合著《地理的元素》（*Elements of Geography*）中所写关于气候的章节，气候首次被突出介绍为对地理学总体上至关重要的地域形态。①这个观点的价值，已经被气候学在基础教学课程中所扮演的稳步上升的角色所证实。我们在任何其他方面都远远没有像在这一点上这样达成普遍共识。

气候学是地域的现实，气象学是通用的过程。两者的对比

---

① Rollin D. Salisbury, Harlan H. Barrows, and Walter S. Tower, The Elements of Geography (New York, 1912), Chapters 9-11, pp. 154-225.

就像是自然地理学与地文学之间的差异一样。

自然景观中的陆地形态。——陆地包括类似于气候元素的四种土地元素或资产，即：狭义的地表或陆地形态、土壤、水系，以及矿物形态。就地表形态而言，我们处理的是地貌学、地文学和地理形态学都感兴趣的一组事实。地貌学关注历史，地文学关注形成过程，而地理形态学关注的是描述和对其他形态的关系。就我们的目的而言，对地表各形态的看法就像是气候学中的各种气候一样。严格说来，我们只关注地形特征，也就是说，只关注斜坡和空地对景观中其他组成形态之关系的表征。按照不同斜坡的功用重要性来解释的地形图，在原则上是地表形态的完整 339
分布学表述。地表形态对气候的关系是如此紧密，因而按照气候来为地表分组一般来说是有道理的。地表的地球构造关系也很适合用来进行陆地形态的区域分组。更进一步深入探究形态的起源就与地理学目标渐行渐远了。在这方面做出限制是必要的，这要通过对地域现实这个目标的正确认识来实现。

土壤的地域差异从根本上是基于土壤生产力的不同，或者是基于土壤的生境重要性。土壤作为地域形态的组成部分，主要是按气候来分组的；次要的分类依据是地球构造方面的，因而在分布学上也达到了要求。总之，将土壤置于景观结构之内没有什么困难，土壤调查实际上是自然地理学中一种高度专业化的研究形式。与一些地文学家和地貌学家不同，土壤的田野调查者并不追寻一种非地理性质的目标，而是把自己的工作限制在地理学领域的一小部分之内。

水系形态当然是气候的直接表现，对河流、沼泽和静态水体最为可行的分类都是从气候角度进行的。例如，高沼

（moors）是一种高纬度沼泽，是低蒸发度环境下的永久性特征。某些植物（例如泥炭藓）的存在特别有利于高沼的增长。高沼的位置不限于低地，但通过苔藓植被边缘区的扩张而在相当不规则的地表延伸。这些沼泽显示了自然地域各形态的相互关系。沼泽下面生发了一种特殊的土壤，甚至更下面的底土也被改变了。这种沼泽覆盖也保护了它所占据的地表，使其不受流水和风的攻击，并把它塑造成大体浑圆的形态。在气候条件不利于这类沼泽生发的地方，不论是在更高或更低纬度地区，水系、土壤和地表的形态都有显著变化。

矿物资源属于将自然景观看作人类栖息地这个观点下的自然形态。在这方面，地球构造因素在总体上占支配地位。上面图解中的关系在某种程度上依然有效，因为矿物在地表和地表以下随地下水而集中。我们不必学究式地强调这一点，也并不
340 希望把起源关系力推为必要的原则。

自然景观中的海洋形态。——海洋对陆地的关系同样可以在气候和地球构造的基础上组织起来。海岸主要是地壳构造历史和气候环境的表达形式。从地域上看，气候为分类提供了较为宽广的基础，因为海岸上升和下沉情况各异，并且在方向和数量上都在变化，这些变化在很短距离内大量发生，这使得海岸以地壳构造来分类在分布学上不能令人满意。海洋本身显然像陆地一样与气候密切相连。海洋的洋流、海面状况、密度和温度肯定也要从气候角度来分类，正如陆地形态的分类一样。

自然景观中的植被形态。——亚历山大·冯洪堡（Alexander von Humboldt）是第一位通过系统化观察而认识到景观特征中植被之重要性的学者。“不论世界不同部分的特色有多

么依赖外部样貌的总体，尽管山脉轮廓、动植物形象、云彩姿态和大气透明度构成全面印象，然而不可否认，在这个印象中最重要的元素是植被的覆盖。”①气候与植被的联系是如此直接而强壮，以至于有可能对植被形态大量地按气候来分组。一些植物地理学家发现，按照温度带或湿度带进行植被群落的分类是最理想的。

自然景观中形态关系的概述。——前面陈述中对气候的大力强调并不意味着要把地理转变成气候学。自然地域对任何地理研究来说都是根本性的，因为自然地域提供了人赖以构建自己文化的材料。自然地域身份的最重要基础是各个自然形态的一种特殊关联。在自然世界中，区域的通用特征与它的起源非常紧密地结合在一起，使得两者中任何一个都成为我们认识另一个的辅助条件。特别是气候（其本身也是一种地域形态、起源大多不明），它在如此之大的程度上控制着其他自然形态的表达，以至于它在很多地区可能被视为形态关联的决定因素。不过，我们可以作一个明确的声明，否认必须有一个起源连结纽带才能组织自然景观现象学的概念。这种纽带的存在是根据经验确定的。通过关注形态之间的关系，我们发现了对 341
“形态继承关系模糊”的重要启示，但是作为地理学研究者，我们不会被迫去追踪这种继承关系的性质。这仍然是留给地貌学家的问题，而这个问题现在的确比以往任何时候都显得更加复杂，因为我们已经接受了气候控制和气候非周期性巨大变化

① Alexander von Humboldt, Ansichten der Natur, Vol. 2 (Stuttgart & Tübingen, 1849), p. 20.

的有效性。

到目前为止，路径已经很好地标明。我们相当清楚地知道景观的“无机”构成，并且除了在植物地理学与普通地理学之间存在着有些过分的疏离之外，植被在景观中的位置已经得到了适当的关照。①

形态学向文化景观的延伸。——自然景观正在遭受人为的改变，这是最后的、对我们来说也是最重要的形态学因素。人通过自己的文化利用自然形态，在许多情况下改变自然形态，在某些情况下毁坏自然形态。

---

① Alfred Hettner，前引书，p. 39。作者对生物地理学作了如下评论：“植物地理学和动物地理学的绝大部分研究是由植物学家和动物学家完成的，即便这些研究成果不总是完全满足我们地理学的需要。植物学家和动物学家关注的是植物和动物，而我们关注的是大地。……当他们进行狭义的植物和动物地理学研究时，例如格里泽巴赫（Grisebach）在他关于地球植被的出色作品中那样，他们做的是地理学的工作，其方式和关注气候学的气象学家是一样的；由于目的是地理学的，其研究结果与地理学知识结构的契合更甚于与植物学和动物学知识结构的契合，而且整个思维和探究过程都面向气候和土壤，因而也是地理学性质的。我们地理学者绝对不会为此感到嫉妒；正相反，我们十分感谢这种帮助。但是，我们也正确地开始了植物和动物地理学研究，因为有些问题对我们来说比对那些非地理学者来说关系更重大，还因为我们具有做这些研究的某些有价值的准备工夫。”植物和动物地理学家的工作表明了学术分隔在部分上是刻意人为的。这样的地理学家要求如此专业化的训练，以至于他们通常在专业上被划分为植物学家和动物学家。然而他们的研究方法在极大程度上是地理学的，他们的研究结果对地理学又极为重要，所以总体而言，地理学家比生物学家更多地理解他们的工作，甚至或许比生物学家对他们的工作给予更高的评价。偶尔有野外生物学家，例如贝茨（Bates）、赫德森（Hudson）和毕比（Beebe），做了大量包含景观部分在内的工作，因而他们实际上已是成就最高的地理学家。不过，把植被或动物区系看作人类栖息地的一部分（经济动植物地理学?），与那种将其视为植物学或动物学一部分的看法确实多少有所区别。在这个区别中就存在着赫特纳（Hettner）关于地理学家参与动植物研究这个建议的正当理由。有时候，像格拉德曼（Gradmann）和魏贝尔（Waibel）这样的地理学家掌握了生物地理学领域，并以此充实了自己的整体学术主张。

文化景观的研究迄今在很大程度上还是未开垦的处女地。 342
植物生态学领域的最近研究成果或许会向人文地理学家提供很多有用的线索，因为文化形态学也可以称为人类生态学。与哈伦·H. 巴罗斯（Harlan H. Barrows）在这个问题上的立场相对比，当前的论点会摒除生理生态学或个体生态学，而在群落生态学中寻找相似之处。我们最好不要往地理学中强加太多的生物学命名法。没有必要使用“生态学”这个名称：它指的是生物群落的形态和生理双重性质。既然我们放弃了对测量环境影响的要求，那我们与其以生态学之名，不如在文化研究中使用形态学这个术语，因为它已经完美地描述了研究方法。

在关注系统化探究文化形态的美国地理学家中，马克·杰斐逊（Mark Jefferson）、奥利弗·埃德温·贝克（Oliver Edwin Baker）和马塞尔·奥鲁索（Marcel Aurousseau）做了出色的先驱工作。让·白吕纳（Jean Brunhes）的“地理基本事实”或许代表了受到最广泛认可的文化形态分类。[①]斯滕·德吉尔是一位把注意力严格集中于文化形态学的研究者，瑞典人口地图集是他在这一领域的首次重要贡献。[②]沃恩·科尼什（Vaughan Cornish）在对城市问题所做的极宝贵贡献中引进了“行进”、“仓库”和“交叉路口”的概念。[③]最近，沃尔特·盖斯勒（Walter Geisler）对德国城市形态做了一个综合，其恰

---

① Jean Brunhes, La Géographie humaine, ed. 2 (Paris, 1912), pp. 62-66, 89-455; 美国译本：Human Geography (Chicago and New York, 1920), pp. 48-52, 74-414。

② Sten De Geer, Karta över befolkningens fördelning i Sverige den 1 januar 1917 (Stockholm, 1919).

③ Vaughan Cornish, The Great Capitals (London, 1923).

如其分的副标题是《对文化景观形态学的一点贡献》。①这些先驱者发现了肥沃的土地，我们的期刊显示，一大批圈地开垦者很快就会蜂拥而至了。

文化景观形态学的图解表述。——文化景观是最终意义上的地理区域。它的形态是所有造成景观特色的人类作品。按照这个定义，我们在地理学中并不关注人的精力、习俗或信仰，而是关注人在景观上留下的印记。人口形态是一般人口数量和密度现象，以及重复性位移现象，如季节性迁徙。住所包括人
343 所建造的建筑结构种类及其组合，要么像在很多乡村地区那样分散，要么按不同布局聚集成村庄或城市（*Städtebild*，即城市景观）。生产形态是生产初级产品的土地利用种类，农场、森林、矿区，以及那些被人忽视、未加利用的地区。

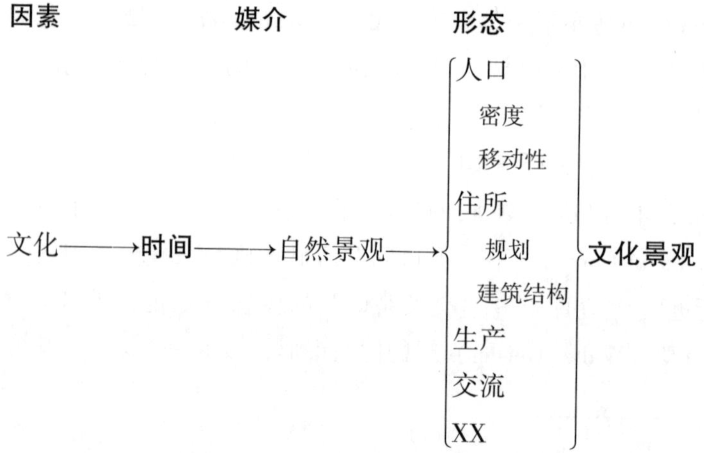

① Walter Geisler, Die deutsche Stadt: ein Beitrag zur Morphologie der Kulturlandschaft (Stuttgart, 1924).

文化景观是由一个文化群组从自然景观中塑造出来的。文化是施动者，自然地域是媒介，文化景观是结果。在一个特定文化的影响下（文化本身随时间而改变），景观经历发展，走过不同阶段，最终可能到达其发展周期的终点。随着一个不同文化——即外来文化——的引进，文化景观开始重新焕发活力，或者一个新的景观被叠加在旧景观的残余之上。自然景观当然具有根本的重要性，因为它提供了文化景观赖以形成的材料。然而成形力却存在于文化本身。在地域自然设施的宽广限度内，对人来说有着很多可能的选择，正如维达尔·白兰士总是不厌其烦指出的那样。这就是适应性的意思；通过这种适应性，并辅以人从自然获取的暗示（也许是靠模仿过程、主要是下意识获取的），我们感觉到人类居住与其适宜融入的景观之间所产生的和谐。但这些同样是来自人的心智，而不是被自然所迫，因而都属于文化表征。

应用于地理学分支的形态学

将上文两份示意图汇总，就得出我们所研究的以现象学为
基础的地理学总体科学内容的概况。①它们可以很容易地这样 344
表达，以便界定地理学的分支。（1）对处于一般关系中的形
态类别本身的研究，即对景观形态系统的研究，是纯粹方法论

① 本文呈现的结论与德吉尔下述论文的观点基本相同，但区别是我用“具体的”景观概念代替了德吉尔“抽象的”地域关系概念：Sten De Geer, On the Definition, Method, and Classification of Geography, Geogr. Annaler, Vol. 5, 1923, pp. 1-37。

意义上的形态学，它相当于被称为（尤其是在法国和德国）普通地理学的科目，是地理学初步知识，学生们通过它学会如何处理自己的资料。[①]（2）区域地理学是比较形态学，它是将个体景观置于与其他景观关系之中的过程。在完整的分布学意义上，这是对文化景观，而不是对自然景观的整顿排序。这样一种对全世界各区域的批判性综合是帕萨尔格的最新贡献，他在那里几乎阐述了对整个地理学领域的批评。（3）历史地理学可以被认为是研究文化景观所经历的一系列变化，因而涉及重构过去的景观。它特别关注的是开化的人类对地区的催化关系，以及文化更替的效果。单单从这个困难而很少有人涉足的领域中，就可以充分认识到脱胎于早期文化和自然景观的当前文化景观发展。（4）商业地理学研究生产形态和用于地区产品分发的设施。

超越科学

形态学学科使我们得以将地理学各领域作为实证科学组织起来。然而很大部分的地域意义超越了科学范畴。最好的地理学从来没有漠视景观的美学特质，对此我们除了主观方法以外不知道还有什么别的方法。亚历山大·冯洪堡的景观“面相”（physiognomy）、埃瓦尔德·班斯（Ewald Banse）的景观“灵魂”（soul）、威廉·沃尔兹（Wilhelm Volz）的景观“韵律”

---

① Siegfried Passarge, Vergleichende Landschaftskunde（Berlin，1923）; Die Landschaftsgürtel der Erde（Breslau，1923）.

(rhythm)、罗伯特·格拉德曼（Robert Gradmann）的景观
“和谐”（harmony），所有这些都存在于科学之外。这些作者
在对地域场景的凝视中似乎发现了一种类似交响乐的特质，他
们从科学研究的完整见习出发，但又不止于科学研究。对一些
人来说，凡是神秘的东西都令人憎恶。但重要的是还有另一些 345
人，其中不乏最优秀的人才，他们相信，在广泛观察、认真记
录之后，仍然遗留着某种不能被缩减为形式过程的、更高层次
的理解特性。①

对地理学的分歧观点

本文的地理论点与关于这个学科的某些其他观点大相径庭，因而我最好就几种主张中的差异，以概括形式阐明本文此前所表达或隐含的内容。

作为地理学一个分支的地貌学。——德国地理学家特别倾向于把地貌学当作地理学一个不可缺少的分支，他们主要使用的术语是 *Oberflächengestaltung*（意为“表面设计”），或者说是地表形态发展的记录。所研究的形态通常只是地形学上的。彭克对地貌学的内容作了最广泛的定义，② 他把下列形态都包

① 关于这个领域中当前探索的一个很好的陈述，见 Robert Gradmann, Das harmonische Landschaftsbild, Ztschr. d. Gesellsch. f. Erdk. z. Berlin, 1924, pp. 129-147. 埃瓦尔德·班斯自 1922 年起出版了一份非科学或反科学的期刊，Die neue Geographie（《新地理》），里面大量好内容被包裹在一个令人反感的论战外壳中。

② Albrecht Penck, Morphologie der Erdoberfläche, Vol. 2 (Stuttgart, 1894), pp. 1-2.

含在内：平原、山丘表面、河谷、洼地、山脉、洞穴形态、海岸、海床和岛屿。这些描述性的地形学术语被地貌学用来研究它们的来源，而不是它们的功用重要性。

作为地形学的历史，地貌学将当前的地表追溯到过去的形态，并记录了所涉及的过程。关于内华达山脉的地貌学研究是山脉整体的刻蚀历史，涉及地块的隆起和改变的各阶段，在这里侵蚀过程、二次变形和结构条件处于复杂的关系之中。这个意义上的地势特征是地质时期的造山运动和陵削过程这两个相反作用造成的结果。某些特征，例如准平原和阶地残余，因此会在解读地表变动记录方面具有很高的鉴别价值。然而，景观的这些元素在分布学意义上可能只有很小的甚至完全没有重要
346 性。对地貌学而言，准平原是极其重要的，但准平原的发现对地理学的趋势却没有产生显著影响。在地形综合体中，地貌学家可能选择会说明地球历史的一组事实，而地理学家则会使用大大不同的、具有生境重要性的另一组事实。

因此，地貌学家很像是专门化的历史地质学家，研究地球历史中的某些（通常是较迟的）篇章。常规的历史地质学主要关注的是岩层的生成。地貌学家将注意力集中到岩石记录中经侵蚀和变形的地表。这在极大程度上成为美国的研究方向，乃至近期我国的地貌学工作中很少有自觉的地理学目的，也就是说很少有实际地表的描述性内容。

地貌学家能够并且确实在地理学与地质学两个领域之间建立了联系，他们的努力也促进了我们自己的工作。他们在地貌学家比地理学家先进的地方大大推动了我们的景观研究，我们恰如其分地把他们看作地理学中潜在的合作者，正如他们是地

质学中的合作者一样。美国地理学当前的需要之一就是进一步熟悉并利用地貌学研究成果。

地文学与自然地理学。——当托马斯·亨利·赫胥黎(Thomas Henry Huxley)重新起用“地文学”这一术语时，他明确否认了改造自然地理学的愿望。他说，他的讲演并非“关乎自然知识的任何特别分支，而是关乎普遍的自然现象”。①他的论文副标题是《自然研究导论》。他选择泰晤士河流域作为例证，这不是出于分布学兴趣，而是为了显示，任何地区都包含能证明自然科学普遍法则的丰富材料。赫胥黎写道：

> 我曾努力表明，对任何此类现象，应用最平凡、最简单的推理过程都足以显示，它的背后存在着一个原因，而原因的背后还有另一个原因；这样一步一步，直到学习者被引导到一个信念：即便他只想获取他教区里所发生之事的一个初步概念，也必须懂得关于宇宙的一些知识；他一脚踢开的一块卵石，要不是那结束于不知多久之前的地球历史某一特别篇章恰好如此写就的话，就不会是那个样子，也不会躺在那里。②

---

① T. H. Huxley, Physiography: an Introduction to the Study of Nature, 2nd ed. (New York, 1878), p. vi.

② 同上，pp. vii-viii。

347 他心目中的两个中心思想是，地球特征所显示的自然法则统一性和地质记录的演化发展。那是科学一元论的清朗黎明，赫胥黎主导着对大地的观察。地文学在基础科学教育中扮演正统规范的角色，直到后来的机器时代抛弃了它，并代之以“普通科学”。

地文学依然是有关地球的普通科学，关注的是作用于地球表面和地壳上的物理过程。我们仍然会看到赫胥黎在书中介绍的题目：降雨和河流的作用、冰层及其作用、海洋及其作用、地震和火山，等等。这些事物具有分布学表达，但它们是被当作一般过程去研究的。作为调查者的地文学家必须首先是物理学研究者，现在对地文学家的物理学和数学知识的要求越来越高了。地文学研究的发展方式是通过地球物理学机构。在学术上，地文学最适合作为动力地质学的一部分。地理学家对它的了解大概不需要超过自己应有的历史地质学知识。

因此，我们可以质疑像“区域地文学”和“地文学区域”这类术语的正当性。它们与这个学科的实质含义相冲突，通常意味着一个相当松散形式的地貌学，而地貌学势必具有地域表达。地文学曾被视为一个纯粹动态关系，它绝对不可能做出前后一致的地域表述，除非它也变成一个适用于自然地理学或地貌学的名称。

地理形态学相对于“地理影响”。——自然环境的研究受到卢西恩·费布尔（Lucien Febvre）的尖锐批评，亨利·贝尔（Henri Berr）为他写了同样直言不讳的序言。[①]两位学者都非

① Lucien Febvre, La Terre et l'Évolution humaine (Paris, 1922).

常享受戳破这一地理学雄心壮志的机会。在他们看来，地理学
是要“给出综合的真实任务的一个例证。……综合的过程是
一种指导下的活动；它不是一个不成熟的实施”。[①]环境问题
“对地理学家来说可能引起兴趣，但并不是他的目标。他必须
严加防备，不要把其他更胜任的人正在完成或纠正的、具有
‘简单化’性质的适应性理论，称颂为‘科学的’真理”。[②]
“那么什么是人文地理学中值得推荐的态度呢？它只能存在于 348
对地球与生命之间关系的寻找之中，就是那种外部环境与居住
者活动之间拥有的协调关系。”[③]维达尔·白兰士认为人地关系
中存在的必要适应性少于“可能主义”（possibilisme），他这
个论点的提出是驾轻就熟而有说服力的。前述两位作者，除了
他们对这位法国地理大师的热忱忠诚以外，并不真正熟悉地理
思想。他们不能公平地表述地理信条，因为他们所了解的主要
是环境决定论的吹捧者，而维达尔·白兰士在他们眼里是对抗
这些吹捧者的中流砥柱。维达尔·白兰士在地理学历史上的确
会有一个荣誉地位，但是我们已经不再那么钦佩他对于与理性
主义思想建立体面良好关系的关心。理性主义有过比这更风光
的日子；我们不再需要通过圆滑的妥协来同它达成和解。费布
尔的书尽管在地理思想上缺乏方向，但它将一种辩证逻辑针对
一个地理学派，为此它在地理学批评中值得拥有崇高地位。

在美国，“地理学就是对自然环境的研究”这一主题在当

---

① 同上，p. ix。
② 同上，p. 11。
③ 同上，p. 12。

代人中占有支配地位。结果在国外被宣传为这就是美国人对地理学的定义。①最早的术语是“环境控制”，后来被“应答”、“影响”、“调节”或其他一些词语所接替，这些词语并不改变原本的意思，但是用比较谨慎的说法来置换那个响当当的“控制”宣称。所有这些主张都是机械论的。持有这些主张的人以某种方式希望他们能够测量自然环境施加于人类的力量。他们对景观本身没有兴趣，而只是关注那些能够确立与自然环境之因果联系的文化特征。因此，他们的目标是把地理学变成生物物理学的一部分，涉及人类的趋向性。

地理形态学不否认决定论，但也不要求非得拥护那个特定信仰才具有本专业的资格。在环境决定论大旗下的地理学代表一种教条，它坚称的信仰给一种被天地万物之谜惹恼的精神带来安慰。它是理性时代的新福音书，它建立起自己特殊形式的
349 充分秩序，甚至是终极目的。对这种信仰的讲解只能通过发现其功效的证明来进行。对真正的信徒而言，他能看见他认为理应如此的事物的证据，而这些证据对信仰薄弱的人来说是不可见的。除非我们性情温和，否则定会对他手头仅有无力工具，却喋喋不休讲述单一论点的做法感到极其厌倦。在这样一种研究中，我们事先便知道，我们只会遇到“影响”这同一主题的各种变体罢了。

狭隘的理性主义论题把环境构想为过程，把人的一些品质和活动构想为产物。施动力是物质自然界；人对此做出应答或

① S. Van Valkenburg, Doel en richting der geografie, Tijdschr. v. d. K. Nederl. Aardrijksk. Genootschap, ser. 2, Vol. 41, 1924, pp. 138-140.

自我调整适应。这个论题虽然看起来简单，却在把具体应答匹配到具体刺激因素或抑制因素方面不断引起严重困难。环境刺激因素的直接影响纯粹是身体上的。人在其自然环境影响下所发生的事情超出了地理学家的能力范围；地理学家最多只能随时了解那个领域中的生理学研究情况。人在一个地域中的所作所为，不论是因为禁忌或图腾崇拜还是出于他自己的意志，都涉及对环境的使用，而不是环境的积极施动力。因此，看来环境决定论既没有射向原因目标也没有射向结果目标，只是击中了自己放出去的诱饵而已。[①]

结论

在丰富多彩的生命现实中，事实持续不断地抵抗着被禁锢在任何“简单化”的理论之中。我们关注的是“指导下的活动，而不是不成熟的实施”——这正是形态学的研究方式。我们朴素地选择的现实之部分，即景观，正在经历多重变化。人与他多变家园的这种接触（正如通过文化景观所表现的那样），就是我们研究的领域。我们关注场地对人的重要性，也关注他对场地的改造。总而言之，我们研究人群（或者说文化）与场地的相互关系，它表现在世界上各种各样的景观之中。这里有无穷无尽的事实总体和多样化的关系，它们提供了 350

① A. L. Kroeber, Anthropology (New York, 1923), pp. 180-193, 502-503. 作者详细审视了环境信条在其对文化的关系中所具有的片面性质。

无需自限于理性主义困境中的探究途径。①

① Clark Wissler, The Relation of Nature to Man as Illustrated by the North American Indian, Ecology, Vol. 5, 1924, pp. 311-318. 作者在第311页上说："虽然这一概念的早期历史对我们来说大概已经永不可考，但仍有不少迹象表明，生态学观念是在与设计理论或目的性适应理论相同的氛围中构想出来的。不论起始情况如何，后来的生态学教授们都努力避开所有这些哲学思想，只保留了关于植物和自然界其他事物彼此之间密切相互依存这个根本性的假设。"因此，"人类学家不仅试图显示大自然的一切形态和力量对人类做了什么，而且甚至更强调地指出人类对大自然做了什么"（第312页）。对人类学的这个定义包括了社会学领域的很大一部分，而且也是对地理学的一个很好的定义。当前的人类学是对文化本身的研究。如果我们对人及其作品的研究在综合方面取得巨大成功，那么社会人类学和地理学的逐渐合并可能会代表着向一门更大型的人类科学进行一系列融合中的第一步。

17. 历史地理学导言*

本文中的这些议论关乎历史地理学的性质和它的一些问题。按理说，我应该展示自己在墨西哥的工作中得到的资料和结论。然而转念一想，我决定还是要做我们美国地理学家协会历次年度演讲经常做的事情：以某种方式发表作为我们工作后盾之信念的声明。

很明显，自称为地理学者的我们，当前并没有很好地互相理解。我们拥有的，更多的是属于同一团体的兄弟之情，而不是使我们自由而轻松地聚集一堂的共同智识基础。我们很难宣称自己重要的智识刺激力来自彼此，也很难声言自己正迫不及待地等待同行的研究结果，这研究为我们本身的工作所需要。在我们从事的领域里，各人有各人的想法。只要我们对自己的主要目标和问题还处于这样一种不确定的状态，我们就必须不时做出努力，给我们自己定出沿着一个共同路径前行的方向。

美国情况回顾

这不会是为整个地理学做出另一种设计，而是对忽视历史

---

* Foreword to Historical Geography, Annals of the Association of American Geographers, Vol. 31, 1941, pp. 1-24. Presidential Address given at the annual meeting of the Association of American Geographers, Baton Rouge, Louisiana, December, 1940.

地理学的抗议。在本协会存在的近四十年间，只有区区两位主席的致辞涉及历史地理学：埃伦·森普尔和阿尔蒙·帕金斯（Almon Parkins）。①

352 我们美国地理学传统的一个奇怪之处是它缺乏对历史过程和序列的兴趣，甚至断然拒绝考虑这些因素。美国地理学的第二个奇怪之处是试图把自然地理学领域丢弃给其他学科。理查德·哈特向（Richard Hartshorne）最近的方法论研究②是这两种态度的有趣例证。尽管他的研究大力依据艾尔弗雷德·赫特纳，他却没有考虑一个事实，即赫特纳本人对知识的贡献主要在于自然地理学。他也没有追随赫特纳的主要方法论立场，即地理学在其任何分支中，必须是一门发生科学（genetic science）；也就是说，它必须解释起源和过程。赫特纳的学生们近年来已经对历史地理学做出了很多重要贡献。然而，哈特向用他的辩证论针对历史地理学，只是在这门学科的外部边缘才给予容忍。我引述哈特向的这个立场，因为这在事实上（即便不是公开宣称）是这个国家中一种相当普遍的观点，而我引述的立场是这种观点的最新表述，也是我认为最好的表述。

也许在未来的岁月里，从哈伦·巴罗斯的“作为人类生

① Ellen Churchill Semple, The Influence of Geographic Conditions upon Ancient Mediterranean Stock-raising, Annals Assoc. Amer. Geographers, Vol. 12, 1922, pp. 3-38; Almon E. Parkins, The Antebellum South: A Geographer's Interpretation, 同上刊, Vol. 21, 1931, pp. 1-33。

② Richard Hartshorne, The Nature of Geography: a Critical Survey of Current Thought in the Light of the Past, 同上刊, Vol. 29, 1939, pp. 173-658。也有单行本（Lancaster, Pa., 1939）。

态学的地理学”[①] 到哈特向的最近摘要这一时期，会作为“大
撤退”时期留在人们的记忆中。这种边线缩回行为起始于将
地理学与地质学分离。当然了，地理学在美国的学术开端要归
功于地质学家的兴趣。地理学研究者在某种程度上是为了在高
等院校获得行政管理的独立地位，开始追寻地质学家无法宣称
自己有份分享的兴趣。不过在这个过程中，美国地理学逐渐停
止作为地球科学的一部分。许多地理学家完全放弃了把自然地
理当作研究的题目，即便他们还没有在教学内容中完全排除自
然地理。紧接着出现了企图设计一门人类环境的自然科学，其
中人与环境的关系被逐渐弱化，所用词汇从“控制”到“影
响”或“适应”或“调节”，最后到有些礼仪式的“应答”。
在寻找这种关系时遇到的方法上的困难，导致将其进一步限 353
定，即限定为地域中人类内容的非起源性描述，有时被称为地
方志（chorography），看来是希望这种研究不久以后会通过某
种方式达到系统化知识的程度。

关于我们这一代主导论题的这个粗略概述，虽然是简单化的，但我希望并没有歪曲。在整个这段时间里，人们的愿望就是限定这个领域，为的是确保对它的控制。有这样一种感觉，就是我们人数太少、力量太弱，不可能去做地理学名下曾经做过的所有事情，因而充分的限制会意味着把工作做得更好，并免受别人越界的争吵。

不论转向哪个方向，美国地理学研究者都还未能找到一个

---

① H. H. Barrows, Geography as Human Ecology, 同上刊, Vol. 13, 1923, pp. 1-14。

其中只有专业合格的地理学家存在的、无争议的领域。社会学家已经涌入人类生态学的各个地盘。[①]霍华德·奥德姆（Howard W. Odum）和他的北卡罗来纳同事们一直在成功探索区域和区域主义的内涵。[②]经济地理学已经有像埃里克·齐默尔曼（Erich W. Zimmermann）和哈罗德·赫尔·麦卡蒂（Harold Hull McCarty）这样的经济学家从新的角度进行研究。[③]土地规划肯定不能被称为地理学家的科目，它也算不上任何意义上的一个科目，因为很显然，它必须从国家的具体理论出发做出基础设计。这些不安分的年头没有把我们引导到理想的庇护地。我们不应该在这个偏离自身传统的运动中寻找我们的智识家园。

今天的美国地理学基本上是一个本地产物，最主要是在中西部孕育的；在不对文化或历史过程做认真考虑这方面，它强烈反映了自己的背景。在中西部，最初的文化差异在一个商业文明的建立过程中迅速褪色，这个商业文明以宏大的自然资源为基础。也许没有任何其他地方在任何其他时间里，一个伟大

① 例如：Robert E. Park, Ernest W. Burgess, and Roderick D. McKenzie, edits., The City (Chicago, 1925); Howard W. Odum, American Social Problems: an Introduction to the Study of the People and Their Dilemmas (New York, 1938), pp. 23-62。

② Howard W. Odum, Southern Regions of the United States (Chapel Hill, 1936); Howard W. Odum and Harry Estill Moore, American Regionalism: a Cultural-historical Approach to National Integration (New York, 1938).

③ Erich W. Zimmermann, World Resources and Industries; a Functional Appraisal of the Availability of Agricultural and Industrial Resources (New York, 1933); Harold Hull McCarty, The Geographic Basis of American Economic Life (New York, 1940).

的文明被如此快速、如此简单地塑造成形，而且是如此直接地来自土壤肥沃和底土富庶。很明显在这里（如果在任何地方 354
是这样的话），成本与回报的形式逻辑支配着一个合理化且稳步扩张的经济世界。美国地理学的成长大部分来自这样一个时代，那时候似乎很有理由下结论说，在自然环境的任何特定情况下，都有一个利用、调节或应答的最佳、最经济的表达方式。难道玉米带不是大草原土壤和气候唯一合乎逻辑的表达方式吗？难道它的首府——芝加哥，不是在增长的特点和能量上展现了处于密歇根湖南端、朝向大草原东部边缘的位置所固有的天定命运吗？难道淹没当地大草原野草的玉米绿色海洋，不是代表场地最经济利用的理想实现，正如交通路线弯曲而相遇在芝加哥这个活力中心那样吗？这里的重工业中心在原料最经济汇集的地点发展，这几乎是吨位-里程函数的数学演示，在某种程度上以运费结构的方式成为惯例了。

因此，在 20 世纪初期中西部的简单活力中，历史增长或损失的复杂计算似乎并不特别真实或重要。那么，由于这种对活动与资源的“理性”调节，说任何经济体系都只不过是一个特定群组之选择与习惯的暂时平衡组合，这个看法是很现实的吗？在这个满意而舒适的短暂瞬间，似乎必定存在着场地与满足需要之间关系的严格逻辑，也就是某种接近自然秩序有效性的东西。有些人曾将土地使用联系到表示自然资源的数值之和上，将生产强度联系到与市场的距离上，计划出“最佳”未来土地使用和“最理想”人口分布，你是否还记得那些研究呢？作为始于 19 世纪初一出戏剧中最后一幕的演员，那些研究报告的作者们基本上不知道，他们自己正是一部伟大历史戏剧中的一个角色。他们以为人文地理与历史是真正非常不同的学科，而不是对一个相同问题的不同研究途径，这个相同问题就是文化的发展和变化。

对那些不愿意追随上述流行思路的人来说，20 世纪 20 年代和 30 年代并没有令美国地理学欢欣鼓舞。从事自然地理学领域工作的人常常发现自己几乎不被他人容忍。特别令人沮丧的是，对于呈现在我们面前的研究工作，受到质疑的往往不是
355 它的水平、独创力或重要性，而是它是否被接纳，因为它可能或不能满足一个狭窄的地理学定义。当管制一个学科的不是好奇心，而是它的边界定义的时候，这个学科很可能面临消失。这样下去就是学问的死亡。这是美国地理学界挥之不去的顽疾，即逻辑与缺乏好奇心结合而成的迂腐学究风气试图把那些不遵守流行定义的工作者排除在外。一门健康的科学要从事发现、验证、比较和归纳。它的题材要由这一题材的组织能力来确定。将来有一天我们会坐在一起直到深夜，比较我们各自的发现，讨论所有这些发现的意义——只有到了那一天，我们才能从这个“但这是地理吗？”状况的恶性贫血症中恢复过来。

地理学的三点基础

成为地理学者这件事是一个需要毕生学习的工作。我们可以教授几种技能，例如绘制各类地图，但总的来说，在教学期间我们能做的最大好事就是为学生打开几扇门。

一、其中的一扇门不是常常大开，这就是地理学的历史。我们可以得到一个精良伟大的智识遗产。这不仅仅是研究我们

这个学科在其历史上各个时期如何成形，尽管这种研究也足以激发我们的兴趣。举例来说，大概没有人会后悔自己熟知了古希腊的地理思想，作为他本人思维的背景知识。然而，对学生的发展具有特殊价值的，是对我们过去时代中那些伟大亲切的人物个人做第一手研究。一个学生，如果在一段时间内埋首追随卡尔·李特尔或亚历山大·冯洪堡的学术历史，那他很难看不到广阔的视野在自己面前打开。但是这类事情意味着通过这些人物的全部著述去学着弄懂他们，而不是借助于别人的评议。深入了解一个或多个我们学科重要人物的工作，这大概是我所能够建议的最重要的地理学入门了。

这些人物的名单各人意见不一。但是我愿意在这个经典书架上保留一个位置给爱德华·哈恩，以及弗里德里希·拉采 356
尔。拉采尔最为我们所知的（多半还是通过二手资料）是他的《人类地理学》（*Anthropogeographie*）第一卷。[①]关于拉采尔，还有比他大量出版的著作多得多的东西是我们尚未知晓的。哈恩是我们遗忘的典范。他也许是我们历史上最重要的人物，他的观点我在后面会进一步讨论。此时只是简单说一下我的看法：哈恩把经济地理学做成一门历史科学，他展示了想象不到的各文化起源和传播的场景，同时他洞悉了经济区域的概念最深处，而且是第一个这样做的。就长篇传记调查而言，我推荐英国的沃恩·科尼什和美国的乔治·马什。这里提到的六个名字本身就提供了真正扩展心智的地理教育，条件是把每一

① Friedrich Ratzel, Anthropo-Geographie, oder Grundzüge der Anwendung der Erdkunde auf die Geschichte (Stuttgart, 1882).

位视为一个整体，而不要从什么是或不是地理的预设观点出发，混合折衷地草草浏览一番。

二、美国地理学不能把自己和自然地理的大领域分开。我们不能放弃威廉·莫里斯·戴维斯、罗林·索尔兹伯里和拉尔夫·斯托克曼·塔尔（Ralph Stockman Tarr）① 清晰标明的道路。我认为，一名地理学者可以严格地作为自然现象的研究者而不关注人的事情，但一名人文地理学者却只有有限的能力，他不能观察并解释他的人文经济研究中涉及的自然科学数据资料。一个令人费解的事实是，美国环境主义者已经把对地表、土壤、气候和天气的关注降低到非常不足的状况，而那些在地理学中不只看到人对环境之关系的人倒是在通过研究这些自然现象的观察结果来给予支持。还有一点，气候学、生态学和地貌学作为观察的科目，有重要的方法学上的目的，其技术可以应用到人文地理学上。

三、最后，人文地理学者应该很好地以姊妹学科——人类学为基础。拉采尔阐述过文化散布的研究，这已经成为人类学的基础，不但作为审视方法，而且作为理论。这在本质上是一
357 个地理学研究方法。它的影响可以追踪到过去半个世纪作为人类学一个最突出的主题，直到当前对 *Kulturkreis* 即“文化地区”（culture area）概念的关注。瑞典地理学与人类学正式结

---

① William Morris Davis, Die erklärende Beschreibung der Landformen (Leipzig and Berlin, 1912); Geographical Essays, edited by Douglas Wilson Johnson (New York, 1909); Rollin D. Salisbury, Physiography (New York, 1907); Ralph Stockman Tarr, published under the editorial direction of Lawrence Martin, College Physiography (New York, 1918).

盟为一个联合的全国学会，地理学从中汲取了部分力量。在英国，赫伯特·约翰·弗勒（Herbert John Fleure）和西里尔·福克斯（Cyril Fox）爵士的影响力是两个学科之间的联系，这种联系由全国活跃的一代地理学者强烈表现出来了。

从方法论来看，人类学是最先进的社会科学，而它发展最成熟的方法之一正是地理分布的方法。斯滕·德吉尔关于地理学性质的论文，① 事实上是关于人类学中一直在用的一个方法的论述。人类学家涉及的物质文化形态与人文地理学所研究的是相同的。人类学家观察文化特征、将这些特征综合为文化综合体或地区，这些对我们来说都是（或应该是）完全熟悉的。他从文化特征定位的角度，用文化特征的发生、中断、损失和起源来判断一种文化经历了什么，这实际上是地理学起源端点分析的模式。这与奥古斯特·迈岑（August Meitzen）多年前引入大陆历史地理学的方法完全相同，即从分布推论文化移动。②它也用在了动植物地理学上，追踪动植物的散布、退却和分化。

地理学方法：陆地定位

理想的正规地理描述是地图。在任何特定时间不均衡分布在地球上的任何事物都可以表达成地图，作为空间发生中各单

① Sten De Geer, On the Definition, Method, and Classification of Geography, Geogr. Annaler, Vol. 5, 1923, pp. 1-37.

② August Meitzen, Siedelung und Agrarwesen der Westgermanen und Ostgermanen, der Kelten, Römer, Finnen und Slawen, 3 vols. and atlas (Berlin, 1895).

位的一个模式。在这个意义上，地理描述可以应用于无限数量的现象。因此，我们有任何一种疾病的地理，有方言和惯用语的地理，有银行倒闭的地理，说不定还有天才的地理。这样一种描述形式用在这么多的事情上，这说明它提供了一个独特的视察手段。现象在地球上的间距表达了分布这个普遍地理问
358 题，它引导我们询问存在或缺失的意义，以及随地域延伸而变动的任何事物或事物组合的密集或摊薄。在这个最为包容的意义上，地理学方法涉及审查任何现象在地球上的定位。德国人把这个称为 *Standortsproblem*——陆地位置问题——它代表了我们地理学任务的最普遍、最抽象的表达。还没有人撰写过这个地理位置的哲学，但是我们都知道，这是为我们的工作赋予意义的东西，我们最重要的普遍问题就是地面空间的差异性品质。我们可以不可以冒险提出，在最宽泛的意义上，地理学方法涉及的就是陆地距离呢？我们不关注全球化的经济人、家庭、社会或经济体，而是关注地方化模式的比较，或者说是地域区分。

人文地理的内容

因此，人文地理不像心理学和历史学，它是一门与个人无关的科学，只关乎各种人类制度，或称文化。它可以被定义为生活方式的位置（*Standort*）或定位（localization）的问题。于是有两种研究方法，一种是研究个体文化特征的地域延伸，另一种是将文化综合体确定为地区。后者是那些谈论生活种类（*genres de vie*）的大陆地理学者所追寻的总体目标，也是最近

将“个性”一词应用于土地及其居民的英国人的总体目标。这类探究中有不少还没有纳入任何系统化的发展手段。

然而，我们有一个直接可用的限定，针对表达为“文化景观”的物质文化综合体。这就是群组经济的地理版本，譬如为自己提供食物、住所、家具、工具和交通运输。具体的地理表达，一方面是田野、草场、树林、矿藏这些多产的土地，另一方面是道路和建筑物（住宅、工作间、仓库等）——这里用的主要是让·白吕纳和沃恩·科尼什所引入的最通用词语。[①]虽然我不会争论说这些词语包含了所有的人文地理，但它们的确是我们懂得如何进行系统探究的事物之核心。

文化的历史性质 359

如果我们认可人文地理学研究的是人类活动的地域区分，那我们立刻就要面对环境决定论的难题。环境应答是一个特定群组在特定环境下的行为。这种行为不取决于物质的刺激力或逻辑的必要性，而是取决于后天的习惯，也就是这个群组的文化。这个群组在任何一个时刻会就行为做出某种选择，这来自他们学到的态度和技能。因此，环境应答无非是在一个特殊时间关于栖息地所做的一项具体的文化选择。如果我们可以把人对这个环境关系的旧定义重新定义为习惯与栖息地的关系，那

---

① Jean Brunhes, La Géographie humaine, ed. 2 (Paris, 1912)；美国译本：Human Geography (Chicago and New York, 1920)。Vaughan Cornish, The Great Capitals, an Historical Geography (London, 1923).

么很清楚，栖息地随着习惯的每一种变化而受到重新评价或重新解释。习惯或文化涉及态度和偏好，这些是已经发明出来或后天习得的。在戴草帽这件事上，并没有一个普遍性的环境应答。在芝加哥，草帽可能是穿着体面人士的夏季服饰；在墨西哥，它在一切天气中都是农场工人的特殊标志；而未经改变的印第安人则根本不戴草帽。就像每一种其他文化特征一样，草帽依赖一个群组对一种观念或模式是否接受，这种观念或模式很可能被另一种习惯压制或取代。孟德斯鸠、赫尔德（Johann Gottfried von Herder）和巴克尔预测的科学设计失败了，因为我们知道，与 18 世纪的理性主义或 19 世纪的环境决定论所认为的不同，自然法则并不适用于社会群组。我们已经明白，环境是文化评估的一个条件，这本身在文化史中就是一种“价值”。

我们知道，生境必然涉及习惯，而习惯是一个群组共同的、激活的学习结果，它可能无休止地经受变化。因此，人文地理学的全部任务就是对按地域定位的各文化进行比较研究，不论我们是否将描述内容称为文化景观。但文化，是占据一个地区的群组学会并成为惯例的活动。一种文化的特征或综合体发源于特定的地点、特定的时间。它获得接受——也就是说被一个群组习得——并向外传达或扩散，直到它遭遇足够强大的抵抗，例如由于自然条件不合适，由于存在替代性特征，或由于文化水平有差异，等等。这些过程需要时间；它不是简单的
360 编年时序，而是文化史中的那些特别时刻，就是说当这个群组拥有发明的能量或取得新方式的感受力的时候。

作为文化-历史地理的人文地理学

文化地区，作为具有一种生活方式的社区，因而是在特定“土壤”或家园上的一个生长物，是一种历史和地理的表现。它的生活方式，即经济，或 *Wirtschaft*，是它将所寻求的满足最大化、所花费的努力最小化的方式。这或许正是适应环境的含义吧。就其当时的知识而言，这个群组是在适当利用或充分利用自己的场地。然而，我们不必从金钱或完全从能量方面（例如所付出劳动的单位）来衡量这些需求和努力。我敢说人类的每个群组都把居住地建立在最适合他们的地点上。不过对我们来说，也就是对我们的文化来说，许多这样的地点看起来是奇怪的选择。因此，我们要小心，对每一种文化或习惯必须依它本身的学问来评估，居住地也必须从居住群组的角度来看待。这两项要求给我们作为解释者的能力施加了沉重的负担。

每一个人文景观，每一处居住地，在任何时候都是实践经验的累积，也是维尔弗雷多·帕累托（Vilfredo Pareto）[①] 满意地称为剩余物的累积。对房屋和城镇、田野和工厂，地理学者要是不追问它们的起源是怎么回事，就不可能研究这些事物的地点和原因。他要是不知道文化如何发生作用，即这个群组在一起生活的过程，就不可能处理各种活动的地方化定位问题；他只能通过历史重构来做这件事。如果我们的目的是定义和理

---

① Vilfredo Pareto, The Mind and Society, Vol. 2, Theory of Residues (New York, 1935), pp. 508-511, 及全书各处。

解作为地区生长物的人类联合体，那我们必须找出他们和他们的分布（聚落）以及他们的活动（土地利用）是如何成为现在这个样子的。他们的生活和从土地上谋生的模式，要包括既懂得他们为自己所发现的方式（文化特征），又懂得他们从其他文化群组那里获得的方式。对文化地区的这种研究就是历史地理学。所寻求的理解的特质是起源和过程的分析。最全面的目标是文化的空间区分。既然研究的是人并且其分析是起源性的，这个学科必然涉及时间的顺序。

361　回顾与瞻望是同一个序列的不同两端。因此今天只不过是一条线上的一个点，这条线的发展可以从它的开头重构，而它的预测可以指向未来。回顾关乎起源，不是古物收藏；而且我也不同情那个说社会科学家不可以冒险预测未来的羞怯观点。我们只有把当前状况理解为一个移动的点，一场有头有尾的行动中的一个瞬间，这样才能获取关于人类进程的知识。这并不构成对这条线的形态的承诺，例如它是否具有循环性质或者呈现不规则样貌；但它的确防止我们过分强调当前状况的重要性。研究现在景象的唯一确定优势，是它可供我们最全面地接近视察。然而从当代资料本身，不可能发现如何选择什么是、什么不是可以用来判断重要过程的手段。我有时会说，从地理学上看，我有生以来经历的两个最重要事件，一是大草原地带最后一部分被人定居，二是福特 T 型汽车问世：前者是一个文化过程系列的结束，后者是一个文化过程系列的开端。但是我们能不能如地理学业务所要求的，在这些关键过程发生的时候把它们挑选出来，或者把它们与它们所导致的变化联系起来呢？如果不是因为我们不习惯从过程的角度来思考的话，那又为什么会错过这些事件呢?

历史地理学要求区域专门化

对过去文化的重构是一件侦查工作的缓慢任务，需要收集证据并将它们组织到一起。叙事历史学家可以把来自过去的任何东西当作磨坊里的谷物一样来接受，但是文化史学家就不能这样做了；我希望将历史地理学看作文化历史学的一部分。我们的义务是搜集关于经济和居住地的分类资料，以便有效填补地区上和时间上的空隙。我们以重构西班牙征服时的墨西哥为例。在这里我们需要尽可能了解 16 世纪初期的人口分布、城市中心、城市经济、农业类型、金属和石材资源、野地动植物材料供给，以及交通线路。有些早期作者描绘了西班牙人到来之前与西班牙人不同状况的画面，例如胡安·德托克马达撰写的《印第安君主制》[①]，但遗憾的是他们做的是一般性而不是 362
地方化的陈述，或者是把一个地方的真实情况作为普遍状态应用到所有地方。因此，我们不能依赖旨在做概要描述的报告，而必须转向那些披露地方资料的小型记录。重构过去的重要文化景观要求我们做到：（a）了解作为一个整体的特定文化如何运行；（b）掌控所有当时的证据，这些证据可能属于各种类型；（c）最详尽地熟悉特定文化所占据的地形。

因此，历史地理学家必须是一名区域专家，因为他不能只

---

① Juan de Torquemada, Veinte y un Rituales y Monarquía Indiana, 3 vols. (Madrid, 1723) .

知道这个区域如今的样貌；他必须深切了解这个区域的形状，以至于他能在其中发现过去的痕迹；而且他必须深切了解这个区域的特质，以至于他能看到它在过去情形下是什么样的。可以说，他需要一种能力，就是用以前居住者的眼光，从他们的需求和能力的立场来看待这个地方。这大概是所有人文地理学中最困难的任务了：不是以今天一名受过教育的美国人的观点，而是把自己置于所研究时代的文化群组成员的地位上，来评估一个场地和形势。然而，知道自己成功地深入到一种已在时间中消失，或者在内容上是我们完全陌生的文化之中，这会是一个令人满足的体验。

这样的工作显然不能通过范围宽广的抽样研究来完成，而是可能需要一生致力于弄懂自然与文化的一种主要环境。一个研究者因而可以把自己的学问向外扩展到一个文化地区的边境，探索它与界线另一边的差异。或者，研究者可以远行到以重要相似品质为特征的其他地区。但无论如何总要有一个基地，即这位观察者使自己成为专家的地区。人文地理学家不可能是世界旅行者，从一个民族移动到另一个民族，从一块土地移动到另一块土地，对其中任何一处只知道马马虎虎且不一定相关联的东西。我怀疑一名人文地理学者能否成为关于一个大陆的权威人士。就我们不了解的地方撰写区域课本，所用的材料抄自我们不能评判的二手来源，难道我们不应该摒弃这个习惯吗？还有成百上千的所谓类型研究，个别地看就是地球上的一些地点的半摄影记录，它们也不太可能构成有什么重要意义的东西。我们承认地理学界有自然地理学的专家，但是我们在人文地理学方面有这类的水平吗？如果没有，那我们遇到的困

难难道不是涉及非起源形式的呈现，而并非强化的分析性观察吗？我们有一大批受过人文地理学良好训练的博士，向几千个 363
学生教授几百个课程，但是他们对自己所代表的这门科学的实质贡献是多么微不足道啊！

前面说过的那种历史的区域研究存在于最优秀、最古老的地理学传统中。菲利普斯·克卢维里厄斯（Philippus Cluverius）在17世纪对古代德国和意大利做了极其敏锐的重构，[①] 熟练地结合了古典知识与土地知识。洪堡的《新西班牙论》（*Essay on New Spain*）[②] 至今仍然是墨西哥历史地理学的经典。洪堡和李特尔引发的激励作用在19世纪中叶通过奥古斯特·迈岑的工作得到强调，成为历史地理学研究的一门适当科目。迈岑的研究方式大大影响了所有的大陆地理学。历史区域专门化在伟大的知识宝库《德国地域与民俗研究》（*Forschungen zur deutschen Landes- und Volkskunde*）中有很好的表达。赫伯特·弗勒和伊娃·G.R.泰勒女士（Eva Germaine Rimington Taylor）的影响在较年轻英国地理学者的研究中是很明显的。现在是时候了！我们在美国也应该变得积极认识这一点，它是人文地理学的伟大传统。

---

① Philippus Cluverius, Germaniae Antiquae Libri Tres（Lugdunum Batavorum, 1616）; Italia Antiqua（Lugdunum Batavorum, 1624）.

② Alexandre de Humboldt, Essai Politique sur le Royaume de la Nouvelle-Espagne, 5 vols.（Paris, 1811）；英文译本：Political Essay on the Kingdom of New Spain, 4 vols.（London, 1811）。

文化地区的性质

在所有的区域研究中——我们把区域地理学等同于历史地理学——一个严重问题是“地区”这个术语的定义。关于“区域”（region）或“地区”（area），有过很多无结果的讨论，看来没有一个定义是充足的。

最常见的尝试是以“自然地区”为出发点。然而除了岛屿，很难知道什么构成一个自然地区，因为气候、土地形态、土壤区等多半有很大的偏差。由此，人们偏爱研究岛屿和那些在轮廓清晰度上堪比岛屿条件的地区。即便我们能在什么是自然区域方面达成共识，我们仍然面临一个事实，即文化单元往往横跨自然条件相对比的区域边境地带。自然区域的边境，而不是中心，多半会成为文化地区的中心。

我们常常使用“自然区域”这个词来标明简单的栖息地
364 特质的任何地域区分，这些特质可能通过减少复杂性来方便研究工作。我们相当主观地指出，“自然”区域 A 是一片针叶林地块，区域 B 以某种气候为特征，区域 C 是山地，区域 D 则是煤炭和石油产区。我们总是在标记自然区域时混淆各种词语，为每一片区域选择一个主要的栖息地特质。因此我们多半是通过称一个地区为自然单元来掩盖（而不是回答）这个难题。

在人文地理学中，我们的主要兴趣在于文化地区的内涵。因此，观察的单位必须被定义为受一种功能上一致性的生活方式所支配的地区。到目前为止最令人满意的例证在爱德华·哈恩的世界基本经济区域中。[1]不过，对一个文化地区，我们除了说它在生活上密切相互依赖以外，还远远不知如何来确定它。尽管如此，与人类学家包罗万象的文化地区相比，我们的任务比较简单，虽然我们或许最终也必须建立起自己的地区，这就需要找到一种充分契合的共同特征。一个等级的文化地区可以通过一种单一经济综合体占统治地位这一点得到承认。一个更高等级的文化地区可以由一个群组地域经济的相互依赖性来确定。如何谋生的特征对我们来说是需要观察的最重要的事情。在我们了解更多东西之前，还不需要太多关注文化的其他特质。

经济地区很少会有固定的或清晰的边界。这些地区在历史上可能经历过中心和外围的转换，以及结构的改变。它们具有获得或失去领土的特质，而且控制中心也常常移动。它们是能源场地，在那里活力的变化可能显示出有特色的方向性迁移。我们也可以想见，随着时光流逝，一个文化地区从早先地点完全转移出去，却仍然维持了它的有机连续性。

我们对一个文化体系的起源即出生地问题深感兴趣。这个我们可以称为文化家园的主题，是对文化源头定位的探究。问题的经典构成今天依然未变，还是农业系统发源地的问题。下一步，我们关注一种成长中的文化在它占据土地的方式和速率上所显示的能量，包括扩张疆界的性质。再下一步，我们愿意了解一个文化地区相对于另一个文化地区稳定下来的方式。最

---

① Eduard Hahn, "Die Wirtschaftsformen der Erde"（地图），载于 Die Haustiere und ihre Beziehungen zur Wirtschaft des Menschen (Leipzig, 1896)。

365 后，还有文化的衰退或崩溃问题，以及接替它的文化的问题。所有这些问题的同类体都常见于植物组合研究中的植物生态学。

整个人类时代的相关性

我现在可以提出对一种地理学观点的异议，这种观点认为地理学唯独或特别关注的是当前的经济或文化。一切社会研究中的根本问题之一是如何解释制度和文明的兴起和消失。一个伟大国家或伟大文化的诞生或衰落，总是值得文明的研究者予以注意。一个人如果致力于了解早在历史开端的一种文化怎样生发和逝去，那他作为地理学者的地位绝不亚于一个研究芝加哥工业发展的人。在密西西比三角洲，从考古中学到的人文地理学内容可能和在当地甘蔗田里获悉的同样重要。社会科学任何题目之所以重要，不是因为它的年代，而是在于它能够使我们对文化起源和变化的性质看得清楚些。这个断言对当前形势有根本意义。如果它是正确的，那么整个人类时代都包含在这个领域之中，而那种认为当前才在本质上最重要的偏爱就错过了作为一门发生科学的人文地理学所明确表达的目标。

在各处有一些地理学家关注史前的聚落和文化。在路易斯安那州，弗雷德·尼芬（Fred B. Kniffen）和詹姆斯·福特（James A. Ford）提供了我们从考古地理学研究中可以学到什么的很好例证。[①]的确，考古学中有一个特别的地理维度，即一种文化痕迹的完整分布，这对于重构这种文化的人口模式和经济地理是至关重要的。甚至在我们最熟悉的地区——普韦布洛文化区，这种研究方式也只使用过一次，是弗拉格斯塔夫博物馆的哈罗德·科尔顿（Harold S. Colton）和他的同事们所做的，这种方式我愿意推荐为工作质量的模范。[②]英国地理学今天在很大程度上要归功于赫伯特·弗勒，他关注的主要是最遥远的时光走廊。[③]在这个领域里，几乎不存在当前文化区的连 366
续性问题，只有对文化专门性和生命力的一般问题的探讨。至少对我们之中的一些人来说，“编筐人”（Basketmaker Man）和“钟杯人”（Bell-beaker Folk）的地理像今天世界上的任何事物一样给人启迪和引人入胜。我们之中那些完全是历史地理学者的人关注纵贯整个人类时代的人的起源和变迁。因此，如果我们研究最远古时代，即我们人类的儿童时期，任何人都不应该认为我们在任何意义上偏离了重要主题。相反，我们认为，致力于当代场景短期维度的人文地理学者是被一种奇怪的痴迷所俘获了。

---

① Fred B. Kniffen, The Indian Mounds of Iberville Parish, Louisiana, Louisiana Dept. of Conservation, Geographical Bull. No. 13, 1938, pp. 189-207; James A. Ford, Analysis of Indian Village Site Collections from Louisiana and Mississippi, Louisiana Dept. of Conservation, Anthropological Study No. 2, 1936.

② Harold S. Colton, Prehistoric Culture Units and their Relationships in Northern Arizona, Museum of Northern Arizona, Bulletin 17, 1939.

③ Harold Peake and Herbert John Fleure, 10 卷系列，系列的集合名称为：The Corridors of Time (London and New Haven, 1927-1956)。

历史地理学中的档案

重构一个文化地区过往阶段的第一步是掌握它的书面文献。当年的地图是人们现在最希望发现的东西，但这很少能够实现。然而在美国，有关移民定居时期早年的植被及“改善”情况的报告，我们很少去发掘老旧土地勘测文件方面的可能性。在土地办公室的地图和土地授权书的旧时记录中有相当多的宝贵材料，使我们得以瞥见拓荒时期的景观。精确定位的事实数据，包括人员和货物计数、土地所有权、估值、生产等，存在于各种档案中但被忽视，等着我们去利用。关于新西班牙的西班牙旧文献丰富到难以处理的程度，从教区记录到呈送给西班牙国王的概况报告无所不包。其中不乏早期探险的日记和报道，视察官员详细报告地方情况的访问记，传教士的信件，16 和 18 世纪几次为整个西班牙美洲颁布的所谓地理关系令，缴纳税款和贡品的记录，以及矿物、盐和道路的资料。或许在新大陆没有任何其他地方像西班牙殖民地这样，拥有关于各处的移民定居、生产和经济生活的详尽文献，但它注定又是一个异乎寻常的地区，关于它的文献资源将不会产生重构其贯穿一
367 连串历史阶段的地理模式所需的大部分资料。然而，熟悉这些记录将花费大量时间和查找的努力。

历史地理学中的田野工作

任何人都不应该认为，历史地理学可以满足于档案中和图

书馆里找到的东西。除了这些以外，它还要求严苛的田野工作。首要的步骤之一是有能力在田野现场阅读文件。举例来说，把一份很久以前写成的关于一个地区的描述带到当地，将那时候的地方及当地活动与现在的相比较，看一看过去的定居点在哪里、交通线路从何处通过、森林和田地处于何方，逐渐获得一幅隐藏在目前场景背后的过去时代文化景观的图像。这样，研究者得知了曾经发生过的变化的性质和方向。关于“地方位置的价值发生了什么事”的问题便开始成形。因此，把旧文件带到野外，重新定位被遗忘的地点，找到荒野在哪里夺回了活跃生活的场地，关注居住者及其生产基地进行了什么内部迁移，这些都是真正的发现。这样的研究会使画面开始由碎片合为一体，研究者来到一个对过去豁然开朗、对它与现在的对比了然于心的高光时刻。这，我认为正是“发生人文地理学”（genetic human geography）。

这个工作可能在体力上很艰苦也很困难，因为如果你想得到答案，就必须沿着小路前行。你必须走遍过往活动的地盘，不论它现在对研究者的舒适和健康来说是否可行或方便。这不是一个通过现代交通手段学会了解一个国家的问题。历史地理学经常苛求人们与偏远之地建立亲密关系，而现代经济地理学却不会这样做。这种探究要求田野工作者前往那些证据需要他去的地方，因此当他体力上能够跟随线索探察选中的地区，这短暂而珍贵的年轻岁月是多么重要啊。只有太少的田野工作季可以供他利用。当体力不支的日子来临，他会后悔自己没有更长久、更频繁地待在野外，来获取所需要的观察结果。

历史田野工作的首要目标是从过去习惯的角度评估居住 368

地，并重新定位文献记录中所指出的过往活动模式。此外还要加上更具体的野外观察任务，其中最主要的可以称为文化遗迹和化石的定位。

文化遗迹是记载那些过去曾主导而现在已过时的条件的幸存机制。熟悉的示例有：过去年代遗存下来的（1）建筑物类型，（2）村庄规划，和（3）田地模式。每一位欧洲地理的研究者都知道房屋类型、定居点规划和田地系统是如何带给我们关于不同种类聚落形态传播的知识，在这些方面往往是没有书面记录的。埃德娜·斯科菲尔德（Edna Scofield）、弗雷德·尼芬和卡尔·肖特（Carl Schott）很好地展示了这种资料如何能够用在世界的这一部分——美洲。[①]（4）我们之中有些人一直在从事追踪本地庄稼作物品种的分布，作为文化传播的指示物。对旧大陆动植物的驯化品种也有类似的工作要做，以便追踪文化散布的路径。（5）在种植和畜牧旧形态的研究方面，几乎没有做什么事情。对本地的锄耕农事或栽培农事，对至今仍然存留的偏远林地耕作特征，对牧场放养牲畜的旧有基本元素，对谷仓的历史功能，对不同的移民农业类型，这一切我们全都缺乏调查。这种类型研究忠实而详细地记录旧式农业社区的全年历法，会有很高的价值；要是这种研究还能做到显示时间带来哪些改变的话，则尤为可贵了。（6）与此相似，仍然

① Edna Scofield, The Evolution and Development of Tennessee Houses, Journal of the Tennessee Academy of Sciences, Vol. 11, 1936, pp. 229-240; Fred B. Kniffen, Louisiana House Types, Annals Assoc. Amer. Geographers, Vol. 26, 1936, pp. 179-193; Carl Schott, Landnahme und Kolonisation in Canada am Beispiel Ontarios, Schriften des Geogr. Instituts der Univ. Kiel, Vol. 6, 1936, pp. 201-210, 271-274.

有陈旧形态的砂矿、矿井，甚至矿脉开采，以及（7）老式的伐木和木材运送。所有这些有助于理解以前居住点定位中的有效过程和资源使用的古老痕迹，都应该在它们依然存在的时候记录下来。（8）旧式的水力及畜力磨坊，和（9）存留的旧式水路及陆路运输方式，这是另一些切题的例子。

可能有人会反对说，这些探究是技术性的，并不是地理学的。然而，每一个有组织的活动都是一个群组或社区学到的或开发的一种技能，如果不理解这种技能，地理学者便不能解释 369
这一地区的生产职业。如果说在人文地理学中没有直接适应（direct adaptation）这种事，就不可能有不把社区作为技能组合来关注的人文地理学。这样，田野地理学者必须观察这种技能在占据特定场地之群组的文化目标中的表达，而历史地理学者必须找回旧时技能的存留物，它们能解释过去土地占据的主导形态。

更重要的是，作为田野工作者的地理学家有机会去观察物质文化如何发挥作用，而其他社会科学家不太可能做到，因为他们多半不习惯田野观察。甚至连人类学家对他们研究的原始民族农牧业所给予的注意，也不如地理学者观察同样的民族那样细致。很难想象一种不精于了解谋生过程的人文地理学。如果役畜路线是地理现象，那么使用它们的役畜队伍同样如此；动物的觅食地点涉及对它们所依赖的粮草或饲料的知识；那么，对动物的利用（即它能覆盖的距离和它能承载的负荷）以及装货、驭赶的整个过程，为什么就不是同样有用的知识呢？尽管有人抗议，我仍然只是在帮助理解文化区分的意义上，才对历史地理学或人文地理学感兴趣；而且我只是通过学习人们为从他们的乡土中谋生所使用的方法和工具，才能理解这种学问。

化石形态可能被看作那些不再起作用的东西，但是它们仍然存在，要么是过时之物，要么作为废墟。对废墟的田野研究很重要，因为只有废墟才会在某些情况下显示失败了的生产活动或定居的位置。有些是居住地的直接废墟，从早期人类的炉灶到废弃的农场，它们提供了人为什么曾经在这里生活的线索。在房屋土质地板和居住点垃圾曾经处于的位置上，土壤有令人好奇而持续不断的改变，常常表现为有特点的不同植被。其中有逃逸的家居植物，可能是自行在周边无限繁殖起来的，有东北部的丁香树丛、东南部的金樱子、西班牙美洲土地上的石榴和木梨等。在废弃的田野里有土地利用的遗迹，可以辨别出史前的耕种地表直到二十年前的繁荣农业。证据存在于特别的植物演替、土壤变化，甚至古代犁沟之中。在老南方[①]，大
370 家都知道过往田地的准确界限可以由“老田”松林来确定，田地废弃的年代可以通过松树的年龄大致估算出来。

历史田野工作还有一些较次要的途径：具有旧时代含义的地名、显示当年传统的民俗和口音的转变（那时传统是经济的活生生一部分）、仍然属于群组中最年长成员的记忆。通过跟一个族群一起生活而发现一些残留物也不是不值得考虑，偶尔会有特别揭示真相的线索出现。我可以举出爱德华·哈恩的例子，他从研究欧洲饮食习惯不起眼的细枝末节中获得了重要启示，特别是得益于那些在他之前还没有人考虑过的残留

① 指南北战争前的南方诸州。——译者注

举止。

在整个历史地理学中，田野工作要求最敏锐的观察、对线索持续的警觉，以及在假设方面的灵活性。这个工作不像绘制当前土地利用的地图那样，可以舒适地常规化。

这种田野观察具有紧迫性。年复一年，现代工商业的无情双手扫荡了越来越多的古老东西。传统随老人一起逝去，文献被毁灭，天气、风暴和洪水清除了物质遗存物，科学及市场标准化破坏了旧时的庄稼。今天和将来的任何一天相比，对研究者和历史记录都是好日子，再等下去岁月会将两者全都废弃。

因此，一门比较区域地理的科学可能在我们之中发展起来，它将避免以下错误见解：（1）地理学的实质部分是关于同时代活动的科学；（2）把缺失的环境说明添加到历史学家的著述中，历史地理学就完成了；（3）历史地理学仅仅是在图书馆里的工作；（4）地理学者通过对很多互不相关的地点各有一点了解，便可取得卓越专业知识；（5）描述性研究不必考虑过程（即成因和功能），可以构成一门科学，不论是自然科学还是社会科学；（6）地理学在不理解文化过程、发展和区分之性质的情况下，能够处理文化与场地的关系；（7）通过风格和组织手法，就有办法弥补好奇心的缺失和知识的贫乏。

历史地理学的一些主题

我提出几个普遍性问题，作为我们应该推进的比较知识：

一、自然地理学的某些过程，涉及长期变化的，可能影响 371

人类。(a)最重要的是气候变化或气候周期问题。其他有关人的各门科学指望我们地理学者获取关于人类时代气候变迁的事实、性质和走向问题的答案。区域专门化的地理学者有机会让人们对这个有争议的题目看得更清楚。在世界上所有干旱的边缘地区，这个题目受到主要关注，特别是，自从农业活动开始以来，这些干旱地区的边界扩大了吗？使用非仪器气候学资料的方法和结果也许可以构成本协会开会时的一个重复性专题研讨会。(b)与此题目部分相关的问题是，自从冰川化以来植被的自然变化；对研究美国内陆的地理学者来说，很少有比北美大草原，或一般潮湿草原更有意思的问题了。(c)另一个题目是人类占据时期海岸线和水系的变化。在相关会议上，理查德·乔尔·拉塞尔指出密西西比河的流域变化，有些是从埃尔南多·德索托(Hernando De Soto)[①]渡河后就开始了。乔治·马什的经典著作《人与自然》(*Man and Nature*)[②]概述了很多这样的问题。

二、人作为自然地理的施动者。(a)在当前，我们倾向于否认移民定居和清除森林对气候的一切影响，这与老一代人的态度相反，后者显示在早期美洲森林的文献中。的确，森林科学在很大程度上发端于树木减少极端气候的假说。我们并不掌握很充足的资讯来完全打消这个命题。根据我们现有的信息，在某些气候张力地带，例如干旱区，没有人能保证地面覆

① 西班牙探险家，1541年发现密西西比河。——译者注

② George P. Marsh, Man and Nature; or, Physical Geography as Modified by Human Action (New York, 1864).

盖层的激烈改变不会影响气温、湿度和地表及近地表可用水分的至关重要的关系。我不能完全肯定，人没有通过改变大气层最底层的气候条件来扩展沙漠界限，这种气候条件可以称为植被内部气候。

（b）很奇怪，对于人作为一个地貌施动者，地理学者没有给予什么关注。土壤侵蚀是用来说明人实行或加速的地表移除过程的常用名称。土壤侵蚀事件在历史地理学中可能是个重大力量。土壤损失削弱了地中海文明吗？弗吉尼亚人是强大拓殖者，这是因为他们显而易见地耗费了土壤吗？地理田野工作应该包含彻底搜寻完整的原初土壤剖面，并标记田地和牧场中土壤剖面有代表性的缩减或截断。只有这样，才能理解多产地 372
表之损耗的年代、性质和程度，并由此查明记录在案的人类农业区域变化中的命运。地理学对此有一个奇怪的盲点，这是它最基本的问题之一，可能正说明它避开历史学研究途径的结果。

在人为砍伐剥蚀的斜坡下面堆积废物，当然也是这种情形的补充部分。沟壑多半是土壤侵蚀进一步的、急剧的征兆，包括其中有些还在教科书里被当作通常的年轻山谷的例证。地理学者会不会经常区分天然峡谷和人力导致的沟壑，或者对后者的发生和成长历史产生兴趣呢？地表和土壤损耗是滥用土地占有的表现，我相信没有什么会比对这个现象的批判性研究更符合地理学身份了。一方面是病变的自然过程，另一方面是需要研究的文化原因。下一个问题是持续的损耗对人口和经济的存活有什么影响，不断增强的趋势是退化性变更或替换。最后，还存在一个复原或修复的问题。

这一主题在 70 多年前就被马什指明为地理学的正式问题。[①]地理学者长期以来教授保护自然资源的课程，思考土壤侵蚀的罪恶。但是他们作为田野调查者又做了些什么呢？调查对象可能其实就在他们教室的台阶上。难道要这样回答这个问题：土壤学家应该研究土层损耗，地貌学家应该研究沟壑，农业经济学家应该研究失败的农业，乡村社会学家应该研究流失的人口，而地理学家只需根据别人的调查结果去备课吗？

（c）破坏性开发利用的一切结果必须被视为涉及栖息地的改变。文明人的在场常常意味着河流和地下水状况的变化。灌溉地区在各处显现碱聚集或浸水带来的慢性麻痹。自然资本消散有多种形式，其原因是文化方面的，其结果是受影响地区的缓慢危机，因此其含义是一个人文地理学事项。

（d）人为改变土地的一个特别问题是文化对动植物生态的关系。这个领域里有些问题可能要留给植物或动物专家。然
373 而，历史地理学者必须在力所能及的范围内考虑这个题目，而
且因为他专攻历史资料，他有可能遇到生态学家无缘相见的证据。例如在墨西哥，很明显的是文明人和原始人相当不同地修饰了植被。原始耕作远不像现代农业那样被束缚在低坡上。在特定的气候和土壤条件下，锄耕农业其实是一种长期的林农轮作，通常在大小山坡上。在这样一个实际上已历经几千年的体系下，当前的整个野生植物区系在当地可能代表一种古老田地的演替。在某些地区，白人的到来由于过度放牧而导致对当地植被的一种新型压力。特别是在矿场周边，白人实行彻底的森

① 同上，pp. 8-15，214-252，及全书各处。

林砍伐以获取采矿所需的木材和木炭，并且在采矿营地一带持续放牧。老矿区现在可能被好几里格的空地包围，而那里曾经长满了森林和灌木丛。

这是历史地理学者可以充分发挥的一些主题。在探究过程中，他可能获悉某些植被组成部分受到遏制，因为它们对人来说特别有用，或者因为它们繁殖力低下，或者因为它们对生态平衡很敏感。了解当地植物区系的重要组成部分，甚至观察它们繁殖和生长的习性，都不是特别神秘难解的事情。一位观察者可能在这个主题上比别人走得更远，但无论如何这个主题的适当性是无可置疑的，而且从文化入手可以在生物与时间因素的联系方面使观察更加敏锐。特别是在气候张力地带，可能人类的干预会很典型地造成原有植被边界的大面积位移。具有长期放牧历史的任何地区尤其应该在这方面加以检查，看看美味的树叶和野草是否被其他植物所取代，后者不好吃，可能像木头，或者是苦味的肉质植物。火的作用，特别是在原始人手中，需要大量的额外观察，在观察时应该知道，长期持续燃烧对植被的影响与一系列短期燃烧产生的效果可能是相反的。

三、定居地点。一个定居点的位置记录了创建者关注的对栖息地的特别偏好。由于一个定居点一旦建立就不容易转移，
后来的文化变化更改了场地价值，迫使城镇居民面对要么迁 374
走、要么遭遇发展障碍的两难选择。也许，假如从头开始定位美国城市，那我们只会把很少的几个放置在它们现在占据的确切地点。想一想那些城市吧，它们依赖曾经通航的河流、运输点和其他现已失去重要性的地点选项成长起来，但随着运输、供给和城市服务的改变，这些城市给后代不断带来很多问题。

假如加利福尼亚在今天被安置，旧金山（圣弗朗西斯科）大概只会是海湾对面一个大城市的中产阶级郊区吧。然而在1840年代，旧金山是最合资格的地点，因为它是海洋与河流运输交汇的地方。旧金山成功地维持了很多的城市功能，它在这些功能中具备初始优势，而当一个横向半岛位置的不利因素开始发展时，又在总体上克服了这些不利因素。

当一个居住点建立的时候，它一般可以被视为在定位上结合了满足群组需求的各种最佳手段。因此，有必要从最初需求的角度来看待这个场地。对群组的保护在一种情况下可能很重要，在另一种情况下则可能是无足轻重的事情。对食物和生活用水的需要，以及运输优势，随创建文化的差异而各有不同。按照定居开始时的文化态度来对场地进行分类，这件事很少有人做，然而这是一门城市地理科学的基础章节。下一个问题应该是在文化改变情况下对场地和住所的重新评价，即在一系列阶段中看到的场地。

四、定居模式。关于以下问题，我们没有很多的比较历史知识：（a）居住地的分散或聚集；（b）在特定文化下发展起来的定居点群组的间距和大小；（c）在一个文化地区内的城镇与城镇之间的功能专门化；或者（d）在一个主要城镇内部的功能区分。这是关于习惯定位的一些最明显的问题，需要从历史和区域的观点去探究。

五、房屋类型。美国人很少注意住宅单位，它通常近乎社会单位，或者是在全部包含意义上（而不是婚姻意义上）的家庭。住宅单位是单一家庭还是多户家庭，是否供养家属和仆从，是否包括对家畜的安排？住宅单位是否正式包含储藏主要

必需品，或者从事手艺或买卖？房屋规划的功能普遍性是什么？房屋类型的研究基本上就是对最小经济单位的研究，正如
村庄和城镇的研究也就是对一个经济社区的研究一样。在这两 375
种情况下，描述都是在寻求结构与制度化过程相关的意义，作为文化地区的一种表达。房屋是历史地理学的记录。它们的年代可能是过去的历史阶段，也可能作为当前的建筑，却仍然保留着美国房屋中曾有过重要功能的传统特质，例如壁炉、门廊、窗板等。

六、有关文化地区历史结构的土地占据之研究。理论上，在任何特定时期都会有居住地生境评价与习惯需求之间的片刻平衡。环境优势或劣势因而总是相对于那个片刻或特定文化阶段，土地的使用也总是适应一个社区的需求和活力，并且随社区需求和活力的变化而变化。然而，变化通常是缓慢的，部分原因在于修改地界线的困难。土地使用合理化会遭到基于早年田地设计及其他土地占有权的反对。在任何时候，土地权利和土地使用多半会把大量的过去情况保留下来。定居模式、房屋类型、田野系统和土地所有权是在重构变化和持续性的过程中最为公认的观察项目。

七、文化高潮是什么情况？在人类社会中有没有一种类似生态高潮的事情，即实现了那个群组及其场地的一切内在可能性？人口的增长、生产的实现、财富的积累，甚至观念的递进，什么是成熟的文明不会超越的限度呢？我们可以怀疑那种说所有文化都具有循环特征的更极端假设，但是我们也关注文化高峰、文化稳定和文化衰退的重复现象。各文化或文明的上升和衰落使多数有历史意识的人类学者感兴趣，它当然也不会

不吸引历史地理学者。答案的一部分就在文化的能力与栖息地品质的关系中。如果破坏性开发利用能被证明为变得严重，情况就相对简单。还有一个人口过多的棘手问题（这很可能在文化-历史意义上是个现实，尽管对理论社会科学家来说是个异端观点），涉及个人的机会降低和必须分享。生产活力损失的问题可能出现，原因是城乡人口之间、初级生产者与那些受供养的有闲阶级之间分配不均。还存在比较优势转移到另一个族群和另一个地区的问题。这种对文化局限性的彻底审视是一个令人忧郁又激动的题目。

376　八、文化的接受性。一种新的农作物、手艺或技术被引进一个文化地区。它是传播或急剧扩散，还是对它的接受会遭遇抵抗呢？是什么条件使某一个群组热切接受革新，而另一个群组选择按自己的旧方式继续下去？这是社会科学的一个普遍问题，它可以部分地由地理研究来回答。

首先，地理学者最能确定是否存在天然屏障或走廊。一种庄稼没有扩散，也许因为它遇到不合适的气候，也许因为它所要求的土壤不是某种耕作方式学会使用的种类。

其次，地理学者很可能追踪了物质文化特征的存在或缺失。他应该知道一种农作物或一种技能是否面对这个地区中已有确立地位的合意替代品。小麦种植在拉丁美洲的散布很大程度上受到当地族群饮食习惯的影响，他们有其他的淀粉和蛋白质作物。只有就世界市场而言，也就是说从严格的商业生产角度，人们才会按照小麦或玉米在一块地里的产量来决定种植哪一种。我还要补充一点：即便是今天的世界市场价格，也只不过是一个占优势的采购群组文化需求的表达，而并没有真正反映几种谷物的功用。

我们清楚地记得，弗里德里希·拉采尔创立了文化特征散布的研究，呈现在他几乎被人遗忘的《人类地理学》第二卷里；① 爱德华·哈恩通过自问为什么有些民族从事乳业，而另一些完全不沾染牛奶和奶制品，发现了他毕生工作的重大问题。

九、一个文化地区内的活力分布。在此我们可以参考沃恩·科尼什关于文化"行进"的伟大论题。②他的观点是，每一种成长中的文明都有过一个活跃的边境：一个实际的前沿，在那里族群的能量被聚集起来，权力、财富和发明得到最大的发展。这与弗雷德里克·杰克逊·特纳（Frederick Jackson Turner）关于边境的论著③有些相似，虽然科尼什没有涉及边境持续扩张的必要性。边境从扩张开始，但是一种文化的活力一旦定位在这样的边境上，就可能在扩张停止后很长时间里还 377
继续展现自己在许多方面的领导力。因此，从历史上看，大发展并非出现在文化地区的中心部分，而是在曾经最无遮蔽也最吸引人的边疆发生。研究一个特定文化地区整个范围内的动力区域或权力中心（*Kräftezentren*），这方面还有很多工作要做。关于科尼什的命题有很多值得谈论的东西。例如，墨西哥的动力前沿在其整个历史中一直是它的北部边界。不论在新大陆还

---

① Friedrich Ratzel, Anthropogeographie, Vol. 2, Die geographische Verbreitung des Menschen（Stuttgart, 1891）.

② Vaughan Cornish，前引书，pp. vii-ix，26-27，及全书各处。

③ Frederick Jackson Turner, The Frontier in American History（New York, 1920）.

是旧大陆，考古工作都显示了很多在文化综合体边缘地带文化繁荣昌盛的例证。

十、文化的阶段和演替。特纳犯了一个不幸的错误：他接受了一个古老的、演绎的观点，认为人类的进步是通过相同的一系列阶段向前推行的，他认为他可以把这些承认为美国边境的普遍性阶段。我们知道，不存在普遍的文化演替，必须分别追踪每一种文化得与失的历史。特别是哈恩的伟大作品，[①] 告诫我们对文化阶段不要用演绎的研究方法，例如他否认游牧族群源自狩猎人而不是脱胎于古老农业背景。既然文化变化完全不遵循一个普遍的或可预料的进程，那就有必要通过其历史步伐追溯每一种文化。

西班牙人在新大陆定居的最初和主导的模式，是把所有西班牙人正式组织到乡镇团体之中，使他们固定居住在这样一个乡镇上，这一点没有得到普遍理解。从西班牙拓荒者一直都是乡镇团体成员这个基本知识，可以看到西班牙人的渗透和经济组织的性质获得了与新大陆其他殖民列强移民定居非常不同的形式。在美国的边疆，没有像西班牙美洲那样的统一性，但是从北到南有相当多的第一阶段，取决于拓殖群组；西向的迁移也没有同样的一种边疆类型。难道现在不是地理学者尝试归纳美国移居中的文化综合体和演替的时候了吗？这应该为我们协会今后的一些会议提供了实质内容。

十一、不同文化之间对地区的竞争。某些文化明显具有侵略性，其中有些几乎在人类历史的任何一部分都可以找到。在

① Eduard Hahn，前引书，pp. 32-33。

文化交汇地带对统治权的竞争，即确立平衡、形成界线的方 378
式，表现了文化的活力和适应性。拉采尔在他的政治地理学中设想过这种研究，它强调夺取空间的历史斗争。[①]不论是通过政府、兼并、贸易，还是优越的适应性，所有的文化都以获得或失去地盘的特性为标志。

结论

人文地理学家有义务将文化过程作为他思考和观察的基础。他的好奇心指向在什么环境下群组或文化彼此分离或彼此同化。人类历史的大部分就是文化分化和再汇聚的问题。我们甚至无法指出早在旧石器时代开始时有个统一的人类文化。使人类分散的巴别塔，它的年龄几乎和人类一样古老。关于生活习惯，也很少有字面意义上的“常识”特质，也就是说，很少有那种只能以一种方式最合理地去做的事情，不论是出于一般逻辑上还是心理逻辑上的必要性。我担心那些更理论性的社会科学，例如经济学，很可能会看不到这个真相。在美国，我们很容易忘掉这一点，因为我们恰巧属于一个精力极充沛而散布极广泛的文化，对自己高度自信，以至倾向于把其他方式都看作无知或愚蠢。然而，现代西方世界的巨大影响并没有废除一个古老真理，即人类历史明显是多元的，不存在一个普遍的社会法则，而只有文化上的赞同。我们面对的不是单一的“文化”，而是多种文化，除非我们欺骗自己，以为世界是按

① Friedrich Ratzel, Politische Geographie (München and Leipzig, 1897).

我们自己的形象塑造的。在这个对文化经验、行为和动力的伟大探究中，地理学家应该起到重要作用。只有地理学家才会认真关注所谓用人类作品填充地球上的空白这件事，或者称为文化景观。他的工作首先是发现陆地分布的意义，这是个困难的工作。人类学家和地理学家是把田野观察发展成一项技能的主要的社会科学家。

为我们的工作所建议的主题可能代表了一个超出我们直接的个人或协同能力的任务，但这些主题至少是对我们寻求的知识特质的一项设计。我们的一些努力可能自觉地建立起对地球
379 在人类手中分化的理解。如果我们以任何方式把自己的研究局限于人类时代，那我们不会走得很远。我们要么必须承认人类存在的整个跨度，要么放弃对人文地理学重要结果的期望。我们要么必须生产，要么就只能把别人烹调出来的食物加热一下。我认为别无选择。从整个地球人类存在的整个时代，我们建立起一门回顾性科学，从这个经验中获得前瞻未来的能力。

18. 社会科学的习俗[*] 380

知识的区分和获取知识的方法主要在于组织方面的便利和描述技巧的不同。能工巧匠可以用简单甚至无关紧要的工具干活；先进加工设备的主要优势是它可以让不那么熟练的工人使用，并且增加所处理材料的数量。我们当前的危险却在于，调查机制变得如此复杂、固定而昂贵，从而将调查者限制在加工中心，而且需要越来越多的技术人员参与。

在美国社会科学中，一个的确已经成为占主导地位的习俗是，一说进步，就联系到把探究工作置于大规模组织之中，使用规定的方法，达成有限的目标。由于采纳了“科学”这个名称，我们便折服于归纳、定量、实验这些“科学方法”。我们甚至被告知，这才是唯一适当的方法。我们应该感谢地理学者之中那些有数学和实验才华的人，他们找到了能用这类方法解决的重要问题。对人类行为做实验性探究给我们带来领悟社会态度和矛盾的新的洞察力。那些关于真正量化的资料能够提出重要问题的人，计数和演算机器在他们手中是高级的审查助力器具。然而，统计和实验程序是工具，只能局限于某种目

---

* Folkways of Social Science, The Social Science at Mid-century: Papers Delivered at the Dedication of Ford Hall, April 19-21, 1951 (Minneapolis, 1952), pp. 100-109. Copyright, 1952, by the University of Minnesota.

的，其产品取决于所设定问题的品质高低。我们越是坚持在不断延长的系列中使用计算和测试，还添加合适的项目成为新的系列，社会科学的限度就越是变成由可以测量的东西来界定
381 了；因而被吸引去做社会科学研究的人的个性和气质就越是在范围上受到限制。更进一步的风险是，我们对量化如此称道，以至于混淆了手段与目的、勤勉与智力成就。

没有任何研究领域能够被任何获取知识的特别手段或方法来正确界定。一个人可以致力于掌握和使用一项特定技术，但知识是兼收并蓄的，可以用增进理解的任何办法来达到知识的增长。以地理学为例，它当然受益于人人称为“地理方法”的研究方式。用最简单的话说，这是把空间上可定位或各异的任何事物的分布或变化放置在地图上。地理学者应该比现在更多地利用这个审查方法，因为很多分布问题不用它是无法研究的。但是，我不会承认某些人的宣称，即涉及地理学者的所有资料都可以用地图来表示，或者说他们的结论必定源于这样的地图绘制。因此，我不能同意关于地理学者可通过他们自己的研究方法而得到认可的说法。有些人可以，而有些好的学者却不能这样被认可。

很多其他学科的调查者使用地理方法。在生物区系的研究和有机物散布和进化的解释中，这个方法被广泛采用。它也是比较语言学的一个重要工具。它特别是现象的三维表述，还可以就第四维度——相对意义上的时间——提供其他方法没有揭示的信息。它用在持续变化的分布上，例如气候学资料数据。通过这个方法记录了限度、空隙、重叠、梯度等。植物地理学者研究松树的进化，不能不尽量准确地绘制公认属种实体的地

图。从这个绘制中，他便可对制约的环境因素做出推论，还能就属种的迁移和变异得到深刻领悟。一位人类地理学家弗里德里希·拉采尔通过绘制文化特征的分布图来研究它们的扩散，从而打开了比较–历史人种学的新前景。这样，他开启了一个长久的对文化特征之创造性事件（相对于文化特征之借鉴）的探究，这种探究现在不幸日趋衰落了。这个地理方法在社会科学研究中有很多的、大部分尚未实现的可能性，非常值得推荐为发现的辅助机制。不过，它仍然只是一个很好的工具，适合某些性质的事项并对某些目的有启发性。任何一种方法都不会超过这样的功能。

如果说社会科学家不能按任何特定的工作方式来识别，那我们认识他们的根据可以是他们共同思考的事情，或者是他们 382
中一些人作为问题关注的事情，对这些问题他们有趋于一致的兴趣。如果说“物理学是物理学家所从事的工作”，那我们地理学者同样应该以我们的工作成果为人所知，并且只保存在我们的作品中。在任何领域中都有几个持久的问题，每一代人用他们自己的方式提出这些问题。探究的进程会改变，部分原因是跟从最伟大的成功发现的方向。同时它也随着当时当地的文化气候而改变。

我们都在努力对人类社会的性质有更多的了解。然而我们即刻发现存在一个兴趣区分的问题，关注的究竟是单数形式的“社会”（society）还是它的复数形式（societies），即多个社会。对后者，我们常常更愿意使用复数的“文化”（cultures），即多种文化。在当前，尤其是在美国，这个区分已经变得很尖锐，而且我觉得是被过分强调了。在某种程度上，这是从量化研究的做法明显回归的结果。另外我认为，这在某种程度上是因为我们过度倾向于把自己的位置和时机普遍化了。我们都希望，关于不受时间地点限制的基础人类的知识将会持续增长。但我们也必须记得，这种普遍化的“社会人”携带着遗传的、生理的和文化的修改因素，这些是最难分离出去的。但愿受实验训练的新斯宾塞式社会科学多多成功吧，但是别让它丢弃那些在其他方向、用其他方式工作的人。我在后面还会提到这个切实而不断增长的危险。

在当前的20世纪中期，社会科学已经从它在世纪初所处的地位走出很远了。社会科学工作者的人数翻了几番。早年只有几十人的位置现在填补了成千上万人。然而，当记忆召唤出老一代人，我们带着敬意仰望他们，承认他们开启了广阔视野，而我们却已经部分丢失了这个视野。我想到乔治·文森特（George Vincent）和他在“公众舆论”课上的苏格拉底式研讨，那是在没有随机抽样的帮助下进行的；想到密歇根的文雅智者亨利·亚当（Henry Adams），和他对即将到来的专家时代的疑虑；想到弗朗兹·博厄斯（Franz Boas），他不能忍受在获取原始和基础文化记录的时间已经所剩无几的时候，还在做推测性构建；想到威廉·格雷厄姆·萨姆纳（William Graham Sumner），他对过去的社会制度和当今的“幻影”无情地剖析。这样的人不多，但他们有声望；他们学识渊博，对历史有深远的洞察力。从海洋学到圣经科学，他们在这样的背景下建立起社会科学，并且由于慢慢成熟的兴趣而开拓了他们的新领域。他们能用自如阅读各种语言，也熟悉除他们自己文
383 化之外的其他文化。他们大多独立工作，不介意改变方向和方

式。他们使我想起萨姆纳关于他的哥廷根大学教授们所说的话：他们“似乎一门心思寻找所研究事项的清晰而全面的概念（就是我们所称的‘真相’），不计任何后果”。

那时候我认识的大多数人是超然的观察者，不关心从社会或政治目标的角度去选择或指导自己的工作。（改革元素是稍迟一些出现的。我在芝加哥大学读书时，这种情感驱动力的注入只在一些社会学学生中变得明显，有些人当时已经是来自神学院的避难者，他们在社会福利方面寻求一种新的信仰。在经济学中，我看到福利动机随着年轻的劳动经济学者而出现。）他们讨论斯宾塞、摩根（Lewis Henry Morgan）和萨姆纳的社会进化论题，并对社会中“自然”秩序和演替是否存在的问题适当保留了意见。我后来才知道，那个类比是误用了生物学概念。地理学者那时候被环境决定论所吸引，熟悉巴克尔的历史理论。我们也开始看到工业化带来的生态不平衡，并倾听早期自然资源保护主义者的言论，特别是查尔斯·理查德·范海斯（Charles Richard Van Hise）的观点。当时没有跨学科训练的说法，因为我们没想把自己局限于特定的科目，而是无论进入哪个领域都颇受欢迎。

今天，我们伟大的教育结构远比当年组织得更为正式，更为彼此分隔。社会学科在学生人数上有特别大的增长。这些领域按照前后顺序和专门化的要求详细制定了课程表，使我们必须承认别人的嘲讽：学生们在对越来越少的东西学习得越来越多。我们被困在自己人数的陷阱里，寻求的出路是通过设计出对付更多学生的更多办法。同样受困扰的学校管理机构于是向入学人数堆积的科目分配教员增加的名额，这些科目从而必须增加更多的课程，以便在这些专业教员拥塞的地方增加甚至更多的学生录取人数。

我们也被期待成为学者。我们用于思考的时间越来越少，于是我们再次转向组织，为的是简化并规范被留给研究的那部分活动。我们得到办公室、设备、人员和经费，把它们放在研究处和研究所这样的组织架构中。显然，长期项目更受青睐，对它们可以根据资料获取的有序系列步骤和资料分析的程序作出计划。工作人员被指派到特定的岗位和任务。我们又一次建
384 立起大规模生产的装配线，很像是工业和政府的运作方式。在某些情况下，这种生产受限于审查，甚至受限于政策许可。在指导人员和工作人员之间常常会形成差异。

研究所最早出现是在自然科学界，作为独立操作的学者组成的联合会。随着实验工作的开展，他们中的一些人成为特别有才能的个体，就像一位工艺大师，他自己的工作勾画出一片非常广阔的地盘，因此需要年轻些的助手扩充共同勘察的比率和面积。这种“平等者之首位”（*primus inter pares*）的理想在社会学科中曾偶尔实现，如韦斯利·米切尔（Wesley Mitchell）和卡尔·阿尔斯伯格（Carl Alsberg）的例子。然而，我想我们必须承认，更常见的情况是先有了研究所的想法，然后再考虑谁来主持，最后才提出为什么需要这个研究所。这个问题难道不应该是这样的吗——有没有一个难题已经变得如此复杂和深入，以至于必须动用有组织的协同努力才能进一步前行，而领导它的会不会是那个自认为在这个题目上已经走得最远的人呢？我担心，没有很多研究所是如此发起和维持的。我们往往培养出能够筹措资金的职业行政管理人员、言行得体而

精力充沛的经营者，他们充其量只在很短时间内做学者，并由于气质和人生进程而变得越来越远离创造性工作所需要的沉思和专注。这样，他们甚至会失去分辨谁是一位学者、什么是一件创造性工作的敏感度和理解力。

在所有的领域中，我们地理学或许已成为最热衷于通过会议和委员会去做研究计划的学科了。我们赞同分工，赞同防止重复研究，赞同分清题目的轻重缓急，赞同将专家汇聚起来做合作项目。用这些以及其他方法，我们不知不觉地开始给研究自由戴上枷锁。借用一个工程师词语，我们推荐“试点研究”充当用于复制的模型，直到为另一个系列研究所做的另一个设计被批准。会议要求议事日程，这些题目又有衍生内容，导致进一步的会议。普通类型的学者感到尴尬，迷惑不解，并常常被这些不和谐的程序弄得厌倦，这些程序便落入我们的企业家式的同事们控制之下。于是，我们发展出不同等级的会议成员，他们说着共同语言，那种语言以自成一体的仪式术语使我们不明所以。他们成为一个精英圈子，越来越多地设计我们工作的方向和限度，同时越来越远离实际工作者。

全国研究委员会和基金会的作用不断扩大，近年来其影响集中度持续加强，这就提出了一个严肃而微妙的问题。虽然有 385
越来越多的个人工作者，但在兴趣的多样化方面却未见增长。随着中央顾问、计划和拨款机构的增加，或许只是为了节省注意力吧，现在的情况是被选中得到批准和支持的研究方向数目减少了。这样，我们的学术机体中引入了一个重大而愈演愈烈的混乱。当做某些事（而不是做另一些事）可能获得晋升和奖励的机会被公布出来，那些易受影响、善于模仿的人就最无保留地把自己投入这些项目，而那些倔强执着的人坚持抵抗。地方权威机构对那些远距离资助人所表达的目标心服口服。研究者如果不肯偏离自己选定的方向去参加推荐项目的话，他就会是一个坐在联欢会外面的落寞的客人。因此，符合一种行为模式成为盛行之事。尽管如此，有能力的研究人员总是最清楚地知道应该如何运用自己的心智，并倾向于寻找自己的路径。那些依附和讨好别人的人无关紧要。别人推动我们去走的道路也许是用善意铺成的，但是它不会通向精神自由的应许之地。没有任何一个团体能够（或者应该）期望自己有足够的智慧和远见来预先确定对知识的探求是什么。

当今的另一种看法是，在政府机关的工作经验会造就更好的社会科学家。我自己曾在波托马克军团短暂服务，但我怀疑对我们之中多数人来说，长期处于火线或履行参谋职责会不会是一件好事。优良服务记录可能意味着热心执行上级制定的政策。心思一致的同僚之情生发出来，或者教授变成政策制定者之一，从而成了一名政客。这种隶属关系和成功事例给他带来威望的回报，他又把这种威望带回自己的校园。他维持着公务地位，偶尔会被召回机关。他是个有影响力的人，或许还是给他初级同事的资助分配者，特别是当学术工作很难找到的时候。他发挥了启动资金之泵的长处，对此自然要常常鼓吹。

持续并重点关注那些强烈触动我们的时事，尤其是会影响政治决定的时事，对学者的超脱立场是一个日益沉重的负担。我们已经在动荡的世界上生活了一代人的时期。在这个国家里和其他地方，从一个危机到另一个危机，我们具备危机意识，容易激情高涨。

我对政治情绪之力量的第一次体验是在“公麋鹿”竞选 386
活动中，[①] 当我听到老罗斯福号召人们站在末日大决战战场为主而战时，听众爆发出战斗歌声“前进，基督士兵”。即便在那个群情高涨的时刻，在我看来他的话也不是什么对实际形势的科学描述。我就不再继续回顾了，后来那些更大量、更惊人的呼吁都得到民众确认正义性的响应。看来我们对社会问题的确比以前更积极应对，也更愿意使我们自己认同于政治团体。涉及时事的课程对如今的年轻人有强大吸引力，他们在寻求前往更好世界的指引。他们希望教授是他们想找的真正先知，而教授也渐渐习惯了身穿先知的袍子。研究计划依据社会目标而制定，人们假设专业训练能提供所需要的深刻洞察力。既然建立了培养先知的学校，我们便心满意足地听说社会科学的伟大任务是重建世界。萨姆纳早生了半个世纪，现在没有人给我们讲述我们这个时代的“幻影”了。而我们应该承认并据以选择自己工作及工作人员的唯一情感动力，就是源自更好理解的满足所带来的美感冲动。

近年来，社会科学忙于从我们的思维模式中移除“时间”，并以相似方式移除“地点”。“这里和现在”的声称几乎就是我们的全部注意力，除非是在预测未来的情况下。众神中最年长的克洛诺斯（Kronos）以及命运三女神已经被新的住家众神所取代，例如凯恩斯（Keynes）和弗洛伊德（Freud）。然而心理学不能检视过去有什么，或者在可重复、可验证的观

---

① 指1912年西奥多·罗斯福组建进步党参与总统竞选，他称自己“像公麋鹿一样强壮”。——译者注

察结果之外还有什么。新经济学研究当前形势的特别解决办法，起源在近期，生存耐久性并不确定。统计学分析局限于非常短的时间段。在经济史上，工业革命似乎处于模糊的远距离之外，引起兴趣主要是因为它在经典经济理论中的表达。已成为老生常谈的是说社会科学勇于面对当代社会难题，人文学科和其他一些学科才涉及过去。

这种转身不理会时间和地点意义的做法是现今一个相当独特的美国习俗。我认为它源于我们与众不同的国家历史和地理，即对世界上具有最富庶、最多样化资源的大陆块在晚近时期的迅速开发。较古老的西方世界不曾与此相似地简化社会研究以将其自身现状普遍化。

一位德国社会学家亚历山大·鲁斯托（Alexander
387 Rüstow），即艾尔弗雷德·韦伯（Alfred Weber）的继承人，把现在处理为人类历史百万年长河中一个移动的点。[①]社会研究应该是对于贯穿整个人类时代、涵盖全体人类的人类制度和价值观的起源、发展、混合和灭绝的研究，的确，社会研究为什么会满足于比这逊色的水平呢？特别是在我们今天，人们可能不太愿意对时光流逝漠不关心，因为令人眼花缭乱的加速时期已经到来。假如我把自己的生命时长当作码尺，那么在一码距离外，歌德正在创作《浮士德》，密西西比河的源头尚未发现；两码之外，伏尔泰和百科全书学者正在开启理性时期，法国刚刚失去对北美洲的控制；六码之外，宗教改革运动开始进

① Alexander Rüstow, Ortsbestimmung der Gegenwart, I, Ursprung der Herrschaft (Erlenbach-Zürich, 1950).

行，科尔特斯正在阿兹特克州的废墟上建立新西班牙。

我们是不是认为自己支配着时间，像一个处于我们控制下的上行螺旋，而我们日益增加的知识有把握塑造它的发展？或者，这个信念——我们在通过物质技能促成进步、建设一个不断扩张的体系——实际上是我们时代的“幻影”，是“美丽新世界”[①]？我们是否已经建立了浪费经济，并称之为美国生产的奇迹？我们能不能无视自己对自然资源的赤字开支，因为我们将继续使精神战胜物质？是不是其他时间、其他地点的重要性仅仅在于它们能够被联系到我们这个自我中心而生存短暂的位置上？我们是有史以来最聪明的还是最盲目的人群，因为我们既不思考自己从何处来，也不关心自己向何处去？

我们的需要与更精细的技术或者研究规划没有什么关系。我们需要使社会科学，以及实在说是整个学术生活，更大力地吸引更多的优秀年轻头脑，以及更多样的头脑，然后我们应该保护而不是限制他们的成长。我们在气质和才能的选拔上局限性太大了，我们对他们的教育太狭窄了，我们太多地告诉他们应该怎样做、做什么。我希望看到年轻人被赋予我们年轻时曾经享有的自由幅度。我希望看到我们把对真与美的追求交还给学者个人，让他尽可能优雅地成长。

在 59 年前，威廉·奥斯勒（William Osler）从约翰霍普金斯大学医学院来到贵校，向年轻的医学院教职员和学生们发

---

① Brave New World 是一部 1932 年出版的科幻小说，作者阿道司·赫胥黎（Aldous Huxley,），书中讽刺了科学与机器时代。——译者注

表演讲。①他说："在喧闹中保持安定、在嘈杂中保持平静是非常困难的；然而'才华在静谧中造就'（es bildet ein Talent sich in der Stille），而且只能是这样，待在为崇高目的持续工
388 作所必需的安静生活中。"（看来那时候是不需要辨认或翻译歌德的。）多年来这是他最喜欢的一个主题。在向"新世界"的告别演说中，他又一次重申："得到所需要的隔绝是很难的，正因为如此，我们的教育市场才充满了路边果实。我始终十分钦佩圣克里索斯托姆（St. Chrysostom，即'金口若望'）的忠告：'离开公路，前往一个封闭的地方，因为长在路边的树是很难把自己的果实留到成熟那一天的。'"

有机物的进化一直向着形态越来越多样化的方向发展。多年以来，地球上生长了品种更加丰富的生物。一种有机物可能会有生产变异后代的内在倾向，但是新形态很少能在它从中偏离的众多已有形态之中确立起来。如果某一突变体找到一个与它的大批原本种类相隔离的不同地点，它就可能有机会繁殖。世界上的大片富饶平原被几个品种主导，数量巨大；而不寻常的植物生长在崎岖不平的地形和罕见的土壤上。让有前途的变种得到保护地，这要由我们来实行。我们需要的正是那些不同于我们的人，不是我们自己种类的大量生产。我们做了太多的同系繁育，却太少选择有希望的多样品种。

根据我的经验，有才干、有创意的学生是唯一难以找到位置的人。他可能像另一个学生一样给人好感，也一样愿意去做

---

① William Osler, Aequanimitas, with other Addresses to Medical Students, Nurses and Practitioners of Medicine, ed. 2 (London, 1908). 引述的部分见第41和419页。

自己行业的惯常工作。但通常最安全的是不要将注意力引到他思绪所指的不熟悉的方向上去。市场所需要并获得的就是能细心完成工作岗位要求的人。我们不喜欢周围的年轻人考虑我们自己不了解、不掌握的事情。我们通过成立组织并规定方法、课程和研究计划，来建造抵御未知事物的防护墙。我们留有多大的空间，就只会得到不比这个空间更大的东西。

那些后来者会不会说，我们为不同于我们自己的年轻头脑提供了保护和鼓励，我们没有给探求和思索设置障碍，我们没有阻挡向未知领域挺进的道路，我们没有把任何人驱离最激起他好奇和使他快乐的事物，我们“从未热爱黑暗，从未曲解真理”呢？

389

19. 地理学者的教育*

关于最初的喜好和早期的偏爱

作为专业人士，我们只是声明自己有幸献身于地理学领域。这块田地既不是我们也不是我们的学术前辈发现的，我们也不是唯一在这块田地里耕耘的人，而且假如认为照料它的限于那些从任命和职称中索取特殊待遇和权限的人，那这块田地也不太可能得到适当的照料。世界上第一位地理学教授是1820年命名的，我在美国属于早期第二代。我们作为既定继承人必须永远记住，我们只不过是为地理知识增长做出贡献的众多人员中的区区几名。对地理的兴趣始于远古而遍及全球；即便我们消失，这个领域也将存留下去而不会变成空白。我们不必在专业人士和业余爱好者之间划一道招人抱怨的界线，而是需要两者都来关爱地理知识并为其做出贡献。亮点在这里：心智的结合并非由一个颁发资质证书的委员会来决定。

地理学者在部分程度上是生来的，部分程度上是由他的早期环境所造成，相当晚才进入我们的专业培养中。这是普通而

---

* The Education of a Geographer, Annals of the Association of American Geographers, Vol. 46, 1956, pp. 287-299; address by the honorary president of the Association at its annual meeting, April, 1956.

正常的情况。我们同时也是招募官，我们需要辨识处于原初状态的好材料。我猜想我们作为人才侦察员，遇到的不只是一般的困难。想当地理学家会是一个孩童常见的雄心壮志吗？这是一个不太可能在早期声称或者在中小学阶段对同学或对自己承认的兴趣。在大学，我们都知道，公开表明而且实际上喜欢去上地理学各课程并成功得到好分数，对未来前途是一个毫不相干的指标。学生可能被他一时接触到的事物和环境（例如一 390
位教师的魅力）所迷惑；一旦他脱离了这种刺激，就可能懒散下去，过一段时间就再也听不到他的消息了。我们如何能够发现天资、正在显现的兴趣，以及继续独立成长的前景呢？这是我们首先关注的事情。如果选对了人，那我们的一半难题就已经解决了。

我并不是要低估好学校的价值，但是咱们也别对它评价过高。在芝加哥大学分享过那段早期黄金时光的人都知道罗林·索尔兹伯里聚集起来的一群人所引发的精神激励。索尔兹伯里讲解极其清晰，有能力通过严密的问题来开发一个主题，但我最珍爱他的是他尊重学生身上的好奇心和怀疑精神。他喜欢在知情基础上的持不同意见者。艾尔弗雷德·赫特纳、艾尔弗雷德·菲利普森（Alfred Philippson）和赫伯特·弗勒应该作为教学大师被人铭记，从他们的各学校里培养出相当多我们最好的欧洲同僚。他们的学生来自十分不同的方向，并继续沿着十分不同的方向发展，而没有被他们的学业训练塑造成同一个模子里出来的人。

一个人在课堂里学到的东西可能被遗忘，但他会记得那些互相联系又多种多样的个性和兴趣组合引起的兴奋。学生时代的吸引力应该大于科目本身。我不希望看到任何人成为某一特定学派的产物，而应该是好园丁在适当时机发现并培育的幼苗。我们这样找到的幼苗可以在我们的照料下茁壮成长，或许没有我们的照料也同样生机勃勃。

我们并非早慧的超常儿，也不希望自己是这样。我们不太可能很早起步，而且需要一段长时间才能成熟。我们的任务是对知识、经验和判断的慢慢积累；技术，以及分析和概括的正式步骤都是第二位的。我们不会很快获取专业能力，也不会通过学习一种特别技术而获取这种能力。随着我们对自己正在研究的事项了解得更多，我们的注意力焦点可能会改变。在一个主题上的开端可能转向另一个不同的主题。一个人发现自己期望通向某一终点的小路可能把自己带往出乎意料的其他方向，这要么令人沮丧，要么令人激动，取决于研究者的本性。我们总是要求，比起用专门培训和方法来完善自己，更重要的是欣然学习一切相关的东西——这似乎是我们这个特定类型的品质。

因此，对我们而言正常的是，我们不愿意接受一个普遍的
391 正式科目，我们更有信心想象自己有力量探索很多各异的方向，而且我们把具有不同气质和多样兴趣的人员接纳到自己这个群体之中。我们一直以来的特点就是由很多不同背景的人组成，当然这些人有一些共同特征。近年来我们的地理学系和地理学研究所数量成倍增长，这并没有改变我们的多元起源性质，而且我希望将来也不会改变。

我想，做杂合人口符合我们的本性。尽管由于地理学有了从大一到博士的广泛系列课程，地理学者的同系繁育现在已经

可以实现，但是我们仍然从来自相当不同的学术群体和背景的人那里得到很多最好的新鲜血液。他们加入我们的行列，并非因为他们在以前的学科里不足胜任，而是因为他们需要时间来发现自己的位置是在我们这一边。不同出身和不同状况的个人汇聚于此，关于这个主题可以写一部有启发性的地理学者和地理学思想的历史。

对地理的天生喜好，我们在它被宣称为有意的选择之前能够辨认出来吗？首先，我会说最原始、最一贯的特征是喜欢地图，并且依赖地图进行思考。没有地图，我们在教室、书房和田野就是两手空空。你要是给我指出一个不经常需要地图、不想随身携带地图的地理学者，我会怀疑他是不是选对了行。我们挤出预算来购买更多的地图，不论属于哪种类型。从加油站到古董店，我们到处搜集地图。我们也画地图来说明自己的课程和研究成果，不论画得多差。你机构里的一个成员可能并不了解你这个地理学者在做什么工作，但是当他需要地图信息的时候，就一定会去找你。如果地理学者偶然在有地图展示的地方相聚（是什么地图无关紧要），他们会评论、称赞、批评。地图消除我们的顾忌，刺激我们的腺素，唤起我们的想象力，打开我们的话匣子。地图跨越语言的障碍来说话，它有时被称为地理语言。通过地图表达思想要归功于我们地理学者，这是我们的使命和激情。即便在我们美国地理学家协会最正统的时期，那些致力于地图绘制的人也得到这个精选团体的接纳。

一幅地图在概要方面和分析方面同样地引起注意。什么样的道路被标记出来？它穿过什么样的大地？地图上的符号被翻译成形象，这些形象在脑海里聚集起来，成为有意义的大地与

392 生命的组合体。我们把它们作为实际指南来使用，靠它们在“扶手椅旅行”中神游世界。谁不曾看着地图，让自己的意念远行到提贝斯提或西藏，攀登西方地平线上的特内里费或特立尼达山峰，或者寻找西北通道呢？谁不曾和马可·波罗一起到访中国，和库克船长一起巡游桑威奇群岛，或者和弗朗西斯·帕克曼（Francis Parkman）一起走过俄勒冈小道呢？读小说的时候，谁是为了情节、悬念和心理冲突，谁又是为了跟随罗伯特·史蒂文森（Robert Stevenson）或肯尼斯·罗伯茨（Kenneth Roberts）前往热带海岸，跟随鲁德亚德·吉卜林（Rudyard Kipling）或约翰·马斯特斯（John Masters）前往印度，跟随玛乔丽·罗林斯（Marjorie Rawlings）去了解佛罗里达，跟随埃丝特·福布斯（Esther Forbes）去了解新英格兰呢？

地理学者和将要成为地理学者的人都是旅行者，不能自己出门就间接体会别人的经历，而只要有可能就实际旅行。他们不是那种受旅游书指导、走大旅行路线到星级景点的游客，也不住在大酒店。去度假的时候，他们可能不理会人人必看的景点，而是找出小路和没人注意的地方，在那里获得亲身发现的感觉。他们喜欢离开大路，奋力步行，晚上愿意搭帐篷露营。甚至城市地理学者也会在内心怀有攀登无人山峰的需要。

对地理的喜好存在于看到并思考景观中有什么、技术上称为地球表面的内容是什么。在这一点上，我们并不把自己局限于视觉上显而易见的东西，而是尽力记住场景的细节和它的构成这两方面，在其中发现问题、证明，以及新出现的和不复存在的事项或元素。这种通过观察场景组成部分来使头脑警觉的做法，可能源自一个原始时期遗留下来的特征，那时候这样的注意力意味着避免危险、匮乏和迷路。我在墨西哥偏僻地区做田野工作的日子里，学会了放心接受当地向导对地理和自然历史知识的掌握。他们知道怎样解释地势起伏，怎样在脑子里保持一幅地图，怎样注意场景中的任何变化。他们通常能辨认植物，也能正确明了植物的系统分类和生态联结。

地理学与自然史在观察方式上的确是相互关联的。这两个学科识别和比较的事物，大部分处于量化分析范围之外。物种被人认识并非通过测量，而是根据那些对品类重要差异颇有经验者的判断。有些人具备一种记住事物区别和相似性的天生才能，再加上对相似和不相似意义的敏捷好奇心和思考习惯。我
确信有“形态学眼睛”这回事，它是对形态和模式的自发而 393
批判式的注意力。每一个好的自然科学工作者都有这样一双眼睛，其中很多人还非常擅长地理识别和比较。

“形态学”（morphology）这个术语在一百年前进入大地形态研究，它说出了我们生存的核心。我们致力于认识和理解形态因素及其功能上的关系。我们的形态及其排列非常宏观，数量无限庞大，因此我们总是需要学习选择那些相关的事物，排除那些不重要的东西。相关性要求我们回答为什么某种形态会存在、它与其它形态如何联结的问题。描述很难做到充分，而且除非加上解释，否则描述通常都不会令人满意。因此，看来有必要给地理喜好引入时间这个第四维度，即有兴趣知道我们正在研究的事物是怎样成为现在这个样子的。

我们之中有一些人本身拥有这种对有意义的形式的感觉，有一些人后来发展出这种感觉（我认为他们有潜在特质），还

有一些人永远也没有获得这种感觉。当新东西进入观察区域或原有的东西从区域中逐渐消退的时候，有些人很快就警醒地注意到了。和学生们一起做田野工作的回报之一，是会发现谁在观察事物方面既快捷，又尖锐。然后是那些假如没人给他们指出就什么也看不见的人。如果说地理学是一门观察的科学，这时候就可以开始为招募新人做筛选了。这里的前提是，我们从看到并分析事物（无论多么暂时）入手，走向与其他资料的比较，后者源自其他地方、其他人，或者是从我们看不见的过往经必要推断而来。

关于非专门化

地理学作为对地球的解释性描述，将注意力集中在地球特点的多样性上，并且就这些特点的分布进行比较。在某种程度上，地理学永远是对地球面目的阅读。我们专业工作者之所以存在，不是因为我们发现了一个探究方向或者拥有一项特别技术，而是因为人类一直都需要地理知识，并在不断收集和分类地理知识。我们将一些名称在专业上应用于自己所识别的事项或形态，或许甚至还有我们所遵循的程序，这些名称一般适宜地来源于很多当地俗称，我们把它们组织成更广泛、容易理解的词汇。原始族群的语言和我们自己文化中的方言土语，常常
394 给我们提供比文学书面语更有意义的术语。一个熟悉的例证是在土地、植被和文化形态的意思中，我们从地方话借鉴了一些词语，并且把它们的应用扩展到其他地区。

除了这种地理类别的命名（自然地理和文化地理都包括

在内），我们还从地理适当名称的研究中汲取了关于过去情况的回溯性知识。特别是语言中关于专题和地方的地理词汇是仍待开发的学问基础，不论是为地理现象种类的识别，还是为文化见解的比较。

在这个宣讲里，正如别人在宣讲中常做的那样，我回到开头的句子，即地理学的内容、关系、过程——简单而言，对地理的认知——属于比我们地理学教授所从事的工作更加宽广的理性和必要性。超越并围绕我们今天研究的东西，存在着一个兴趣的区域，一个鉴别和概念的区域，这个区域我们并不打算据为己有。这门学科比我们在训练中一切努力的总和更加伟大，将来也仍会如此。我们确实声称自己有更高的义务在我们力所能及的一切方面做贡献，但并不坚持专属我们这个专业的优先权利或资格。早年间开办并运作美国地理学家协会的是那个著名的创始人群组，他们聚在一起是因为热爱这个学科，尽管他们的专业工作是在其他领域，如地质学、生物学、历史学等。那时候真是好日子，但接下来有了限制性协会的时期，被选中的是拥有地理学职业的人，而不是那些带来想法和观察结果的人。所幸的是，这个时期似乎已经过去了，我们正在重新拓宽协会成员的范围。

假如我们缩小地理学的外围界线，这个较大领域依然会存在，受到削减的将只是我们的认知。虽然一个人可以限制他自己的工作范围，但他不能要求别人受到同样的限制，也不能拒绝承认别人在其他方向上的努力。地理学者就是关于一切地理性质事物的任何一名合格的业余爱好者（就是按字面意义）；但愿我们的期望值永远不会低于这一点。

检视数据资料的一个特别方法被所有的学者称为地理方法，其基础是将地球上有地方化分布的现象、特征或品性的限度或范围绘制成地图。这种分布地图绘制是由自然历史学家（他们在18世纪被称为自然哲学家）开始的，他们对物种的
395 界限以及生物传播或散布的最远范围感兴趣。这种绘图描述始终是专题的和分析性的：是什么样的环境特质、传播路径、经过时间，以及相互依存或相互竞争的因素，建立起一种特定动物或植物不会越过的边界？一又四分之一世纪之前，海因里希·伯格豪斯（Heinrich Berghaus）扩展了这种专题绘图，它不再是只有生物学和地文学资料，而是包括了文化资料，诸如民族、经济和语言。弗里德里希·拉采尔检视了像原始技术这类文化特征的分布，在那之后人种学家对特定学识和技能的传播或扩散予以关注，这在很大程度上要归功于拉采尔。

这些对分布的研究提供了一种艰苦而有益的探察艺术：这些分布研究是以地理方式描述的，因为它们关乎在大地上的延伸；它们是以地理方式分析的，因为它们要求正确识别被研究的事项，并与其他分布相比较；它们在地理意义上是动态的，因为它们从分布寻求线索，以解释事物的存在或缺失、起源及限度。分布是探究过程的关键所在。这种探究的智力满足是无穷无尽的。对它们的追求将由很多学科的研究人员继续下去，我们地理学者可以从中获取知识，但我们自己也必须比现在更多地参与才行。

我们既没有必要也不希望把区域整体当作地理研究的共同基础。个人的兴趣和能力起始于——并且可能一直留在——自然和文化的特定元素以及它们的空间关系之意义上。如果我们

说，我们的工作只是综合，那我们很可能变成在一切方面依赖别人去证实我们所汇集并解释的事情。

虽然除我们之外的其他学科熟练而深入地应用被称为地理方法的分析性分布方法，但这个方法对我们自己的目的而言也是回报最高的方法。我们必须个别尝试并希望做到更多地或最多地了解某一事物或某组事物的分布。我不接受这样一种想法，即任何人在对自己所汇集的任何材料不如其他人知道得多的情况下，仍能从事一个区域的地理学或比较地理学，正如我不接受“每一位地理学者都必须关注区域综合”这个观念。那个不适当命名的整体学说没有使我动摇，它是在我们需要探究的地方做出汇编。我这样说不是自暴自弃；我的意思是，地理学像历史学一样，拒绝对兴趣、方向或技能进行任何全面组织行为，而同时不会由此失去对知识和对发现及组织的有效过程拥有一个自成一体的公认位置。在一个知识和技术急剧增长 396
的时期，我们依然在某种程度上保持不设边界，而且我还可以加上：不把自己缩减成一个具体科目。我想，这是我们的本性和我们的命运，是我们目前的弱点和潜在的力量。

我在前面说过，我们一直以来都是个人的多样化组合；现在我们依然正确地继续这样做，而且很难以任何一种天资或气质、智力或情绪驱动力的主导地位来描述，然而我们知道，我们是被自己选择的亲和力汇聚到一起的。描述一位地理学者几乎也像定义地理学一样困难，在两种情况下我都感到满意和大有希望。虽然我们所取得的成就有很多不足之处，但令人欣慰的是知道我们没有对同事们的探究、方法或思想真正设置限度。时不时会出现相反的企图，但过一段我们就会甩掉这样的企图，继续去做我们最想做的事情。机构和课程设置方面的压力是存在的，但这些并不是智识上的指令。最明智的大学行政管理者之一说过，院系划分主要是为预算方便而已。

因此，强调地理学的非专门化特质看来是合适的。地理工作者个人必须努力在最吸引他注意的题目上尽量获取特别的洞察力和技能，而我们的总体利益并不规定个人的方向。我们享有一个不可舍弃的特权地位。我们独自一人或组成小组，试着探索地球各个方面的区分和相互关系。我们欢迎无论出自什么来源的无论哪一种合格的工作，而且我们不会宣称专属权利。在生命历史中，专门化较低的形态多半会存活并健康发展，而那些在功能上自我限制的种类则已经变成化石了。或许这个类比对我们自己是有意义的，很多不同类型的心智和喜好定会找到意气相投而回报丰厚的联合，并且开发个人的技能和知识。我们靠着异花受粉和多样并存而蓬勃生长。

培训时期

在培训时期，我们有自己不同的方式去挑选和调理候选人。这里的议论像是来自一个饱受风吹日晒的教练，他从春季训练直到赛季中期，注视着很多球员的表现。

397 首先，我怀疑地理专业的本科生是不是应该被推荐为研究生继续学习。专业课程规划越大、附加先决条件越多，就越不可能保持一门适当平衡的通才教育，给学生留出他探寻个人教育所需知识领域的余地也就越狭小。我们自己也受到当前这个专门化的学术潮流冲击，这潮流在大西洋此岸几乎所有的地方都在收窄高等教育流程，把学术院系推到应用和技术的方向。

给初学者贴标签会把他们过早地驱赶到专业中去。学校的注册官和其他行政管理人员喜欢这种身份识别和晋升的机制；我们陷于其中，因为各系依赖的是预算、招生人数和其他种种与学问目标没什么关系的数字。对我们来说，一个好的本科课程设置应该包括数量非常有限的地理课程（尤其需要限制区域地理课程），同时以主要的人文课程来充实，特别是在自然史和文化史方面。一个庞大的院系课程表很可能是臃肿虚胖，而不是富饶多产的表征。

从区域课程中能得到什么训练和洞察力方面的益处呢？经过这么多年，我还是没有更接近一个答案。我认为，我们开了太多这类课程，它们的开设可能是出于无关紧要的理由，而且它们常常对学问和技能没有什么贡献。对区域分类和区域边界的关注越来越不能引起我的兴趣。我发现，自从我放弃了地理区域的各种系统后，我对自己有关拉丁美洲的课程比较喜欢了。有谁能够或愿意去记住许多区域子分类呢？在我们自己的运作中，我们早已决定，我们只在一种情况下开设区域课程，这就是教师对他所讲的区域有在先的、重大的痴迷，特别是假如这种痴迷是基于持续的田野研究，内容为专题性而非包罗万象的。

一门好的区域课程在很大程度上是长期努力产生的个人创作，涉及身体上（肌肉、皮肤、肠胃）的不适和愉悦，并得到大量冥思苦想的滋养。它要求对自然地理学有某种能力和兴趣，以及对其他生活方式和这些生活方式如何发生有某种理解。与其他文化的真正密切联系是需要的，而获得这样的联系

是缓慢的。对我来说，它是历史地理学的研究。这样一门课程的确可以为青年学生开启新的前景，并且在他的教育方面留下
398 长久的印象。然而，这样一门课程发展缓慢，它既不是建立在任何普遍适用的主题组织上，也不是以一个对称的、百科全书式的主题组织为基础。如果它真正具有指导性，那它就很难被别人复制或修改，也很难被当作就其他区域开设平行课程的构建样板。近年来被大力宣扬和补贴的地区研究项目不可避免地依赖预先计划的组织工作，依赖方法论上的统一性，依赖衍生的资料而不是亲身经历的观察。与此相似，我们有许多区域课程是由工业式收集的事实组织汇合而成，出自二手来源。A 写了这么一本书，B 用它当教材，区域课程就这样扩散开来了。

如果我们大量删减当前充斥课程表的区域内容，那我们也应该竭力把专题课程从它们当前所在的偏僻角落转移出来。专题课程具有优势，因为它们是分析性的，而且它们的组成元素可以用任何规模的检视和大体适当的技术来彻底核查。在学生的本科教育和研究生深造过程中，专题探究是可以达成而且值得去做的。

我越来越怀疑区域研究是否适合刚刚起步做研究的人。许多区域方面的论文包含的描述、分类和点值法地图可能是有用的，但主要是对假定事实的二次组合；这种论文我看到的越多，就越希望这些时间和精力被集中用在一些有问题的专题上。在一篇水平一般的区域论文中，有哪些问题被提出并至少部分地解决了呢？初步的区域地理研究者要么可悲地不能确定自己想描述的究竟是什么，要么就沿袭一个惯常的资料分组法，这把他的工作压低为平淡无奇的表现。地理知识的一个目

标确实是比较性的区域理解，但我一点也不同意说它必须是唯一的目标，而专题研究则仅仅被当成这一目标的建筑材料。我还要进一步表明自己的意见：假如多数青年学生坚持行进在主题——而不是区域——的轨道上，那我们对知识的贡献就会更多，达到更高的级别。

美国的多数地理学者曾经理所当然地研究地文学或地貌学。地理学者在世界其他地方仍然在这样做，并且我们看到加拿大学者也是如此。我们已经放弃了这种研究，因而失去了洞察力。任何一种地理学者都会得益于了解风化、移送、沉积作用是如何塑造他所研究的地表任何部分的。我们还放弃了一种强大的、或许是最可行的激励因素，它促使我们做田野观察和训练眼睛去认识那些可用来判断解释性描述的特征。研究大地 399
形态的形态学将形态连结到过程，它要求的是对我们所研究的地表发生了什么做出选择性观察和严格判断。我不会忘记当年从罗林·索尔兹伯里、弗兰克·莱弗里特（Frank Leverett）和其他人那里学到的东西——认识冰川大地形态、设立多种假设，以及对证据的意义得出结论。当我们把大地形态弃之不顾，不再当作自己的事情，我们就失去了使我们走向田野、观察思考，并提出和解决问题的一个主要的刺激方式。我们用平淡无奇的描述方案取代了一门生机勃勃、大有可为的科学，这种描述方案的设计甚至可以说是为了阻遏好奇心。我们剥夺了青年学生训练眼睛观察和头脑进行概括的最佳、最普遍存在的手段之一。对人文地理学贡献最大的学者之中，有很多人至少在年轻时也曾对自然地理学做出过原创性的贡献，这一点很难说是偶然的。

生物地理学领域需要的生物学知识比我们大多数人懂得的要多。然而，它对我们太重要，而且几乎从任何方面的培养来看都差得太多，因此我们应该鼓励一切有能力的学生在学地理的同时跨学科学习自然史。尤其是，关于人类文化对植被的影响、人对土壤和地表的扰动、人对个别物种扩张或缩减的关系、在植物散布和改良中的人类施动力等问题，我们需要知道得比现在多得多。对这些问题，我们之中有几位正在研究，我们需要更多的地理学者自己来研究它们。当然，这个建议的意思是，如我此前所言，我不认为我们的前途在于收缩我们与其他科目分界线之内的地盘。我们特别需要更多的工作人员喜欢并有能力在学科边境生存，例如在我们与生物学的边缘地带。我的建议也不意味着我们试图与其他学科争夺领地。植物分布和人对有机世界其余部分的干预，我们知道是地理学的重要主题。让·白吕纳把这一课讲得人人清楚。我们不能不关注人作为这个活态世界中稳步上升的统治者，因此我们需要更加熟悉自然史，包括它的田野研究方式以及如何形成它的问题。霍默·尚茨（Homer Shantz）是以这种方式做出重要贡献的最佳榜样；他以特殊洞察力和全面智慧给本协会会议带来的东西会被我们长久铭记。在欧洲，这个传统很古老也很普遍。例如在德国，在从洪堡到格拉德曼、魏贝尔（Waibel）、特罗尔（Troll）到威廉米（Wilhelmy）的年月里，地理学在生物地理
400 学方面大大丰富了。这些人和其他一些人是更优秀的地理学家，不论他们转向大地形态还是人类文化，因为他们能够从生物资料的位置或定位中发掘出道理。被我们一些人亲切怀念的魏贝尔把他在生物地理学中开发的问题意义转化到了经济和人

口地理学之中。

我在这里试图表达的基本意思就是，我坚信地理学首先是通过观察获取的知识，地理工作者通过深思和复查来整理自己一直观看的事物，并且从他通过密切观看所得到的经验中产生比较和综合。换言之，地理学者的培训在一切可能的情况下应该来自田野工作。这里的重要问题并非他是否练习了地图绘制技术，而是他是否学到了辨识表达功能和过程的形态，看出定位和地域延伸中隐含的问题，思考联合或分开发生的事件。形态的分类，无论是土地、植被还是文化形态的分类，都只是选择性的；重要的事情是知晓起始的形态，认识类型和变异、位置和范围、存在和缺失、功能和起源；一句话，培养形态学的意识。

田野远足和田野课程不需要操心预先组织观察结果，好像天气图图例包含的那样。有很多线索——物理的、有机的，或文化的——会在行路、观看和交流观察所得的过程中显现出来。一次成功的田野经历很可能给每一个参加者带来不同的题目。对某些人来说，这种“看看你能找到什么”的田野工作是恼人、无序的，因为事先不知道将会发现什么。田野工作者越是把精力投入预先确定类别的记录中，就越不可能有勘察探索行动。我愿意想象任何年轻的田野工作小组处于一个发现之旅，而不是一场概括观望的联欢会。

这种田野远足和田野课程是最好的学徒制。学生和领导在不停地交流那些出自变换场景中的问题和提示，这样便形成关于景观本身特质和景观中事物特质的漫游型苏格拉底式对话。移动应该是缓慢的，越慢越好，而且应该常常被悠闲的停歇打

断，以便坐在有利位置和停在有疑问的地方。步行，露宿，晚
上坐在营地周围，在每个季节观看大地，这些都是增强经验、
把印象发展到更高理解和判断的正确方式。我不知道有任何关
401 于方法的规定；我们应该避免一切会增加例行程序和身心疲
惫，并降低警觉的做法。

我们最老的传统之一是从观察附近的景物开始。同样作为好传统的是，学徒期满的人独自前往遥远陌生的地方，成为未知的大地与生命的一名参与观察者。对美国地理学的一个有趣测试正在展开并得到出乎意料的热烈反应，这就是已经设立的新研究资金，目的是使年轻人走出去，作为从容的观察者进入地球上遥远而不为人知的偏僻地区。青春年代最宝贵的体验之一是前往你的同伴从来没去过的地方，看到我们任何人都还不知道的东西，并且学着理解其中的一些道理。课堂、绘图桌和图书馆里的雏鸟需要我们给予一切可能的鼓励，才能发展出独自漫游飞翔的力量。

最后，地理学者的培训应该关注地理思想的历史，关注那些激发并聚焦地理探究的观念，关注地理学在不同时期、不同地点生存其间的智识氛围。我们和任何其他学科的人一样，不能满足于当前的文献，或者满足于我们可以利用的英文材料。对我们自己的语言自满自足，意味着把现有的优秀学问和思想中的很大部分、也许是绝大部分排除在外了。难道有任何人能说，他选择在自己的工作中保持无知，因为否则需要太费力气寻找过去时代有什么成就、用另一种语言写出过什么论述吗？一个学者不应该把自己局限在最方便的范围之内，最不应该局限于语言的任意缩减。只懂单语的博士从字面上就是个矛盾，

那是一个不曾被观念的历史及其持续、改变和衰落过程所激发的人，一个迫使自己生活在不必要的贫乏之中的人。

大体而言，我始终不用方法论的箭头来标记我们的小路。在我们生活的时代，“方法”时刻被追寻、思忖、宣称，特别是出于那些自称为社会科学家的人。而我们仍然坚持不受这个约束，尽管一再被人劝说我们也应该有一个正规定义的方法论。这个东西有一点是健康的滋补剂，但多了就很容易形成习惯，使上瘾者背离富有成效的工作。我倒是宁愿建议，我们从对地理工作所产生的主导观念和问题的研究中、从地理学最大贡献者生平所显示的目标和兴趣变化中，能够学到更多的东西。我认为地理学应该是什么，这只说明我个人的偏好。地理 402
学究竟是什么，取决于各个时代、各个地方的地理学者所做的事情。“方法”是手段，要由地理工作者为自己的特定任务做出选择。批评家可以就一位地理作者的能力提出反对意见，却不能对他寻求的目标说三道四。我们问“什么是地理学？”的时候，应该寻找并欣赏此前做得出色和持有新见解的工作。

描述些什么？

我希望完成这个演讲而不需给出“地理学是什么”的格言。我们从选择为手头探究适于被描述的那些种类的事物开始。每项个案的主题提供了资料的筛选器，避免把注意力分散到过多和无关的事物上。常规的地域研究可能是百科全书，却不是一项综合研究。假如我们就很多题目收集很多资料，认为这些会以某种方式获得意义，那我们岂不是陷于一种归纳谬误之中了吗？看来，这样的谦逊态度就是把希望不适当地从一个艰辛的收集者推延到别人身上，但愿后者在将来什么时候会利用这些已经砍下堆好的木材去建造屋宇。据我所知，不存在任何普遍性或包罗万象的、有成为真正分类法前景的区域研究描述体系。

当前有一种对田野地图绘制及其技术的热情。我们被告知，地理学者应该进入田野，去绘图、再绘图。但是绘制什么地图，为什么目的绘制地图呢？这难道不会是另一个进退两难的困境吗？从专题上看，对大地形态和植物群来说，地图绘制如果是形态学方式（morphologic）而不仅仅是描述地貌学方式（morphographic）的话，那将是可行的，也许还是大有回报的。最近我们看到关于土地利用的调查突然增多了，有城市的，也有乡村的。我作为发起这些调查的负责人之一（可以说是二元的，从来不是“整体的”），我却越来越怀疑它们能不能作为发现的手段。设立图例应该是良好的头脑锻炼，而在地图绘制过程中实行这个图例却很快就会发现成果逐渐减少，除非修改图例。在某些方面修改绘图方案会使之前的绘图工作变成无效，因此人们会为了避免拖延工作而抗拒修改。图例往往成为观察者的主人，把他的观察结果压低并限制到预先确定的例行程序。填充地图空白处的例行程序会带来每日有成就的愉快心情，但是在这样的记录中投入的精力越多，留给观察与思考相互作用的余地就越小。不要把你的田野工作季承诺给一份地图
403 绘制定额，除非你知道它是由一个真实而现存的问题所需要的。对位置、界限和面积的精确描绘很费时间却很少有必要；状况类型的草图、缩小尺度的统计图表，就可以满足我们的大

部分目的。田野工作是你们最宝贵的时间；只有在这样的日子成为过去之后，你们才会知道它有多么宝贵。

地图绘制的“单位地区”（unit area）方案可能是个有用的分类编目技巧，就像图书管理员的十进位系统一样（不过我对此也有怀疑），但是作为一种研究手段，我会把它置于几乎所有其他消耗精力的做法之下。

对地图绘制项目及其技术的这些疑虑是基于一个日益增强的信念，即我们不能竭力把地理学变成量化的学科。定量在我们的社会科学中是主导趋势，是在效仿更精确、更具实验性的科学；它恰巧在此时受到那些为长期计划和机构组织发放资金的人喜爱和鼓励。我想，我们可以把大部分计数工作留给人口普查员和其他一些从事汇集数字系列工作的人。在我看来，我们所关注的是那些基本上不重复发生、所涉时间跨度大多超越了可供计数之短时期的过程。

在正式科学之外

在所有可以通过教学来传达、通过技术来掌握的事物之外，存在着一个个人认知和解读的领域，这就是地理的艺术。真正优秀的区域地理学是精细的具象艺术，而创造性的艺术是不受模式或方法限制的。我们往往感到不必要的难堪，因为我们让自己在没有展示我们核心骨干徽记的情况下抛头露面。维达尔·白兰士把法国地理学者从这种不安中解放出来，使法国地理学以生动而有意义的区域描绘引人瞩目。我们可能拥有比我们所知更多的潜在艺术才华，但是我们不鼓励这种才华，所以它被压制下去了。田野调查产生的很多笔记使得研究工作活泼开阔，但这些在最终报告中消失得无影无踪。为什么在美国大平原上工作的地理学者不能像威拉德·约翰逊（Willard Johnson）那样，传递给读者关于地平线、天空、大气和土地的触摸感呢？或者像纳撒尼尔·谢勒和埃伦·森普尔描写肯塔基和肯塔基人那样？为什么把我们的区域研究弄得如此索然无味，以至于没人能为其中的见解和快乐而阅读呢？

美学欣赏引出哲学思考，为什么不呢？难道大自然的作
404 品、地形及上覆植被的线条和色彩不是值得思考的合适事物吗？不论纯朴的族群把自己的居住地设计并建造在何处，乡村场景却几乎无一例外地正确！人的建筑物表达了适应场地的功能，并带有每一种特定文化的辨识印记和偏好。在各形态的汇聚中有一种美学，一种景观美的形态学，后来常常被工业化文明所亵渎。这个景观和谐的问题不也是值得好好思考的事情吗？

我们不需要说，跨过价值判断的门槛不是我们该做的事情。我们在很大程度上承担了人类行为研究；我们费心查看人做了好事还是坏事，这是正确而合理的。今天实践的社会科学并没有取代道德哲学。在我们研究人类如何使用他们的可得资源的时候，我们的确要区分良好的与糟糕的农牧业，区分经济型或保守型与浪费的或破坏性的资源使用方式。我们为世界上一些地方逐渐变得贫瘠而伤心。我们不喜欢土壤侵蚀、森林毁灭、河流污染。我们不喜欢这些，因为它们不仅带来贫困，还带来丑陋。我们可以计算生产力损失的账目，但我们还想到，这样的不当行为不仅仅是盈利或亏损的问题。我们知道，我们

的所作所为不论是好是坏，都会决定我们后代的生活。因此，我们地理学者在所有人中间，最不能不去思考人在自然中的位置和整体生态事项。人对有机和无机世界的干涉和扰乱已经加速到如此程度，以至于我们不禁希望自己逃离当前世界而直接进入未来，那时候技术已经掌控了一切问题，从而许诺给我们宽恕和补救。但会是那样的吗？那是我们命中注定的方式吗？我们想要的是那种世界吗？道德家远离市场行情，他的思想另有价值。

强势的下一代人不会处理的学术地理没有什么不妥的。假如我们把它尽可能地解放出来，去做每个人做得最好、最想去做的事情，我们就能得到所需的传承。不该由我们通过定义来规定他们应当研究什么或者用什么方法去研究。学术自由必须被一再重新赢取。

407 # 卡尔·奥特温·索尔的已出版作品，1915—1962*

1915

Exploration of the Kaiserin Augusta River in New Guinea. *Bulletin of the American Geographical Society,* Vol. 47, pp. 342–345.

Outline for Field Work in Geography [with W. D. Jones]. *Ibid.,* pp. 520–526.

1916

† Geography of the Upper Illinois Valley and History of Development. *Illinois Geological Survey, Bulletin* No. 27. 208 pp., ills., pls.

1917

The Condition of Geography in the High School and Its Opportunity. *Journal of the Michigan Schoolmasters' Club, 51st Annual Meeting, 1916,* pp. 125–129; reprinted, *Journal of Geography,* Vol. 16, pp. 143–148.

Proposal of an Agricultural Survey on a Geographic Basis. *Michigan Academy of Science, 19th Annual Report,* pp. 79–86.

1918

Geography and the Gerrymander. *American Political Science Review,* Vol. 12, pp. 403–426.

A Soil Classification for Michigan. *Michigan Academy of Science, 20th Annual Report,* pp. 83–91.

Starved Rock State Park and Its Environs [with G. H. Cady and H. C. Cowles]. *The Geographic Society of Chicago,* Bulletin No. 6. 148 pp., ills., map.

---

* 以双剑号（††）标出的条目在本选集中全文收录，单剑号（†）条目由本选集收入了摘录。

1919 408

Mapping the Utilization of the Land. *Geographical Review,* Vol. 8, pp. 47–54.

The Role of Niagara Falls in History. *The Historical Outlook,* Vol. 10, pp. 57–65.

1920

The Economic Problem of the Ozark Highland. *Scientific Monthly,* Vol. 11, pp. 215–227.

The Geography of the Ozark Highland of Missouri. *The Geographic Society of Chicago, Bulletin No. 7.* 245 pp., ills., pls.

1921

The Problem of Land Classification. *Annals of the Association of American Geographers,* Vol. 11, pp. 3–16.

1922

Notes on the Geographic Significance of Soils—I, *Journal of Geography,* Vol. 21, pp. 187–190.

1924

The Survey Method in Geography and Its Objectives. *Annals of the Association of American Geographers,* Vol. 14, pp. 17–33.

1925

†† The Morphology of Landscape. University of California Publications in Geography, Vol. 2, No. 2, pp. 19–53.

1927

Recent Developments in Cultural Geography. In *Recent Developments in the Social Sciences* (New York, Lippincott), pp. 154–212.

† Geography of the Pennyroyal. *Kentucky Geological Survey, Ser. 6,* Vol. 25. 303 pp., ills., maps.

Lower Californian Studies. I, Site and Culture at San Fernando de Velicatá [with Peveril Meigs]. University of California Publications in Geography, Vol. 2, No. 9, pp. 271–302.

Vereinigte Staaten. In *Stielers Handatlas,* 10th ed. (Gotha, Justus Perthes), sheets 95–100.

409 ## 1929

Land Forms in the Peninsular Range of California as Developed about Warner's Hot Springs and Mesa Grande. University of California Publications in Geography, Vol. 3, No. 4, pp. 199–290.

Memorial of R. S. Holway. *Annals of the Association of American Geographers,* Vol. 19, pp. 64–65.

1930

Basin and Range Forms in the Chiricahua Area. University of California Publications in Geography, Vol. 3, No. 6, pp. 339–414.

†† Historical Geography and the Western Frontier. *In* James F. Willard and Colin B. Goodykoontz, edits., *The Trans-Mississippi West: Papers Read at a Conference Held at the University of Colorado June 18–June 21, 1929* (Boulder, 1930), pp. 267–289.

Pueblo Sites in Southeastern Arizona [with Donald Brand]. University of California Publications in Geography, Vol. 3, No. 7, pp. 415–459.

1931

Geography, Cultural. *Encyclopedia of the Social Sciences,* Vol. 6, pp. 621–624.

Prehistoric Settlements of Sonora, with Special Reference to Cerros de Trincheras [with Donald Brand]. University of California Publications in Geography, Vol. 5, No. 3, pp. 67–148.

Review of H. E. Bolton, Anza's California Expeditions. *Geographical Review,* Vol. 21, pp. 503–504.

1932

Aztatlán: Prehistoric Mexican Frontier on the Pacific Coast [with Donald Brand]. University of California Publications: Ibero-Americana, No. 1. 92 pp., ills., maps.

Correspondence [on physical geography in regional works]. *Geographical Review,* Vol. 22, pp. 527–528.

Land Forms in the Peninsular Range. *Zeitschrift für Geomorphologie,* Vol. 7, pp. 246–248.

†† The Road to Cíbola. University of California Publications: Ibero-Americana, No. 3. 58 pp., map.

1934

The Distribution of Aboriginal Tribes and Languages in Northwestern Mexico. University of California Publications: Ibero-Americana, No. 5. 94 pp., map.

Peschel, Oskar. *Encyclopedia of the Social Sciences*, Vol. 13, p. 92.

Ratzel, Friedrich. *Ibid.*, pp. 120–121.

Ritter, Karl. *Ibid.*, p. 395. 410

Semple, Ellen Churchill, *Ibid.*, pp. 661–662.

Preliminary Recommendations of the Land-Use Committee [with C. K. Leith and others]. *Report of the Science Advisory Board, 1933–1934*, pp. 137–161.

Preliminary Report to the Land-Use Committee on Land Resource and Land Use in Relation to Public Policy. *Ibid.*, pp. 165–260.

1935

Aboriginal Population of Northwestern Mexico. University of California Publications: Ibero-Americana, No. 10. 33 pp., map.

Review of G. C. Shattuck and others, The Peninsula of Yucatan. *Geographical Review*, Vol. 25, pp. 346–347.

Spanish Expeditions into the Arizona Apacheria. *Arizona Historical Review*, Vol. 6, pp. 3–13.

1936

†† American Agricultural Origins: A Consideration of Nature and Culture. In *Essays in Anthropology Presented to A. L. Kroeber in Celebration of His Sixtieth Birthday, June 11, 1936* (Berkeley, University of California Press), pp. 279–297.

1937

Communication [in reply to one by Ronald L. Ives regarding Melchior Díaz]. *The Hispanic American Historical Review*, Vol. 16, pp. 146–149.

The Discovery of New Mexico Reconsidered. *New Mexico Historical Review*, Vol. 12, pp. 270–287.

Discussion [of Isaiah Bowman, Influence of Vegetation on Land-Water Relationships]. In *Headwaters Control and Use, Papers Presented at the Upstream Engineering Conference Held in Washington, D.C. September 22 and 23, 1936*, pp. 104–105.

The Prospect for Redistribution of Population. In *Limits of Land Settlement: A Preliminary Report to the Tenth International Studies Conference, Paris, June 28–July 3, 1937*, pp. 7–24.

1938

Destructive Exploitation in Modern Colonial Expansion. *Comptes Rendus du Congrès International de Géographie, Amsterdam, 1938*, Vol. 2, Sect. 3c, pp. 494–499.

†† Theme of Plant and Animal Destruction in Economic History. *Journal of Farm Economics,* Vol. 20, pp. 765–775.

411

1939

Man in Nature: America before the Days of the White Men. A First Book in Geography (New York, Scribner's). 273 pp., ills., maps.

1941

†† Foreword to Historical Geography. *Annals of the Association of American Geographers,* Vol. 31, pp. 1–24.

†† The Personality of Mexico. *Geographical Review,* Vol. 31, pp. 353–364.

The Credibility of the Fray Marcos Account. *New Mexico Historical Review,* Vol. 16, pp. 233–243.

1942

The March of Agriculture across the Western World. *Proceedings of the Eighth American Scientific Congress Held in Washington May 10–18, 1940,* Vol. 5, pp. 63–65.

The Settlement of the Humid East. *Climate and Man, Yearbook of Agriculture, 1941,* pp. 157–166.

1944

†† A Geographic Sketch of Early Man in America. *Geographical Review,* Vol. 34, pp. 529–573.

Review of Paul Rivet, Les Origines de l'Homme Américain. *Ibid.,* pp. 680–681.

1945

The Relation of Man to Nature in the Southwest. *The Huntington Library Quarterly,* Vol. 8, pp. 116–125; discussion, pp. 125–130, 132–149.

1947

†† Early Relations of Man to Plants. *Geographical Review,* Vol. 37, pp. 1–25.

1948

Colima of New Spain in the 16th Century. University of California Publications: Ibero-Americana, No. 29. 104 pp., ills., map.

†† Environment and Culture during the Last Deglaciation. *Proceedings of the American Philosophical Society*, Vol. 92, pp. 65–77. 412

1950

Cultivated Plants of South and Central America. In *Handbook of South American Indians* (Smithsonian Institution, Bureau of American Ethnology, Bulletin 143), Vol. 6, pp. 487–543.

Geography of South America. *Ibid.*, pp. 319–344.

Grassland Climax, Fire, and Man. *Journal of Range Management*, Vol. 3, pp. 16–21.

1952

Agricultural Origins and Dispersals. (Bowman Memorial Lectures, Series 2. New York, American Geographical Society). 110 pp., maps.

†† Folkways of Social Science. In *The Social Sciences at Mid-century: Papers Delivered at the Dedication of Ford Hall, April 19–21, 1951* (Minneapolis, University of Minnesota Press), pp. 100–109.

1954

Comments [on Paul Kirchhoff, Gatherers and Farmers in the Greater Southwest]. *American Anthropologist*, Vol. 56, pp. 553–556.

Economic Prospects of the Caribbean. In A. Curtis Wilgus, edit., *The Caribbean: Its Economy* (Gainesville, University of Florida Press), pp. 15–27.

Herbert Eugene Bolton (1870–1953). *The American Philosophical Society, Year Book 1953*, pp. 319–323.

1956

The Agency of Man on the Earth. In William L. Thomas, Jr., edit., *Man's Role in Changing the Face of the Earth* (Chicago), pp. 49–69.

Summary Remarks: Retrospect. *Ibid.*, pp. 1131–1135.

†† The Education of a Geographer. *Annals of the Association of American Geographers*, Vol. 46, pp. 287–299.

Time and Place in Ancient America. *Landscape*, Vol. 6, No. 2, pp. 8–13.

1957

†† The End of the Ice Age and Its Witnesses. *Geographical Review*, Vol. 47, pp. 29–43.

1958

413 †† Man in the Ecology of Tropical America. *Proceedings of the Ninth Pacific Science Congress, 1957,* Vol. 20, pp. 104–110.

A Note on Jericho and Composite Sickles. *Antiquity,* Vol. 32, pp. 187–189.

Review of Harold Gladwin, History of the Ancient Southwest. *Landscape,* Vol. 8, No. 2, p. 31.

1959

Middle America as Culture Historical Location. *Proceedings of the 33rd International Congress of Americanists, 1958,* Vol. 1, pp. 115–122.

Age and Area of American Cultivated Plants. *Ibid.,* pp. 213–229.

Homer LeRoy Shantz. *Geographical Review,* Vol. 49, pp. 278–280.

1961

Sedentary and Mobile Bent in Early Societies. In Sherwood L. Washburn, edit., *Social Life of Early Man* (Viking Fund Publications in Anthropology, No. 31), pp. 256–266.

1962

†† Fire and Early Man. *Paideuma,* Vol. 7, pp. 399–407.

†† Homestead and Community on the Middle Border. *Landscape,* Vol. 12, No. 1, pp. 3–7.

†† Seashore—Primitive Home of Man? *Proceedings of the American Philosophical Society,* Vol. 106, pp. 41–47.

Terra firma: Orbis novus. In *Hermann von Wissmann-Festschrift* (Tübingen), pp. 258–270.

索　　引

（数字指原书页码，在本书正文中标为边码）

Abbott, Charles Conrad　阿博特，查尔斯·康拉德：199、208

Abilene culture　阿比林文化：170、207-208；遗址：227、258（见 archeologic sites）

Acadia　阿卡迪亚：230

Acaponeta　阿卡波内塔：57-58；Acaponeta River　阿卡波内塔河：60

Acapulco　阿卡普尔科：58

Acheulian culture　阿舍利文化：160、262

Adams, Henry Carter　亚当，亨利·卡特：382

Africa　非洲：164-165、184、290-294、297、300-305、311

Aftonian interglacial interval　阿夫顿间冰期：202、218（见 glacial stages and substages, intervals）

"Age of Surveys"　"测量时代"：319

Agiabampo, bay of　阿希亚万波湾：65

Ahome　阿奥梅（见 Oremy）

Ahrensburg people　阿伦斯堡人：278

Ahuacatlán　阿瓦卡特兰：57

Ainu, blood groups of　阿伊努人的血型：237、239

Ajos, Sierra de los　洛斯阿霍斯山：99

Álamos　阿拉莫斯：65、70；Álamos River　阿拉莫斯河：64

Alaska　阿拉斯加：164、199、203-205、224、241、280、285-286

Alcaraz, Diego de　德阿尔卡拉斯，迭戈：72、88、89、95、97、99

Algonkintribes　阿尔贡金部落：239、243、244（见 Indian tribes）

Algonquin beach　阿尔贡金湖滩：255

Alps, glaciation in　阿尔卑斯山的冰川化：288

Alsberg, Carl Lucas　阿尔斯伯格，卡尔·卢卡斯：384

Altamont morain　阿尔塔蒙特冰碛：273

Altar　阿尔塔：91

Alvarado, Pedro de　德阿尔瓦拉多，

佩德罗：114
Amazon basin 亚马孙河流域：182-186、190、229、235、242-243
Amazon land, legend of 亚马孙之地的传说：55-56、58、61
Amazonids 亚马孙人：235
Ameca 阿梅卡：56
Ameghino, Florentino 阿梅吉诺，弗洛伦蒂诺：199
Ames, Oakes 埃姆斯，奥克斯：177-179
Andes 安第斯山脉：182、190、229
Antevs, Ernst 安特夫斯，厄恩斯特：206
anthropology 人类学：356-357
Apache tribe 阿帕奇部落：66（见 Indian tribes）
Aquihuiquichi 阿基维圭奇：64
Araucanian people 阿劳卡尼亚人：238、242、244（见 Indian tribes）
Arawaks 阿拉瓦克人：191、243（见 Indian tribes）
archeologic sites 考古遗址：161-162、166-173、192、199-200、204、210、214、226-245、252、258-259、260-270、278-287、290-298、301-302、304-307（亦见 Abilene, Brazos River, Brown's Valley, Casablanca, Chihuahua, Choukoutien, Clovis, Cochise, Confins, Danger Cave, Elm Creek, Fishbone Cave, Fort Rock Cave, Galley Hill, Gypsum Cave, Keilor, Kenya, Lagoa Santa, Lake Algonquin, Lake Bonneville, Lake Chapala, Leonard Rockshelter, Lindenmeir, Lovelock, Magoito, Managua, Moyo, Minas Gerais, Minnesota, Mohave Basin, Morroco, Mound Builders, Nebraska, Nevada, Oak Grove, Oklahoma, Olduvai Gorge, Ontario, Pinto, Punin, Red Crag, Sand Hills, Sandia, Santa Barbara, Scottsbluff Bison Quarry, Sonora, Stellenbosch, Taltal, Trenton, Two Creeks, Venezuela, Ventana Cave）
archeology 考古学：121、161、166、231-240、252、272、276、290、301、365
Arctic Ocean 北冰洋：275、286
Arellano 阿雷利亚诺：88
Argentina 阿根廷：144、148、215、222、228、229、232、235、237-238、240
Arispe 阿里斯佩：88、96-97、99
Arivaipa basin 阿里瓦伊帕洼地：89-90
Arizona 亚利桑那：46、51、68、81、86、89、109、124、139、169、207、226、251、259、283
Aros River 阿罗斯河：98、102-103
Asia, southeastern 亚洲，东南亚：

184、195、265-267

Asturian strandlooper culture 阿斯图里亚“海滩打圈人”文化：264-265

Atacama 阿塔卡马：229、235、242

Atlantic ocean, cores from floor of 大西洋，洋底提取的岩心：274

Atrato 阿特拉托：188、228

Au SableCreek 奥塞布尔溪：14

Audubon, John James 奥杜邦，约翰·詹姆斯：27

Aurignacian culture 奥瑞纳文化：212、259、276-277

Aurousseau, Marcel 奥鲁索，马塞尔：342

Australia 澳大利亚：162-163、165、170、171、184、263、306

Australopithecus, remains of 南方古猿的残骸：300-301

Autlán 奥特兰：56

Aztec 阿兹特克、阿兹特克人：55、112-113、116、243（亦见 Indian tribes）

Babiácora 巴维亚科拉：69、88、94

Bacoachi 巴科阿奇：88、89、96、97、99

Badiraguato 巴迪拉瓜托：63

Bahia San Carlos 圣卡洛斯湾：77、78

Bajada del Monte 巴加达-德尔蒙特：93

Bajío 浅滩：105、116

Baker, Oliver Edwin 贝克，奥利弗·埃德温：342

Baldwin, Elmer 鲍德温，埃尔默：18

Balsas graben 巴尔萨斯地堑：111-112、127

Baltic Ice Lake 波罗的冰湖：274；Baltic plains 波罗的海平原：278；Baltic Sea 波罗的海：273

Bancroft, Hubert Howe 班克罗夫特，休伯特·豪：73

Bandelier, Adolph Francis 班德利尔，阿道夫·弗朗西斯：54、73、90

Banse, Ewald 班斯，埃瓦尔德：344

Barker, Elihu 巴克，伊莱休：25

Barren County 巴伦县：30

Barrows, Harlan H. 巴罗斯，哈伦·H.：342、352

Basket Makers “编筐人”：123、231-232、235、238、245、366；Basketmaker Culture, Old 古编筐人文化：280-283

Batuc, Valley of 巴图克河谷：94、98

Batuco 巴图科：103

Bavispe Valley 巴维斯佩河谷：98、100、102-103

Beaumont, Pablo 博蒙，巴勃罗：74

Beaver Indians 海狸族印第安人：

237（见 Indian tribes）
Bedouins, blood groups of 贝都因人的血型：237-238
Beothuks 贝奥图克人：165、243-244
Berghaus, Heinrich 伯格豪斯，海因里希：395
Bering Sea 白令海：147、165、224；Bering Strait 白令海峡：199
Berr, Henri 贝尔，亨利：347
Bews, John William 比尤斯，约翰·威廉：221
Bison Hunters, Old 古野牛猎人：279-280、284
Black Belt “黑带”：152
Blackfoot Indians 乌足族印第安人：237（见 Indian tribes）
Black Prairies “黑草原”：152
Black Sands people： 黑沙人：231
Blood Indians 血族印第安人：237（见 Indian tribes）
Bloomington-Chicago Road 布卢明顿-芝加哥公路：21
Bluntschli, Hans 布伦奇利，汉斯：322
Blytt and Sernander chronology 布利特和塞尔南德气候分期：254
Boas, Franz 博厄斯，弗朗兹：382
Bororos 波罗罗人：161、242（见 Indian tribes）
Botocudo 博托库多人：235（见 Indian tribes）
Boule, Marcellin 布列，马塞林：199
Boyd, William C. 博伊德，威廉·C.：237-238、240
Boyds Grove 博伊兹格罗夫：21
Brand, Donald 布兰德，唐纳德：100
Brazil 巴西：161、229-232、235、238、242；Brazilian Highlands 巴西高原：128、165、241、243-244
Brazos River 布拉索斯河：171、280（见 archeologic sites）
Breuil, HenriÉdouard 步日耶，亨利·爱德华：305
British Columbia 不列颠哥伦比亚：203-204、224、226、286
Brown' s Valley 布朗斯瓦利：255（见 archeologic sites）
Brunhes, Jean 白吕纳，让：342、358、399
Bryan, Kirk 布赖恩，柯克：46、199-200、205、279
Buckle, Henry Thomas 巴克尔，亨利·托马斯：320、359、383
Bureau County 比罗县：14、17、21
Cabeza de Vaca, Álvar Nuñez 卡韦萨·德巴卡，阿尔瓦·努涅斯：66-73、82、83、87、88、99
Cahita 卡西塔：61-66、72、91；Cahita tribes 卡西塔部落：63、73、235（见 Indian tribes）

California 加利福尼亚：45、47-48、50-51、141-142、148-149、165、166、168-169、206、226、230、232、235、240、241、243-244、259、263、282、283、290、291、306
Camoa 卡莫阿：64
Canada 加拿大：204-205、226、237、239-240、250、254、273、280、285-286
Cananea Plain 卡纳内平原：81
Candela, Pompeo Benjamin 坎德拉，蓬佩奥·本杰明：240
Capirato 卡皮拉托：63
Carayá Indians 卡拉亚印第安人：238、242（见 Indian tribes）
Caribtribes 加勒比部落：242、243（见 Indian tribes）
Carolinas 南北卡罗来纳：25、142
Carretas 卡雷塔斯：101；Carretas Pass 卡雷塔斯关隘：98、100-101
cartography 制图学：319
Caryglacial substage 凯里冰川亚阶段：247-248、250、253、273、274、285（见 glacial stages and substages, intervals）
Casablanca 卡萨布兰卡：305（见 archeologic sites）
Casas Grandes 大卡萨斯：98、100-103
Cascabel 卡斯卡贝尔：89
Castañeda de Nájero 卡斯塔涅达·德纳赫罗：61、82、84、86、88
Cather, Willa 凯瑟，薇拉：40
Catholic church 天主教教会：39；missions 传教区：48、50-51、57、73、103
Cauca Valley 考卡山谷：229
Cazcán Indians 卡兹坎印第安人：105、115（见 Indian tribes）
Ceboruco, volcano of 塞沃鲁科火山：57
Cedros, Arroyo de los 阿罗约-德洛斯塞德罗斯（意即“雪松溪”）：86、93；Cedros, Rancho de los 兰乔-德洛斯塞德罗斯（意即“雪松牧场”）：86；Cedros River 塞德罗斯河：64、72、86-87、94
Central America 中美洲：127、134-135
Chamberlin, Thomas Chrowder 钱伯林，托马斯·克劳德：277
Chametla 查梅特拉：60、91、93
Champaign 尚佩恩：11
Chango people 尚戈人：235、242（见 Indian tribes）
Channahon 长纳霍：17
Charrualanguage 恰卢亚语：242
Chatelperronian culture 查特佩戎文化：277
Cherokee Indians 切罗基印第安人：143（见 Indian tribes）
Cherokee strip 切罗基地带：39
Chiapas 恰帕斯：131、134-

135、150
Chibchalanguage 奇布查语：243
Chicago 芝加哥：21、32、354
Chichilticalli 奇奇提卡利：85-86、89-90
Chichimeca 奇奇梅卡：112-117
Chichimecs 奇奇梅克人：107、114、116、241（见 Indian tribes）
Chico, Rio 里奥奇科河：72、79-80、85、87、93-94
Chihuahua 奇瓦瓦：62、98-103、107、116-117、123、148、252；遗址：101（见 archeologic sites）
Childe, Vere Gordon 蔡尔德，维尔·戈登：265
Chile 智利：136、138、141-142、228-230、238、244、264
Chinapa 奇纳帕：96-97
Chocó, tribes of 乔科人的部落：188、228（见 Indian tribes）
Chonopeople 乔诺人：235（见 Indian tribes）
Choo peoples 乔族人：243（见 Indian tribes）
chorography 地方志：353
chorology 分布学：316-320、324
Choukoutien 周口店：293（见 archeologic sites）
Chrysostom, Saint 圣克里索斯托姆（即‘金口若望’）：388
Chuhuichupa 丘韦丘帕：103
Cibola 西波拉：53-54、61-62、65、73、79-86、89、90、91、99、103
Ciguatán, Amazon land of 锡瓜坦的亚马孙之地：56、61
Cigvini 锡基尼：93
Cinaloa 锡那罗亚：64、93（见 Sinaloa）
Cinaro 锡那罗（见 Sinaloa）
Cincinnati 辛辛那提：27、32
Ciudad Rodrigo, Fray António 休达·罗德里戈，弗赖·安东尼奥：74、76、83
Clark, Wilfrid E. LeGros 克拉克，威尔弗里德·勒格罗：300
Cleveland 克利夫兰：32
climatology 气候学：329、338、340、356
Clovisculture 克洛维斯文化：284；遗址：227（见 archeologic sites）
Cluverius, Philippus 克卢维里厄斯，菲利普斯：363
Coahuila 科阿韦拉：107、116-117
Coast Ranges of California 海岸山岭，加利福尼亚的：47、50、148、202
Cochimi people 科奇米人：310（见 Indian tribes）
Cochiseculture of Arizona 科奇斯文化，亚利桑那的：226、259；遗址：169、207-208、226、283（见 archeologic sites）；Cochise I Man 科奇斯一期人：231
Cocoraqui 科科拉基：64

Cócorit 科科里特：64
Colima 科利马：55、56-58、111、113、116
Colombia 哥伦比亚：128、134、138、228
Colonia Morelos 莫雷洛斯移民镇：100
Colorado Plateau 科罗拉多高原：54、81、86、90；Colorado River 科罗拉多河：90、123、226；valley 河谷：91、123、141
Colton, Harold Sellers 科尔顿，哈罗德·塞勒斯：365
Columbia River valley 哥伦比亚河河谷：226
Columbus, Christopher 哥伦布，克里斯托弗：185
Comanito 科马尼托：63
Compostela 孔波斯特拉：61、81-82、86、89、114-115
Conchos River 孔乔斯河：66
Confins, Brazil 孔芬斯，巴西：232（见 archeologic sites）
Cook, Orator Fuller 库克，奥拉特·富勒：131
Coon, Carleton 库恩，卡尔顿：294
Copts, blood groups of 科普特人的血型：237
Corazones 科拉松尼斯：69、70、72、80、87-89、94-95
Corn Belt 玉米带：152、354
Cornish, Vaughan 科尼什，沃恩：116、342、356、358、376-377
Coronado, Francisco Vázquez de 德科罗纳多，弗朗西斯科·巴斯克斯：69、73、75-76、77-78、82、84、85-91、114
Cortés, Francisco 科尔特斯，弗朗西斯科：56-58
Cortés, Hernán 科尔特斯，埃尔南：55-56、58、60、77、83-84、113-114
cosmography 宇宙志：319
cosmology 宇宙学：316、318-320、328
Cowles, Henry Chandler 考尔斯，亨利·钱德勒：2
CreeIndians 克里印第安人：238（见 Indian tribes）
Cressman, Luther Sheeleigh 克雷斯曼，卢瑟·希莱：281
Crittenden County 克里滕登县：25
Croce, Benedetto 克罗斯，贝内代托：323
Cro-Magnon man 克鲁马努人：157、231、276-277
Cuba 古巴：191-192
CuchuaquiRiver 库朱瓦基河：64
Cucopa 库科帕：90
Culiacán 库利亚坎：62、63、80、112、114；Culiacán, San Miguel de 圣米格尔-德库利亚坎：60-62、71-78、81、85-86、89、91-93、112；Culiacán River 库利亚坎河：59-60、62、112；

Culiacán Valley 库利亚坎河谷：62-63、73、92
Cumberland River 坎伯兰河：25、27-30
Cumpas 昆帕斯：96
Cumupa 库穆帕：96
Cumuripa 库穆里帕：65、71-72
Cuquiárachi 库奇亚拉奇：99
Culture Hearth of Mexico 文化家园，墨西哥的：106-117
Curtis，Garniss Hearfield 柯蒂斯，加尼斯·赫菲尔德：289、300
Dakotas 南北达科他：204、223、273
Danger Cave 丹杰洞（意即“危险洞”）：273、281、283（见 archeologic sites）
Darien，Panama 达连，巴拿马：185、230；Gulf area 达连湾地区：228
Dart，Raymond Arthur 达特，雷蒙德·阿瑟：300
Darwin，Charles 达尔文，查尔斯：300
Davenport，Bishop 达文波特，毕晓普：30
Davis，William Morris 戴维斯，威廉·莫里斯：331、356
Dayton 代顿：17
De Geer，Sten 德吉尔，斯滕：246、342、357
Deniker，Josoph 德尼凯，约瑟夫：232
Depue 迪皮尤：21
Des Moines 得梅因：272；morainic lobe 得梅因冰舌区：248、250
Diaz，Melchior 迪亚斯，梅尔基奥尔：73、85、86、90-91
Dixon，Roland B.，*The Racial History of Man* 狄克逊，罗兰·B.：《人的种族史》：232-233
Dobzhansky，Theodosius G. 多布然斯基，西奥多修斯·G.：236-237
Dogger Bank 多格浅滩：260
Dogrib Indians 多格里布印第安人：238（见 Indian tribes）
Domesday Book，of Wisconsin Historical Society《土地清账书册》，威斯康星历史学会的：51
Donn，William L. 唐，威廉·L.（见 Ewing，Maurice）
Dorantes，Andrés de 德多兰特斯，安德烈斯：83
Durango 杜兰戈：62、75、92、107、116、218、252
Dutton，Clarence Edward 达顿，克拉伦斯·爱德华：334
Eagle Pass 伊格尔帕斯（意即“鹰关”）：89-90
Early man，New World 早期人类，新大陆：164-173、183-193、199-200、204-205、206-213、220-222、224-240、242-244、248-250、252、256、258-259、276-277、279-287、293、304-

305、309-311
Early man, Old World 早期人类，旧大陆：155-164、184、189、214、244、259-270、275-276、278-285、290-293、297、301-304
Ébora, Sebastian de 德埃博拉，塞巴斯蒂安：65、92
ecology 生态学、生态：356、404
Ecuador 厄瓜多尔：230、232
Egypt 埃及：150
Eickstedt, Egon von 冯艾克施泰特，埃贡：233
El Fuerte 埃尔富埃尔特：64、86
Elephant Hunters 大象猎人：279、284
Elias, Maxim Konradovich 伊莱亚斯，马克西姆·孔拉多维奇：216
Elm Creek 埃尔姆克里克（意即"榆树溪"）：207、258（见 archeologic sites）
Erie Canal 伊利运河：34
Eskimo 爱斯基摩人：224、233、237、241
Espíritu Santo 圣埃斯皮里图：60
Esteban 埃斯特万（见 Stephen）
Etzatlán 埃察特兰：56
Eutuacán Valley 尤图阿坎河谷：64
Evansville 埃文斯维尔：27
Evernden, Jack Foord 埃文登，杰克·富德：289、300
Ewing, Maurice and Donn, William L. 尤因，莫里斯和唐，威廉·L.：274、275、286
Falkland Islands 福克兰群岛：147
Febvre, Lucien 费布尔，卢西恩：347-348
Fertile Crescent 肥沃新月地带：123
Filson map 菲尔森地图：24
Fire Ape（*Australopithecus prometheus*）火猿（南方古猿）：294
Fishbone Cave "鱼骨洞"：273、281（见 archeologic sites）
Fisk, Harold Norman 菲斯克，哈罗德·诺曼：289
Flandrian transgression 富兰德里安海浸：253-254
Flathead Indians 扁头族印第安人：237（见 Indian tribes）
Fleure, Herbert John 弗勒，赫伯特·约翰：357、363、365-366
Flint, Timothy 弗林特，蒂莫西：25
Folsom culture 福尔瑟姆文化：172、206-207、209-211、226、279-280、284、286；Folsom man 福尔瑟姆人：199-200、204-205、211、230、232、245
Fontechevade man 丰德谢瓦德人：277、294
Ford, James Alfred 福特，詹姆斯·艾尔弗雷德：365
Fort Rock Cave 罗克堡洞穴：281

（见 archeologic sites）
Fox, Sir Cyril Fred 福克斯，西里尔·弗雷德，爵士：104、357
FoxIndians 福克斯印第安人：238（见 Indian tribes）
Fox River 福克斯河：21；valley 福克斯河谷：14、17
Frankfurt-Posenglacial substage 法兰克福-波森冰川亚阶段：247（见 glacial stages and substages, intervals）
the Fraser 弗雷泽河：226
Fronterasbasin 弗龙特拉斯洼地：68、99、100
Fuegids "火人"：233
Fuerte 富埃尔特：93；Fuerte River 富埃尔特河：58、64、65、77-78、86-87、89、93、94、98；valley 富埃尔特河谷：123
Galena 加利纳：21
Galiuro Mountains 加利乌罗山：89
Galley Hill 加利山：165（见 archeologic sites）；Galley Hill Man 加利山人：156
Garland, Hamlin, *A Son of the Middle Border* 加兰，哈姆林：《中部边地农家子》：40
Geikie, Archibald 盖基，阿奇博尔德：334
Geisler, Walter 盖斯勒，沃尔特：342
General Land Office 政府土地总办公室：46
General Land Survey 土地总勘测：37
geognosy 地球构造学：334
geography 地理学：316-321、328-330、334、338、341、344-349、351-379、381、389-393、396-404
geology 地质学：328、334
geomorphology 地貌学：328、329、331、338、345-346、356、398-399
Georgia 佐治亚：25、142-143、147
Geronimo 杰罗尼莫：90
Gês language 杰斯语：242
Giddings, James Louis 吉丁斯，詹姆斯·路易斯：286
Gila conglomerate 希拉岩块：97；Gila River 希拉河：54、86、89-90、123；valley 希拉河谷：90、111、123
Gilbert, Grove Karl 吉尔伯特，格罗夫·卡尔：97、334
glacial stages and substages, intervals-冰川阶段和亚阶段、间冰期（见 Aftonian, Cary, Frankfurt-Posen, Günz, Illinoian, Iowan, Kansan, Mankato, Mindel/Riss, Nebraskan, Peorian, Pomeranian, Riss, Riss/Würm, Sangamon, Tahoe, Tazewell, Tioga, Warthe, Weichsel- Brandenburg, Wisconsin, Würm, Yarmouth）
Gladwin, Harold Sterling 格拉德

温，哈罗德·斯特林：207
Goajiratribe 瓜希拉部落：235（见 Indian tribes）
Goethe 歌德：326-327
Gradmann, Robert 格拉德曼，罗伯特：344、399
Gran Chaco 大查科：217、218、229、242、243
Gran Chichimeca 大奇奇梅卡：107、127（亦见 Chichimeca）
Grand Prairie 大草原：11
Great Basin 大盆地：272、273、275、280、281
Great Lakes 五大湖：32、34-35、36、148、202、250、255、272、280、285
Great Plains 大平原：141、148、204、205、216-219、226、227、235、239、244、275、279、280；Great Plains Indians 大平原印第安人：235（见 Indian tribes）
Great Salt Lake 大盐湖：226
Great Slave Lake 大奴湖：204
Great Valley 大河谷：148
Green Bay 格林贝：272-273
Green River 格林河：24-25、27、30
Greenland 格陵兰：224、254
Greenman, Emerson Frank 格林曼，埃默森·弗兰克：208
Greensburg 格林斯堡：28
Grimaldi man 格里马尔迪人：157
Grisebach, August 格里泽巴赫，奥古斯特：328
Grundy County 格兰迪县：12、14、18、21-22
Guachichil Indians 瓜奇奇尔人：115（见 Indian tribes）
Guadalajara 瓜达拉哈拉：54、56、58、61、89、105、115、116、127
Guaraspi 瓜拉斯比（见 Arispe）
Guatemala 危地马拉：108、134
Guayana highland 圭亚那高原：229、230
Guaycuru tribe 瓜伊库鲁印第安人：165、242、244（见 Indian tribes）
Guianas 圭亚那高原：184、186
Guinea coast 几内亚海岸：184
Guirocoba Arroyo 吉罗科瓦溪：64
Gulf of California 加利福尼亚湾：230、232、235、310、311-312
Gulf of Mexico 墨西哥湾：254、274
Günz glacial stage 金茨冰川阶段：288-289、301、304（见 glacial stages and substages, intervals）
Guzmán, Diego de 德古兹曼，迭戈：63-65、70-73
Guzmán, Nuño Beltrán de 德古兹曼，努尼奥·贝尔特兰：56、58、59-63、65-66、70、79、114
GypsumCave 吉普瑟姆洞穴：281（见 archeologic sites）

Haby ranch 哈比牧场：90
Hahn, Eduard 哈恩，爱德华：48、355-356、364、370、376-377
Haiti 海地：185、191、192
Hamburg peoples 汉堡人：278
Hammond, George P. 哈蒙德，乔治·P.：95、97、98
Hardy, Sir Alister 哈迪，阿利斯特，爵士：304
Harrington, Mark 哈林顿，马克：281
Hartshorne, Richard 哈特向，理查德：352
Haury, Emil 豪里，埃米尔：169
Hennepin 亨内平：18
Herder, Johann Gottfried von 赫尔德，约翰·哥特弗雷德：359
Herodotus 希罗多德：321
Hettner, Alfred 赫特纳，艾尔弗雷德：296、320、352
Hoffman, Charles Fenno, *A Winter in the Far West*-霍夫曼，查尔斯·芬诺：《远西的冬天》：12
Hohokam culture 霍霍坎文化：123-124
Holmes, William Henry 霍姆斯，威廉·亨利：277
Homestead Act 《宅地法》：32、37
Honduras 洪都拉斯：58、111
Hooton, Earnest Albert 胡顿，欧内斯特·艾伯特：233
Hopewellpeople 霍普韦尔人：231、245
Hopi Indians 霍皮印第安人：89、238（见 Indian tribes）
Horaba Indians 霍拉巴印第安人：63（见 Indian tribes）
Hrdlička, Aleš 赫尔德利奇卡，阿莱什：231、277
Huasteca 瓦斯特卡：105-106
Hudson Bay 哈得孙湾：204、224
Huichal Indians 维乔尔印第安人：115（见 Indian tribes）
Humaya Velley 乌马亚河谷：62
Humboldt, Alexander von 冯洪堡，亚历山大：340、344、355；*Essay on New Spain*-《新西班牙论》：363
Huntington, Ellsworth 亨廷顿，埃尔斯沃思：128
Hurdaide, Martínez de 德乌尔戴德，马丁内斯：78
Hurtado de Mendoza, Diego 乌尔塔多·德门多萨，迭戈：65、77、58
Hussey, John 赫西，约翰：30
Huxley, Thomas Henry 赫胥黎，托马斯·亨利：346-347；*Physiography*: *An Introduction to the Study of Nature*-《地文学：自然研究导论》：346
Ibarra, Francisco de 德伊瓦拉，弗朗西斯科：91-103
Ice Age 冰河时代（见 Pleistocene）
Illinoian glacial stage 伊利诺伊冰川阶段：165、201-205（见 glacial

stages and substages, intervals)
Illinois 伊利诺伊：11、12、17、23、204、231；Illinois and Michigan Canal 伊利诺伊-密歇根运河：20、21、35；Illinois Central Railroad 伊利诺伊中线铁路：35；Illinois River 伊利诺伊河：11-12、17、20-21、35
Imbelloni, José 因贝略尼，何塞：233、234
Imlay, Gilbert 伊姆利，吉尔伯特：24、25、26
Inca state, Incas 印加古国、印加人：240（亦见 Indian tribes）
India 印度：150、184、265
Indian Creek 印第安溪：17
Indian Ocean 印度洋：293、297、304、311
Indians 印第安人：28-30、33、47、48、49-50、53、56、57、59-60、62、63、64、66、68、70、71-73、74-75、79-80、86、87-88、89、93、94、96、103、106-110、111-112、113、115、116、141、165、185、192、212、231、235-240、242-243、306、310；Indian tribes 印第安部落（见 Algonkin, Apache, Araucanian, Arawak, Aztec, Beaver, Blackfoot, Blood, Bororo, Botocudo, Cahita, Carayá, Carib, Cazcán, Chango, Cherokee, Chichimecs, Chocó, Chono, Choo, Cochimi, Cree, Dogrib, Flathead, Fox, Goajira, Great Plains, Guachichil, Guaycuru, Hopi, Horaba, Huichal, Inca, Jumano, Lacandon, Loucheux, Mandan, Micmac, Miskito, Motilón, Navaho, Nebames, Ópata, Ótomi, Pericu, Piegan, Pima, Pueblo, Querechos, Sac, Seri, Shawnee, Shoshone, Sinaloa, Slave, Sobaipuri, Ssabela, Stoney, Suma, Tahue, Tapuyan, Tarahumar, Tarascan, Tehuecos, Tepehuan, Tlascalan, Toltec, Tsimshian, Ura, Uru, Yahgan, Yaqui, Yuki, Zacatec, Zuni）
Inland Passage of British Columbia 不列颠哥伦比亚内陆通道：286
Iowa 艾奥瓦：35、152、204、272
Iowan glacial substage 艾奥瓦冰川亚阶段：203-204、253、277（见 glacial stages and substages, intervals）
Ispa 伊斯帕：88（见 Arispe）
Isthmus of Tehuantepec 特万特佩克地峡：111
Ixtlán 伊斯特兰：57；figurines 伊斯特兰雕像：127
Jalisco 哈利斯科：54、57、74、105、112、114、116
Jamestown 詹姆斯敦：33
Jaramillo 哈拉米约：86-90
Java man 爪哇人：156-157、184、290

Jefferson, Mark 杰斐逊，马克：342
Jefferson, Thomas 杰斐逊，托马斯：12
Jennings, Jesse David 詹宁斯，杰西·戴维：281、283
Johnson, Willard Drake 约翰逊，威拉德·德雷克：403
Joliet 乔利埃特：21
Jumano Indians 胡马诺印第安人：66（见 Indian tribes）
Kälin, Joseph 卡林，约瑟夫：302
Kansan glacial stage 堪萨斯冰川阶段：201、203、209、219（见 glacial stages and substages, intervals）
Kansas 堪萨斯：32、34、40；Kansas City 堪萨斯城：32
Keewatinice center 基韦廷冰中心：203-204
Keilor, Australia 凯勒，澳大利亚：162、165（见 archeologic sites）
Kellogg' s trail 凯洛格小道：21
Kentucky 肯塔基：23-31、280
Kenya 肯尼亚：300（见 archeologic sites）
Keynes, John Maynard 凯恩斯，约翰·梅纳德：386
Kniffen, Fred B. 尼芬，弗雷德·B.：365、368
Köppen, Wladimir 科本，弗拉迪米尔：126、329
Krapina man 克拉皮纳人：157
Krebs, Norbert 克雷布斯，诺伯特：320、325
Kropotkin and Metchnikov theory 克鲁波特金和梅奇尼科夫的理论：122
La Asunción, Fray Juan de 德拉亚松森，弗赖·胡安：76
Labrador 拉布拉多：224、230；center of glaciation, ice center 拉布拉多冰川中心、冰中心：204
Lacandontribe 拉坎东部落：243（见 Indian tribes）
Lagoa Santa, Brazil 圣湖，巴西：231-232、235（见 archeologic sites）
Laguids 湖人：235
Lake Albert, Africa 艾伯特湖，非洲：291
Lake Algonquin 阿尔贡金湖：208（见 archeologic site）
Lake Bonneville 邦纳维尔湖：273、281（见 archeologic sites）
Lake Chapala, Dry, Mexico 查帕拉干湖，墨西哥：252（见 archeologic sites）
Lake Lahontan 拉洪坦湖：252、273
Lake Tanganyika 坦噶尼喀湖：291
Lake Whittlesey 惠特尔西湖：250
La Noë, Gaston-Ovide de 德拉诺埃，加斯顿-奥维德：328
La Salle County 拉萨尔县：13-14、19、22、35

Las Varas Creek 拉斯巴拉斯溪：100、101
Las Vegas 拉斯维加斯：281
Leakey, Louis S. B. 利基，路易斯·S. B.：290、300、304
Leighton, Morris Morgan 莱顿，莫里斯·摩根：208
Leonard Rockshelter 伦纳德悬岩：273（见 archeologic sites）
Levalloisian remains 勒瓦娄哇遗物：160、168、208
Leverett, Frank 莱弗里特，弗兰克：399
Lindenmeier 林登迈耶：205、279（见 archeologic sites）
Lipscomb Bison Quarry 利普斯科姆野牛采石场：209、213
Livingston County 利文斯顿县：25
Lodi 洛迪：232
López, Gonzalo 洛佩斯，贡萨洛：62
Loucheux tribe 卢谢部落：237、239（见 Indian tribes）
Louisiana Purchase “路易斯安那购地”：34
Louisville 路易斯维尔：27、28
Lovelock 拉夫洛克：273（见 archeologic sites）
Lower California 下加利福尼亚：46、148、165、166-169、235、244、252、310
Lutheran Church 路德派教会：39
Lyell, Charles 莱尔，查尔斯：147
MackenzieRiver valley 麦肯齐河谷：237、239
Magdalena 马格达莱纳：56、57、58；Magdalena River 马格达莱纳河：91；
Magdalenian culture 马格达林文化：161、163、259、261-262、278、284
Maglemose artifacts 马格勒莫瑟人工制品：260
Magoito, Portugal 马戈伊托，葡萄牙：305（见 archeologic sites）
Managua, Nicaragua 马那瓜，尼加拉瓜：227（见 archeologic sites）
Mandan Indians 曼丹印第安人：33（见 Indian tribes）
Mange, Juan Mateo 曼赫，胡安·马特奥：76-77
Mankato glacial substage 曼卡托冰川亚阶段：204、247-248、250、258、272-275、279、283-285（见 glacial stages and substages, intervals）
Marajó, island of 马拉若岛：185
Marbut, Curtis Fletcher 马伯特，柯蒂斯·弗莱彻：336
Marcos de Niza, Fray 马科斯·德尼萨，弗赖：68、72、73-84、86、94
Marin County：马林县：148
Marseilles, Ill. 马赛，伊利诺伊：17
Marsh, George Perkins 马什，乔治·

珀金斯：147-148、198、356、371-372；*Man and Nature*-《人与自然》：371
Mátape, Indian village 马泰普，印第安村庄：70、94；Mátape River 马泰普河：80
Maya 玛雅：108、128、243
Mayo River 马约河：64、65、72、78-79、86-87、93、123；遗址：169（见 archeologic sites）
Meadow Creek 梅多溪（意即“草场溪”）：26
Mecham, John Lloyd 米查姆，约翰·劳埃德：95、97、98
Mediterranean lands 地中海地区：129、146、297-302
Meitzen, August 迈岑，奥古斯特：357、363
Memphis 孟菲斯：27
Mencken, Henry Louis 门肯，亨利·路易斯：33
Mendieta, Gerónimo de 德门迭塔，赫罗尼莫：76；*Historia Ecclesiástica*-《教会历史》：73
Mendoza, Veceroy António de 德门多萨，安东尼奥，总督：73、75、78、79、83-84、85、114
Mennonite colonies 门诺派信徒的拓殖地：39、51
Mesa Central 中央高原：114、115
Mesillas Valley 梅西亚山谷：68
Mesolithic period 中石器时代：205、246-270
Mesopotamia 美索不达米亚：122
meteorology 气象学：338
Methodist Church 卫理公会教会：39-40
MexcalaValley 梅斯卡拉河谷：127
Mexico 墨西哥：50、53-103、104-117、122、127、134-135、138、241、252、280
Mexico City 墨西哥城：76、82、116
Michoacán 米却肯：58、112、116
Micmac Indians 米克马克印第安人：238（见 Indian tribes）
Micoquian culture 米科奇文化：262
Middle Border 中部边疆：32-41
Midwest 中西部：32、353-354
Milankovitch, Milutin 米兰科维奇，米卢廷：157、289
Miller Culture, Ancient 古研磨人文化：282-283
Mimbres Range 明布雷斯山峦：68
Minas Gerais, Brazil 米纳斯吉拉斯，巴西：230-232（见 archeologic sites）
Mindel/Riss interglacial interval 明德尔/里斯间冰期：290-293（见 glacial stages and substages, intervals）
Minnesota 明尼苏达：255（见 archeologic sites）
Minnesota man 明尼苏达人：208、226、231-232、235

Mísquito tribes 米斯基托部落：243
Mississippi River 密西西比河：32、34、35、151、202、226、243、257；Mississippi Valley 密西西比河谷：11、12、30、33、109、129、169、202、210、257、289
Missouri 密苏里：23、26、34、35-37、152、227；Missouri River valley 密苏里河谷：32、33、34、205、227、273、285
Mitchell, Wesley Clair 米切尔，韦斯利·克莱尔：384
Mixtón 米克斯顿：105、115；Mixtón War 米克斯顿战争：115
Mocorito 莫科里托：63、65、91
MoctezumaRiver 莫克特苏马河：103
Modjokerto man 莫佐克托人：156
Mohave Basin 莫哈维洼地：206、226（见 archeologic sites）；Mohave Desert 莫哈维沙漠：251-252
Moir, Reid 莫伊尔，里德：294
Monroe, James 门罗，詹姆斯：12
Montana 蒙大拿：204、223、237
Montesquieu, Charles de Secondat, Baron 孟德斯鸠，查理-路易，男爵：320、359
Moravian Brethren 摩拉维亚兄弟会：51
Morgan, Lewis Henry 摩根，刘易斯·亨利：383
Mormon Battalion 摩门教徒军营：46；Mormons 摩门教徒：51
Morocco 摩洛哥：305（见 archeologic sites）
morphology 形态学：326-332、343-346、347-349、398-399
Morrill Act 莫里尔法案：40
Morse, Jedidiah 莫尔斯，杰迪代亚：25
Mosquito Bank 莫斯基托海岸 10
Motilón tribe 莫蒂隆部落：235（见 Indian tribes）
Motolinia, Toribio 莫托利尼亚，托里维奥：73、74-75、82、84
Mound Builder sites 印第安"筑墩人"遗址：142（见 archeologic sites）
Mousterian culture 穆斯特文化：276、294、307
Muir, John 缪尔，约翰：30
Nácori Chico Valley 纳科里奇科河谷：102、103
Nahua language 纳瓦语：243
Nashville 纳什维尔：27
Nátore 纳托雷：103
Navaho Indians 纳瓦霍印第安人：237、238（见 Indian tribes）
Nayarit 纳亚里特；57、59、60、81-82
Neanderthal man 尼安德特人：156-157、276-277、294
Neanthropic man 现存的人类：156、276
Nebame 内瓦米：64、65；

Nebames Indians 内瓦米印第安人：65（见 Indian tribes）
Nebraska 内布拉斯加：34、38、40、218；遗址：205-206（见 archeologic sites）
Nebraskan glacial stage 内布拉斯加冰川阶段：201-203、219、288-289、301（见 glacial stages and substages，intervals）
Nelson，Nels Christian 纳尔逊，内尔斯·克里斯蒂安：240
Neolithic period 新石器时代：146、164、172、260-262、265、269
Nevada 内华达：273-281（见 archeologic sites）
Newfoundland 纽芬兰：165、230、244、250
New Galicia （见 Nueva Galicia）
New Guinea 新几内亚：162、184
New Mexico 新墨西哥：46、50、68、109、116、139、148、200、226、279
Nexpa River 内科斯帕河：89
Nicaragua 尼加拉瓜：227
Northampton 北安普敦：19
North Carolina 北卡罗来纳：51
North Dakota 北达科他：250
North Sea 北海：254、278
Nueva Galicia 新加利西亚：58、60、74、93、114、115-116
Nueva Vizcaya 新比斯开：91、92
Nuevo León 新莱昂：107、116、117
Nuri basin 努里盆地：79、93-94、102
Oak Grovepeople 奥克格罗夫人（意即“橡树林”人）：168-169、232、235、282、283；遗址：282（见 archeologic sites）
Oaxaca 瓦哈卡：113、127
Obregón，Baltasar 奥夫雷贡，巴尔塔萨：91-103
Ocoroni 奥科罗尼：72、93
Oera valley 厄埃拉河谷：93-94
Oetteking，Bruno 奥特金，布鲁诺：233
Ohio 俄亥俄：38、40；Ohio River 俄亥俄河：24、25、32、35；valley 俄亥俄河谷：27、151、226
Okhotsk Sea 鄂霍次克海：164-165
Oklahoma 俄克拉荷马：152；遗址：259（见 archeologic sites）
Olduvai Gorge，Tanganyika 奥杜瓦伊峡谷，坦噶尼喀：289、291-293、297、300-301、304、306（见 archeologic sites）
Olduwan culture 奥杜韦文化：289-290、300-301、304
Ona tribe 奥纳部落：237、242
Ónabas 奥纳瓦斯：71-72、79、94
Oñate，Cristóbal de 德奥尼亚特，克里托瓦尔：62
Ontario，Canada 安大略，加拿大：208、226、255、258（见 archeologic sites）

Ópata Indians 奥帕塔印第安人：66、69、73、80、87、88-89、96-99、102（见 Indian tribes）
Opatería 奥帕特里亚：66-69、70、87-89、91、95-100、106、107
Oregon 俄勒冈：230、243、281
Orellana, Francisco 奥雷利亚纳，弗朗西斯科：185
Oremy 奥雷米：64
Orinoco, llanos 奥里诺科，南美大草原：229；Orinoco Basin 奥里诺科河流域：190、191、243
Orr, Phil Cummings 奥尔，菲尔·卡明斯：281、282-283
Osler, William 奥斯勒，威廉：387
Ostimuri 奥斯蒂穆里：54
Ótomi Indians 奥托米印第安人：116（见 Indian tribes）
Ottawa, Ill. 渥太华，伊利诺伊：17、18、20、21；*Ottawa Free Trader*-《渥太华自由贸易者报》：18
Oviedo y Valdés, *Historia General* 奥维多-巴尔德斯：《通史》：67-72
Owen, David Dale 欧文，戴维·戴尔：27、30
Ozarks 欧扎克斯：29
Paleoindians 古印第安人：277
Paleolithic age 旧石器时代：161-164、199、262、270、276-277、278-285（亦见 Early man）
Palestine 巴勒斯坦：129
Pampids "草原人"：235
Panama 巴拿马：185、228、230
Pánuco 帕努科：62、105、113（亦见 Huasteca）
Papago desert 帕帕戈沙漠：169、251
Papaguería 帕帕格里亚：90、91
PapigochicRiver 帕皮戈奇克河：98
PaquimeRiver 帕基梅河：101、102；valley 帕基梅河谷：98
Paraguay 巴拉圭：237
Pareto, Vilfredo 帕累托，维尔弗雷多：360
Parkins, Almon Ernest 帕金斯，阿尔蒙·欧内斯特：351
Passarge, Siegfried 帕萨尔格，西格弗里德：320、331-332、335、337、344
Patagonia 巴塔哥尼亚：229、232、235、242、243-244
Pebble culture 卵石文化：305、311
Peking man 北京人：156-160、164、293-294、296
Pelican Rapids 佩利肯拉皮兹：255
Penck, Albrecht 彭克，阿尔布雷克特：201、345；*Morphologie der Erdoberfläche*-《地球表面的形态学》：328
Pennsylvania 宾夕法尼亚：51
Pennyroyal 佩尼罗亚尔：23、24、26、27、29
Penutian peoples 佩纽蒂人：

243-244
Peoria 皮奥里亚：11、17、20、21
Peorian interglacial interval 皮奥里亚间冰期：277（见 glacial stages and substages，intervals）
Pericosvalley 佩里科斯河谷：64、72
Pericu people 佩里库人：165、244、310（见 Indian tribes）
Perijá 佩里哈：235
Peru 秘鲁：122、124、134、136、141、229、230、232、237、238
Peru，Ill. 珀鲁，伊利诺伊：18、21
Peschel，Oskar 佩舍尔，奥斯卡：328
Petatoni 佩塔托尼：63（见 Petatlán）
Petatlán 佩塔特兰：63、64、65、77、78、83、86、89、92；Petatlán River 佩塔特兰河：63、89、93
phenomenology 现象学：315-316
Philippson，Alfred 菲利普森，艾尔弗雷德：390
physiography 地文学：320、335-336、338、346-347、398-399
Piedmont 皮德蒙特：142、152
Piegan Indians 皮根印第安人：237（见 Indian tribes）
Pilgrims 清教徒移民：142
Pima Indians 皮马印第安人：46、65、69、71、72、73、80、86、89、90、96、243（见 Indian tribes）
Pimería 皮梅里亚：69-70、76、89-90、93-94、106、107
Pinaleño Mountains 皮纳莱尼奥山：89
Pinto 平托：206、226（见 archeologic sites）
Pinto-Gypsum culture 平托-吉普瑟姆文化：252
Pithecanthropus 猿人：156、231
Plainview 普莱恩维尤：280
Planids “平原人”：235
Pleistoncene 更新世：155-181、208、246-258、271-276、288-290、292-299、300-312；New World 更新世，新大陆：200-204、208-210、212-213、214-221、250-253、254-258、272-275；Old World 更新世，旧大陆：155-164、203-204、209、214
Pluvial period 多雨期：251-253、258-259、260、273、283
Plymouth 普利茅斯：33、142
Po Valley 波河河谷：130
Pomeranianglacial substage 波美拉尼亚冰川亚阶段：247、273、274（见 glacial stages and substages，intervals）
Porto Bello，Panama 波托贝洛，巴拿马：185
Portugal 葡萄牙：305

Powell, John Wesley 鲍威尔，约翰·韦斯利：334
Presidio River 普雷西迪奥河：60
Pribilov Islands 普里比洛夫群岛：150
Puebla 普埃布拉：127
Pueblo culture area 普韦布洛文化区：70、80、106、109、123
Pueblo Indians 普韦布洛印第安人：33、53、66-67、107、238、240（见 Indian tribes）
Pueblo peoples, prehistoric 普韦布洛人，史前的：90
Puelchelanguage 普埃尔切语：242
Puerto del Sol 索尔港：69
Puget Sound 皮吉特海峡：226、238
Pulaski County 珀拉斯凯县：25
Pulpit Pass 普尔皮特关隘：98、100-101、102
Punin, Ecuadoer 普宁，厄瓜多尔：232（见 archeologic sites）
Purificación 普里菲卡西翁：112
Putnam, Frederic Ward 帕特南，弗雷德里克·沃德：199、208
Putnam County 帕特南县：14
Quakers 贵格会信徒：51
Quatrefages, Jean de 德卡特勒法热，让：232
Querechos tribe 克雷乔部落：96、100（见 Indian tribes）
Querendilanguage 克伦第语：242
Quibari 基巴里：46
Ratzel, Friedrich 拉采尔，弗里德里希：125、198、322、355-356、376、378、381、395；*Anthropogeographie*-《人类地理学》：356、376
Ray, Cyrus N. 雷，赛勒斯·N.：170
Rebeico, Indian village of 雷韦科，印第安村庄：70
Red Crag, East Anglian coast 红岩，东英吉利海岸：294（见 archeologic sites）
Red Ocher people 红赭石人：231
Richards, Paul Westmacott 理查兹，保罗·韦斯特马科特：184
Richardson, Albert, *Beyond the Mississippi* 理查森，阿尔伯特：《越过密西西比河》：34
Richthofen, Ferdinand von 冯李希霍芬，费迪南德：328、331、332；*Führer für Forschungsreisende*-《探险者指南》：331
Rincón 林孔：68
RioGrande 里奥格兰德河：66、68、123
Rio Grande de Santiago 圣地亚哥里奥格兰德河：54、57
Ripley, William Zebina 里普利，威廉·泽拜纳：232
Rissglacial stage 里斯冰川阶段：160（见 glacial stages and substages, intervals）

Riss/Würm interglacial interval 里斯/维尔姆间冰期：162（见 glacial stages and substages, intervals）

Ritter, Carl 李特尔，卡尔：328、355、363

Rocky Mountains 落基山脉：202、205-206、216、224、226、227、272、285、289

Rogers, David Banks 罗杰斯，戴维·班克斯：168-169、282

Roosevelt, Theodore 罗斯福，西奥多：33、386

Ruiz, Antonio, *Chronicle* 鲁伊斯，安东尼奥：《编年史》：92、94、95、99

Russell, Richard Joel 拉塞尔，理查德·乔尔：289、371

Russian Institute of Applied Botany and Plant Breeding 俄罗斯应用植物学与植物育种研究所：132-136、140

Rüstow, Alexander 鲁斯托，亚历山大：386

Rust, Alfred 拉斯特，艾尔弗雷德：284

Sac Indians 索克印第安人：238（见 Indian tribes）

Sacramento Valley 萨克拉门托山谷：238

Sahara desert 撒哈拉沙漠：146

Sahuaripa 萨瓦里帕：71、95、97-98、99、103

St. Louis 圣路易斯：19、32、227

Salazar, Francisco Cervantes de 德萨拉撒，弗朗西斯科·塞万提斯：55

Salisbury, Rollin D. 索尔兹伯里，罗林·D.：2、277、330、356、399；与 H. H. Barrows 和 W. S. Tower 合著 *Elements of Geography*《地理的元素》：338

Salmerón, Gerónimo de Zarata 萨尔梅龙，赫罗尼莫·德萨拉塔：73

Salpausselkä moraines, 萨尔保冰碛：274

Salt River 索尔特河：（亚利桑那）111、123；（肯塔基）24、25

Samaniego, Lope de 德萨马涅戈，洛佩：62、64、65

Sámano, Juan de 德萨马诺，胡安：60

San Blas 圣布拉斯：64、92

San Carlos 圣卡洛斯：89

Sand Hills 沙山：206（见 archeologic sites）

Sandia Cave 桑迪亚山洞：206-207、227（见 archeologic sites）；Sandia culture 桑迪亚文化：284

San Francisco Mountains 圣弗朗西斯科山区：248

Sangamoninterglacial interval 桑加蒙间冰期：202、208（见 glacial stages and substages, intervals）

SangamonRiver 桑加蒙河：17

San Joaquin Valley 圣华金河

谷：150
San Juan de Carapoa（San Juan de Sinaloa）圣胡安-德卡拉波亚（圣胡安-德锡那罗亚）：93
San Juan River 圣胡安河：123
San Lorenzo River 圣洛伦索河：61、62
San Luis Potosí 圣路易斯波托西：115
San Miguel, Gulf of 圣米格尔湾：228；San Miguel valley 圣米格尔河谷：91
San Pedrocultural stage 圣佩德罗文化阶段：259；San Pedro River 圣佩德罗河：46、80、89
Santa Barbara 圣巴巴拉：168-169（见 archeologic sites）；Museum of Natural History 自然史博物馆：282
Santa Cruz de la Sierra 圣克鲁斯-德拉谢拉：229
Santa Fe 圣菲：34
Santa Marta, tribes of 圣玛尔塔的部落：235
Santa Teresa Mountains 圣特蕾莎山：89
Santiago de los Caballeros 圣地亚哥-德洛斯卡瓦耶罗斯：62
Sapper, Karl 萨珀，卡尔：334
Sauer, Carl Ortwin 索尔，卡尔·奥特温：1、2、407-413
savannas 稀树草原；190、191、221、222、228、303；savanna climate 稀树草原气候：191、215
Sayles, Edwin Booth 塞尔斯，埃德温·布思：169、207
Scandinavia 斯堪的纳维亚：203-204、246、248、250、274
Schott, Carl 肖特，卡尔：368
Scofield, Edna 斯科菲尔德，埃德娜：368
Scottsbluff Bison Quarry 斯科茨布拉夫野牛采石场：206（见 archeologic sites）
SebiliancuIture 赛比利亚文化：261
Sellards, Elias Howard 塞拉兹，伊莱亚斯·霍华德：280、284
Semple, Ellen Churchill 森普尔，埃伦·丘吉尔：3、5、33、351、403
Senachwine 塞纳克瓦恩：21
Señora valley 塞尼奥拉河谷：88、94、95
Seri Indians 塞里印第安人：69、87、310（见 Indian tribes）
Shaler, Nathaniel Southgate 谢勒，纳撒尼尔·索思盖特：28、334、403
Shantung 山东：237
Shantz, Homer Leroy 尚茨，霍默·勒罗伊：399
Shawnee Indians 肖尼印第安人：30（见 Indian tribes）
Shepard, Francis Parker 谢泼德，弗朗西斯·帕克：274

Shoshone Indians 肖肖尼印第安人：237（见 Indian tribes）
Siberia 西伯利亚：164、203、285
Sierra Bacatete 巴卡太特山：65
Sierra del Oso 奥索山：101
Sierra Hachitahueca 哈奇塔韦卡山：101
Sierra MadreOccidental 西马德雷山脉：227
Sierra Madre of Chihuahua 马德雷山脉，奇瓦瓦的：62、68、91、93、94、98、102、103
Sierra Nevada 内华达山脉：50、148、202、223、290
Simpson, Sir George Clarke 辛普森，乔治·克拉克，爵士：200-203、210
Sinaloa 锡那罗亚：50、54、59、61、63、70、72、82、85、88、89、91、93、106、112；Sinaloa Indians 锡那罗亚印第安人：89（见 Indian tribes）；Sinaloa River 锡那罗亚河：61、63、65、72
Sinoquipegorge 锡诺基佩峡谷：88、95、96
Sinú River 锡努河：185
Slave Indians 奴族印第安人：237（见 Indian tribes）
Sobaipuritribe 索白普里部落：89（见 Indian tribes）
Sollas, William Johnson 索拉斯，威廉·约翰逊：162
Solutrean culture 梭鲁特文化：161、163、206、214、259
Sonoita 索诺伊塔：91
Sonora 索诺拉：46、50、51、54、65、68-69、70、79-80、81、82、85、88、90、95、98、100、102、108、117、123；遗址：166、168、169（见 archeologic sites）；Sonora River 索诺拉河：69-70、73、80、87-88、95、98
Sonorids 索诺拉人：235
South OrkneyIslands 南奥克尼群岛：147
Southern Pacific Railway 南太平洋铁路：57
Soyopa 索约帕：70、71
Spencer, Herbert 斯宾塞，赫伯特：326、383
Spengler, Oswald 斯彭格勒，奥斯瓦尔德：327
Spinden, Herbert Joseph 斯平登，赫伯特·约瑟夫：120-121、126
Ssabela tribe 萨贝拉部落：263（见 Indian tribes）
Stellenbosch, South Africa 斯泰伦博斯，南非：305（见 archeologic sites）
Stephen, Negro 斯蒂芬，黑人：72、78、79、81、83
Steward, Thomas Dale 斯图尔德，托马斯·戴尔：231
Stock, Chester 斯托克，切斯特：283
Stone Age 石器时代：276、304

（亦见 Paleolithic）
Stoney Indians 斯托尼印第安人：237（见 Indian tribes）
Strabo 斯特雷波：319
Suess, Hans Eduard 苏斯，汉斯·爱德华：274
Sulphur Spring culture 萨尔弗斯普林（意即“硫磺泉”）文化：207、283
Suma Indians 苏马印第安人：66、99（见 Indian tribes）
Sumner, William Graham 萨姆纳，威廉·格雷厄姆：382、383、386
Sunda Islands 巽他群岛：311
Suya, Valley of 苏亚河谷：88-89、95、99
Swanscombe man 斯旺斯科姆人：156-157、165、277、290
Sweden, population atlas of 瑞典人口地图集：342
Syria 叙利亚：129、238
Taber, Stephen 泰伯，斯蒂芬：203
Tacupeto basin 塔库佩托洼地：103
Tahoe glacial substage 塔霍冰川亚阶段：247-248（见 glacial stages and substages, intervals）
Tahue Indians 塔胡印第安人：63（见 Indian tribes）
Taltal, Peru 塔尔塔尔，秘鲁：229（见 archeologic sites）
Tamachala 塔马查拉：64
Tamaulipasculture 塔毛利帕斯文化：107
Tamazula 塔马苏拉：112、115；Tamazula River 塔马苏拉河：62
Tanganyika 坦噶尼喀：294（亦见 Olduvai Gorge）
Tapuyantribes 塔普亚部落：235（见 Indian tribes）
Tarahumar Indians 塔拉乌马印第安人：142（见 Indian tribes）
Tarahumara 塔拉乌马拉：116
Tarascan 塔拉斯坎、塔拉斯坎人：56、59、61、112-113、116（亦见 Indian tribes）
Tarr, Ralph Stockman 塔尔，拉尔夫·斯托克曼：356
Tasmania, culture of aborigines 塔斯马尼亚，原住民文化：162-163、165、171、244、310
Taxco 塔克斯科：111、112、114、115
Taylor, Eva Germaine Rimington 泰勒，伊娃·G. R：363
Taylor, Griffith 泰勒，格里菲思：232
Tazewellglacial substage 塔兹韦尔冰川亚阶段：204、247、277（见 glacial stages and substages, intervals）
Tehueco 特乌埃科：93；Tehuecos Indians 特乌埃科印第安人：64（见 Indian tribes）
Tehuelche language 德卫尔彻

语：242
Tello，Antonio 特略，安东尼奥：57；*Chronicle*-《编年史》：74
Tennessee 田纳西：28；Tennessee River 田纳西河：24
Teocomo 特奥科莫：64；Teocomo River：特奥科莫河：64
Tepehuan Indians 特佩瓦印第安人：142（见 Indian tribes）
Tepic 特皮克：57-58、61、114、127
Tertiary 第三纪：216-218
Tetitlán 特蒂特兰：57
Teul 特乌尔：105
Texas 得克萨斯：166-168、170-171、206-207、218、220、241、258、280
Tezopaco 特松帕科：87
Thales of Miletus 米利都的泰勒斯：321
Thames Basin 泰晤士河流域：290
Tibet 西藏：237
tierra caliente “热地”：57、112、113
tierra cocida “烧熟的土地”：222
Tierra del Fuego 火地岛：230、233、235、237、238、242
tierra fría “寒地”：110
tierra de querra “战争之地”：107
tierra de paz “和平之地”：107
tierra templada 高山温带：108
tierras de humedad 潮湿地带：109、110
Tiogaglacial substage 泰奥加冰川亚阶段：247-248（见 glacial stages and substages，intervals）
Tlascalan Indians 特拉斯卡兰印第安人：116（见 Indian tribes）
Toledo 托莱多：32
Tolteccivilization 托尔特克文明：108（见 Indian tribes）
Topolobampo 托波洛万波：77
Torquemada，Juan de 德托克马达，胡安：74；*Monarquia Indiana*-《印第安君主制》：361
Trenton 特伦顿：199、208（见 archeologic sites）
Tsimshian Indians 钦西安印第安人：238（见 Indian tribes）
Tunica-Atacapa-Chitimachalanguage family 突尼卡-阿塔卡帕-奇蒂马查语群：243
Tupi peoples 图皮人：241
Turner，Frederick Jackson 特纳，弗雷德里克·杰克逊：376
Two Creeks 图克里克斯（意即“两溪”）：272（见 archeologic sites）
Underwood，Senator 安德伍德参议员：29
United States Bureau of Soils 美国土壤局：336
Urapeoples 乌拉人：235（见 Indian tribes）
Ures 乌雷斯：68、69、70、80、87、88、94、95

Urutribes　乌鲁族部落：243（见 Indian tribes）
Uruguay　乌拉圭：148
Utah　犹他：273、281
Utica　尤蒂卡：20
Uto-Aztecanlanguage group　犹他-阿兹特克语系：243
Vaca, Indian village of　巴卡，印第安村庄：78、93
Vacapa, Indian village of　巴卡帕，印第安村庄：77-79、86、87
Valley of Mexico　墨西哥峡谷：105、110、127、252
Valparaiso moraine　瓦尔帕莱索冰碛：248
Van Hise, Charles Richard　范海斯，查尔斯·理查德：383
Varenius, Bernhardus　瓦伦纽斯，伯恩哈杜斯：319
Vavilov, Nikolai Ivanovich　瓦维洛夫，尼古拉·伊万诺维奇：125-127、129
Venezuela　委内瑞拉：128、134、185、191、229；遗址：283（见 archeologic sites）
Ventana Cave　本塔纳洞穴：169、251（见 archeologic sites）
Venus statuettes　维纳斯小雕像：259
Vera Cruz　韦拉克鲁斯：113、127、192
VermilionRiver　弗米利恩河：21；Big Vermilion River　大弗米利恩河：14、22
Veta Grande　维塔格兰德（意即“大条纹”）：115
Vidal de la Blache, Paul　维达尔·白兰士，保罗：320-321、328、329、343、348、403
Villafranchian age　维拉弗朗时期：289-290、300、301-302、304
Virginia　弗吉尼亚：25、147
Voltaire, François Marie Arouet de　伏尔泰，弗朗索瓦-马利·阿鲁埃：387
Volz, Wilhelm　沃尔兹，威廉：344
Warthe glacial substage　瓦尔特冰川亚阶段：247（见 glacial stages and substages, intervals）
Wayne County　韦恩县：26
Weber, Alfred　韦伯，艾尔弗雷德：386
Weichsel-Brandenburg glacial substage　魏克瑟尔-勃兰登堡冰川亚阶段：247（见 glacial stages and substages, intervals）
Wendover　文多弗：273、281
Western Coal Basin　西部煤盆地：27
Whitehorse Pass　怀特霍斯山口（意即“白马关”）：286
White River　怀特河：（亚利桑那）90；（内布拉斯加）：205-206、226
Willis, Bailey　威利斯，贝利：222-223

Winnemuca Lake 温尼马卡湖：273-281

Winship, George Parker：温希普，乔治·帕克：90

Wisconsin glacial stage 威斯康星冰川阶段：157、173、201-205、207、219、226、229、247、248、253、274、279、285（见 glacial stages and substages, intervals）

Würm glacial stage 维尔姆冰川阶段：157、163、173、276-277、294（见 glacial stages and substages, intervals）

Wyoming Cave 怀俄明洞穴：232、235

Wyoming Gap 怀俄明豁口：226

Xuchitepec 胡奇特佩克：56（见 Magdalena）

Yahgan of Tierra del Fuego 雅甘人，火地岛的：165、233 = 235、238、242、243-244（见 Indian tribes）

Yaqui Indians 亚基印第安人：64、65、94（见 Indian tribes）

YaquiRiver, Yaqui Valley 亚基河、亚基河谷：63-65、70-71、72、87、94、98、103、123

Yarmouth interglacial interval 雅茅斯间冰期：201-203、209、219（见 glacial stages and substages, intervals）

Yucatán 尤卡坦：192

Yuki people 尤基人：165、235、243、244（见 Indian tribes）

Yukon 育空：203、204、285-286

Yule, Sir Henry 尤尔，亨利，爵士：319

Yuma man 尤马人：204-205、211、214、232、245

Yuman culture 尤马文化：172、206-207、209-211、214、226、232、280、284、286

Zacatec Indians 萨卡特克印第安人：115、243（见 Indian tribes）

Zacatecas 萨卡特卡斯：91、105、107、115

Zaguaripa 扎瓜里帕：97、98、99

Zeuner, Frederick E. 佐伊纳，弗雷德里克：157

Zinjanthropus remains 东非人的残骸：289、290、294、300-301

Zuni Indians 祖尼印第安人：81、85、90（见 Indian tribes）

译后小记

卡尔·奥特温·索尔（Carl Ortwin Sauer）的作品选集《大地与生命》（*Land and Life*）——约翰·莱利（John Leighly）编辑、加利福尼亚大学出版社1963年出版——是我继《罗得岛海岸的痕迹》（*Traces on the Rhodian Shore*）之后，以外行身份翻译的第二部地理学著作。为什么这样自不量力地涉足一个并不熟悉的领域？恐怕只能说是兴趣使然吧。我翻译这部著作时甚至会想：要是还有机会，就转行去学历史地理吧，像作者那样，决不“满足于档案中和图书馆里找到的东西”（第17章），而是远行山山水水，寻找大自然和人类历史在地球上留下的印迹。

这部书精选自索尔教授从1916年至1962年近半个世纪中最重要的论文，编辑莱利将它们分为五个主题一一呈现。翻译这部书对我来说难度很大，它涉及的领域非常宽广，特别是在自然科学方面，例如地质学、生物学、生态学、气候学、冰川学、地球物理学，以及其他人文社会学科如考古学、人类学和社会学，等等。对一些地理学科目，作者做了相当细微的区分：分布学、地貌学、形态学、现象学、地文学、地形学、地层学、地球构造学、制图学……。而且，作者善于使用结构复杂的长句来做论述，再加上不少概念或事物并没有对应的中文表述方法，常常使我不知所措，踌躇再三。举个小例子：savanna（稀树草原）、steppe（干草原）、prairie（北美大草原）、pampas（南美无树草原），还有cuesta（单面山）、sierra（锯齿形山脊），都长得什么样子？这样翻译在上下文中是否合适？这类困惑经常出现。译本中尽量不用译者注来打扰读者，有时感觉有需要的，也是力求简短。

除了专业方面的问题，有一些看起来极其普通的词语也颇费周章。例如这本选集的总书名Land and Life，是译成“土地与生活”、“大地与生活”，还是“大地与生命”？就作者的专业兴趣而言，他偏重人类学，强调“人”和“文化”，或许“土地与生活”更为实在。然而犹豫再三，还是选择了更显恢弘浪漫的“大地与生命”，即便略有空泛之嫌。做这个选择的另一个原因是，这本合集的书名出自编者莱利之手（而不是选自其中一个篇名）；他在导言里解释道：“我说‘人类生命’，但假如没有支撑它的动植物生命复杂网络插在它和地球的无机组成部分之间，人类生命就不可能存在。因此，索尔也必须关注地球上的非人类生命。于是有了这本选集的总书名，这两个并列的押头韵单词land和life，索尔在不炫耀、不自觉的情况下在自己的作品中使用了不止一次。”按我的理解，这位编者也是从更广阔的意义上选取了这两个单词作为书名的。

这类不易翻译的“简单”词语还有许多。The New World译为“新大陆”自然没错，the Old World却不能总是写成“旧大陆”，因为后者有时给人的感觉似乎是特指“欧洲大陆”，而作者所说的旧大陆常常包含亚洲（他多次提到西亚、东南亚、中亚，包括中国）、非洲，甚至澳洲，书中还出现过great continents of the Old World、the Old World continents（旧世界各大陆）等字样，这就需要区别对待了。The last glaciation、the last deglaciation 中的“last”，是“上一次”还是“最后一次”？虽然两者在中文里也没有绝对差异，但引申的含义还是有所不同的；后来选用“最后一次”或“最后的”，是根据作者在第 13 章中关于冰河时代结束、自然地理中最后重大变化的论述。Frontier 是作者钟爱的主题，我曾自作聪明地把这个词译为“边地”，意思是想避开我认为与国土界线相关的“疆”字；然而专家告诉我，frontier 在地理学中的中文习惯对应词就是“边疆”，于是我只好把它改掉了。其他诸如 valley 指的是山谷还是河谷，basin 是盆地、洼地还是“流域”，挑战随时遇到，一个问题解决后的满足感也十分真实。

翻译中尽量体现原文的表达方式。例如作者常常用单数的“man”及其代词“he”来代表人类，译文照搬为“人”和“他”。一位美国朋友告诉我，如今这种男性化的表达有些犯忌，最好改成不分性别的“they”或者“he or she”（他们、他或她）。我想这是完全没有必要的。实际上，作者对此还专门做了个解释，在第 14 章谈到人类对火的利用时说：“我们用男性代词‘他’来统称人类，但这个伟大创新及其精心维护主要是由女性来完成的，女性在家中管理炉灶、提供食物。”

这本书是和余燕明先生合译的，他初译了近半篇章并校阅了其余部分，其贡献自不待言——很多问题都是通过我们的讨论得到答案的。我们感谢许多老师和朋友们的热情帮助，特别是唐晓峰教授一如既往的答疑解惑和具体指导。另外，《地理学思想经典解读》（商务印书馆 2015 年出版）一书中有张景秋、阙维民两位教授对索尔三篇论文的解读（其中一篇是收入本选集的《景观形态学》），给我们很大启发。北师大博士生安倬霖同学初译了《景观形态学》，虽然由于风格不同等原因未能将他的译稿直接使用，但他的工作对我们很有参考价值。尤其值得一提的是我们的好友、曾任驻拉丁美洲三国大使的刘玉琴女士，她不仅耐心解答我们有关美洲文化和地理的问题，还逐字逐句帮我们翻译了书中几段西班牙文引语，那都是古老且支离破碎的文字，非常不容易。商务印书馆的责编孟锴女士做了大量工作，在此一并表示感谢。当然，译本中的问题和差错都由译者自己负责。

作为译者，我们对这部颇有难度的论文集心存敬畏，虽努力忠实于原文，仍不免有许多错误和疏漏之处，还望读者不吝赐教，使索尔这位大师的学术思想得以更广泛精准的传播。谢谢！

梅小侃

2022 年 7 月

图书在版编目(CIP)数据

大地与生命/(美)卡尔·奥特温·索尔著；梅小侃，余燕明译.
—北京：商务印书馆，2023
(文化地理学译丛)
ISBN 978-7-100-22400-0

Ⅰ.①大…　Ⅱ.①卡…②梅…③余…　Ⅲ.①人类环境—研究　Ⅳ.①X21

中国国家版本馆CIP数据核字(2023)第074937号

文化地理学译丛
大地与生命
〔美〕卡尔·奥特温·索尔　著
梅小侃　余燕明　译

商 务 印 书 馆 出 版
(北京王府井大街36号　邮政编码100710)
商 务 印 书 馆 发 行
北京艺辉伊航图文有限公司印刷
ISBN 978-7-100-22400-0

2023年8月第1版　　开本710×1000　1/16
2023年8月北京第1次印刷　　印张37½　插页1
定价：96.00元